일하면서 듣는 CBT 강의

1회

2회

3회

 유튜브 지게차시험 검색

CBT 모의고사 (5회)

1회

2회

3회

4회

5회

스마트폰으로 실제 시험장에서 시험 보듯 연습합니다

합격기준

공단공식 문제은행 랜덤 출제

60 문제 출제

36 문제 합격

100점 만점 ▶ **60**점 이상 합격

이 책의 특징

문제의 정답만 보고도 합격하는
최단기 합격전략

1 **최단기 합격 전략은?**
PART 1 **기출문제** : 기초와 개념을 탄탄히 다져진다.
PART 2 **빈출문제** : 단기에 효율적으로 익혀진다.
PART 3 **항목별 기출문제** : 자신의 취약 부분을 선택하여 집중하게 된다.
PART 4 **CBT 복원문제** : 시간이 부족할 때, 시험 직전 초단기 정리용

2 **최단기 합격 방법은?**
AI가 복원한 기출문제를 녹색으로 표시된 정답만 보고 반복 암기하여 합격한다.

3 **지게차운전기능사 자격시험은?**
운전면허증과 같은 실무형 자격증이다. 필기에서 고득점을 목표로 장시간 공부하는 것보다, '일단 합격'에 집중하고 실기 준비에 시간을 투입하는 것이 훨씬 효율적이다.

4 **지게차 필기시험 방식은?**
CBT(Computer-Based Test) 방식으로 치러진다. 즉, 모든 문제는 컴퓨터 화면을 보고, 단시간 내에 읽고 판단하고 클릭해야 하는 퀴즈 형식이다. 이 책을 보면 문제를 보자마자 정답이 떠오를 만큼 반복 학습된다.

합격 전략

시간은 짧게, 결과는 확실하게!
최단기 합격을 위한 맞춤 전략 설계

CODE 1 — 기출문제와 해설로 핵심을 꿰뚫는다!

Part 1은 실제 기출문제를 해설과 함께 학습하는 구성입니다.

- 정답뿐 아니라 오답의 이유까지 자세히 설명해, 지게차 이론·실무·법규의 기본을 쉽게 익힐 수 있습니다.

- 총 8회차 480문제로 구성되어 있으며, 정답은 고딕체, 오답은 명조체로 표시해 눈에 잘 들어오도록 편집했습니다.

- 전부 풀면 좋지만, 시간이 없다면 1~3회차만 먼저 풀고 다음 단계로 넘어가도 충분합니다.

CODE 2 — 최신 빈출 문제로 단기 완성!

Part 2는 최근 5년간 자주 나온 기출을 빠르게 학습하는 단기 집중 구성입니다.

- 핵심만 짚은 간단한 해설로 정답을 빠르게 이해하고 넘어갈 수 있습니다.

- 총 5회차 300문제로 구성되었으며 정답은 고딕체, 오답은 명조체로 구분해 가독성을 높였습니다.

- 시간이 부족할 때 효과적인 단기 대비용으로 적합합니다.

CODE 3   항목별 기출로, 약점을 강점으로!

Part 3는 최근 기출문제를 출제항목별로 분류한 구성입니다.

- 총 13개 항목, 780문제를 간단한 해설과 함께 실어, 정답을 빠르게 이해할 수 있습니다.

- 수험자마다 다른 취약 분야를 집중적으로 학습할 수 있도록 설계했습니다. 전체 항목을 다 학습할 필요가 없습니다.

- 단기간에 고득점을 목표로 하는 수험생에게 적합합니다.

CODE 4   손은 바빠도 귀는 합격을 향한다!

Part 4는 최근 5년간 기출복원문제를 정답만 암기하도록 구성한 초단기 집중 코스입니다.

- 총 5회차 300문제를 수록했으며, 정답은 고딕체, 오답은 명조체로 표시해 빠른 암기를 유도합니다.

- CBT 형식의 모바일 강의로 이동 중이나 작업 중에도 듣기만 해도 학습 효과를 얻을 수 있도록 설계했습니다.

- QR코드 접속으로 CBT 실전처럼 연습할 수 있어, 실제 시험과 동일한 방식으로 최단 시간 내에 마스터할 수 있습니다.

시험안내

01 건설기계조종면허(지게차) 발급 절차

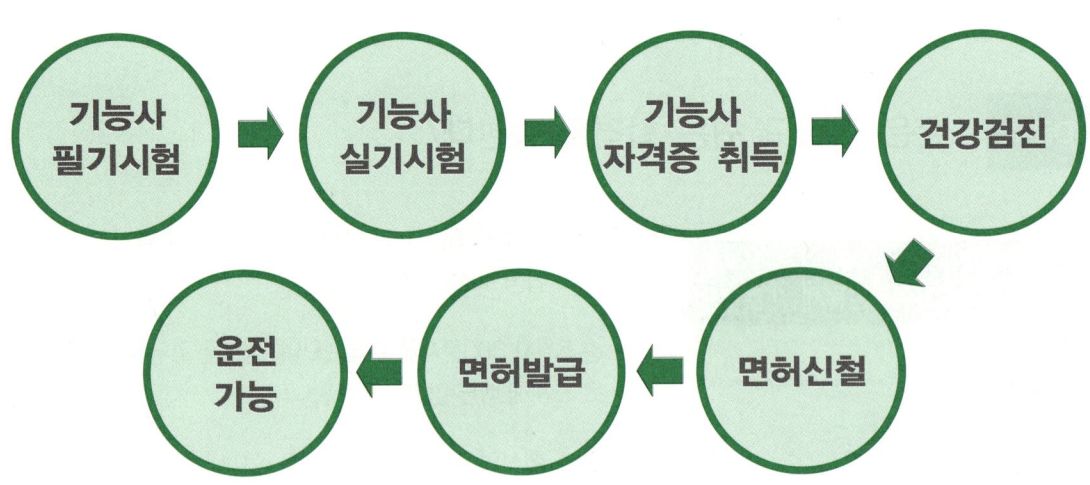

02 지게차운전기능사 시험안내

지게차운전기능사는 산업 현장에서 지게차를 안전하고 효율적으로 운전할 수 있는 능력을 평가하는 국가기술자격 시험입니다. 자격을 취득하면 지게차 관련 작업에 공식적으로 종사할 수 있으며, 법적으로 요구되는 조종자 자격을 갖추게 됩니다.

시행기관	• 주관: 한국산업인력공단 (www.q-net.or.kr) • 접수처: 큐넷(Q-Net) 홈페이지에서 인터넷 접수만 가능
응시자격	• 제한 없음: 연령, 학력, 경력에 관계없이 누구나 응시 가능 • 단, 실기시험 합격 후 조종면허를 취득하려면 만 18세 이상이어야 함
시험과목 및 시험형태	• 필기(객관식 4지선다) : 60문항(60분), 합격기준 : 100점 만점에 60점 이상 • 실기(작업형) : 10~30분 정도, 100점 만점에 60점 이상
시험일정 및 시험장소	• 시험일정 : 연간 20회 이상 실시 (※ 큐넷 공고 참조) • 시험장소 : 전국 지역별 시험장 운영
응시수수료	• 필기 : 14,500원 • 실기 : 25,200원
준비물	• 필기 : 신분증, 수험표 • 실기 : 신분증, 수험표, 안전모, 안전화 반드시 착용 ※ 실기시험 시 미착용자는 시험 응시 불가
자격증 발급 및 면허 신청	• 지게차운전기능사 자격증 취득 후, 건설기계조종면허(지게차) 신청 가능 • 면허 발급은 관할 시·군·구청 교통행정과 또는 민원실에서 가능 • 별도의 건강검진서 및 사진, 수수료 필요 (지자체별 상이)
유의사항	• 시험 당일 반드시 신분증 지참 (주민등록증, 운전면허증, 여권 등 유효한 증명서) • 지각자는 시험 응시 불가 • 휴대폰, 스마트워치 등 전자기기 소지 금지 • 필기시험 부정행위 시 최대 3년 응시자격 제한 • 실기시험 시 지게차 조작 중 엔진 정지 시 실격 처리됨 • 필기시험에 합격하고 나면, 그 날로부터 1년 이내에 실기시험에 합격해야 최종 합격으로 간주됨. ※ 1년이 지나면? 필기시험 합격이 무효 처리되며, 다시 필기부터 응시해야 함.

시험안내

CBT 체험하기

01 CBT 체험하기 접속

- 큐넷 홈페이지(www.q-net.or.kr) 접속
- 아래쪽 '처음 방문하셨나요?' 코너에 있는 CBT 체험하기 클릭
- 상단의 체험하실 CBT 자격시험 선택(기능사/기능장 자격시험 체험하기)

02 수험자 정보 확인

● 수험자 정보 확인

신분확인이 끝나면 시험이 곧 시작됩니다. 잠시만 기다려 주세요.

수험번호	00000000
성명	수험자
생년월일	******
응시종목	지게차운전기능사
좌석번호	07번

03 문제풀이 메뉴설명

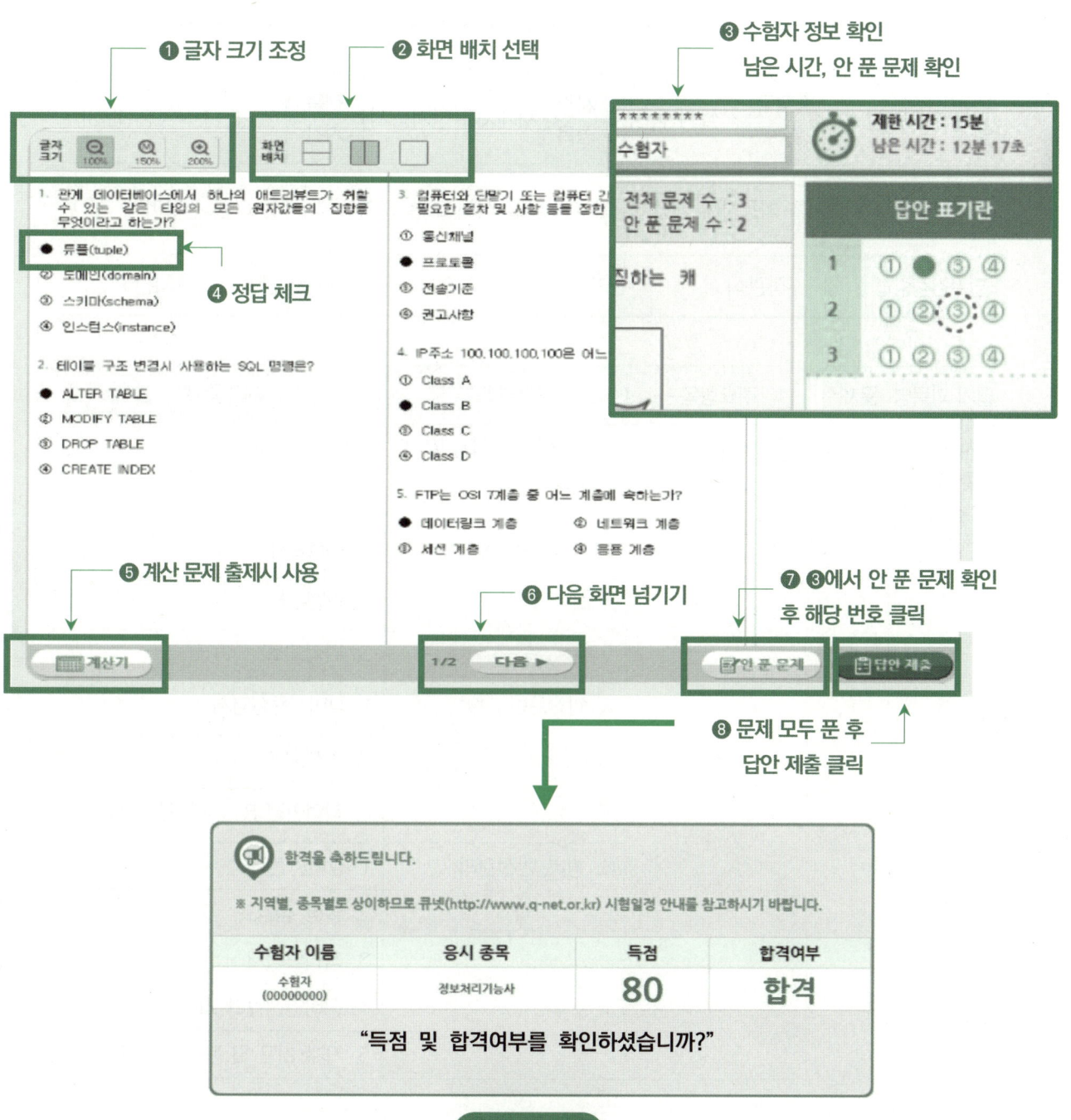

출제기준(필기)

직무분야	건설	중직무분야	건설기계운전	자격종목	지게차운전기능사	적용기간	2025.1.1.~2027.12.31.

○ 직무내용 : 지게차를 사용하여 작업현장에서 화물을 적재 또는 하역하거나 운반하는 직무이다.

필기검정방법	객관식	문제수	60	시험시간	1시간

필기 과목명	문제수	주요항목	세부항목	세세항목
지게차 주행, 화물적재, 운반, 하역, 안전관리	60	1 안전관리	1. 안전보호구 착용 및 안전장치 확인	1. 안전보호구
				2. 안전장치
			2. 위험요소 확인	1. 안전표시
				2. 안전수칙
				3. 위험요소
			3. 안전운반 작업	1. 장비사용설명서
				2. 안전운반
				3. 작업안전 및 기타 안전 사항
			4. 장비 안전관리	1. 장비안전관리
				2. 일상 점검표
				3. 작업요청서
				4. 장비안전관리 교육
				5. 기계·기구 및 공구에 관한 사항

필기 과목명	문제수	주요항목	세부항목	세세항목
		2 작업 전 점검	1. 외관점검	1. 타이어 공기압 및 손상 점검 2. 조향장치 및 제동장치 점검
				3. 엔진 시동 전·후 점검
			2. 누유·누수 확인	1. 엔진 누유점검
				2. 유압실린더 누유점검
				3. 제동장치 및 조향장치 누유점검
				4. 냉각수 점검
			3. 계기판 점검	1. 게이지 및 경고등, 방향지시등, 전조등 점검
			4. 마스트·체인 점검	1. 체인 연결부위 점검
				2. 마스트 및 베어링 점검
			5. 엔진시동 상태 점검	1. 축전지 점검
				2. 예열장치 점검
				3. 시동장치 점검
				4. 연료계통 점검
		3 화물 적재 및 하역 작업	1. 화물의 무게중심 확인	1. 화물의 종류 및 무게중심
				2. 작업장치 상태 점검
				3. 화물의 결착
				4. 포크 삽입 확인
			2. 화물 하역작업	1. 화물 적재상태 확인
				2. 마스트 각도 조절
				3. 하역 작업
		4 화물운반작업	1. 전·후진 주행	1. 전·후진 주행방법
				2. 주행 시 포크의 위치

필기 과목명	문제수	주요항목	세부항목	세세항목
			2. 화물 운반작업	1. 유도차의 수신호
				2. 출입구 확인
		5 운전시야확보	1. 운전시야확보	1. 적재물 낙하 및 충돌사고 예방
				2. 접촉사고 예방
			2. 장비 및 주변상태 확인	1. 운전 중 작업장치 성능확인
				2. 이상 소음
				3. 운전 중 장치별 누유·누수
		6 작업 후 점검	1. 안전주차	1. 주기장 선정
				2. 주차 제동장치 체결
				3. 주차 시 안전조치
			2. 연료 상태 점검	1. 연료량 및 누유 점검
			3. 외관점검	1. 휠 볼트, 너트 상태 점검
				2. 그리스 주입 점검
				3. 윤활유 및 냉각수 점검
			4. 작업 및 관리일지 작성	1. 작업일지
				2. 장비관리일지
		7 건설기계관리법 및 도로교통법	1. 도로교통법	1. 도로통행방법에 관한 사항
				2. 도로표지판(신호, 교통표지)
				3. 도로교통법 관련 벌칙
			2. 안전운전 준수	1. 도로주행 시 안전운전
			3. 건설기계관리법	1. 건설기계 등록 및 검사
				2. 면허·벌칙·사업
		8 응급대처	1. 고장 시 응급처치	1. 고장표시판 설치
				2. 고장내용 점검
				3. 고장유형별 응급조치
			2. 교통사고 시 대처	1. 교통사고 유형별 대처
				2. 교통사고 응급조치 및 긴급구호

필기 과목명	문제수	주요항목	세부항목	세세항목
		9 장비구조	1. 엔진구조	1. 엔진본체 구조와 기능
				2. 윤활장치 구조와 기능
				3. 연료장치 구조와 기능
				4. 흡배기장치 구조와 기능
				5. 냉각장치 구조와 기능
			2. 전기장치	1. 시동장치 구조와 기능
				2. 충전장치 구조와 기능
				3. 등화장치 구조와 기능
				4. 퓨즈 및 계기장치 구조와 기능
			3. 전·후진 주행장치	1. 조향장치의 구조와 기능
				2. 변속장치의 구조와 기능
				3. 동력전달장치 구조와 기능
				4. 제동장치 구조와 기능
				5. 주행장치 구조와 기능
			4. 유압장치	1. 유압펌프 구조와 기능
				2. 유압 실린더 및 모터 구조와 기능
				3. 컨트롤 밸브 구조와 기능
				4. 유압탱크 구조와 기능
				5. 유압유
				6. 기타 부속장치
			5. 작업장치	1. 마스트 구조와 기능
				2. 체인 구조와 기능
				3. 포크 구조와 기능
				4. 가이드 구조와 기능
				5. 조작레버 구조와 기능
				6. 기타 지게차의 구조와 기능

1800제
최단기 한방에 합격!

01	해설로 익히는 이론 기출문제	2
02	단기 공략 빈출문제	116
03	출제항목별 기출문제	162
04	정답으로 익히는 CBT 복원문제	282

ONE SHOT ONE PASS

KYUNGROK

PART 01

이론 따로 필요없다
문제풀이 해설로
문제와 이론이
동시에 익혀진다

기출문제 (총 480제)
60제 × 8회

더 이상의 문제는 없다!

01 기출문제 1회 (60제)

이론 따로 필요없다. 문제 해설로 시원하게 끝낸다

※ 맞는 것을 고르는 답은 고딕, 틀린 것을 고르는 답은 명조체로 표시하였습니다

1 지게차의 체인 장력 조정법이 아닌 것은?

① **조정 후 로크너트를 로크 시키지 않는다.**
② 좌우체인이 동시에 평행한가를 확인한다.
③ 포크를 지상에서 10~15cm 올린 후 조정한다.
④ 손으로 체인을 눌러보아 양쪽이 다르면 조정너트로 조정한다.

정답 ① 체인 장력 조정 후 로크너트를 반드시 고정(로크)해야 함. 로크하지 않으면 작업 중 체인이 풀려서 안전사고가 발생할 위험이 있음. 특히 진동이 많은 지게차에서는 반드시 로크너트를 조여서 체인이 풀리지 않도록 해야 함.

해설
② 체인이 평행하지 않으면 한쪽으로 쏠리면서 포크가 기울어지고, 균형을 잃을 수 있음.
③ 체인 장력 조정 전, 포크를 약간 띄운 상태(10~15cm)에서 작업해야 함. 너무 높이 올리면 위험하고, 지면에 닿아 있으면 장력을 정확하게 확인하기 어려움.
④ 체인의 장력을 확인하는 방법 중 하나로, 손으로 눌러보아 양쪽 장력이 다르면 조정 너트를 사용하여 균형을 맞춰야 함.

2 배터리의 완전 충전된 상태의 화학식으로 맞는 것은?

① $PbSO_4$(황산납) + $2H_2O$(물) + $PbSO_4$ (황산납)
② $PbSO_4$(황산납) + $2H_2SO_4$(묽은황산) + Pb(순납)
③ **PbO_2(과산화납) + $2H_2SO_4$(묽은황산) + Pb(순납)**
④ PbO_2(과산화납) + $2H_2SO_4$(묽은황산) + $PbSO_4$ (황산납)

정답 ③ 자동차 및 지게차에서 사용되는 배터리는 납축전지(Lead-Acid Battery) 이다.
배터리는 충전과 방전이 반복되면서 화학반응을 통해 전기를 저장하고 방출한다.

해설
• 배터리의 충전과 방전 과정

충전 완료 시
PbO_2(과산화납) + $2H_2SO_4$(묽은황산) + Pb (순납)
즉, 양극은 과산화납(PbO_2), 음극은 순납(Pb), 전해액은 묽은 황산이다.

방전 시
PbO_2(과산화납) + Pb(순납) + $2H_2SO_4$(묽은황산) → $2PbSO_4$(황산납) + $2H_2O$(물)
양극과 음극이 모두 황산납($PbSO_4$)으로 변하면서 전기를 방출한다.

3 기관에서 공기청정기의 설치 목적으로 맞는 것은?

① 연료의 여과와 가압작용
② 공기의 가압작용
③ **공기의 여과와 소음작용**
④ 연료의 여과와 소음방지

정답 ③ 디젤기관이나 가솔린기관은 공기와 연료를 섞어 폭발을 일으키며 동작하는데 만약 공기가 깨끗하지 않다면 먼지, 모래, 이물질 등이 엔진 내부로 들어가 연소실을 손상시키고 성능을 저하시킬 수 있다.

해설 공기청정기(에어클리너)는 기관(엔진)에 깨끗한 공기를 공급하는 역할을 하며 흡입 시 발생하는 공기의 소음을 줄여준다.

4 동절기에 대비한 기관의 예방 정비사항이 아닌 것은?

① 윤활유 점도는 하절기에 비해 낮은 것이 사용된다.
② 사용연료는 작업 후 탱크에 가득 채워 사용한다.
③ 부동액은 사계절용 부동액을 사용한다.
④ 연료분사 압력을 높게 조정한다.

정답 ④ 겨울철에는 연료의 점도가 증가하여 자연적으로 연료분사 압력이 다소 높아질 수 있음.
분사 압력이 지나치게 높으면 연소 불완전, 노즐 마모, 연료 과다 분사 등의 문제가 발생할 수 있음.

해설 ① 겨울철에는 기온이 낮아 윤활유의 점도가 높아져(끈적해져) 시동성이 떨어지고, 내부 마찰 저항이 커질 수 있음. 따라서 동절기에는 점도가 낮은 오일을 사용하여 저온 시동성을 향상시키는 것이 일반적인 예방 정비 사항임.
② 겨울철에는 연료탱크 내부에 온도 차이로 인해 수분이 응결(결로 현상)하여 연료 속에 물이 섞일 가능성이 높음. 연료 속에 물이 포함되면 연료 필터가 막히거나, 연료 라인이 얼어 시동이 어렵거나 기관이 정지할 위험이 있음. 이를 방지하기 위해 연료탱크를 항상 가득 채우는 것이 일반적인 동절기 예방 정비 방법임.
③ 부동액(Antifreeze)은 냉각수의 동결을 방지하고 부식 억제 역할을 하는 필수적인 액체임.
사계절용 부동액은 여름철에는 냉각 효과를 제공하고, 겨울철에는 어는점을 낮춰 결빙을 방지하는 기능을 함.

5 교류발전기에서 교류를 직류로 바꾸어 주는 것은?

① 계자   ② 슬립링
③ 브러시   ④ 다이오드

정답 ④ 차량의 전자기기는 직류(DC)로 동작하므로 교류를 직류로 바꿔주는 장치가 필요하다.
다이오드(Diode)는 교류를 직류로 변환하는 역할을 한다.

해설 브러시(Brush) & 슬립링(Slip Ring) 발전기 내부에서 전기를 전달하는 역할.
계자(Field Coil) 전자기장을 형성하여 발전기를 작동하게 함.

6 분사펌프의 플런저와 배럴 사이의 윤활 역할을 하는 것은?

① 유압유   ② 경유
③ 그리스   ④ 기관오일

정답 ② 분사펌프 내부에는 별도의 윤활유가 공급되지 않는다. 대신, 경유(디젤 연료)가 자연스럽게 윤활 역할을 한다.
경유가 흐르면서 플런저와 배럴 사이의 마찰을 줄이고, 부드럽게 작동하도록 한다.

해설 ① 유압유 유압 시스템에서 사용되는 오일로, 분사펌프와는 관련이 없다.
③ 그리스 끈적한 형태의 윤활제로, 분사펌프 내부에서는 사용되지 않는다.
④ 기관오일 엔진 내부 윤활용 오일이며, 연료계통에는 사용되지 않는다.

7 1KW는 몇 PS인가?

① 0.75   ② 1.36
③ 75   ④ 736

정답 ② 1KW(킬로와트) = 1.36PS(마력)
1PS(마력) = 0.735KW

해설 • 마력(PS)이란?
PS는 독일식 마력(Pferdestärke)으로, 기계가 얼마나 큰 힘을 내는지 나타내는 단위이다.
1PS는 75kg의 물체를 1초 동안 1m 들어올리는 힘이다.

8 과급기에 대해 설명한 것 중 틀린 것은?

① 배기 터빈 과급기는 주로 원심식이다.
② 흡입공기에 압력을 가해 기관에 공기를 공급한다.
③ 과급기를 설치하면 엔진 중량과 출력이 감소된다.
④ 4행정 싸이클 디젤기관은 배기가스에 의해 회전하는 원심식 과급기가 주로 사용된다.

정답 ③ 과급기(Turbocharger, Supercharger)는 엔진의 성능을 향상시키기 위해 공기를 압축하여 더 많이 공급하는 장치이다. 무게는 소폭 증가할 수 있으나, 연료가 더 잘 타면서 출력이 증가한다.

해설 ① 배기가스로 터빈을 돌려 압축기를 가동하는 방식이다.
② 과급기는 공기를 강제적으로 압축하여 공급한다.
④ 터보차저가 이에 해당한다.

9 기관의 오일압력계 수치가 낮은 경우와 관계없는 것은?

① 오일 릴리프밸브가 막혔다.
② 크랭크축 오일 틈새가 크다.
③ 크랭크 케이스에 오일이 적다.
④ 오일펌프가 불량하다.

정답 ① 오일압력 수치가 낮다면 엔진 내부 윤활이 원활하지 않다는 의미이므로 즉시 점검해야 한다. 릴리프밸브는 오일 압력을 조절하는 역할을 하는데, 막히면 오일이 원활하게 순환하지 않아 압력이 높아진다.

해설 • 오일압력이 낮아지는 원인
 - **오일 부족**: 크랭크 케이스 내부에 오일이 부족하면 압력이 낮아진다.
 - **오일펌프 불량**: 오일을 순환시키는 힘이 약해지면 압력이 떨어진다.
 - **크랭크축 오일 틈새가 큼**: 엔진 내부에서 오일이 지나치게 새어 나가면 압력이 유지되지 않는다.

10 터보차저에 사용하는 오일로 맞는 것은?

① 유압오일　　② 특수오일
③ 기어오일　　④ **기관오일**

정답 ④ 터보차저는 배기가스를 이용해 터빈을 회전시키고 공기를 압축하여 엔진 성능을 높이는 장치이다. 터보차저는 고속으로 회전(최대 10만~20만 RPM)하므로 강한 마찰과 열이 발생한다. 이 열과 마찰을 줄이기 위해 윤활 및 냉각이 필수적이다.
기관오일(엔진오일)은 윤활 작용을 하여 터보차저 내부 부품이 마모되지 않도록 하며, 열을 흡수하여 터보차저가 과열되지 않도록 한다.

해설 ① **유압오일**: 유압 시스템에서 사용되는 오일이며, 터보차저와는 무관하다.
② **특수오일**: 별도의 특수 윤활유를 사용하지 않는다.
③ **기어오일**: 변속기나 차동기어에서 사용되는 오일로, 터보차저와 관련이 없다.

11 보기에 나타낸 것은 어느 구성품을 형태에 따라 구분한 것인가?

[보기] 직접분사식, 예연소실, 와류실식, 공기실식

① 연료분사장치 ② **연소실**
③ 기관구성 ④ 동력전달장치

정답 ② 연소실은 연료와 공기가 혼합되어 폭발(연소)하는 공간을 의미한다.
디젤기관에서는 연소실의 형태에 따라 연소 과정이 달라지므로 연소실의 종류를 구분하는 것이 중요하다.

해설 • 연소실의 종류 및 특징
직접분사식 (Direct Injection): 연료를 고압으로 분사하여 직접 연소하는 방식이다. 연소 효율이 높고 연비가 우수하다. 주로 대형 디젤엔진과 최신 디젤 차량에 사용된다.
예연소실 (Precombustion Chamber): 연료를 작은 공간에서 먼저 연소시킨 후 본격적인 연소를 진행한다. 연소실 내부에 작은 방(Prechamber)이 있어, 이곳에서 1차 연소가 발생한 후 메인 연소실로 확산된다. 시동이 용이하고 저소음이지만 연비가 낮다.
와류실식 (Swirl Chamber): 연소실 내부에 공기를 회전(와류)시키는 공간이 있어 연료와 공기가 균일하게 섞이도록 한다. 연소가 원활하게 진행되지만, 구조가 복잡하고 제작 비용이 높다.
공기실식 (Air Cell Chamber): 연소실 내부에 별도의 공기실이 존재하여 연소 효율을 높이는 방식이다. 특정 디젤기관에서 사용되며, 점화가 빠르고 노킹을 줄이는 효과가 있다.

12 다음 중 기관 정비 작업 시 엔진블럭의 찌든 기름때를 깨끗이 세척하고자 할 때 가장 좋은 용해액은?

① 냉각수 ② 절삭유
③ **솔벤트** ④ 엔진오일

정답 ③ 엔진블럭에는 운행 중 쌓이는 기름때, 그을음, 탄화물(카본)이 많이 붙어 있다.
이러한 찌든 때를 효과적으로 제거하기 위해 솔벤트(Solvent, 세척용 용제)를 사용한다.

해설 • 솔벤트의 특징
기름때와 오염물질을 강력하게 분해하는 화학 용제이다. 빠르게 증발하여 엔진 부품을 깨끗하게 유지할 수 있다.
자동차 및 기계 정비에서 가장 많이 사용되는 세척제 중 하나이다.

13 디젤기관의 장점이 아닌 것은?

① **가속성이 좋고 운전이 정숙하다.**
② 열효율이 높다.
③ 화재의 위험이 적다.
④ 연료 소비율이 낮다.

정답 ① 디젤기관은 가속성이 좋지 않고, 소음과 진동이 크다. 연료를 고압으로 분사하여 연소하기 때문에 가솔린기관보다 소음이 크고 운전이 정숙하지 않다.

해설 • 디젤기관의 장점
② 열효율이 높다: 디젤기관은 연료를 더 효율적으로 연소시키므로 휘발유 엔진보다 열효율이 높다.
③ 화재의 위험이 적다: 디젤 연료는 인화점이 높아 휘발유보다 화재 발생 가능성이 낮다.
④ 연료 소비율이 낮다: 같은 연료량으로 휘발유 엔진보다 더 오랫동안 주행할 수 있다.

14 예열플러그를 빼서 보았더니 심하게 오염되어 있다. 그 원인은?

① **불완전 연소 또는 노킹**
② 엔진 과열
③ 플러그의 용량 과다
④ 냉각수 부족

정답 ① 예열플러그(Glow Plug)는 디젤엔진에서 연료의 연소를 돕기 위해 실린더 내부를 예열하는 장치이다. 예열플러그가 심하게 오염된 원인은 불완전 연소가 발생했기 때문이다.

해설 ② 엔진이 과열되면 오염보다는 플러그가 손상될 가능성이 크다.
③ 플러그 용량과는 관계없이 오염이 발생할 수 있다.
④ 냉각수 부족은 엔진 과열을 유발할 수 있지만, 예열플러그 오염과는 직접적인 관련이 없다.

15 엔진오일에 대한 설명 중 가장 알맞은 것은?

① 엔진오일에는 거품이 많이 들어있는 것이 좋다.
② 엔진오일 순환상태는 오일레벨 게이지로 확인한다.
③ **겨울보다 여름에는 점도가 높은 오일을 사용한다.**
④ 엔진을 시동 후 유압경고등이 꺼지면 엔진을 멈추고 점검한다.

[정답] ③ 겨울에는 점도가 낮은 오일을 사용해야 한다. 점도가 높으면 저온에서 오일이 굳어 시동이 어려워진다.
여름에는 점도가 높은 오일을 사용해야 한다. 고온에서는 점도가 낮아지므로, 높은 점도의 오일이 필요하다.

[해설] ① 거품이 많으면 윤활이 제대로 되지 않는다.
② 오일 순환상태는 오일레벨 게이지가 아니라 오일압력계로 확인한다.
④ 시동 후 유압경고등이 꺼지는 것은 정상이며, 그 후 점검할 필요가 없다.

16 축전지의 용량만을 크게 하는 방법으로 맞는 것은?

① 직렬연결법   ② **병렬연결법**
③ 직·병렬연결법   ④ 논리회로 연결법

[정답] ② 전압은 유지되며 용량만 증가한다.
[해설] ① **직렬연결법**: 전압만 증가할 뿐 용량(Ah)은 증가하지 않는다.
③ **직·병렬연결법**: 직렬과 병렬을 혼합하는 방법이지만, 단순히 용량만 증가시키는 방법은 아니다.
④ **논리회로 연결법**: 배터리 연결 방식과는 무관한 개념이다.

17 타이어식 건설기계의 액슬허브에 오일을 교환하고자 한다. 오일을 배출시킬 때와 주입할 때의 플러그 위치로 옳은 것은?

① 배출시킬 때 1시 방향, 주입할 때 9시 방향
② **배출시킬 때 6시 방향, 주입할 때 9시 방향**
③ 배출시킬 때 3시 방향, 주입할 때 9시 방향
④ 배출시킬 때 2시 방향, 주입할 때 12시 방향

[정답] ② 액슬허브(Axle Hub)는 차축의 끝부분에 위치하여 바퀴를 지지하는 장치이다. 타이어식 건설기계에서는 액슬허브 내부에 기어오일(Gear애)이 들어 있으며, 일정 시간이 지나면 교환해야 한다.

[해설] • 오일 교환 방법
배출(Drain): 오일을 완전히 빼내기 위해 액슬허브의 가장 낮은 위치(6시 방향)에 있는 플러그를 연다.
주입(Fill): 오일이 적절히 채워지도록 9시 방향의 플러그를 열고 주입한다.

18 냉각팬의 벨트 유격이 너무 클 때 일어나는 현상으로 옳은 것은?

① 발전기의 과충전이 발생된다.
② 강한 텐션으로 벨트가 절단된다.
③ **기관과열의 원인이 된다.**
④ 점화시기가 빨라진다.

[정답] ③
[해설] • 냉각팬 벨트의 유격이 클 때 발생하는 문제
벨트가 헐거워져 팬이 원활하게 회전하지 않는다. 냉각 효율이 떨어지면서 엔진이 과열될 위험이 있다. 오래 방치하면 엔진 내부 부품 손상이 발생할 수 있다.
① 벨트가 느슨하면 오히려 발전기 충전이 부족해진다.
② 유격이 클 경우 벨트가 느슨해지지 절단되지는 않는다.
④ 점화시기와 냉각팬 벨트는 관계가 없다.

19 기관의 맥동적인 회전을 관성력을 이용하여 원활한 회전으로 바꾸어 주는 역할을 하는 것은?

① 크랭크축   ② 피스톤
③ **플라이휠**   ④ 커넥팅로드

[정답] ③ 엔진(기관)은 연소 폭발을 통해 회전하는데, 이때 회전 속도가 고르지 않다. 이러한 맥동적인 (고르지 않은) 회전을 부드럽게 만드는 역할을 하는 것이 플라이휠(Flywheel)이다.

[해설] ① 엔진의 피스톤 운동을 회전력으로 변환하는 역할을 한다.
② 엔진 내부에서 연료가 연소할 때 상하운동을 하는 부품이다.
④ 피스톤과 크랭크축을 연결하는 부품이다.

20 기관의 냉각장치에 해당되지 않는 부품은?

① 수온조절기   ② **릴리프밸브**
③ 방열기   ④ 팬 및 벨트

정답 ② 릴리프밸브(Relief Valve)는 냉각장치가 아니라 오일압력을 조절하는 장치이다. 엔진오일 압력이 너무 높아지는 것을 방지하는 역할을 한다.

해설
• 냉각장치에 포함되는 부품
수온조절기(Thermostat): 냉각수의 흐름을 조절하여 엔진 온도를 일정하게 유지하는 역할을 한다.
방열기(Radiator): 냉각수를 식히는 장치로, 열을 방출하여 엔진 온도를 낮춘다.
팬 및 벨트(Fan & Belt): 팬이 회전하여 공기를 유입시켜 방열기의 냉각 효과를 높인다.

21 과실로 경상 6명의 인명피해를 입힌 건설기계를 조종한 자의 처분 기준은?

① 면허효력정지 10일   ② 면허효력정지 20일
③ **면허효력정지 30일**   ④ 면허효력정지 60일

정답 ③

해설 건설기계관리법 시행규칙 별표 22 참조
1) 인명피해
① 고의로 인명피해(사망·중상·경상 등을 말한다)를 입힌 경우: 취소
② 과실로 산업안전보건법 제2조제2호에 따른 중대재해가 발생한 경우: 취소
⑤ 그 밖의 인명피해를 입힌 경우
(1) 사망 1명마다 면허효력정지 45일
(2) 중상 1명마다 면허효력정지 15일
(3) 경상 1명마다 면허효력정지 5일

22 화물을 적재하고 주행할 때 포크와 지면과의 간격으로 가장 적합한 것은?

① 지면에 밀착   ② **20 ~ 30cm**
③ 50 ~ 55cm   ④ 80 ~ 85cm

정답 ② 주행 시 포크는 지면에서 20~30cm 높이가 가장 적절하다.

해설 지게차는 화물을 들어 올려 이동하는 기계로, 화물과 지면의 간격(포크 높이)이 중요하다. 포크가 너무 낮으면 지면에 닿아 사고가 발생할 수 있고, 너무 높으면 중심이 불안정해 전복 위험이 커진다.

23 진로를 변경하고자 할 때 운전자가 지켜야 할 사항으로 틀린 것은?

① 신호는 행위가 끝날 때까지 계속하여야 한다.
② 방향지시기로 신호를 한다.
③ 손이나 등화로도 신호를 할 수 있다.
④ **제한속도에 관계없이 최단 시간 내에 진로변경을 하여야 한다.**

정답 ④ 제한속도와 상관없이 빠르게 진로 변경을 하는 것은 매우 위험하다. 빠르게 차선을 변경하면 충돌 사고가 발생할 위험이 크다.

해설 운전자가 진로를 변경할 때는 안전이 최우선이다. 진로를 변경할 때는 차량의 속도와 주변 교통 상황을 고려하여 천천히 변경해야 한다.
• 진로 변경 시 지켜야 할 사항
– 방향지시기를 켠 후 변경해야 한다.
– 손 신호 또는 등화(방향지시등)를 사용할 수 있다.
– 방향 신호는 변경이 끝날 때까지 유지해야 한다.

24 오일을 한쪽 방향으로만 흐르게 하는 밸브는?

① 릴리프밸브   ② **첵밸브**
③ 파일럿밸브   ④ 로터리밸브

정답 ② 유압 및 윤활 시스템에서는 오일이 한 방향으로만 흐르도록 조절하는 밸브가 필요하다. 이 역할을 하는 것이 첵밸브(Check Valve) 이다.

해설
• **첵밸브의 특징**: 유압 시스템에서 오일이 역류하지 않도록 차단하는 기능을 한다. 펌프 및 유압 실린더에서 많이 사용된다.
① 유압이 일정 압력 이상이 되면 과압을 방출하는 밸브이다.
③ 유압 흐름을 제어하는 보조 밸브이다.
④ 회전 운동을 이용해 유체의 흐름을 조절하는 밸브이다.

25 총 중량 2000kg 미달인 자동차를 그의 3배 이상의 총 중량 자동차로 견인할 때의 속도는?

① 시속 15km 이내 ② 시속 20km 이내
③ **시속 30km 이내** ④ 시속 40km 이내

정답 ③

해설
- 도로교통법 시행규칙 제20조(자동차를 견인할 때의 속도) 견인자동차가 아닌 자동차로 다른 자동차를 견인하여 도로(고속도로를 제외한다)를 통행하는 때의 속도는 다음 각 호에서 정하는 바에 의한다.
  1. 총중량 2천킬로그램 미만인 자동차를 총중량이 그의 3배 이상인 자동차로 견인하는 경우에는 매시 30킬로미터 이내
  2. 제1호 외의 경우 및 이륜자동차가 견인하는 경우에는 매시 25킬로미터 이내

26 토크컨버터가 구조상 유체클러치와 다른 점은?

① 임펠러 ② 터빈
③ **스테이터** ④ 펌프

정답 ③ 토크컨버터(Torque Converter)는 자동변속기에서 동력을 전달하는 핵심 부품이다. 유체클러치와 구조적으로 유사하지만, 스테이터(Stator)가 추가되어 차이점이 발생한다.

해설 ① 임펠러, ② 터빈, ④ 펌프는 유체클러치에도 존재하는 구성품이다.

27 지게차의 일반적인 조향방식은?

① 앞바퀴 조향방식이다.
② 허리꺾기 조향방식이다.
③ 작업조건에 따라 바꿀 수 있다.
④ **뒷바퀴 조향방식이다.**

정답 ④ 지게차는 일반 차량과 다르게 뒷바퀴를 이용하여 조향(방향 전환)한다. 이러한 방식은 좁은 공간에서 방향을 쉽게 바꿀 수 있도록 도와준다.

해설 ① 앞바퀴 조향방식: 일반 자동차에서 사용되지만, 지게차는 다르다.
② 허리꺾기 조향방식: 굴절식 차량(굴삭기 등)에 사용되는 방식이다.
③ 작업 조건에 따라 바꿀 수 없다.

28 운전자의 준수사항에 대한 설명 중 틀린 것은?

① 고인 물을 튀게 하여 다른 사람에게 피해를 주어서는 안 된다.
② 과로, 질병, 약물의 중독 상태에서 운전하여서는 안 된다.
③ 보행자가 안전지대에 있는 때에는 서행하여야 한다.
④ **운전석으로부터 떠날 때에는 원동기의 시동을 끄지 말아야 한다.**

정답 ④ 운전자는 차량에서 떠날 때 반드시 시동을 끄고 안전을 확보해야 한다.

해설 ①, ②, ③은 모두 운전자가 준수해야 할 사항이다.

29 건설기계를 검사유효기간 만료 후에 계속 운행하고자 할 때는 어느 검사를 받아야 하는가?

① 신규등록검사 ② 계속검사
③ 수시검사 ④ **정기검사**

정답 ④

해설
- 건설기계관리법 시행규칙
  제23조(정기검사의 신청등) ① **검사유효기간이 끝난 후에 계속하여 운행하려는 경우**에 따른 정기검사를 받으려는 자는 검사유효기간의 만료일 전후 각각 31일 이내의 기간에 별지 제20호서식의 **정기검사신청서**를 시·도지사에게 제출해야 한다.

30 엔진과 직결되어 같은 회전수로 회전하는 토크컨버터의 구성품은?

① 터빈　　　　　　② **펌프**
③ 스테이터　　　　④ 변속기 출력축

정답 ②

해설 토크컨버터(Torque Converter)는 자동변속기에서 동력을 전달하는 장치이며 펌프, 터빈, 스테이너 3가지 주요 구성 요소로 이루어져 있다.
- **펌프**(Pump): 엔진과 직접 연결되어 동일한 회전수로 회전한다. 유체를 가속하여 터빈으로 전달하는 역할을 한다.
- **터빈**(Turbine): 펌프에서 전달된 유체의 힘을 받아 회전하며, 변속기로 동력을 전달한다.
- **스테이터**(Stator): 토크컨버터 내부에서 유체 흐름을 조절하는 역할을 하며, 엔진과 직접 연결되지 않는다.
④ 변속기 출력축은 엔진과 직접 연결되지 않고, 터빈을 통해 회전하게 된다.

31 타이어식 건설기계의 좌석 안전띠는 속도가 몇 km/h 이상일 때 설치하여야 하는가?

① 10km/h　　　　② **30km/h**
③ 40km/h　　　　④ 50km/h

정답 ②

해설 • 건설기계 안전기준에 관한 규칙
제150조(좌석안전띠 등) ① 지게차, 전복보호구조 또는 전도보호구조를 장착한 건설기계와 시간당 30킬로미터 이상의 속도를 낼 수 있는 타이어식 건설기계에는 좌석안전띠를 설치하여야 한다.

32 서행에 대한 설명으로 옳은 것은?

① 매시 15km 이내의 속도를 말한다.
② 매시 20km 이내의 속도를 말한다.
③ 정지거리 2m 이내에서 정지할 수 있는 경우를 말한다.
④ **위험을 느끼고 즉시 정지할 수 있는 느린 속도로 운행하는 것을 말한다.**

정답 ④ 서행(Slow Driving)이란 위험 상황에 대비하여 즉시 멈출 수 있는 속도로 운행하는 것을 의미한다.

해설 • 서행의 개념
도로교통법에서 서행은 특정 속도를 정해놓지 않고 '즉시 정지할 수 있는 속도'를 의미한다.
횡단보도, 교차로, 급커브, 공사 구간에서는 항상 서행해야 한다.

33 다음 중 주차, 정차가 금지되어 있지 않은 장소는?

① **경사로의 정상부근**　② 건널목
③ 횡단보도　　　　　　④ 교차로

정답 ①

해설 • 주차 및 정차가 금지된 장소:
- 건널목, 횡단보도, 교차로, 터널, 다리 위
- 소방시설 주변 5m 이내, 버스정류장 10m 이내
- 경사로의 중간(내리막, 오르막 도로는 정차 금지)
경사로 정상 부근(꼭대기 부분)은 주차 금지가 아님. 경사로의 중간에서는 차가 미끄러질 위험이 크지만, 정상 부근은 위험도가 상대적으로 낮음.

34 건설기계등록신청은 관련법상 건설기계를 취득한 날로부터 얼마의 기간 이내에 하여야 하는가?

① 5일　　　　② 15일
③ 1월　　　　④ **2월**

정답 ④

해설 • 건설기계관리법 시행령
② 제1항의 규정에 의한 건설기계등록신청은 건설기계를 취득한 날(판매를 목적으로 수입된 건설기계의 경우에는 판매한 날을 말한다)부터 2월 이내에 하여야 한다.

35 기계식 변속기가 설치된 건설기계에서 클러치판의 비틀림 코일스프링의 역할은?

① 클러치판이 더욱 세게 부착되게 한다.
② **클러치 작동 시 충격을 흡수한다.**
③ 클러치의 회전력을 증가시킨다.
④ 클러치 압력판의 마멸을 방지한다.

정답 ②
해설 비틀림 코일스프링은 변속할 때 충격을 줄여서 부드럽게 동력을 전달하며 엔진과 변속기 사이의 연결을 원활하게 해 준다.

36 등록번호표 제작자는 등록번호표 제작 등의 신청을 받은 날로부터 며칠 이내에 제작하여야 하는가?

① 3일   ② 5일
③ **7일**   ④ 10일

정답 ③
해설 • 건설기계관리법 시행규칙
제17조(등록번호표제작등의 통지 등)
④ 등록번호표제작자는 제3항의 규정에 의하여 등록번호표제작등의 신청을 받은 때에는 7일 이내에 등록번호표제작등을 하여야 하며,

37 지게차 주행 시 주의하여야 할 사항들 중 틀린 것은?

① 짐을 싣고 주행할 때는 절대로 속도를 내서는 안 된다.
② 노면의 상태에 충분한 주의를 하여야 한다.
③ **포크의 끝을 밖으로 경사지게 한다.**
④ 적하 장치에 사람을 태워서는 안 된다.

정답 ③
해설 포크의 끝은 약간 위쪽으로 향해야 한다. 경사지게 하면 화물이 미끄러져 떨어질 위험이 있다.

38 과태료 처분에 대하여 불복이 있는 경우 며칠 이내에 이의를 제기하여야 하는가?

① 처분이 있는 날로부터 30일 이내
② 처분이 있는 날로부터 60일 이내
③ 처분의 고지를 받은 날로부터 30일 이내
④ **처분의 고지를 받은 날로부터 60일 이내**

정답 ④
해설 • 질서위반행위규제법
제20조(이의제기) ① 행정청의 과태료 부과에 불복하는 당사자는 제17조제1항에 따른 **과태료 부과 통지를 받은 날부터 60일 이내**에 해당 행정청에 서면으로 이의제기를 할 수 있다.

39 '신개발 시험' 연구 목적 운행을 제외한 건설기계의 임시 운행기간은 며칠 이내인가?

① 5일   ② 10일
③ **15일**   ④ 20일

정답 ③
해설 • 건설기계관리법 시행규칙
제6조(미등록 건설기계의 임시운행) ③ **임시운행 기간은 15일 이내로 한다.** 다만, 제1항제4호(신개발 건설기계를 시험·연구의 목적으로 운행)의 경우에는 3년 이내로 한다.

40 드라이버 사용 시 바르지 못한 것은?

① 드라이버 날 끝이 나사 홈의 너비와 길이에 맞는 것을 사용한다.
② (-) 드라이버 날 끝은 평범한 것이어야 한다.
③ 이가 빠지거나 둥글게 된 것은 사용하지 않는다.
④ 필요에 따라서 정으로 대신 사용한다.

정답 ④ 드라이버 대신 정(끌)을 사용하면 나사홈이 손상될 위험이 크.

해설 • 드라이버 사용 시 주의할 점
- 나사 홈에 맞는 드라이버를 사용해야 한다.
- (-) 드라이버 날 끝은 평평한 것이어야 한다.
- 이가 빠지거나 둥글게 닳은 드라이버는 사용하면 안 된다.

41 작업시 안전사항으로 준수해야 할 사항 중 틀린 것은?

① 정전 시는 반드시 스위치를 끊을 것
② 딴 볼일이 있을 때는 기기 작동을 자동으로 조정하고 자리를 비울 것
③ 고장중의 기기에는 반드시 표식을 할 것
④ 대형 건물을 기중 작업할 때는 서로 신호에 의거할 것

정답 ② 기계를 자동으로 조정해 놓고 자리를 비우면 돌발사고가 발생할 가능성이 크다.

해설 • 작업 중 안전수칙
- 정전이 발생하면 스위치를 반드시 꺼야 한다.
- 고장난 기계에는 '고장 표시'를 붙여 다른 사람이 사용하지 않도록 해야 한다.
- 대형 건물 작업 시 반드시 신호를 주고받으며 작업해야 한다.

42 엔진 오일량 점검에서 오일게이지에 상한선(Full)과 하한선(Low)표시가 되어 있을 때 가장 적절한 것은?

① Low 표시에 있어야 한다.
② Low와 Full 표시 사이에서 Low에 가까이 있으면 좋다.
③ **Low와 Full 표시 사이에서 Full에 가까이 있으면 좋다.**
④ Full 표시 이상이 되어야 한다.

정답 ③ 엔진 오일량은 Full(F)에 가깝게 유지하는 것이 가장 이상적.
적절한 오일량이 있어야 윤활 작용, 냉각, 청정 기능을 원활하게 수행할 수 있음.

해설 ①. ② 엔진 오일이 부족하면 윤활 부족으로 인해 엔진 마모, 과열, 성능 저하 등의 문제가 발생할 수 있음.
④ 오일이 너무 많으면 크랭크축이 오일을 심하게 휘젓게 되어 거품(에어레이션)이 생기고, 오일의 윤활 및 냉각 기능이 저하됨. 또한 오일 누출, 배출가스 증가, 오일 실링 손상 등의 원인이 될 수 있음.

43 화재의 분류 기준에서 휘발유(액상 또는 기체상의 연료성 화재)로 인해 발생한 화재는?

① A급 화재   ② **B급 화재**
③ C급 화재   ④ D급 화재

정답 ②

해설 • 화재의 종류:
A급 화재: 일반 가연물 화재 (나무, 종이, 천 등)
B급 화재: 유류(휘발유, 등유, 기름) 화재
C급 화재: 전기 화재
D급 화재: 금속 화재

금속 화재란? (Class D Fire)
가연성 금속이 연소하여 발생하는 화재를 의미하며, 일반적인 화재와는 다른 특성을 가짐.
일반적인 물 소화 방식이 오히려 위험함.
D급 소화제(금속 전용 분말) 사용이 필수적이며, 불연성 분말(모래, 탄산나트륨, 흑연 분말)로 덮어 산소를 차단하는 것이 효과적임.

44 그림의 유압기호는 무엇을 표시하는가?

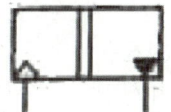

① **공기유압변환기** ② 중압기
③ 촉매컨버터 ④ 어큐뮬레이터

[정답] ① 공압을 유압으로 바꿔 힘을 증가시킴
[해설] ② 중압기(Booster) → 유압 압력을 증대시켜 더 강한 힘을 제공
③ 촉매컨버터 → 배기가스를 정화하여 환경 보호
④ 어큐뮬레이터 → 유압 시스템에서 압력을 저장하고 변동을 조절

45 보기에서 가스용접기에 사용되는 용기의 도색이 옳게 연결된 것을 모두 고른 것은?

[보기]
㉠ 산소-녹색   ㉡ 수소-흰색   ㉢ 아세틸렌-황색

① ㉠, ㉡   ② ㉡, ㉢
③ **㉠, ㉢**   ④ ㉠, ㉡, ㉢

[정답] ③
[해설] • 가스용기 색상 기준(일반용, 산업용)
 – 산소(O_2): 녹색(의료용: 흰색)
 – 아세틸렌(C_2H_2): 황색
 – **수소(H_2): 주황색**
 – 액화암모니아: 흰색

46 볼트나 너트를 죄거나 푸는 데 사용하는 각종 렌치에 대한 설명으로 틀린 것은?

① 조정렌치 : 멍키 렌치라고도 호칭하며 제한된 범위 내에서 어떠한 규격의 볼트나 너트에도 사용할 수 있다.
② 엘(L)렌치 : 6각형 봉을 L자 모양으로 구부려서 만든 렌치이다.
③ **복수렌치 : 연료 파이프 피팅 작업에 사용한다.**
④ 소켓렌치 : 다양한 크기의 소켓을 바꾸어가며 작업할 수 있도록 만든 렌치이다.

[정답] ③ '복수렌치'라는 용어는 일반적으로 사용되지 않음. 연료 파이프 피팅 작업에는 "튜브 렌치(Tube Wrench)" 또는 "플레어 너트 렌치(Flare Nut Wrench)"를 사용함.
[해설] • 각 렌치의 특징
 – 조정렌치(멍키렌치): 다양한 크기의 볼트/너트를 조일 수 있음.
 – 엘(L)렌치: 육각 나사를 조일 때 사용됨.
 – 소켓렌치: 여러 크기의 소켓을 교체하며 사용 가능.

47 안전한 작업을 위해 보안경을 착용하여야 하는 작업은?

① **유니버설 조인트 조임 및 하체 점검 작업**
② 전기저항 측정 및 배선 점검 작업
③ 엔진 오일 보충 및 냉각수 점검 작업
④ 납땜 작업

[정답] ① 유니버설 조인트(Universal Joint) 작업 시 회전하는 부품이 있으며, 작업 도중 기계 부품의 먼지, 금속 가루, 오일, 녹 등이 튀거나 떨어질 가능성이 있음. 따라서 보안경을 착용하는 것이 필수적임
[해설] ② 전기저항을 측정하는 과정에서는 보안경이 필요하지 않음. 전기적 보호장비(절연장갑, 절연신발 등)가 더 중요함.
③ 오일 보충 시 튀는 위험이 거의 없음. 냉각수 점검 시 뜨거운 냉각수가 튈 수 있어 안면 보호구가 필요함.
④ 납땜 작업 시에는 차광 보호구(차광 고글, 용접면 등)가 필요함.

48 체인블록을 사용할 때 가장 옳다고 생각되는 것은?

① **체인이 느슨한 상태에서 급격히 잡아당기면 재해가 발생할 수 있다.**
② 밧줄은 무조건 굵은 것을 사용하여야 한다.
③ 기관을 들어 올릴 때에는 반드시 체인으로 묶어야 한다.
④ 이동시에는 무조건 최단거리 코스로 빠른 시간 내에 이동시켜야 한다.

정답 ① 체인블록(Chain Block)은 무거운 하중(물체)을 들어 올리거나 내릴 때 사용하는 기계식 리프팅 장치임. 전원 공급 없이 체인을 손으로 당겨서 작동하는 방식이므로 휴대성과 사용성이 뛰어남.
체인블록을 사용할 때는 항상 적절한 텐션을 유지하고, 급격한 조작을 피해야 함

해설 ② 하중과 사용 목적에 맞는 적절한 밧줄을 사용해야 함.
③ 기관(엔진 등)을 들어 올릴 때는 체인뿐만 아니라 전용 리프팅 밴드(와이어, 슬링벨트 등)를 사용하여 안전하게 지지하는 것이 중요함. 체인만을 사용하면 기관 표면이 손상될 수 있고, 균형을 잡기가 어려울 수 있음.
④ 무조건 최단거리와 빠른 이동이 아니라, 가장 안전한 경로로 천천히 이동하는 것이 중요함.

49 감전되거나 화상을 입을 위험이 있는 작업 시 작업자가 착용해야 할 것은?

① 구명구　　　　② **보호구**
③ 구명조끼　　　④ 비상벨

정답 ②

해설 감전 및 화상 위험이 있는 작업에서는 안전 보호구(PPE, Personal Protective Equipment) 착용이 필수적이다.
• 감전 예방 보호구
　– 절연 장갑 (고무 또는 특수 소재)
　– 절연 안전화 (전기가 통하지 않는 신발)
　– 절연 매트 (전기 작업 시 바닥에 설치)
• 화상 예방 보호구
　– 방염 작업복 (불이 붙지 않는 소재)
　– 고온 방지 장갑
　– 보안경 및 보호마스크

① 구명구 → 물에 빠졌을 때 사용하는 장비
③ 구명조끼 → 수상 안전을 위한 보호구
④ 비상벨 → 응급상황 알림 장치

50 유압실린더의 작동속도가 정상보다 느릴 경우 예상되는 원인으로 가장 적절한 것은?

① **계통 내의 흐름용량이 부족하다.**
② 작동유의 점도가 약간 낮아짐을 알 수 있다.
③ 작동유의 점도지수가 높다.
④ 릴리프밸브의 조정압력이 너무 높다.

정답 ① 유압실린더의 작동속도가 느려지는 주요 원인은 유압유의 흐름량(Flow Rate)이 부족하기 때문이다.

해설 ② 작동유의 점도가 낮아짐 → 오히려 속도가 증가할 수 있음
③ 점도지수가 높음 → 온도 변화에 따른 점도 유지력이 커질 뿐 속도 문제와 직접적 연관 없음
④ 릴리프밸브 조정압력 증가 → 압력이 높아질 뿐 속도 문제와 관계없음

51 화재의 분류에서 전기화재에 해당하는 것은?

① A급 화재 ② B급 화재
③ C급 화재 ④ D급 화재

[정답] ③
[해설] • 화재의 종류:
A급 화재: 일반화재 (나무, 종이, 천)
B급 화재: 유류화재 (휘발유, 등유, 기름)
C급 화재: 전기화재 (전기설비, 배선, 변압기)
D급 화재: 금속화재 (마그네슘, 알루미늄 등)

52 안전점검의 종류에 해당되지 않는 것은?

① 수시점검 ② 정기점검
③ 특별점검 ④ 구조점검

[정답] ④ 구조점검은 건설물의 안전성과 관련된 개념이지, 일반적인 안전점검 종류에 포함되지 않음.
[해설] • 안전점검의 주요 종류
수시점검 → 매일 또는 정기적으로 빠르게 점검
정기점검 → 일정한 주기(월별, 연간)로 실시
특별점검 → 사고 발생 후 또는 특정 위험 요인이 있을 때 수행

53 유압장치에서 일일 정비 점검 사항이 아닌 것은?

① 유량 점검 ② 이음 부분의 누유 점검
③ 필터 ④ 호스의 손상과 접촉면의 점검

[정답] ③ 필터 점검은 보통 주간 또는 월간 점검 사항이며, 일일 점검 사항이 아님.
[해설] • 유압장치의 일일 점검 사항
– 유량 점검 (유압유 부족 여부 확인)
– 이음 부분의 누유 점검 (배관 및 실린더 누유 여부)
– 호스의 손상 및 접촉면 점검 (유압 호스 균열 및 마모 확인)

54 유압유에 점도가 서로 다른 2종류의 오일을 혼합하였을 경우에 대한 설명으로 맞는 것은?

① 오일 첨가제의 좋은 부분만 작동하므로 오히려 더욱 좋다.
② 점도가 달라지나 사용에는 전혀 지장이 없다.
③ 혼합은 권장사항이며 사용에는 전혀 지장이 없다.
④ 열화현상을 촉진시킨다.

[정답] ④ 유압유의 화학적 안정성이 깨져 열화 속도가 빨라지고, 시스템 내에서 문제를 일으킬 가능성이 크다.
[해설] ① 서로 다른 첨가제가 혼합되면 긍정적인 효과가 나타나기보다는 오히려 화학적 불안정성을 초래할 가능성이 높다.
② 점도가 달라지면 유압 시스템에서 요구하는 적정 작동 조건이 변하게 되며, 사용에 지장이 생길 수 있다.
③ 오일 혼합은 일반적으로 금지됩니다. 제조사가 동일한 브랜드 및 유형의 유압유라도 혼합하지 않는 것이 좋다.

55 유류화재 시 소화방법으로 가장 부적절한 것은?

① B급 화재 소화기를 사용한다.
② 다량의 물을 부어 끈다.
③ 모래를 뿌린다.
④ ABC 소화기를 사용한다.

[정답] ② 유류화재에 물을 뿌리면 기름이 물 위에 떠서 불이 더 번진다.
[해설] • 유류화재(B급 화재) 적절한 소화방법
– B급 화재용 소화기 사용 (CO_2, 분말소화기)
– 모래를 덮어 산소 차단
– ABC 소화기 사용 가능(명칭 그대로 A, B, C급 모두 소화할 수 있는 소화기임)

56 유압장치에서 피스톤로드에 있는 먼지 또는 오염물질 등이 실린더 내로 혼입되는 것을 방지하는 것은?

① 필터 ② 더스트 실
③ 밸브 ④ 실린더 커버

정답 ② 더스트 실은 유압 실린더의 피스톤로드 부분에 장착되는 고무 또는 폴리우레탄 재질의 씰(Seal)로, 외부의 먼지나 오염물질이 실린더 내부로 유입되는 것을 막는 역할을 한다.

해설 ① 필터 (Filter): 유압 시스템에서 유체 내 불순물을 제거하는 역할을 하지만, 피스톤로드의 먼지를 직접 방지하는 역할은 하지 않음.
③ 밸브 (Valve): 유압 오일의 흐름을 제어하는 기능을 하며, 먼지 유입 방지 기능과는 관련 없음.
④ 실린더 커버 (Cylinder Cover): 실린더를 보호하는 역할을 하지만, 피스톤로드에 붙은 먼지를 직접 차단하는 기능은 없음.

57 유압모터의 장점이 될 수 없는 것은?

① 소형, 경량으로 큰 출력을 낼 수 있다.
② 공기와 먼지 등이 침투하여도 성능에는 영향이 없다.
③ 변속, 역전의 제어도 용이하다.
④ 속도나 방향의 제어가 용이하다.

정답 ② 유압 시스템은 밀폐된 구조로 운영되며, 공기나 먼지가 침투하면 오일 산화, 캐비테이션(Cavitation), 시스템 마모 등의 문제가 발생하여 성능이 저하됨. 따라서 유압유의 청결 유지 및 필터 시스템이 매우 중요함.

해설 ① 유압모터는 크기가 작으면서도 높은 출력을 낼 수 있기 때문에 다양한 건설기계 및 산업장비에서 널리 사용됨.
③ 유압모터는 유압 흐름을 조절하여 쉽게 변속 및 역전(Reverse) 조작이 가능함.
④ 유압 흐름을 조절하는 방식으로 속도와 방향을 쉽게 제어할 수 있어 다양한 응용 분야에서 활용됨.

58 건설기계장비에서 유압 구성품을 분해하기 전에 내부 압력을 제거하려면 어떻게 하는 것이 좋은가?

① 압력밸브를 밀어준다.
② 고정너트를 서서히 푼다.
③ 엔진 정지 후 조정 레버를 모든 방향으로 작동하여 압력을 제거한다.
④ 엔진 정지 후 개방하면 된다.

정답 ③ 가장 안전하고 확실한 방법.
엔진을 정지한 후 조정 레버를 모든 방향으로 움직이면, 유압 작동유가 자연스럽게 시스템 내부로 돌아가면서 압력이 해소됨.

해설 ① 압력밸브만으로 모든 내부 압력을 제거하는 것은 불완전한 방법임.
② 고정너트를 서서히 푼다고 해서 내부 압력이 완전히 제거되지는 않음. 오히려 압력이 남아 있을 경우, 너트를 푸는 순간 급격한 유압 분출이 발생하여 부상을 초래할 위험이 있음.
④ 단순히 엔진을 정지하는 것만으로 내부 압력이 자동으로 제거되지 않음. 압력이 남아 있는 상태에서 부품을 개방하면 유압유가 강하게 분출될 수 있음.

59 디젤기관에서 흡입 행정 시 흡입되는 것은?

① 공기 ② 연료
③ 혼합기 ④ 윤활유

정답 ①

해설 • 디젤기관의 작동 원리
디젤기관은 흡입–압축–폭발–배기의 4행정 과정을 거친다.
② 연료는 압축 행정 후 고온·고압 상태에서 분사됨.
③ 혼합기는 가솔린기관(점화플러그 사용)에서 연료+공기를 혼합한 기체.
④ 윤활유는 엔진의 부품을 보호하는 오일로, 연소 과정과 직접 관련 없음.

60 커먼레일 연료분사 장치의 저압부에 속하지 않는 것은?

① 커먼레일 ② 연료 스트레이너
③ 1차 연료펌프 ④ 필터

정답 ①

해설
① 커먼레일은 고압부(High-Pressure Side)에 속하며 고압 펌프에서 연료를 고압으로 압축한 후, 분사노즐에 공급하기 위해 연료를 저장하는 역할을 함.
② 연료에서 이물질을 걸러내는 필터 역할을 하며, 고압으로 압축되기 전 단계인 저압부에서 작동함.
③ 저압 상태에서 연료를 공급하는 펌프로, 고압 펌프에 연료를 전달하는 역할을 함.
④ 연료 속의 불순물을 제거하는 역할을 하며, 연료가 고압으로 압축되기 전 단계에서 작동하므로 저압부에 속함.

02 기출문제 2회 (60제)

이론 따로 필요없다. 문제 해설로 시원하게 끝낸다

※ 맞는 것을 고르는 답은 고딕, 틀린 것을 고르는 답은 명조체로 표시하였습니다

1 연료기관에서 상사점과 하사점까지를 무엇이라고 하는가?

① **행정**
② 사이클
③ 소기
④ 과급

정답 ①

해설
① 연료기관(엔진)에서 피스톤이 실린더 내에서 움직이는 범위는 상사점(TDC, Top Dead Center)과 하사점(BDC, Bottom Dead Center) 사이임. 이러한 피스톤의 움직임을 "행정(Stroke)"이라고 한다.
② 엔진이 흡입 → 압축 → 폭발 → 배기의 4단계를 거쳐 1회의 동력을 발생하는 과정을 의미함.
③ 배기가스를 배출하고 새로운 공기를 실린더에 유입하는 과정을 의미함.
④ 터보차저(Turbocharger)나 슈퍼차저(Supercharger)를 이용하여 흡입공기에 압력을 가해 연소효율을 높이는 방식을 의미함.

2 지게차를 주차할 때 취급사항으로 틀린 것은?

① 포크를 지면에 완전히 내린다.
② 기관을 정지한 후 주차 브레이크를 작동시킨다.
③ 시동을 끈 후 시동스위치의 키는 그대로 둔다.
④ 포크의 선단이 지면에 닿도록 마스트를 전방으로 적절히 경사시킨다.

정답 ③

해설
③ 시동키를 그대로 두면 무단 사용이나 도난 위험이 있음. 또한 비상 시 지게차가 움직여 사고가 발생할 가능성이 있다.
① 주차 중 포크에 걸려 넘어지거나 충돌하는 사고를 방지하기 위해 항상 포크를 지면에 완전히 내려야 함.
② 지게차 주차 시 반드시 주차 브레이크(핸드 브레이크)를 작동시켜야 함. 특히 경사면에서는 필수적인 조치로, 지게차가 미끄러지는 사고를 방지.
④ 주차할 때는 포크의 끝이 지면에 닿도록 마스트를 적절히 앞으로 기울이는 것이 원칙.

3 기관의 냉각팬이 회전할 때 공기가 불어가는 방향은?

① **방열기 방향**
② 엔진 방향
③ 상부 방향
④ 하부 방향

정답 ①

해설
• 냉각팬의 역할
기관(엔진)에서 발생한 열을 식히기 위해 공기를 라디에이터(방열기) 방향으로 보냄. 이를 통해 엔진 냉각수가 식으며 과열을 방지.

4 디젤기관을 가동시킨 후 충분한 시간이 지났는데도 냉각수 온도가 정상적으로 상승하지 않을 경우 그 고장의 원인이 될 수 있는 것은?

① 냉각팬 벨트의 헐거움
② **수온조절기가 열린 채 고장**
③ 물 펌프의 고장
④ 라디에이터 코어의 막힘

정답 ② 수온조절기가 열린 상태로 고장 나면 냉각수가 계속 흐르면서 온도가 올라가지 않음.

해설
① 냉각 부족으로 오히려 과열됨
③ 냉각수 순환이 멈춰 과열됨
④ 냉각수가 흐르지 않아 과열됨

5 방열기의 캡을 열어 보았더니 냉각수에 기름이 떠 있을 때 그 원인으로 가장 적합한 것은?

① 물 펌프 마모
② 수온 조절기 파손
③ 방열기 코어 파손
④ **헤드 개스킷 파손**

정답 ④

해설 헤드 개스킷이 파손되면 엔진오일과 냉각수가 섞여 방열기(라디에이터) 속에 기름이 뜨게 됨. 심하면 엔진 과열 및 심각한 손상 발생 가능.

6 다음 중 냉각장치에 냉각수가 줄어드는 원인과 정비 방법 중 설명이 틀린 것은?

① 워터펌프 불량 : 조정
② 라디에이터 캡 불량 : 부품 교환
③ 히터 혹은 라디에이터 호스 불량 : 수리 및 부품 교환
④ 서머 스타트 하우징 불량 : 개스킷 및 하우징 교체

정답 ①
해설 워터펌프(물 펌프)가 불량하면 냉각수가 정상적으로 순환하지 못함 → 교체가 필요함! "조정"으로 해결되지 않음.

7 디젤기관에서 흡입밸브와 배기밸브가 모두 닫혀 있을 때는?

① 소기행정　　② 배기행정
③ 흡입행정　　④ 동력행정

정답 ④
해설 동력 행정 (Power Stroke)에서는 흡기, 배기밸브 모두 닫힘. 연료가 폭발하여 피스톤이 아래로 내려가 동력을 발생시킴

8 기관의 속도에 따라 자동적으로 분사시기를 조정하여 운전을 안정되게 하는 것은?

① 타이머　　② 조속기
③ 과급기　　④ 디콤프

정답 ①
해설 ② 조속기는 엔진의 속도를 일정하게 유지하기 위해 연료 분사량을 조절하는 장치.
③ 과급기는 흡입 공기를 강제 압축하여 연소 효율을 높이고 출력 향상을 돕는 장치.
④ 디콤프는 압축 해제 장치로, 주로 시동을 쉽게 걸거나 엔진을 정지할 때 사용됨.

9 유압장치에서 방향제어밸브에 해당하는 것은?

① 셔틀밸브　　② 릴리프밸브
③ 시퀀스밸브　　④ 언로드밸브

정답 ① 셔틀밸브는 두 개 이상의 유압 회로에서 하나의 출구로 유압유를 선택적으로 공급하는 역할을 함. 방향제어밸브의 한 종류로, 유체의 흐름 방향을 조절하는 기능이 있음.
해설 ② 릴리프밸브는 압력제어밸브(Pressure Control Valve)의 한 종류이며, 유압 시스템에서 설정된 압력을 초과하지 않도록 방출하는 역할을 함.
③ 시퀀스밸브는 유압 액추에이터(실린더 또는 모터)를 일정한 순서대로 작동시키는 역할을 함.
④ 언로드밸브는 유압 펌프의 부하를 줄이기 위해 회로를 개방하여 유압유를 탱크로 되돌리는 기능을 함. 유압 시스템에서 펌프의 과부하를 방지하고 에너지를 절약하는 역할을 함.

10 6기통 기관이 4기통 기관보다 좋은 점이 아닌 것은?

① 가속이 원활하고 신속하다.
② 기관 진동이 적다.
③ 저속회전이 용이하고 출력이 높다.
④ 구조가 간단하며 제작비가 싸다.

정답 ④ 6기통 엔진은 부품이 많아지고 복잡해져 제작비가 높아진다.
해설 • 6기통 기관(엔진)의 장점
① 다기통 엔진은 연속 연소로 가속이 부드러움.
② 실린더가 많아 동력 전달이 균일함.
③ 4기통보다 힘이 강함.

11 피스톤의 형상에 의한 종류 중에 축압부의 스커트 부분을 떼어내 경량화하여 고속엔진에 많이 사용하는 피스톤은 무엇인가?

① 솔리드 피스톤　② 풀스커트 피스톤
③ 스피릿 피스톤　**④ 슬리퍼 피스톤**

정답 ④ 슬리퍼 피스톤은 스커트 부분을 절삭하여 경량화한 피스톤으로, 고속 엔진에서 빠른 왕복운동을 가능하게 함. 자동차, 오토바이, 고속 디젤 엔진 등에 많이 사용됨.

해설
① **솔리드 피스톤**은 단단한 통형 구조로 되어 있으며 내구성이 뛰어난 대신 무게가 무거움. 고속 회전 엔진보다는 저속, 고토크가 필요한 산업용 엔진이나 중장비 등에 주로 사용됨.
② **풀스커트 피스톤**은 피스톤 전체에 스커트(사이드 벽면 부분)가 있는 형태로, 고속 회전보다는 강한 내구성이 필요한 엔진에서 많이 사용됨. 엔진 작동 시 피스톤의 흔들림을 방지하고 안정성을 높이는 역할을 하지만, 무게가 무거워 고속 엔진에는 적합하지 않음.
③ **스피릿 피스톤**은 일반적으로 사용되는 피스톤 용어가 아님.

12 기관에서 압축가스가 누설되어 압축 압력이 저하될 수 있는 원인에 해당되는 것은?

① 실린더 헤드 개스킷 불량
② 매니폴더 개스킷의 불량
③ 워터 펌프의 불량
④ 냉각팬의 벨트 유격 과대

정답 ① 실린더 헤드 개스킷은 실린더 블록과 실린더 헤드 사이에서 기밀을 유지하는 중요한 부품임. 이 개스킷이 손상되면 연소실 내의 압축가스가 누출되어 압축 압력이 저하됨.

해설
② **매니폴더 개스킷**이 불량하면 배기 가스가 새거나 흡기 압력이 낮아질 수는 있지만, 직접적인 압축가스 누출과는 관련이 적음.
③ **워터 펌프**는 냉각수를 순환시키는 장치로 엔진의 온도를 유지하는 역할을 함. 워터 펌프가 고장 나면 엔진이 과열될 수 있지만, 압축 압력 저하와는 직접적인 관련이 없음
④ **냉각팬 벨트**는 냉각팬과 워터 펌프, 발전기 등을 구동하는 역할을 함. 벨트가 느슨하면 냉각 효과가 저하될 수 있으나, 엔진의 압축 압력과는 무관함

13 축전지 케이스와 커버를 청소할 때 용액은?

① 비수와 물　② 소금과 물
③ 소다와 물　④ 오일 가솔린

정답 ③ 축전지(배터리)는 황산(H_2SO_4)을 포함한 전해액을 사용하며, 누출될 경우 표면에 산성 오염물이 쌓일 수 있음. 이를 중화시키기 위해 약알칼리성인 '탄산수소나트륨(베이킹소다, $NaHCO_3$)과 물을 섞어 사용함.

해설
① '비수(非水)'라는 개념은 일반적으로 사용되지 않는 표현이며, 배터리 청소에 사용되는 적절한 용액이 아님.
② 소금물은 전해질 역할을 하므로 전기전도성을 증가시켜 배터리 단자 부식 및 쇼트(단락) 위험을 초래할 수 있음.
④ 가솔린(휘발유)이나 오일은 배터리 청소용으로 사용하면 안 됨. 가연성이 높아 위험할 뿐만 아니라, 배터리 표면을 오염시켜 절연 성능을 저하시킬 수 있음.

14 기동전동기의 토크가 일어나는 부분은? ★★★

① 발전기　② 스위치
③ 계자코일　④ 조속기

정답 ③ 기동전동기(스타터 모터, Starter Motor)는 전기 에너지를 기계적 에너지(회전력, 토크)로 변환하여 엔진을 시동하는 장치임. 계자코일(Field Coil)은 전류가 흐르면 자기장을 형성하며, 이 자기장이 전기자의 회전을 유도하여 토크를 발생시킴.

해설
① **발전기**(Alternator)는 엔진이 작동한 후에 전기에너지를 생산하여 배터리를 충전하는 역할을 함.
② **기동전동기 스위치**(마그네틱 스위치 또는 솔레노이드)는 기동전동기에 전류를 공급하는 역할을 하지만, 직접적으로 토크를 발생시키는 부분은 아님.
④ **조속기**(Governor)는 엔진의 속도를 일정하게 유지하는 장치로, 기동전동기의 토크 발생과는 무관함.

15 축전지의 용량만을 크게 하는 방법으로 맞는 것은?

① 직렬연결법　　② **병렬연결법**
③ 직·병렬연결법　④ 논리회로연결법

정답 ② 병렬연결법
　방법: 같은 극끼리 연결 (+ ↔ +, − ↔ −)
　결과: 전압은 그대로 유지되지만, 용량(Ah)이 증가
　예시: 12V 100Ah × 2개 → 12V 200Ah
　용도: 배터리의 사용 시간을 늘리고 싶을 때

해설 ① 직렬연결법 (X)
　방법: 배터리의 (+)극과 (−)극을 서로 연결
　결과: 전압은 높아지지만, 용량(Ah)은 그대로 유지됨
　예시: 12V 100Ah × 2개 → 24V 100Ah
　용도: 높은 전압이 필요한 경우
③ 직·병렬연결법 (X)
　방법: 병렬 연결한 후 직렬로 연결
　결과: 전압과 용량을 동시에 증가
　예시: (12V 100Ah × 2개 병렬) → (24V 200Ah로 직렬연결)
　용도: 전압과 용량을 둘 다 조절해야 할 때
④ 논리회로 연결법 (X)
　논리회로는 전자회로에서 사용되는 개념
　배터리 연결과 무관하므로 오답

16 축전지 충전 방법 중에서 틀린 방법은?

① 정전류 충전법　　② 정전압 충전법
③ 단별전류 충전법　④ **정저항 충전법**

정답 ④ 정저항 충전법은 충전 효율이 낮고 시간이 오래 걸려 현재 배터리 충전 방식으로 사용되지 않음.

해설 • 올바른 축전지 충전 방식
　정전류 충전법 → 일정한 전류를 유지하여 충전
　정전압 충전법 → 일정한 전압을 유지하여 충전
　단별전류 충전법 → 셀(cell)별 충전

17 토크컨버터에 속하지 않는 부속품은?

① **가이드링**　② 스테이터
③ 펌프　　　　④ 터빈

정답 ① 가이드링은 기계 부품이 정렬을 유지하도록 돕는 역할을 하는 부품으로, 변속기 내부에서 사용될 수 있지만 토크컨버터의 내부 부품은 아님.

해설 • 토크컨버터의 주요 구성품
② 스테이터 (Stator): 토크컨버터 내부에서 오일의 흐름을 제어하여 효율을 높이는 역할.
③ 펌프 (Pump): 토크컨버터에서 가장 먼저 동력을 받는 부품. 엔진의 크랭크축과 연결되어 있으며, 회전하면서 오일을 터빈으로 보내는 역할을 함.
④ 터빈 (Turbine): 터빈은 펌프가 뿜어낸 오일을 받아 회전하는 부품. 오일이 터빈을 회전시키면서, 동력이 변속기로 전달됨.

18 자동변속기의 과열 원인이 아닌 것은?

① 메인 압력이 높다.
② 과부하 운전을 계속하였다.
③ **오일이 규정량보다 많다.**
④ 변속기 오일쿨러가 막혔다.

정답 ③ 오일이 적을 경우 변속기가 과열되지만, 많다고 해서 과열되지는 않음.

해설 ① 변속기의 메인 압력이 높으면 유압이 과도하게 상승하여 변속기의 내부 마찰 증가 → 오일의 온도가 급격히 상승
② 오르막길이나 무거운 짐을 싣고 장시간 주행하면, 변속기 내부에서 많은 마찰이 발생. 변속기가 지속적으로 높은 부하를 받으면 오일 온도가 상승하여 과열됨.
④ 변속기 오일은 오일쿨러를 통해 냉각되는데, 오일쿨러가 막히면 냉각 효과가 떨어져 과열됨.

19 축전지 터미널의 식별방법이 아닌 것은?

① 부호(+, -)로 식별　② 굵기로 분별
③ 분자(P.N)로 분별　④ 요철로 분별

정답 ④ 터미널 자체에 요철을 만들어 극성을 구분하는 방식은 일반적으로 사용되지 않음. 일부 배터리에는 돌출부가 있지만, 이는 단자 보호 목적이거나 연결 안정성을 높이기 위한 구조일 뿐, 극성을 구분하기 위한 수단은 아님.

해설
① 가장 기본적인 축전지 터미널 식별 방법 배터리 단자에 (+)와 (-)를 명확히 표시하여 극성을 구분. 자동차, 산업용, 중장비 배터리에서 널리 사용
② 양극(+) 단자가 더 굵고, 음극(-) 단자가 더 가늘다. 물리적인 크기 차이를 통해 잘못된 연결을 방지하기 위한 설계. 대부분의 차량용 배터리에서 사용됨
③ 일부 축전지는 P.N(Positive-양극, Negative-음극) 또는 색상 코드를 활용하여 터미널을 구별하기도 함.

20 타이어식 건설기계에서 조향 바퀴의 토인을 조정하는 곳은?

① 핸들　② 타이로드
③ 웜 기어　④ 드래그 링크

정답 ② 토인(Toe-in)이란 앞바퀴가 정면을 기준으로 안쪽으로 약간 모이도록 조정하는 각도로서 타이로드(Tie Rod)를 이용해 조절 가능

해설
① 핸들은 직접적인 조향 장치지만 토인을 조정하지 않음.
③ 웜 기어는 조향 기구 내부 부품으로 직접 조절 불가능.
④ 드래그 링크는 조향력 전달 역할을 하며, 토인 조절과 직접 관련 없음.

21 건설기계 조종 중 재산피해를 입혔을 때 피해금액 50만원마다 면허효력 정지 기간은?

① 5일　② 1일
③ 3일　④ 2일

정답 ②

해설 건설기계관리법 시행규칙 제79조
건설기계 조종 중 재산피해에 따른 면허효력 정지 기준: 피해금액 50만 원당 면허효력정지 1일(90일을 넘지 못함)

22 4차선 고속도로에서 건설기계의 최저 속도는?

① 30km　② 50km
③ 60km　④ 80km

정답 ②

해설 도로교통법 시행규칙 제19조 제1항
3. 고속도로
나. 편도 2차로 이상 고속도로에서의 최고속도는 매시 100킬로미터[화물자동차(적재중량 1.5톤을 초과하는 경우에 한한다)·특수자동차·위험물운반자동차 및 건설기계의 최고속도는 매시 80킬로미터], 최저속도는 매시 50킬로미터

23 1종 대형면허로 운전할 수 없는 것은?

① 덤프트럭　② 아스팔트 살포기
③ 노상안정기　④ 5톤 미만 지게차

정답 ④ 5톤 미만의 지게차는 '지게차 면허'가 필요함

해설 • 1종 대형면허로 운전 가능한 차량
덤프트럭, 아스팔트 살포기, 노상안정기 등 대형 차량

24. 연식 20년 이하 지게차(1톤 이상)의 정기 검사는 몇 년인가?

① 2년　　② 4년
③ 3년　　④ 1년

정답 ①

해설 건설기계관리법 시행규칙 제22조 제1항
정기검사의 유효기간(지게차)
1톤 이상 **연식 20년 이하 → 2년**
1톤 이상 연식 20년 초과 → 1년

25. 총 중량 2000kg 미달인 자동차를 그의 3배 이상의 총 중량 자동차로 견인할 때의 속도는? ★★★

① 시속 15km/h 이내　　② 시속 20km/h 이내
③ **시속 30km/h 이내**　　④ 시속 40km/h 이내

정답 ③

해설 도로교통법 시행규칙 제20조(자동차를 견인할 때의 속도) 견인자동차가 아닌 자동차로 다른 자동차를 견인하여 도로(고속도로를 제외한다)를 통행하는 때의 속도는 다음 각 호에서 정하는 바에 의한다.
1. 총중량 2천킬로그램 미만인 자동차를 총중량이 그의 3배 이상인 자동차로 견인하는 경우에는 매시 30킬로미터 이내
2. 제1호 외의 경우 및 이륜자동차가 견인하는 경우에는 매시 25킬로미터 이내

26. 도로교통법상 벌점의 누산 점수 초과로 인한 면허 취소 기준 중 1년간 누산 점수는 몇 점인가?

① 121점　　② 190점
③ 201점　　④ 271점

정답 ①

해설 도로교통법 시행규칙 [별표 28] 〈개정 2024. 12. 12.〉
운전면허 취소·정지처분 기준(제91조 제1항 관련)
1. 일반기준
　다. 벌점 등 초과로 인한 운전면허의 취소·정지
　　(1) 벌점·누산점수 초과로 인한 면허 취소
1회의 위반·사고로 인한 벌점 또는 연간 누산점수가 다음 표의 벌점 또는 누산점수에 도달한 때에는 그 운전면허를 취소한다.

기간	벌점 또는 누산점수
1년간	121점 이상
2년간	201점 이상
3년간	271점 이상

27. 15km 미만 건설기계가 갖추지 않아도 되는 조명은? ★★★

① 전조등　　② 제동등
③ **번호등**　　④ 후부반사판

정답 ③ 번호등은 차량 등록번호를 비추는 등으로, 15km 미만의 저속 건설기계에는 필요하지 않음.

해설
• **건설기계의 조명장치 규정**
건설기계는 도로에서 주행할 때 안전한 운행을 위해 특정 조명장치를 갖추어야 함.
　– **전조등**: 야간 및 악천후 시 전방을 비추는 역할
　– **제동등**: 브레이크 작동 시 후방 차량에 신호
　– **후부반사판**: 후방에서 접근하는 차량이 쉽게 인식하도록 반사

28 도로교통법상 주정차금지장소로 틀린 것은?

① 건널목 가장자리로부터 10M 이내
② 교차로 가장자리로부터 5M 이내
③ 횡단보도
④ **고갯마루 정상부근**

[정답] ④

[해설] • 주차 및 정차가 금지된 장소
- 건널목, 횡단보도, 교차로, 터널, 다리 위
- 소방시설 주변 5m 이내, 버스정류장 10m 이내
- 경사로의 중간(내리막, 오르막 도로는 정차 금지) 경사로 정상 부근(꼭대기 부분)은 주차 금지가 아님. 경사로의 중간에서는 차가 미끄러질 위험이 크지만, 정상 부근은 위험도가 상대적으로 낮음.

29 건설기계 구조변경 범위에 포함되지 않는 사항은?

① 원동기 형식변경
② 제동장치의 형식변경
③ 조종장치의 형식변경
④ **충전장치의 형식변경**

[정답] ④ 충전장치는 주요 운행 성능과 직접적인 연관이 적으므로 구조변경 대상이 아님.

[해설] • 건설기계관리법 시행규칙
제42조(구조변경범위등) 법 제17조제2항의 규정에 의한 주요구조의 변경 및 개조의 범위는 다음 각 호와 같다. 다만, 건설기계의 기종변경, 육상작업용 건설기계규격의 증가 또는 적재함의 용량증가를 위한 구조변경은 이를 할 수 없다. 〈개정 2003. 9. 26., 2019. 3. 19.〉
1. 원동기 및 전동기의 형식변경
2. 동력전달장치의 형식변경
3. 제동장치의 형식변경
4. 주행장치의 형식변경
5. 유압장치의 형식변경
6. 조종장치의 형식변경
7. 조향장치의 형식변경
8. 작업장치의 형식변경. 다만, 가공작업을 수반하지 아니하고 작업장치를 선택부착하는 경우에는 작업장치의 형식변경으로 보지 아니한다.
9. 건설기계의 길이·너비·높이 등의 변경
10. 수상작업용 건설기계의 선체의 형식변경
11. 타워크레인 설치기초 및 전기장치의 형식변경

30 교차로에서 차마의 정지선으로 옳은 것은?

① 황색 점선   ② 백색 점선
③ 황색 실선   ④ **백색 실선**

[정답] ④ 백색 실선

[해설] • 교차로 정지선 색상 규정
① 황색 점선: 주차나 정차를 금지하는 구역을 표시할 때 사용됨
② 백색 점선: 같은 방향으로 주행하는 차로를 구분하며, 차선 변경이 가능한 구간을 의미함
③ 황색 실선: 중앙선으로 사용되며, 반대 방향의 교통 흐름을 구분하고, 이를 넘어서는 안 됨
④ 백색 실선: 차로의 분리를 나타내며, 차선 변경이 제한되는 구간을 의미함. 또한, 교차로에서의 정지선으로 사용됨

31 건설기계 형식 신고서 첨부 사항이 아닌 것은?

① 외관도   ② 교통안전 발행 시험 성적서
③ 제원도   ④ **건설기계 운전면허증**

[정답] ④ 형식 신고는 기계 자체에 대한 신고이므로, 운전자의 면허 여부와는 관계가 없다. 운전면허증은 건설기계를 조종하는 개인이 필요한 서류이며, 형식 신고 시에는 요구되지 않는다.

[해설] ① 건설기계의 전체적인 외형을 나타낸 도면으로, 기계의 크기 및 구조를 확인하는 데 필요함
② 건설기계가 안전기준을 충족하는지를 확인하기 위해 교통안전공단 등의 기관에서 발행하는 시험 성적서임
③ 건설기계의 세부적인 사양과 구조를 나타내는 도면으로, 형식신고 시 필수적으로 제출해야 함

32 건설기계 관리법령상 건설기계가 정기검사 신청기간 내에 정기검사를 받은 경우 다음 정기검사 유효기간의 산정 방법으로 옳은 것은?

① 정기검사를 받은 날로부터 기산한다.
② **종전검사 유효기간 만료일의 다음날부터 기산한다.**
③ 종전검사 유효기간 만료일부터 기산한다.
④ 정기검사를 받은 날의 다음 날부터 기산한다.

정답 ②
해설 • 정기검사 유효기간 계산 규정
정기검사를 미리 받더라도 기존 유효기간의 만료일 다음날부터 새 기간이 시작됨. 즉, 조기에 검사를 받아도 검사 기간이 손해 보지 않도록 조정됨.

33 신개발 시험, 연구목적 운행을 제외한 건설기계의 임시 운행기간은 며칠 이내인가?

① 5일   ② 10일
③ **15일**   ④ 20일

정답 ③
해설 • 건설기계관리법 시행규칙
제6조(미등록 건설기계의 임시운행) ③ 임시운행 기간은 15일 이내로 한다. 다만, 제1항제4호(신개발 건설기계를 시험·연구의 목적으로 운행)의 경우에는 3년 이내로 한다.

34 건설기계관리법상 소형건설기계로 틀린 것은?

① **5톤 미만 지게차**   ② 5톤 미만 굴삭기
③ 5톤 미만 로더   ④ 5톤 미만 천공기

정답 ①
해설 • 건설기계관리법 시행규칙
제73조(건설기계조종사면허의 특례)
② 법 제26조제4항에서 "국토교통부령으로 정하는 소형건설기계"란 다음 각 호의 건설기계를 말한다.
1. 5톤 미만의 불도저
2. 5톤 미만의 로더
2의2. 5톤 미만의 천공기. 다만, 트럭적재식은 제외한다.
3. 3톤 미만의 지게차
4. 3톤 미만의 굴착기
4의2. 3톤 미만의 타워크레인
5. 공기압축기
6. 콘크리트펌프. 다만, 이동식에 한정한다.
7. 쇄석기
8. 준설선

35 유압이 규정치보다 높아질 때 작동하여 계통을 보호하는 밸브는? ★★★

① 시퀀스 밸브   ② 카운터 밸런스 밸브
③ **릴리프 밸브** 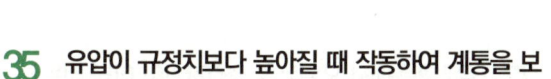   ④ 리듀싱 밸브

정답 ③ 유압이 규정치보다 높아질 경우, 과압을 방출하여 계통을 보호하는 역할을 함.
해설 ① 특정 압력에 도달하면 다른 회로로 유압을 전달하는 밸브
② 실린더 하강 속도를 조절하는 밸브로, 주로 하중을 지지하거나 안전하게 하강하는 역할을 함.
④ 압력을 일정한 값 이하로 낮추는 밸브로, 특정 회로에서 낮은 압력이 필요할 때 사용됨.

36 유압장치에서 기어모터에 대한 설명 중 잘못된 것은?

① 내부누설이 적어 효율이 높다.
② 유압유에 이물질이 혼합되어도 고장 발생이 적다.
③ 일시적으로 스퍼기어를 사용하나 헬리컬기어도 사용한다.
④ 구조가 간단하고 가격이 저렴하다.

정답 ① 기어모터는 구조적으로 내부누설이 많은 편이기 때문에 효율이 상대적으로 낮음.

해설 ② 기어모터는 비교적 단순한 구조를 가지고 있어 이물질에 대한 내성이 높은 편.
③ 기어모터에는 스퍼기어(직선기어)와 헬리컬기어(사선기어) 둘 다 사용될 수 있음. 헬리컬기어는 작동이 더 조용하고 충격이 적은 장점이 있음.
④ 기어모터는 구조가 단순하고 제작이 쉬워 가격이 다른 유압모터(베인모터, 피스톤모터)보다 저렴함. 유지보수도 상대적으로 용이한 장점이 있음.

37 유압계통에서 오일누설 점검사항이 아닌 것은?

① 오일의 윤활성   ② 실의 마모
③ 실의 파손   ④ 볼트의 이완

정답 ① 오일의 윤활성은 오일 자체의 특성이므로 누출 점검과 관련이 없다.

해설 • 오일 누설 점검 시 필수적으로 확인해야 할 요소
– **실(Seal)의 마모**: 유압 실이 마모되면 오일이 새어나갈 가능성이 높아짐.
– **실의 파손**: 실이 찢어지거나 갈라지면 빠르게 오일이 누출됨.
– **볼트의 이완**: 유압 계통의 볼트가 헐거워지면 틈이 생겨 오일이 샐 수 있음.

38 유압회로의 속도제어회로와 관계없는 것은?

① 오픈센터회로   ② 미터아웃회로
③ 블리드오프회로   ④ 미터인회로

정답 ① 오픈센터 회로는 속도를 제어하는 회로가 아니라, 유압이 흐르는 방향을 조절하는 기능을 한다.

해설 • 유압 속도제어 방법
– **미터아웃 회로**: 유압 실린더나 모터의 출구 쪽에서 유량을 조절하여 속도를 제어함.
– **블리드 오프 회로**: 일부 유량을 측면으로 우회시켜 속도를 조절함.
– **미터인 회로**: 입구 쪽에서 유량을 조절하여 속도를 조절하는 방식.

39 유압실린더의 지지 방식이 아닌 것은?

① 플랜지형   ② 푸드형
③ 트러니언형   ④ 유니언형

정답 ④ 유니언형이라는 지지 방식은 존재하지 않음.

해설 • 대표적인 유압실린더 지지 방식
– **플랜지형**: 실린더 몸체에 플랜지를 부착해 고정하는 방식. 강한 힘을 필요로 하는 경우 사용됨.
– **푸드형**: 실린더 바닥에 받침대를 두고 고정하는 방식. 지면에 단단히 고정해야 하는 작업에 적합.
– **트러니언형**: 실린더 양쪽에 축을 두어 회전이 가능하도록 고정하는 방식. 운동이 필요한 기계에 적합.

40 유압장치에서 내구성이 강하고 작동 및 움직임이 있는 곳에 사용하기 적합한 호스는 무엇인가?

① 플렉시블 호스   ② 구리파이프 호스
③ 강파이프 호스   ④ PVC 호스

정답 ①

해설 • 유압 호스 종류와 특징
– **플렉시블 호스**: 진동이 많고 움직임이 있는 부분에서 사용됨.
– **구리파이프 호스**: 내구성은 좋지만, 유연성이 낮아 고정된 배관에 사용됨.
– **강파이프 호스**: 강성이 높아 정적인 배관에 사용됨.
– **PVC 호스**: 유압용으로 적합하지 않음.

41 다음 중 엑추에이터의 입구 쪽 관로에 설치한 유량제어 밸브로 흐름을 제어하여 속도를 제어하는 회로는?

① 시스템 회로　　② 블리드 오프 회로
③ **미터인 회로**　④ 미터 아웃 회로

[정답] ③ 엑추에이터(실린더, 모터)의 입구 쪽에 유량제어 밸브를 설치하여 유입되는 유량을 제한하는 방식. 부하 변화가 크지 않고 일정한 경우에 적합함.

[해설] ① 시스템 회로라는 용어는 유압 시스템 전체의 구성을 의미할 뿐, 특정한 속도제어 방식과는 직접적인 관련이 없음.
② 일정량의 오일을 탱크로 반환하여 유압 실린더 속도를 조절하는 방식. 주로 부하 변동이 심한 경우에 사용되며, 입구 쪽이 아니라 시스템 내에서 일부 오일을 빼내는 방식.
④ 엑추에이터 출구 측에서 유량을 제한하여 속도를 조절하는 방식. 부하 변화가 큰 경우에도 안정적인 제어가 가능하지만, 내부 압력이 높아질 위험이 있음.

42 유압 모터와 유압 실린더의 설명으로 맞는 것은?

① 둘 다 회전운동을 한다.
② 둘 다 왕복운동을 한다.
③ 모터는 직선운동, 실린더는 회전운동을 한다.
④ **모터는 회전운동, 실린더는 직선운동을 한다.**

[정답] ④
[해설] • 유압 모터(Hydraulic Motor)
공급된 유압을 회전력(토크)으로 변환하여 기계를 구동함. 기어형, 베인형, 피스톤형 등 다양한 종류가 있음.
• 유압 실린더(Hydraulic Cylinder)
공급된 유압을 직선운동으로 변환하여 리프트, 프레스, 굴삭기 등의 장비에서 사용됨. 단동식, 복동식 등 다양한 형식이 있음.

43 압력제어밸브가 아닌 것은?

① 릴리프밸브　　② **교축밸브**
③ 시퀀스밸브　　④ 언로드밸브

[정답] ② 교축밸브는 유량을 조절하는 기능을 하며 압력 조절 기능이 아님.

[해설] 압력제어밸브는 유압 시스템에서 압력을 일정하게 유지하거나 과압을 방지하는 기능을 한다.
– **릴리프밸브**: 압력이 너무 높아지면 유압을 방출
– **시퀀스밸브**: 특정 압력 도달 시 작동
– **언로드밸브**: 일정 압력 이상에서 시스템의 유압을 제거

44 유압실린더 피스톤에 많이 사용되는 링은?

① **O 링형**　　② V 링형
③ C 링형　　　④ U 링형

[정답] ① 유압 실린더 피스톤의 기본적인 밀봉 역할을 수행. 왕복 운동하는 실린더에서 널리 사용됨. 동적 씰(Dynamic Seal)과 정적 씰(Static Seal) 모두 적용 가능. 고압 상태에서도 우수한 밀봉 효과를 가짐.

[해설] ② 주로 회전축 씰(Rotary Shaft Seal)로 사용되며, 유압 실린더 피스톤용으로는 사용되지 않음. 회전 기계에서 먼지 및 오염물 차단 용도로 사용됨.
③ 스냅링(Snap Ring)과 유사한 구조로, 피스톤의 고정 역할을 주로 수행. 밀봉보다는 부품의 위치를 고정하는 역할이 큼.
④ U 링은 피스톤 로드 씰(Rod Seal)로 사용되며, 주로 로드의 밀봉에 적합. 피스톤보다는 로드 씰 용도로 주로 사용됨.

45 유압기는 작은 힘으로 큰 힘을 얻는 장치이다. 어느 원리를 이용한 것인가? ★★★

① 베르누이의 원리 ② 아르키메데스의 원리
③ 보일의 원리 **④ 파스칼의 원리**

정답 ④ 유압 시스템이 작은 힘으로도 강한 힘을 만들어낼 수 있는 것은 '밀폐된 공간에서 액체에 가해진 압력은 모든 방향으로 동일하게 전달된다'는 파스칼의 원리 때문이다..

해설 ① 베르누이의 원리: 유체의 속도가 증가하면 압력이 감소한다. (비행기 날개 양력 원리)
② 아르키메데스의 원리: 물체가 액체에 잠길 때 부력이 발생한다. (배가 물에 뜨는 원리)
③ 보일의 법칙: 기체의 압력과 부피의 관계를 설명하는 법칙이다. (기체 압축 원리)

46 호이스트형 유압호스 연결부에 가장 많이 사용하는 것은?

① 엘보 조인트 ② 니플 조인트
③ 소켓 조인트 **④ 유니온 조인트**

정답 ④ 호이스트형 유압시스템이란 유압을 이용하여 중량물을 들어 올리고 내리는 기능을 수행하는 장치를 의미함. 유니온 조인트는 유압 호스 연결에 가장 많이 사용되며, 쉽게 탈착할 수 있음.

해설 ① 엘보 조인트: 90도 또는 45도 꺾인 형태로, 좁은 공간에서 호스를 연결할 때 사용됨.
② 니플 조인트: 파이프와 파이프를 연결할 때 사용되는 일반적인 조인트. 고압 유압 시스템에서는 비교적 사용 빈도가 낮음.
③ 소켓 조인트: 한쪽이 삽입형(소켓)으로 되어 있어 한 개의 호스를 다른 부품에 부착하는 방식. 빠른 탈착이 필요한 유압 배관에서 사용됨.

47 전기 화재 시 적절하지 못한 소화 장비는?

① 물 ② 이산화탄소 소화기
③ 모래 ④ 분말소화기

정답 ① 전기 화재가 발생하면 전기 전도성이 없는 소화 방법을 사용해야 한다. 물이 전기를 잘 전달하기 때문에 전기 화재에 사용하면 감전 위험이 크고 화재를 더욱 확산시킬 수도 있다.

해설 ② 이산화탄소 소화기: 불을 덮어 산소를 차단함. 전기 전도성이 없음
③ 모래: 불을 덮어 산소 공급을 차단하는 역할.
④ 분말소화기: 화학 반응으로 불을 진압하며 전기 전도성이 없음.

48 전기공사 공사 중 긴급 전화번호는?

① 131 ② 116
③ 123 ④ 321

정답 ③
해설 131: 일기예보안내(한국기상산업기술원)
116: 세계시각안내(KT)
123: 전기고장신고(한국전력공사)
321: 특수한 용도로 지정되지 않은 번호

49 작업장에서 V벨트나 평면벨트 등에 직접 사람이 접촉하여 말려들거나 마찰위험이 있는 작업장에서의 방호장치로 맞는 것은?

① 포집형 방호장치
② 덮개형 방호장치
③ 위치제한형 방호장치
④ 접근반응형 방호장치

정답 ②
해설 ① 위험원이 비산하거나 튀는 것을 방지하는 장치. 예를 들면, 연삭기의 덮개나 목재가공용 둥근톱의 반발예방장치가 이에 해당.
② V벨트나 평면벨트와 같이 회전하는 기계 부품이 외부로 노출되지 않도록 덮어 사고를 예방하는 방호장치. 격리형 방호장치의 한 종류.
③ 작업자의 신체가 위험한 부위로 접근하지 못하도록 특정 위치에서만 작업을 허용하는 방호장치로 프레스기, 절단기 등에서 많이 사용됨
④ 작업자가 위험 구역에 접근하면 자동으로 기계가 정지하는 방호장치

50 응급구호 표지의 바탕색으로 맞는 것은?

① **녹색**
② 흰색
③ 흑색
④ 노랑색

정답 ①

해설
- 안전보건표지 설치 및 유지관리에 관한 지침
  안전색의 일반적인 의미
  빨강: 방화, 금지, 정지, 고도위험
  주황: 위험, 항해, 항공 보안시설
  노랑: 주의, 경고
  녹색: 안전, 피난, 구호, 진행
  파랑: 의무적 행동, 지시
  자주: 방사능

51 산업안전에서 안전표지의 종류가 아닌 것은?

① 금지표지
② **허가표지**
③ 경고표지
④ 지시표지

정답 ②

해설
① **금지표지**: 위험을 예방하기 위해 특정 행위를 하지 말라는 의미를 전달하는 표지(적색)
   예: "출입금지", "보행금지", "흡연금지" 등
② **허가표지**: 산업안전보건법 및 관련 규정에서 "허가표지"라는 용어는 존재하지 않음
③ **경고표지**: 작업자가 주의해야 할 위험 요소를 나타내는 표지(황색)
   예: "낙하물 주의", "고온 주의", "감전 위험" 등
④ **지시표지**: 특정한 안전 행동을 요구하는 표지
   예: "보안경 착용", "안전벨트 착용", "귀마개 착용" 등(청색)

52 고압전선로 주변에서 작업시 건설기계와 전선로와의 안전이격거리에 대한 설명 중 틀린 것은?

① 애자수가 많을수록 커진다.
② **전압에는 관계없이 일정하다.**
③ 전선이 굵을수록 커진다.
④ 전압이 높을수록 커진다.

정답 ② 고압전선로 주변에서 작업할 때 건설기계와 전선 사이의 안전 이격거리는 전압에 따라 달라진다. 전압이 높을수록 감전 위험이 커지기 때문에 더 큰 이격거리를 유지해야 한다.

해설
① 애자는 전기 절연을 위한 부품으로, 애자가 많을수록 고전압을 사용할 가능성이 크므로 이격거리도 증가해야 한다.
③ 전선이 굵을수록 더 높은 전압을 운반할 가능성이 크기 때문에, 감전 및 방전 위험을 고려해 이격거리를 더 확보해야 한다.
④ 전압이 높아질수록 감전 및 아크 발생 위험이 증가하므로, 안전한 작업을 위해 이격거리를 더 크게 유지해야 한다.

53 연삭기의 안전한 사용방법이 아닌 것은?

① 숫돌 측면 사용 제한
② 보안경과 방진마스크 착용
③ 숫돌 덮개 설치 후 작업
④ **숫돌 받침대 간격 가능한 넓게 유지**

정답 ④ 숫돌 받침대 간격 최소 유지. 받침대 간격이 넓으면 숫돌이 깨질 위험 증가

해설 연삭기는 고속으로 회전하는 숫돌(연마석)을 이용해 금속을 갈거나 다듬는 기계이다. 숫돌이 고속 회전하기 때문에 깨지거나 튀어 나가면 큰 사고가 발생할 수 있음.
① 숫돌의 측면을 사용하면 쉽게 깨질 수 있음.
② 눈 보호 및 분진 흡입 방지 필수.
③ 숫돌 파편이 튀는 것을 막아 안전 확보.

54 축전지에 관한 설명에서 옳은 것은?

① **전해액이 자연 감소된 축전지의 경우 증류수를 보충하면 된다.**
② 축전지의 방전이 계속되면 전압은 낮아지고 전해액의 비중은 높아지게 된다.
③ 축전지의 용량을 크게 하려면 별도의 축전지를 직렬로 연결하면 된다.
④ 축전지를 보관할 때에는 되도록 방전시키는 것이 좋다

[정답] ① 축전지에서 전해액(황산+증류수)이 증발로 인해 줄어드는 경우는, 주로 물(H_2O)만 날아가기 때문에 증류수만 보충하는 것이 맞음.
[해설] ② 방전이 되면 전압은 낮아지고, 전해액의 비중도 낮아진다. 방전 시 황산(H_2SO_4)이 극판에 반응하여 황산납($PbSO_4$)으로 변하기 때문에 황산 농도(비중)가 줄어듦.
③ 직렬 연결은 전압을 증가시키는 방식임. 용량(Ah)을 증가시키려면 병렬 연결이 맞음.
④ 방전 상태로 장시간 보관하면 극판이 황산납($PbSO_4$)으로 고착되어 복원 불가능한 설페이션 현상이 발생함 → 축전지 수명 단축

55 사고의 직접원인으로 가장 적합한 것은? ★★★

① 유전적인 요소 ② 성격결함
③ 사회적 환경요인 ④ **불안전한 행동 및 상태**

[정답] ④ 불안전한 행동: 보호구 미착용, 기계 무단조작, 방호장치 제거 등
불안전한 상태: 고장난 설비, 미끄러운 바닥, 불완전한 조명 등
이 두 가지는 직접적으로 사고를 유발하는 핵심 원인임
[해설] ① 개인의 체질이나 선천적 질병 등. 사고에 간접적인 영향을 줄 수 있지만, 직접적인 원인은 아님
② 성급함, 부주의, 무책임 등 개인의 성향. 역시 간접적인 요인에 해당됨
③ 조직문화, 인간관계, 스트레스 등. 작업환경과 관련된 간접 요인임

56 라디에이터 캡의 압력스프링 장력이 약화되었을 때 나타나는 현상은? ★★★

① 기관 과냉 ② **기관 과열**
③ 출력 저하 ④ 배압 발생

[정답] ②
[해설] 라디에이터 캡의 압력스프링은 냉각수가 쉽게 끓지 않도록 도와주는 역할을 함. 물은 보통 100℃에서 끓지만, 압력이 높으면 더 높은 온도에서도 끓지 않음.
압력스프링이 약해지면 냉각수가 낮은 온도에서도 끓어버려 냉각수가 넘쳐서 줄어듦 → 냉각수 부족으로 엔진이 식지 않음. 결국 엔진이 과열됨

57 디젤기관에서 흡입밸브와 배기밸브가 모두 닫혀 있을 때는?

① 소기행정 ② 배기행정
③ 흡입행정 ④ **동력행정**

[정답] ④
[해설] 디젤기관은 네 가지 과정으로 작동함.
1. **흡입행정**: 공기를 빨아들이는 단계로 이때는 흡입밸브가 열려 있음
2. **압축행정**: 들어온 공기를 압축하는 단계로 이때는 흡입밸브와 배기밸브가 모두 닫힘
3. **동력행정**: 압축된 공기와 연료가 폭발하면서 피스톤이 아래로 밀리는 단계로 이때도 두 밸브는 모두 닫혀 있음
4. **배기행정**: 연소가 끝나고 가스를 밖으로 내보내는 단계로 이때는 배기밸브가 열림
※ 2행정 디젤기관에서는 피스톤이 하강하면서 동시에 배기가스를 밖으로 밀어내고, 새 공기를 흡입하는 과정을 한 번에 처리하는데 이 과정을 소기(掃氣)라고 함

58 엔진오일의 소비량이 많아지는 직접적인 원인은?

① 피스톤링과 실린더의 간극 과대
② 오일펌프 기어가 과대 마모
③ 배기밸브 간극이 너무 작다.
④ 윤활유의 압력이 너무 낮다.

정답 ①

해설 피스톤링과 실린더 벽 사이 간극이 커지면, 연소실로 엔진오일이 쉽게 유입되어 연소되며 소모됨. 이는 블로우바이 가스 증가, 배기가스 청색화(오일 연소) 등의 원인이 됨. 오일 소모의 가장 직접적인 원인 중 하나임.

59 디젤기관에서 흡입행정 시 흡입되는 것은?

① 공기　　② 연료
③ 혼합기　④ 윤활유

정답 ①

해설 디젤기관(압축 착화 방식의 엔진)은 가솔린기관(점화 플러그를 사용하는 엔진)과 작동 원리가 다름. 디젤기관에서는 흡입행정 시 공기만 흡입하고, 연료는 후에 압축행정이 끝날 무렵 고온고압 상태의 공기에 직접 분사됨.

60 다음 중 가솔린엔진에 비해 디젤엔진의 장점으로 볼 수 없는 것은?

① 열효율이 높다.
② 압축압력, 폭발압력이 크기 때문에 마력 당 중량이 크다.
③ 유해 배기가스 배출량이 적다.
④ 흡기행정 시 펌핑 손실을 줄일 수 있다.

정답 ③ 디젤엔진은 질소산화물(NOx), 미세먼지(PM) 등 유해한 배기가스를 가솔린엔진보다 더 많이 배출하는 경향이 있음. 특히 미세먼지와 검댕(black carbon) 문제가 심각함. 따라서 환경적인 측면에서 불리함. 이 보기만 디젤엔진의 장점으로 볼 수 없음.

해설 ① 디젤엔진은 가솔린엔진보다 압축비가 높고, 이로 인해 연소 효율이 높아 열효율이 우수함. 연료를 더 효율적으로 사용하는 편임.
② 디젤엔진은 고압축이 필요하므로 구조가 견고하고 무거움. 따라서 출력(마력) 대비 중량이 더 무거운 편이므로, 이 점은 단점처럼 보일 수 있으나 진술 자체는 사실이며, 장점이라고 보기는 어려워도 가솔린엔진에 비해 디젤엔진의 특성으로 이해 가능함.
④ 디젤엔진은 가솔린엔진과 달리 스로틀밸브 없이 공기를 흡입하므로, 흡기 시의 펌핑 손실이 상대적으로 적음. 이는 효율 증가에 기여함.

03 기출문제 3회 (60제)

이론 따로 필요없다. 문제 해설로 시원하게 끝낸다

※ 맞는 것을 고르는 답은 고딕, 틀린 것을 고르는 답은 명조체로 표시하였습니다

1 건설기계기관의 압축압력 측정 시 측정방법으로 맞지 않는 것은?

① 기관의 분사노즐(또는 점화플러그)은 모두 제거한다.
② 배터리의 충전상태를 점검한다.
③ 기관을 정상온도로 작동시킨다.
④ 습식시험을 먼저 하고 건식시험을 나중에 한다.

정답 ④ 일반적으로는 건식시험을 먼저 하고, 이상이 있을 경우 습식시험을 함.
- 건식시험: 아무것도 추가하지 않은 상태에서 측정
- 습식시험: 실린더에 소량의 엔진오일을 넣고 다시 압축압력을 측정
⇒ 건식보다 압력이 올라간다면 피스톤 링이나 실린더 벽의 마모가 원인으로 판단 가능함.

해설 ① 압축압력 측정을 위해 실린더 내 연료가 분사되지 않도록 하기 위함이며, 압축압력 게이지를 연결하기 위한 공간을 확보하는 목적도 있음.
② 압축압력 측정 시 시동모터를 반복해서 작동해야 하므로, 충분한 전류 공급이 가능한 상태여야 정확한 측정 가능함.
③ 엔진이 냉간 상태일 때는 금속의 팽창 상태가 달라 압축압력이 낮게 측정될 수 있음. 따라서 정확한 값을 얻기 위해 예열한 후 측정함.

2 디젤기관과 관련 없는 것은?

① 착화   ② 점화
③ 예열플러그   ④ 세탄가

정답 ② 점화는 가솔린기관에서 불꽃(스파크 플러그)으로 혼합기(공기+연료)를 태우는 방식임. 디젤기관은 스파크 플러그가 없고, 대신 압축착화를 사용

해설 ① 디젤기관에서는 공기를 고압으로 압축하여 고온 상태를 만든 뒤, 연료를 분사해 자연발화(착화)시킴. 이 방식은 디젤기관의 핵심 원리임.
③ 겨울철처럼 기온이 낮을 때, 착화 온도까지 공기 온도를 올리기 위해 사용하는 장치임. 디젤기관에만 있는 특유의 보조장치임.
④ 세탄가는 디젤 연료의 착화 성능을 나타내는 지표로, 디젤연료의 품질 척도임. 값이 높을수록 착화성이 좋음.

3 TPS (스로틀 포지션 센서)에 대한 설명으로 틀린 것은?

① 가변 저항식이다.
② 운전자가 가속페달을 얼마나 밟았는지 감지한다.
③ 급가속을 감지하면 컴퓨터가 연료분사시간을 늘려 실행시킨다.
④ 분사시기를 결정해 주는 가장 중요한 센서이다.

정답 ④ 연료 분사 "시점"을 결정하는 핵심 센서는 크랭크각 센서와 캠센서임. TPS는 보조정보로만 활용됨.

해설 ① TPS는 전통적으로 가변 저항 방식(포텐셔미터 방식)을 사용하여 스로틀 밸브의 열림 정도를 전기 신호로 변환함.
② TPS는 스로틀 밸브의 개도량을 감지함으로써 운전자의 가속 요청 정도를 ECU(전자제어장치)에 전달함.
③ 급가속 시에는 연료를 순간적으로 더 많이 분사(가속펌프 효과)해야 하므로, ECU가 TPS 신호를 바탕으로 분사 시간을 조절함.

4 디젤기관을 시동시킨 후 충분한 시간이 지났는데도 냉각수 온도가 정상적으로 상승하지 않을 경우 그 고장의 원인이 될 수 있는 것은?

① 냉각팬 벨트의 헐거움
② **수온조절기가 열린 채 고장**
③ 물 펌프의 고장
④ 라디에이터 코어 막힘

정답 ②

해설 수온조절기는 엔진이 일정 온도에 도달할 때까지 냉각수의 흐름을 차단하여 엔진 온도를 조절하는 장치인데 만약 수온조절기가 열린 채 고장 나면 냉각수가 계속 순환되어 엔진이 정상적인 온도로 올라가지 않음.

5 건식 공기청정기의 장점이 아닌 것은?

① 설치 또는 분해조립이 간단하다.
② 작은 입자의 먼지나 오물을 여과할 수 있다.
③ **구조가 간단하고 여과망을 세척하여 사용할 수 있다.**
④ 기관 회전속도의 변동에도 안정된 공기청정 효율을 얻을 수 있다.

정답 ③ 건식 필터는 일반적으로 여과지를 교체하는 방식이지, 세척해서 사용하는 방식은 아님. 세척 후 재사용하는 것은 습식(유조식) 또는 반영구적 필터에서 해당됨.

해설 ① 건식 에어필터는 구조가 단순하여 교환 및 분해가 쉬움. 일반적인 장점임.
② 건식 여과지는 보통 여과지의 재질과 밀도에 따라 일정 크기 이하의 입자까지 걸러냄. 특히 고성능 건식 필터는 미세먼지까지 걸러낼 수 있도록 설계됨.
④ 기계식이 아닌 단순 여과 방식이므로 회전수와 관계없이 성능이 일정함.

6 디젤기관에서 시동이 잘 안 되는 원인으로 가장 적합한 것은?

① 냉각수의 온도가 높은 것을 사용할 때
② 보조탱크의 냉각수량이 부족할 때
③ 낮은 점도의 기관오일을 사용할 때
④ **연료계통에 공기가 들어있을 때**

정답 ④

해설 디젤기관은 연료를 압축하여 착화시키는 방식이므로, 연료 공급이 원활해야 정상적으로 시동됨. 연료계통에 공기가 들어가면 연료가 정상적으로 분사되지 않아 시동이 어렵거나 불완전 연소가 발생함.
이를 방지하기 위해 연료 라인의 공기 제거 작업(에어 블리딩)이 필요함.

7 에어컨의 구성 부품 중 고압의 기체 냉매를 냉각시켜 액화시키는 작용을 하는 것은?

① 압축기 ② **응축기**
③ 팽창밸브 ④ 증발기

정답 ②

해설 • 에어컨의 주요 구성 요소
 – 압축기(Compressor): 냉매를 압축하여 고온·고압의 기체 상태로 만듦
 – 응축기(Condenser): 압축된 고온·고압의 냉매를 냉각하여 액체로 변환하는 장치
 – 팽창밸브(Expansion Valve): 냉매의 압력을 낮추어 증발기로 공급
 – 증발기(Evaporator): 냉매가 기화하면서 공기를 냉각하여 실내를 시원하게 함

8 건설기계에서 사용하는 납산 축전지 취급상 적절하지 않은 것은?

① 자연 소모된 전해액은 증류수로 보충한다.
② 과방전은 축전지의 충전을 위해 필요하다.
③ 사용하지 않는 축전지도 주에 1회 정도 보충충전한다.
④ 필요시 급속 충전시켜 사용할 수 있다.

정답 ② 과방전은 축전지에 매우 해로움. 방전 상태가 오래 지속되면 황산납($PbSO_4$)이 극판에 굳게 결정화되어 충전이 어려워지고, 극판의 손상 및 수명 단축의 원인이 됨

해설 ① 납산 축전지는 사용 중 수분이 증발하게 되는데, 이때는 증류수로만 보충해야 함. 전해액 농도를 맞춘다며 황산을 보충하면 오히려 농도가 과도하게 높아져 축전지를 손상시킴
③ 축전지를 장기간 방치하면 자연방전이 일어나기 때문에, 1~2주 간격으로 보충충전을 해야 성능을 유지할 수 있음
④ 급속충전은 긴급하게 사용이 필요할 때 단기간에 가능하지만, 충전 전류량과 시간을 조절하여 축전지의 발열이나 손상이 생기지 않도록 해야 하며, 지속적으로 반복 사용하면 수명에 악영향을 줄 수 있음. 하지만 "필요시" 한정으로는 사용할 수 있으므로, 보기 자체는 적절한 설명임

9 실드빔 형식의 전조등을 사용하는 건설기계 장비에서 전조등 밝기가 흐려 야간운전에 어려움이 있을 때 올바른 조치 방법으로 맞는 것은?

① 렌즈를 교환한다.　② **전조등을 교환한다.**
③ 반사경을 교환한다.　④ 전구를 교환한다.

정답 ②

해설 실드빔(Sealed Beam) 형식의 전조등은 전구(필라멘트), 반사경, 렌즈가 하나의 유리 하우징에 밀봉되어 있는 구조임. 즉, 이 세 가지가 분리되지 않고 일체형으로 되어 있어 부분만 따로 교체할 수 없음. 전조등 전체를 교환해야 함.

10 건설기계에 사용되는 12볼트(V), 80암페어(A) 축전지 2개를 병렬로 연결하면 전압과 전류는 어떻게 변하는가?

① 24볼트(V), 160암페어(A)가 된다.
② 12볼트(V), 80암페어(A)가 된다.
③ 24볼트(V), 80암페어(A)가 된다.
④ **12볼트(V), 160암페어(A)가 된다.**

정답 ④ 12볼트(V), 160암페어(A)가 된다.

해설 • 축전지 연결 방식
– 직렬연결(Series Connection): 전압이 합산되며 전류 용량은 그대로
– 병렬연결(Parallel Connection): 전압은 유지되고 전류 용량이 합산됨

11 충전된 축전지를 방치시 자기방전(self-discharge)의 원인과 가장 거리가 먼 것은?

① 음극판의 작용물질이 황산과 화학작용으로 방전
② 전해액 내에 포함된 불순물에 의해 방전
③ 전해액의 온도가 올라가서 방전
④ **양극판의 물질이 떨어져 축전지 내부에서 전기가 잘못 흘러 방전**

정답 ④

해설 ① 축전지 안에 있는 납판(음극)은 황산과 반응하면서 자연스럽게 조금씩 전기를 잃음(자기방전)
② 전해액(황산물)에 금속가루나 먼지 같은 불순물이 들어가면 작은 전기가 새어나가서 방전이 생김(자기방전)
③ 더운 곳에 축전지를 두면 안에 있는 화학반응이 빨라져 전기를 더 빨리 잃게 됨. 따뜻할수록 자기방전이 더 잘 일어남
④ 양극판 물질이 떨어져서 전선처럼 붙으면 고장이 남. 이것은 자기방전이 아니라 축전지 안에서 '쇼트'가 나서 망가지는 현상임

※ **핵심 차이**
자기방전: 정상적으로 축전지를 그냥 놔두기만 해도 조금씩 전기를 잃는 것
단락(쇼트): 축전지 안에서 물질이 붙어서 갑자기 고장이 나는 것

12 기동 전동기 솔레노이드 작동 시험이 아닌 것은?

① 풀인(Pull-in) 시험　② 솔레노이드 복원력 시험
③ **전기자 전류 시험**　④ 홀드인 시험

정답 ③ 전기자 전류 시험은 모터 자체의 성능 점검이지 솔레노이드 시험이 아님.
해설 솔레노이드 작동 시험은 기어 밀기(Pull-in), 유지(Hold-in), 복원(Return)을 확인하는 시험임.

13 건설기계용 교류발전기의 다이오드가 하는 역할은?

① 전류를 조정하고 교류를 정류한다.
② 전압을 조정하고 교류를 정류한다.
③ **교류를 정류하고 역류를 방지한다.**
④ 여자정류를 조정하고 역류를 방지한다.

정답 ③
해설 • 다이오드(Diode)의 역할
  - 교류발전기(Alternator)에서 나오는 교류(AC)를 직류(DC)로 변환하는 역할
  - 발전기 내부에서 전류의 역류를 방지하여 안정적인 전력 공급을 유지함

14 클러치의 용량은 기관 회전력의 몇 배인가?

① **1.5 ~ 2.5 배**　② 3 ~ 5 배
③ 4 ~ 6 배　　　　④ 5 ~ 9 배

정답 ①
해설 • 클러치 용량(Clutch Capacity)과 필요 강도
  - 클러치는 엔진의 회전력을 변속기와 구동축으로 전달하는 역할을 함.
  - 정상적인 작동을 위해 클러치는 엔진 회전력의 1.5~2.5배를 견딜 수 있어야 함.
  - 클러치 용량이 낮으면 미끄러짐이 발생하고, 너무 크면 불필요한 부하가 걸림.

15 다이오드의 냉각장치로 맞는 것은?

① 냉각 팬
② 냉각 튜브
③ **히트 싱크**
④ 엔드 프레임에 설치된 오일장치

정답 ③
해설 • 다이오드 냉각 방식
  - 다이오드는 전류가 흐를 때 열이 발생하므로 효율적인 방열이 필요함.
  - 히트 싱크(Heat Sink)는 금속판이나 방열핀을 이용하여 열을 효과적으로 방출하는 장치.

16 토크 컨버터의 최대 회전력의 값을 무엇이라 하는가?

① 회전력　　　　② **토크 변환비**
③ 종감속비　　　④ 변속기어비

정답 ②
해설 • 토크 컨버터의 주요 개념
  - 토크 컨버터(Torque Converter)는 엔진의 회전력을 변속기(미션)로 전달하는 유압 장치
  - 토크 컨버터는 유체의 원심력을 이용하여 동력을 변환하며, 저속에서 높은 회전력을 제공함.
  - 토크 변환비(Torque Ratio)란 토크 컨버터가 엔진의 토크를 증폭시키는 정도를 나타내는 값
  - 일반적으로 2:1 또는 2.5:1 등의 비율로 표현됨

17 조향 핸들의 유격이 커지는 원인과 관계없는 것은?

① 티트먼 암의 헐거움
② **타이어 공기압 과대**
③ 조향기어, 링키지 조정 불량
④ 앞바퀴 베어링 과대 마모

정답 ②
해설 • 조향 핸들 유격 증가 원인
  - 티트먼 암(Tie Rod Arm)의 헐거움 → 조향 불안정
  - 조향기어, 링크 조정 불량 → 핸들 반응이 늦음
  - 앞바퀴 베어링 마모 → 조향이 부정확해짐
    하지만 타이어 공기압 과대는 조향 유격과 직접적인 관계가 없음.

18 타이어에서 트레드 패턴과 관련 없는 것은?

① 제동력   ② 구동력 및 견인력
③ **편평율**   ④ 타이어의 배수효과

정답 ③ 편평율(편평비, Aspect Ratio)은 타이어의 단면 높이와 폭의 비율을 말하며, 트레드 패턴과는 전혀 다른 개념임. (예: 편평율 60이면 타이어 단면 높이가 폭의 60%라는 뜻임) 주로 승차감, 코너링 안정성, 고속 주행 성능에 영향을 줌.

해설 타이어의 트레드 패턴(Tread Pattern)이란, 타이어의 노면과 직접 맞닿는 부분(트레드)에 새겨진 홈과 블록의 형태를 말함. 이 패턴은 타이어 성능에 많은 영향을 미치며 특히 다음과 같은 성능에 관여함:
- 배수성 (배수효과): 트레드 홈이 물을 배출시켜 수막현상을 줄여줌.
- 제동력 및 구동력: 트레드의 블록과 홈 구조가 도로와의 마찰력을 증가시켜 제동 성능과 구동력을 향상시킴.
- 견인력(Traction): 험로, 빗길, 눈길 등 다양한 도로 조건에서의 미끄러짐을 방지하는 역할을 함.

19 도로교통법상 주차를 금지하는 곳으로서 틀린 것은?

① 터널 안 및 다리 위
② **상가 앞 도로의 5m 이내의 곳**
③ 도로공사를 하고 있는 경우에는 그 공사구역의 양쪽 가장 자리로부터 5m 이내의 곳
④ 화재경보기로부터 3m 이내의 곳

정답 ② 상가 앞 도로 5m 이내는 주차 금지 장소가 아님.

해설 • 주차 금지 장소
- 터널 안 및 다리 위 → 위험 발생 가능
- 도로공사 구역 5m 이내 → 작업자 안전 보장
- 화재경보기 3m 이내 → 소방 활동 방해 방지

20 건설기계관리법상 건설기계에 해당되지 않는 것은?

① 노상안정기   ② 자체 중량 2톤 이상의 로더
③ **천장크레인**   ④ 콘크리트 살포기

정답 ③ 천장크레인은 공장이나 창고 천장에 고정 설치되어 있는 비이동식 장비로, 도로를 주행하거나 현장에서 이동하지 않음. 고정 설비이므로 건설기계관리법상 건설기계로 분류되지 않음.

해설 건설기계관리법에서는 도로나 공사 현장에서 주행 및 작업이 가능한 이동형 기계를 건설기계로 정의함. 이 법에 따라 등록 및 검사를 받아야 하는 기계는 건설기계관리법 시행령 별표 1에 열거되어 있음.

21 도로의 중앙으로부터 좌측을 통행할 수 있는 경우는?

① 편도 2차로의 도로를 주행할 때
② **도로가 일방통행으로 된 때**
③ 중앙선 우측에 차량이 밀려있을 때
④ 좌측도로가 한산할 때

정답 ② 우리나라 도로교통법의 기본 원칙은 우측통행이다. 즉, 모든 차량은 도로의 중앙선을 기준으로 우측에서 통행해야 함. 그러나 도로가 일방통행으로 지정된 경우에는 도로 전체를 차량이 한 방향으로만 주행하게 되므로, 도로 중앙 또는 좌측을 주행해도 교통 흐름에 문제가 없음. 이 경우 좌측 차로를 통행해도 도로교통법 위반이 아님

해설 ① 이 보기만 보면 맞는 것 같지만, 편도 2차로라고 해도 좌측 차로는 주로 추월 또는 좌회전을 위한 용도로 사용되며, 기본적으로는 차로의 가장 오른쪽으로 주행해야 함. 특히 좌측 차로만 계속 이용하면 차로위반이 될 수 있음.
③ 차량 정체나 밀림 현상이 있다고 해도, 중앙선을 넘어 좌측 차로로 주행하는 것은 불법 통행에 해당됨. 예외 없이 우측통행 원칙을 지켜야 하며, 중앙선 침범은 명백한 위반임.
④ 좌측 도로에 차량이 없다고 하더라도, 우측통행 원칙은 그대로 적용되며, 편의에 따라 좌측 통행하는 것은 위법임. 교통 흐름과 사고 위험을 고려하여 도로 위 통행방향은 임의로 바꿀 수 없음.

22 건설기계등록을 말소할 때에는 등록번호표를 며칠 이내에 시·도지사에게 반납하여야 하는가? ★★★

① 10일 ② 15일
③ 20일 ④ 30일

정답 ① 10일

해설
- 건설기계관리법 제9조(등록번호표의 반납)
등록된 건설기계의 소유자는 다음 각 호의 어느 하나에 해당하는 경우에는 **10일 이내**에 등록번호표의 봉인을 떼어낸 후 그 등록번호표를 국토교통부령으로 정하는 바에 따라 **시·도지사에게 반납**하여야 한다.
  1. 건설기계의 등록이 말소된 경우
  2.~3. 생략

23 우리나라에서 건설기계에 대한 정기검사를 실시하는 검사업무 대행기관은?

① 자동차 정비업 협회
② **대한건설기계안전관리원**
③ 건설기계 정비협회
④ 교통안전공단

정답 ② 대한건설기계안전관리원

해설
- 건설기계 정기검사 기관
  – 건설기계의 안전 점검 및 검사업무를 대행하는 기관
  – 대한건설기계안전관리원(KCESA) → 국토교통부 산하 기관
  – 자동차 정비업 협회, 교통안전공단은 관련 없음

24 건설기계를 등록할 때 건설기계 출처를 증명하는 서류와 관계없는 것은?

① 건설기계 제작증
② 수입면장
③ 매수증서(관청으로부터 매수)
④ **건설기계 대여업 신고증**

정답 ④ 대여업 운영에 필요한 서류이므로 관계없음

해설
- 건설기계 등록 시 필요한 출처 증명 서류
  – 건설기계 제작증 → 제작된 건설기계임을 증명
  – 수입면장 → 해외에서 수입된 건설기계임을 증명
  – 매수증서 → 관청 또는 업체에서 매입한 증빙서류

25 건설기계 형식에 관한 승인을 얻거나 그 형식을 신고한 자는 당사자 간에 별도의 계약이 없는 경우에 건설기계를 판매한 날로부터 몇 개월 동안 무상으로 건설기계를 정비해 주어야 하는가?

① 3 ② 6
③ 12 ④ 24

정답 ③

해설
- 건설기계의 무상 정비 기간
  – 제조업체는 판매 후 12개월 동안 무상 정비 제공
  – 계약에 따라 더 길게 제공될 수도 있음
  – 일정 기간 내에 발생한 기계 결함은 제조사가 책임져야 함

26 건설기계사업을 영위하고자 하는 자는 누구에게 등록하여야 하는가?

① **시·도지사**
② 전문 건설기계 정비업자
③ 국토교통부 장관
④ 건설기계 폐기업자

정답 ①

해설 건설기계 대여업, 정비업, 매매업 등을 운영하려면 시·도지사에게 등록해야 함

27 다음 중 도로교통법상 횡단보도에서는 몇 m 이내 주차 금지인가?
① 3　　　　② 5
③ 8　　　　④ 10

정답 ②

해설
- 도로교통법에 따른 주차 금지 거리
  - 횡단보도 앞 5m 이내 주차 금지
  - 교차로 모퉁이 5m 이내 주차 금지
  - 버스 정류소 10m 이내 주차 금지

28 도로교통법에 위반되는 것은?
① 밤에 교통이 빈번한 도로에서 전조등을 계속 하향했다.
② 낮에 어두운 터널 속을 통과할 때 전조등을 켰다.
③ 소방용 방화 물통으로부터 10m 지점에 주차하였다.
④ 노면이 얼어붙은 곳에서 최고속도의 20/100을 줄인 속도로 운행하였다.

정답 ④ 도로의 노면이 얼어붙은 경우 또는 폭설로 가시거리가 100미터 이내인 경우에는 해당 도로에서의 최고속도의 50퍼센트 이하의 속도로 운행해야 한다.

해설
① 야간에 마주오는 차량이 있는 경우, 상향등은 눈부심 유발로 위험하므로 하향등 유지가 원칙 → 합법
② 낮에도 어두운 터널 안에서는 반드시 전조등을 켜야 함 → 합법
③ 법에서는 5m 이내 주차를 금지함 → 10m는 허용됨 → 합법

29 15km 이하 속도의 건설기계가 갖추지 않아도 되는 조명은? ★★★
① 전조등　　　　② 번호등
③ 후부반사판　　④ 제동등

정답 ②

해설
- 15km 이하 속도의 건설기계 조명 기준
  - 전조등, 후부반사판, 제동등은 필수 장착
  - 번호등(번호판 조명)은 필수 아님

30 릴리프밸브에서 포펫밸브를 밀어 올려 기름이 흐르기 시작할 때의 압력은?
① 설정압력　　　② 허용압력
③ 크래킹압력　　④ 전량압력

정답 ③ 밸브가 열려 유체가 흐르기 시작하는 실제 작동 개시 압력

해설
① 릴리프밸브가 완전히 열리도록 설정된 목표 압력. 보통 크래킹압력보다 약간 높음.
② 장비나 회로가 견딜 수 있는 최대 한계 압력. 안전설계 수치로서 밸브 동작과 직접 관련 없음.
④ 밸브가 완전히 열려서 전량 유체가 우회되는 상태의 압력. 크래킹압력 이후의 단계임.

31 유압유의 점도가 지나치게 높았을 때 나타나는 현상이 아닌 것은?
① 오일 누설이 증가한다.
② 유동저항이 커져 압력손실이 증가한다.
③ 동력손실이 증가하여 기계효율이 감소한다.
④ 내부마찰이 증가하고 압력이 상승한다.

정답 ① 점도가 높을수록 유체가 뻑뻑해져 누설은 오히려 감소함.

해설
- 유압점도가 지나치게 높을 때의 대표적인 현상
  ② 점도가 높으면 흐름에 대한 저항이 커지므로 압력손실 증가
  ③ 펌프가 점성 큰 유체를 밀어내기 위해 더 많은 힘을 써야 하므로 동력 손실 증가
  ④ 점성이 크면 유체 내부와 기계 접촉면의 마찰이 증가 → 펌프의 부하 증가

32 유압펌프의 토출량을 나타내는 단위로 맞는 것은?
① psi　　　　② LPM
③ kPa　　　　④ W

정답 ② LPM (리터 퍼 미닛, Liters Per Minute) → 유압유가 분당 얼마나 많이 배출되는지 측정하는 단위

해설
① psi → 압력 단위 (pounds per square inch)
③ kPa → 압력 단위 (킬로파스칼)
④ W → 전력 단위 (와트)

33 다음 중 여과기를 설치위치에 따라 분류할 때 관로용 여과기에 포함되지 않는 것은?

① 라인 여과기 ② 리턴 여과기
③ 압력 여과기 ④ 흡입 여과기

[정답] ④ 흡입 여과기(Suction Filter)는 유압펌프 흡입구에 설치되어 펌프로 들어가는 오일을 여과한다. 관로용 여과기와 분류 방식이 다름

[해설] • 관로용 여과기
- 라인(Line) 여과기 : 유압회로 라인에서 불순물 제거
- 리턴(Return) 여과기 : 오일탱크로 돌아가는 오일 여과
- 압력(Pressure) 여과기 : 유압펌프에서 나온 고압 오일을 여과

34 방향제어밸브에서 내부 누유에 영향을 미치는 요소가 아닌 것은?

① 관로의 유량 ② 밸브 간극의 크기
③ 밸브 양단의 압력차 ④ 흡입 여과기

[정답] ① 관로의 유량은 내부 누유와 직접적인 관계 없음.

[해설] • 내부 누유(Leakage)에 영향을 미치는 요소
- 밸브 간극 크기 → 간극이 크면 누유 증가
- 밸브 양단의 압력차 → 압력 차이가 크면 유체가 빠져나감
- 흡입 여과기 → 유압 오일의 깨끗한 공급을 위해 필요

35 유압장치에서 기어모터에 대한 설명 중 잘못된 것은?

① 내부 누설이 적어 효율이 높다.
② 구조가 간단하고 가격이 저렴하다.
③ 일반적으로 스퍼기어를 사용하나 헬리컬기어도 사용한다.
④ 유압유에 이물질이 혼합되어도 고장 발생이 적다.

[정답] ① 기어모터는 구조가 단순한 만큼 내부 누설이 비교적 많아 효율이 낮은 편이다.

[해설] • 기어모터의 특성
기어모터(Gear Motor)는 유압모터의 일종으로, 유압에너지를 회전운동으로 바꾸는 장치이다. 구조가 간단하고 가격이 저렴하여 소형 유압 시스템에 널리 사용되지만, 몇 가지 단점도 존재한다.
② 기어모터는 제작이 용이하며 부품이 단순하고 수리도 쉬워 경제적 장점이 있다.
③ 대부분 스퍼기어(직선형 이빨)를 사용하지만, 정숙성이나 내구성을 개선하기 위해 헬리컬기어를 사용하는 모델도 있다.
④ 일반적으로 이물질에 대한 내구성이 기어모터는 피스톤형보다 다소 높은 편으로 간주되기도 한다.

36 유압식 작업장치의 속도가 느릴 때의 원인으로 가장 맞는 것은?

① 오일 쿨러의 막힘이 있다.
② 유압펌프의 토출압력이 높다.
③ 유압조정이 불량하다.
④ 유량조정이 불량하다.

[정답] ③ 유압조정이란 기계에 어느 정도의 압력(힘)을 줄지 설정하는 것인데, 이게 너무 낮게 조정되어 있으면 기계가 힘을 못 써서 느릿느릿 움직이게 됨.

[해설] ① 오일 쿨러 막힘 : 오일 쿨러는 기름을 식혀주는 부품. 이게 막히면 기름이 뜨거워져서 오래 쓰면 나쁠 순 있지만, 기계가 바로 느려지진 않음.
② 펌프 압력이 너무 높으면 오히려 힘이 너무 세진 상태로 속도가 느려질 이유는 아님.
④ 유량은 말 그대로 기름이 흐르는 양인데 이것도 속도에 영향을 주지만, 보통 유압조정이 제대로 안 된 경우가 더 큰 원인임.

37 유압실린더의 지지방식이 아닌 것은?

① 플랜지형　　② 푸드형
③ 트러니언형　④ **유니언형**

정답 ④ 유니언형은 배관 연결 방식

해설 • 유압실린더의 주요 지지방식
① 플랜지형 (Flange type) : 실린더 끝에 원판(플랜지)이 붙어 있어 나사로 고정함. 흔히 쓰이는 고정 방식.
② 푸드형 (Foot type) : 실린더 아래쪽에 발처럼 생긴 지지대가 있어 바닥에 고정하기 쉬움.
③ 트러니언형 (Trunnion type) : 실린더 몸통 옆에 핀처럼 축이 튀어나와 있고, 양쪽에서 회전하면서 움직일 수 있게 지지함. 흔히 큰 기계나 흔들리는 장치에 사용.

39 연 100만 근로시간당 몇 건의 재해가 발생했는가의 재해율 산출을 무엇이라 하는가?

① 연천인율　　② **도수율**
③ 강도율　　　④ 천인율

정답 ② 도수율

해설 • 재해율 산출 지표
− 도수율(Frequency Rate) : 연 100만 근로시간당 발생한 재해 건수
− 강도율(Severity Rate) : 재해로 인해 손실된 총 근로시간 비율
− 천인율(Incidence Rate) : 근로자 1,000명당 재해 발생률
− 연천인율 : 산업재해율의 과거 통계 방식 중 하나이나, 현재는 거의 사용되지 않음.

38 호이스트형 유압호스 연결부에 가장 많이 사용하는 것은?

① 엘보 조인트　　② 니플 조인트
③ 소켓 조인트　　④ **유니온 조인트**

정답 ④ 호이스트형 장비는 예를 들어 덤프트럭처럼 짐칸을 들어올리는 장비임. 이런 장비는 유압을 이용해서 리프트처럼 움직이는데, 이때 연결되는 유압 호스는 종종 분리하거나 다시 연결해야 할 일이 많음. 이럴 때 가장 많이 쓰는 연결 부품이 유니온 조인트임.

해설 유니온 조인트는 유압 호스를 빠르고 쉽게 분리하거나 연결할 수 있도록 도와주고, 누유 없이 단단하게 연결되기 때문에, 특히 정비가 잦은 호이스트형 장비에 많이 사용.

40 드릴작업 시 재료 밑의 받침으로는 무엇이 적당한가?

① **나무판**　　② 연강판
③ 스테인레스판　④ 벽돌

정답 ① 나무는 적당히 부드럽고 탄성이 있어서, 드릴날이 지나가더라도 잘 받아줌. 드릴날이 바닥까지 박히는 걸 안전하게 막아주고, 드릴날도 상하지 않게 함. 소음도 적고, 재료에 손상도 주지 않아 가장 일반적이고 안전한 받침재임.

해설 ② 연강판: 금속판이라 드릴날에 큰 저항을 줘서 드릴날이 마모되거나 부러질 수 있음
③ 스테인리스판: 더 단단해서 드릴이 망가지거나 튀는 위험이 있음
④ 벽돌: 표면이 고르지 않고 단단해서, 재료가 흔들리거나 파손될 위험이 있음

41 소화 설비를 설명한 내용으로 맞지 않는 것은?

① 포말 소화 설비는 저온압축한 질소가스를 방사시켜 화재를 진화한다.
② 분말 소화 설비는 미세한 분말소화재를 화염에 방사시켜 화재를 진화 시킨다.
③ 물 분무 소화 설비는 연소물의 온도를 인화점 이하로 냉각 시키는 효과가 있다.
④ 이산화탄소 소화 설비는 질식 작용에 의해 화염을 진화 시킨다.

정답 ① 포말 소화설비는 거품(포말)으로 불을 덮어 진화하지, 질소가스를 방사하는 방식이 아님.

해설 • 소화 설비의 종류
- 포말(폼) 소화 설비: 포말(거품)과 물을 사용해 불을 덮어 질식 진화하는 방식
- 분말 소화 설비: 미세한 분말 소화약제를 화염에 방사해 연쇄반응 차단
- 물 분무 소화 설비: 미세한 물 입자가 냉각 효과를 내어 온도를 낮춰 진화
- 이산화탄소 소화 설비: CO_2를 분사하여 산소 농도를 낮춰 질식 진화

42 산업안전보건법상 안전보건표지에서 색채와 용도가 틀리게 짝지어진 것은?

① 파란색 : 지시   ② 녹색 : 안내
③ 노란색 : 위험   ④ 빨간색 : 금지, 경고

정답 ③

해설 • 안전보건표지 색상과 용도
① **파란색** : 지시 → '반드시 해야 하는 것'을 알려주는 색. 예: 안전모 착용, 보호안경 착용 같은 지시사항.
② **녹색** : 안내 → '안전과 관련된 안내'를 의미. 예: 비상구 방향, 응급처치 위치 등.
③ **노란색** : '경고'를 뜻하는 색. 예: 미끄럼 주의, 감전 위험, 낙하물 주의 같은 경고표지.
④ **빨간색** : 금지, 경고 → 금지 또는 소방설비 위치 표시에 사용. 예: 금연, 화기엄금, 소화기 위치 등. '경고'까지 포함하는 건 다소 애매.

43 귀마개가 갖추어야 할 조건으로 틀린 것은?

① 내습 내유성을 가질 것
② 적당한 세척 및 소독에 견딜 수 있을 것
③ 가벼운 귓병이 있어도 착용할 수 있을 것
④ 안경이나 안전모와 함께 착용을 하지 못하게 할 것

정답 ④ 귀마개는 안경이나 안전모와 함께 착용 가능해야 함.

해설 ① 귀마개는 습기나 기름 같은 물질에 노출되기 쉬우므로, 습기와 기름에 강해야 함
② 귀에 직접 들어가는 물건이라서 세척·소독이 가능해야 함 → 위생을 위해 필수
③ 귀에 가벼운 이상이 있어도 귀마개가 통증이나 자극을 주지 않도록 설계되어야 함
④ 귀마개는 다른 보호구(예: 안경, 안전모, 방진마스크)와 동시에 사용할 수 있어야 함. 착용을 방해하지 않도록 설계되어야 함

44 풀리에 벨트를 걸거나 벗길 때 안전하게 하기 위한 작동상태는?

① 중속인 상태   ② **정지한 상태**
③ 역회전 상태   ④ 고속인 상태

정답 ②

해설 벨트를 교체하거나 장착할 때는 반드시 기계가 완전히 정지된 상태에서 작업해야 함. 중속, 고속, 역회전 상태에서 작업하면 위험

45 사용한 공구를 정리 보관할 때 가장 옳은 것은?

① 사용한 공구는 종류별로 묶어서 보관한다.
② 사용한 공구는 녹슬지 않게 기름칠을 잘해서 작업대 위에 진열해 놓는다.
③ 사용시 기름이 묻은 공구는 물로 깨끗이 씻어서 보관한다.
④ **사용한 공구는 면 걸레로 깨끗이 닦아서 공구상자 또는 공구 보관으로 지정된 곳에 보관한다.**

정답 ④ 깨끗이 닦아주면 녹 방지에도 좋고, 정해진 보관함에 넣으면 분실이나 손상도 방지.

해설 ① 한데 묶는 방식은 공구가 서로 부딪혀 손상되기 쉽고, 찾기도 어렵기 때문에 정리 방식으로 적절하지 않음.
② 기름칠은 녹 방지에 도움 되지만, 작업대 위에 진열해두는 건 위험하고 산만하게 보관하는 방식임
③ 공구는 보통 금속 재질이라, 물에 닿으면 오히려 녹슬 위험이 큼. 물로 씻기보다는 마른 걸레나 기름걸레로 닦는 게 원칙.

46 가스 용접 작업 시 안전수칙으로 바르지 못한 것은?

① 산소용기는 화기로부터 지정된 거리를 둔다.
② 40℃ 이하의 온도에서 산소용기를 보관한다.
③ 산소용기 운반 시 충격을 주지 않도록 주의한다.
④ **올바른 착용으로 안전도를 증가시킬 수 있다.**

정답 ④
해설 보호구를 올바르게 착용하는 것은 중요하지만, 착용만으로 안전이 보장되지 않음.

47 전기 기기에 의한 감전 사고를 막기 위하여 필요한 설비로 가장 중요한 것은?

① **접지 설비**　　② 방폭등 설비
③ 고압계 설비　　④ 대지 전위 상승 설비

정답 ① 접지 설비는 전기 기기에서 누전이 발생했을 때, 전류가 사람이 아닌 땅(대지) 쪽으로 흐르도록 만들어주는 안전 장치임. 사람이 전류에 닿기 전에 전류를 안전하게 우회시켜 감전 위험을 없애주는 핵심 장치임.

해설 ② **방폭등 설비**: 가스나 분진이 있는 위험 장소에서 폭발 방지를 위한 조명 설비로, 감전 사고와는 무관함.
③ **고압계 설비**: 고압 전류를 측정하는 계측기와 관련된 설비로, 감전 예방보다는 측정 목적임.
④ **대지 전위 상승 설비**: 낙뢰 등으로 대지 전위가 상승하는 것을 억제하기 위한 설비로, 일반적인 전기 기기에서의 감전 예방과는 관계가 적음.

48 기관의 냉각팬에 대한 설명 중 틀린 것은?

① 유체 커플링식은 냉각수의 온도에 따라서 작동된다.
② 전동팬은 냉각수의 온도에 따라 작동된다.
③ **전동팬이 작동되지 않을 때는 물 펌프도 회전하지 않는다.**
④ 전동팬의 작동과 관계없이 물 펌프는 항상 회전한다.

정답 ③ 물 펌프는 엔진 크랭크축과 연결되어 있어 전동팬과 관계없이 항상 회전한다. 따라서 전동팬이 작동하지 않는다고 해서 물 펌프까지 멈추는 것은 아니다.

해설 ① 유체 커플링식 냉각팬은 냉각수의 온도에 따라 작동하며, 엔진의 온도를 조절하는 중요한 역할을 한다.
② 전동팬도 냉각수 온도에 따라 자동으로 작동되며, 필요할 때만 가동되어 연료 효율을 높인다.

49 기관 과열의 주요 원인이 아닌 것은?

① 라디에이터 코어의 막힘
② 냉각장치 내부의 물때 과다
③ 냉각수의 부족
④ **엔진 오일량 과다**

정답 ④ 엔진 오일량이 과다한 것은 기관 과열과 직접적인 연관이 없다. 오히려 윤활 기능이 저하되거나 연소실로 유입될 위험이 있지만, 과열 원인과는 거리가 있다.

해설 기관 과열의 주된 원인은 냉각수가 부족하거나, 라디에이터 코어가 막히거나, 냉각 시스템 내부에 물때가 과다하게 쌓이는 경우이다.
냉각수가 부족하면 열을 충분히 흡수하지 못해 엔진 온도가 비정상적으로 상승할 수 있다.

50 다음 중 연소 시 발생하는 질소산화물(NOx)의 발생 원인과 가장 밀접한 관계가 있는 것은?

① **높은 연소 온도**   ② 가속 불량
③ 흡입 공기 부족   ④ 소염 경계층

정답 ①

해설 질소산화물(NOx)은 고온에서 연소 과정 중 공기 중의 질소(N_2)와 산소(O_2)가 반응하여 생성된다. 연소 온도가 높아지면 질소산화물 생성량이 증가하며, 이는 대기오염의 원인이 된다.
가속 불량(②), 흡입 공기 부족(③), 소염 경계층(④) 등은 NOx 생성에 직접적인 영향을 미치지 않는다.
따라서 높은 연소 온도가 NOx 발생과 가장 직접적인 연관이 있다.

51 디젤기관에서 시동이 되지 않는 원인으로 맞는 것은?

① 연료공급 펌프의 연료공급 압력이 높다.
② 가속 페달을 밟고 시동하였다.
③ **배터리 방전으로 교체가 필요한 상태이다.**
④ 크랭크축 회전속도가 빠르다.

정답 ③

해설 디젤기관의 시동 불량 원인은 여러 가지가 있지만, 배터리가 방전되면 시동 모터가 작동하지 않으므로 시동을 걸 수 없다.
연료공급 펌프의 연료공급 압력이 높다(①)는 연료 계통 문제로 시동 불량보다는 연료 과다 분사가 문제될 수 있다.
가속 페달을 밟고 시동하는 것(②)은 디젤기관의 일반적인 시동 방법과 관련이 없다.
크랭크축 회전속도가 빠르다(④)는 시동 불량과 관계없는 내용이다.

52 디젤기관에서 사용하는 분사노즐의 종류에 속하지 않는 것은?

① 핀틀(pintle)형
② 스로틀(throttle)형
③ 홀(hole)형
④ **싱글 포인트(single point)형**

정답 ④ 싱글 포인트(Single point)형 분사 방식은 가솔린 엔진에서 사용하는 방식으로, 디젤기관에서 사용되지 않는다.

해설 디젤기관의 분사노즐은 연료를 실린더 내에 미세하게 분사하여 연소 효율을 높이는 중요한 역할을 한다.
① **핀틀형**(Pintle nozzle): 연료를 한 개의 작은 구멍을 통해 분사하며, 가벼운 연료 분사가 가능하다.
② **스로틀형**(Throttle nozzle): 분사량을 조절할 수 있는 구조로, 연료의 분무 패턴을 조절할 수 있다.
③ **홀형**(Hole nozzle): 여러 개의 작은 구멍을 통해 연료를 분사하여 연소실 내부에서 고르게 연소가 이루어지도록 한다.

53 디젤기관에서 부조 발생의 원인이 아닌 것은?

① 발전기 고장　　　② 거버너 작용 불량
③ 분사시기 조정 불량　④ 연료의 압송 불량

정답 ①

해설 부조란 엔진이 정상적인 회전 상태를 유지하지 못하고 불규칙적으로 작동하는 현상을 의미한다. 거버너 작용 불량(②), 분사시기 조정 불량(③), 연료의 압송 불량(④)은 부조의 주요 원인이 될 수 있다.
하지만 발전기 고장(①)은 엔진 부조와 직접적인 관련이 없다. 발전기 고장은 전기 계통 문제로 시동 불량이나 배터리 방전과 연관된다.

54 디젤기관에서 연료장치 공기빼기 순서가 바른 것은?

① 공급펌프 → 연료여과기 → 분사펌프
② 공급펌프 → 분사펌프 → 연료여과기
③ 연료여과기 → 공급펌프 → 분사펌프
④ 연료여과기 → 분사펌프 → 공급펌프

정답 ①

해설 디젤기관의 연료 시스템에서 공기가 유입되면 연료 공급이 원활하지 않아 시동 불량이 발생할 수 있다.
올바른 공기 빼기 순서는 공급펌프 → 연료여과기 → 분사펌프이다.
연료여과기 전에 공기를 먼저 제거해야 연료가 깨끗하게 공급될 수 있다.

55 운전 중인 기관의 에어클리너가 막혔을 때 나타나는 현상으로 맞는 것은?

① 배출가스 색은 검고, 출력은 저하한다.
② 배출가스 색은 희고, 출력은 정상이다.
③ 배출가스 색은 청백색이고, 출력은 증가된다.
④ 배출가스 색은 무색이고, 출력은 무관하다.

정답 ①

해설 에어클리너가 막히면 공기 공급이 원활하지 않아 연료 혼합비가 증가하면서 불완전 연소가 발생한다. 이로 인해 배출가스가 검게 변하고 엔진 출력이 저하된다.

56 엔진의 윤활유 소비량이 과대해지는 가장 큰 원인은? ★★★

① 기관의 과냉
② 피스톤 링 마멸
③ 오일 여과기 필터 불량
④ 냉각펌프 손상

정답 ②

해설 피스톤 링이 마멸되면 오일이 연소실로 유입되어 연소되므로 윤활유 소비량이 증가한다.

57 흡·배기 밸브의 구비조건이 아닌 것은?

① 열전도율이 좋을 것
② 열에 대한 팽창율이 적을 것
③ 열에 대한 저항력이 작을 것
④ 가스에 견디고, 고온에 잘 견딜 것

정답 ③

해설 흡·배기 밸브는 고온의 연소 가스를 견뎌야 하므로 열에 대한 저항력이 커야 한다.
따라서 열에 대한 저항력이 작을 것이라는 조건은 부적합하다.

58 일반적으로 기관에 많이 사용되는 윤활 방법은?

① 수 급유식 ② 적하 급유식
③ **압송 급유식** ④ 분무 급유식

정답 ③ 압송 급유식(Oil Pressure Lubrication)은 오일 펌프를 이용하여 윤활유를 엔진 내 각 부위로 강제 공급하는 방식으로, 현대의 대부분 기관에서 사용된다.

해설 수 급유식: 기관이 냉각수를 이용하여 열을 식히듯이 윤활유를 일정한 위치에 저장해 공급하는 방식.
적하 급유식: 윤활유를 중력에 의해 자연적으로 떨어지게 하여 윤활하는 방식.
분무 급유식: 윤활유를 미세하게 분무하여 윤활하는 방식으로, 특정 산업용 엔진에서 사용됨.

59 기관 실린더(cylinder) 벽에서 마멸이 가장 크게 발생하는 부위는?

① **상사점 부근** ② 하사점 부근
③ 중간 부분 ④ 하사점 이하

정답 ①

해설 실린더 벽 마멸은 피스톤이 왕복 운동하는 과정에서 마찰이 가장 큰 지점에서 발생한다.
상사점 부근(①): 피스톤이 압축행정과 폭발행정을 마치고 방향을 전환하는 지점으로, 최대 압력과 온도가 발생하여 마모가 심하다.
하사점 부근(②): 상대적으로 마모가 적음.
중간 부분(③): 일정한 압력이 유지되지만, 마모는 심하지 않음.
하사점 이하(④): 압력이 낮아 마모가 거의 없음.

60 기동전동기의 시험 항목으로 맞지 않는 것은?

① 무부하 시험 ② 회전력 시험
③ 저항 시험 ④ **중부하 시험**

정답 ④ 중부하 시험은 기동전동기의 표준 시험 항목이 아니므로 해당되지 않는다.

해설 • 기동 전동기의 주요 시험 항목
무부하 시험: 부하 없이 전동기의 작동 여부를 확인하는 시험.
회전력 시험: 전동기의 회전력을 측정하여 성능을 평가하는 시험.
저항 시험: 내부 전기저항을 측정하여 회로 상태를 점검하는 시험.

04 기출문제 4회 (60제)

이론 따로 필요없다. 문제 해설로 시원하게 끝낸다

※ 맞는 것을 고르는 답은 고딕, 틀린 것을 고르는 답은 명조체로 표시하였습니다

1 전압 조정기의 종류에 해당하지 않는 것은?

① 접점식 ② 카본파일식
③ 트랜지스터식 ④ 저항식

정답 ④

해설 전압 조정기는 발전기에서 출력되는 전압을 조정하여 일정한 전압을 유지하도록 하는 장치다.
접점식: 기계식 접점을 이용해 전압을 조절하는 방식.
카본파일식: 카본저항을 이용해 미세하게 전압을 조정하는 방식.
트랜지스터식: 반도체 소자인 트랜지스터를 이용해 정밀하게 전압을 조절하는 방식.
저항식은 일반적인 전압 조정 방식으로 사용되지 않는다.

2 예열플러그를 빼서 보았더니 심하게 오염되어 있다. 그 원인으로 가장 적합한 것은? ★★★

① **불완전 연소 또는 노킹**
② 엔진 과열
③ 플러그의 용량 과다
④ 냉각수 부족

정답 ① 예열플러그(Glow Plug)는 디젤 엔진에서 시동 시 연소실 내부의 공기를 가열하는 역할을 한다. 불완전 연소 또는 노킹(①)이 발생하면 연료가 제대로 연소되지 않아 카본(탄소) 찌꺼기가 많이 생성되며, 이는 플러그에 침착되어 오염을 유발한다.

해설 **엔진 과열**: 플러그 오염보다는 엔진 부품 손상 가능성이 큼.
플러그의 용량 과다: 일반적으로 오염과는 직접적인 연관이 없음.
냉각수 부족: 엔진 과열과 관련 있지만, 플러그 오염의 주된 원인은 아님

3 운전 중 갑자기 계기판에 충전 경고등이 점등되었다. 그 현상으로 맞는 것은?

① 정상적으로 충전이 되고 있음을 나타낸다.
② **충전이 되지 않고 있음을 나타낸다.**
③ 충전계통에 이상이 없음을 나타낸다.
④ 주기적으로 점등되었다가 소등되는 것이다.

정답 ②

해설 충전 경고등은 발전기(알터네이터)에서 배터리로 전기를 공급하지 못할 때 점등된다.
충전이 정상적으로 이루어지고 있다면 경고등은 꺼져 있어야 한다.

4 납산 축전지가 방전되어 급속 충전을 할 때의 설명으로 틀린 것은?

① 충전 중 전해액의 온도가 45℃가 넘지 않도록 한다.
② 충전 중 가스가 많이 발생되면 충전을 중단한다.
③ **충전전류는 축전지 용량과 같게 한다.**
④ 충전시간은 가능한 짧게 한다.

정답 ③ 급속 충전 시에는 전류를 과도하게 흐르게 하면 축전지 내부 손상이 발생할 수 있으므로 용량보다 낮게 설정해야 한다.

해설 ① 과열 시 축전지 성능이 저하되므로 온도를 관리해야 함.
② 과충전 시 가스 발생이 많아지면 위험하므로 중단해야 함.
④ 하지만 너무 짧으면 충분한 충전이 안 되므로 적절한 관리가 필요함.

5 건설기계에 사용하는 축전지 2개를 직렬로 연결하였을 때 변화되는 것은?

① **전압이 증가된다.**
② 사용 전류가 증가된다.
③ 비중이 증가된다.
④ 전압 및 이용 전류가 증가된다.

정답 ① 직렬 연결(Series Connection): 배터리를 직렬로 연결하면 전압이 증가하지만, 전류 용량은 변하지 않는다.
병렬 연결(Parallel Connection): 전압은 동일하지만 사용 가능한 전류(용량)가 증가한다.

해설 ② 직렬 연결 시 전압만 증가하고 전류는 변하지 않음.
③ 전해액의 비중은 충전 상태에 따라 결정되며 직렬 연결과 관계없음.
④ 직렬 연결은 전압만 증가하며, 전류 용량은 변하지 않음.

6 지게차 작업장치의 동력전달 기구가 아닌 것은?

① 리프터 체인　　② 틸트 실린더
③ 리프트 실린더　**④ 트랜치호**

정답 ④ 트랜치호는 건설장비의 굴착 장비에 해당하며, 지게차의 동력전달 기구와는 관계없음.

해설 • 지게차의 동력전달 기구 구성
① 리프터 체인: 포크를 들어 올리는 데 사용됨.
② 틸트 실린더: 마스트의 기울기를 조정함.
③ 리프트 실린더: 포크를 상승시키는 역할을 함.

7 운전 중 클러치가 미끄러질 때의 영향이 아닌 것은?

① 속도 감소　　② 견인력 감소
③ 연료소비량 증가　**④ 엔진의 과냉**

정답 ④ 엔진의 과냉은 클러치 미끄러짐과 관계없는 현상으로, 클러치 문제와 연관이 없다.

해설 클러치 미끄러짐(Clutch Slippage)이 발생하면 구동력이 제대로 전달되지 않아 차량 성능이 저하됨. 주요 영향:
① **속도 감소**: 동력이 제대로 전달되지 않아 차량 속도가 감소함.
② **견인력 감소**: 미끄러짐으로 인해 구동력이 감소하여 견인력이 낮아짐.
③ **연료소비량 증가**: 동력이 손실되면서 더 많은 연료가 소비됨.

8 부동액이 구비하여야 할 조건이 아닌 것은?

① 물과 쉽게 혼합될 것
② 침전물의 발생이 없을 것
③ 부식성이 없을 것
④ 비등점이 물보다 낮을 것

정답 ④ 부동액은 비등점이 오히려 물보다 높아야 함 (110~130°C 이상) 그래야 과열을 방지하고 고온에서 기화하지 않음

해설 ① 부동액은 주로 에틸렌글리콜 또는 프로필렌글리콜 성분이며, 물과 쉽게 혼합되어 냉각수로 사용되어야 함. 실제 냉각수는 부동액:물 = 1:1 또는 6:4 비율로 혼합하여 사용함
② 냉각수 내에 금속산화물, 슬러지, 스케일 등의 침전물이 생기면 라디에이터 막힘, 열전달 저하, 펌프 고장 등의 문제가 발생함
③ 부동액은 냉각 계통의 알루미늄, 구리, 철 등의 금속을 부식시키지 않아야 함. 이를 위해 방청제(부식방지제) 성분이 반드시 포함됨

9 파워스티어링에서 핸들이 매우 무거워 조작하기 힘든 상태일 때의 원인으로 맞는 것은?

① 바퀴가 습지에 있다.
② 조향 펌프에 오일이 부족하다.
③ 볼 조인트의 교환시기가 되었다.
④ 핸들 유격이 크다.

정답 ② 파워스티어링은 유압을 이용하여 핸들 조작을 쉽게 해주는 장치이며, 조향 펌프의 오일이 부족하면 조작이 무거워질 수 있다.

해설 ① 습지에서는 접지력이 감소할 뿐 핸들 조작과는 직접적 관계가 없음.
③ 볼 조인트 노화는 조향 성능 저하의 원인이 될 수 있지만, 핸들 무거움과 직접적 관련이 없음.
④ 핸들 유격이 크면 반응이 느려질 수 있지만, 무거워지지는 않음.

10 진공식 제동 배력 장치의 설명 중에서 옳은 것은?

① 진공 밸브가 새면 브레이크가 전혀 듣지 않는다.
② 릴레이 밸브의 다이어프램이 파손되면 브레이크가 듣지 않는다.
③ **릴레이 밸브 피스톤 컵이 파손되어도 브레이크는 듣는다.**
④ 하이드로릭 피스톤의 체크 볼이 밀착 불량이면 브레이크가 듣지 않는다.

정답 ③ 진공식 제동 배력 장치는 브레이크 작동을 쉽게 하도록 돕는 장치이며, 릴레이 밸브 피스톤 컵이 파손되어도 일정 정도의 제동력은 유지된다.

해설 ① 진공이 일부 손실될 수 있으나 완전히 작동 불능이 되지는 않음.
② 일부 영향은 있지만 제동 자체가 완전히 불가능한 것은 아님.
④ 일부 영향을 미칠 수 있으나 브레이크가 완전히 작동하지 않는 것은 아님.

11 자동변속기가 장착된 건설기계의 모든 변속단에서 출력이 떨어질 경우 점검해야 할 항목과 거리가 먼 것은?

① 오일의 부족
② 토크컨버터 고장
③ 엔진고장으로 출력 부족
④ **추진축 휨**

정답 ④ 추진축 휨

해설 • 출력이 떨어지는 주요 원인
① **오일 부족**: 자동변속기 오일이 부족하면 기어 변속이 원활하지 않으며 출력 저하가 발생할 수 있음.
② **토크컨버터 고장**: 토크컨버터는 동력을 변환하는 장치로, 고장이 발생하면 출력이 급격히 저하됨.
③ **엔진 고장으로 출력 부족**: 엔진 출력이 낮아지면 변속기에도 영향을 미쳐 가속력이 저하됨.
④ 추진축 휨은 차량의 진동 문제를 유발할 수 있지만, 변속기의 출력 저하와 직접적인 관계는 없음.

12 건설기계를 산(매수한) 사람이 등록사항변경(소유권 이전) 신고를 하지 않아 등록사항 변경신고를 독촉하였으나 이를 이행하지 않을 경우 판(매도한) 사람이 할 수 있는 조치로서 가장 적합한 것은?

① 소유권 이전 신고를 조속히 하도록 매수한 사람에게 재차 독촉한다.
② **매도한 사람이 직접 소유권 이전 신고를 한다.**
③ 소유권 이전 신고를 조속히 하도록 소송을 제기한다.
④ 아무런 조치도 할 수 없다.

정답 ② 건설기계 매매 후 매수인이 소유권 이전 신고를 하지 않으면 매도인이 직접 소유권 이전 신고를 할 수 있음.

해설 ① 추가 독촉을 하더라도 매수인이 신고하지 않으면 효과가 없음.
③ 행정 절차로 해결 가능하므로 소송까지 갈 필요 없음.
④ 매도인이 직접 이전 신고를 할 수 있음.

13 노면이 얼어붙은 경우 또는 폭설로 가시거리가 100미터 이내인 경우 최고속도의 얼마나 감속 운행하여야 하는가? ★★★

① **50/100**   ② 30/100
③ 40/100   ④ 20/100

정답 ① 법정 최고속도의 50% 이하로 감속해야 한다.

해설 도로교통법에 따르면, 악천후 시 감속 운행이 필수적이며, 가시거리가 100m 이내일 경우 최고속도의 50% 이하로 감속해야 함.
• 구체적인 감속 기준
법정 최고속도가 80km/h라면 40km/h 이하로 감속.
법정 최고속도가 60km/h라면 30km/h 이하로 감속.

14 다음 그림의 교통안전표지는 무엇인가?

① 차간거리 최저 50m이다.
② 차간거리 최고 50m이다.
③ 최저속도 제한표지이다.
④ 최고속도 제한표지이다.

[정답] ④
[해설] ①, ② 차간거리 확보 표지판은 자동차 사이에 화살표가 있는 표지판으로 앞차와 일정한 간격 이상을 유지해야 한다는 의미이다. 따라서 최고 개념은 없다.
③ 최저속도 제한 표지는 원 안의 숫자에 밑줄이 있다.

15 등록건설기계의 기종별 표시방법으로 옳은 것은?

① 01 : 불도저
② 02 : 모터그레이더
③ 03 : 지게차
④ 04 : 덤프트럭

[정답] ① 등록건설기계의 기종별 번호는 고유한 코드로 분류된다.
[해설] • 등록건설기계 기종별 번호
01 : 불도저   02 : 굴삭기   03 : 로더
04 : 지게차   05 : 스크레이퍼   06 : 덤프트럭
07 : 기중기   08 : 모터그레이더
이하 생략

16 편도 4차로 일반도로의 경우 교차로 30m 전방에서 우회전을 하려면 몇 차로로 진입 통행해야 하는가?

① 1차로로 통행한다.
② 2차로와 1차로로 통행한다.
③ 4차로로 통행한다.
④ 3차로만 통행 가능하다.

[정답] ③ 우회전하려면 가장 우측 차로(4차로)로 진입해야 한다.
[해설] 도로교통법에 따라 교차로에서 우회전을 하기 위해서는 가장 우측 차로로 진입 후 우회전해야 하며, 다른 차로에서는 우회전이 금지된다.

17 정차 및 주차금지 장소에 해당되는 것은? ★★★

① 건널목 가장자리로부터 15m 지점
② 정류장 표지판으로부터 12m 지점
③ 도로의 모퉁이로부터 4m 지점
④ 교차로 가장자리로부터 10m 지점

[정답] ④ 교차로 가장자리로부터 10m 이내는 정차 및 주차가 금지된 구역이다. 이는 교통 흐름을 방해하지 않고 안전을 확보하기 위한 규정이다.
[해설] ① 건널목은 10m 이내가 금지 구역
② 정류장은 10m 이내가 금지 구역
③ 도로 모퉁이는 5m 이내가 금지 구역

18 특별표지판을 부착하여야 할 건설기계의 범위에 해당하는 것은?

① 높이가 5미터인 건설기계
② 총중량이 50톤인 건설기계
③ 길이가 16미터인 건설기계
④ 최소회전반경이 13미터인 건설기계

[정답] ③ 대형건설기계에는 건설기계 안전기준에 관한 규칙 제168조에 따라 기준에 적합한 특별표지판을 부착하여야 한다.
[해설] • 대형건설기계(규칙 제2조)
가. 길이 16.7미터를 초과하는 건설기계
나. 너비 2.5미터를 초과하는 건설기계
다. 높이 4.0미터를 초과하는 건설기계
라. 최소회전반경 12미터를 초과하는 건설기계
마. 총중량이 40톤을 초과하는 건설기계(굴착기, 로더 및 지게차는 운전중량이 40톤을 초과하는 경우)
바. 총중량 상태에서 축하중이 10톤을 초과하는 건설기계(굴착기, 로더 및 지게차는 운전중량 상태에서 축하중이 10톤을 초과하는 경우)

19 현장에 경찰 공무원이 없는 장소에서 인명사고와 물건의 손괴를 입힌 교통사고가 발생하였을 때 가장 먼저 취할 조치는? ★★★

① 손괴한 물건 및 손괴 정도를 파악한다.
② 즉시 피해자 가족에게 알리고 합의한다.
③ **즉시 사상자를 구호하고 경찰 공무원에게 신고한다.**
④ 승무원에게 사상자를 알리게 하고 회사에 알린다.

정답 ③
해설 교통사고가 발생하면 가장 먼저 해야 할 일은 사상자를 구호하고 경찰 공무원에게 신고하는 것이다. 이는 법적으로 요구되는 최우선 조치이며, 피해자의 생명과 안전을 보호하기 위한 기본적인 의무이다.
①, ②, ④는 1차적인 조치 이후에 해야 할 사항이다.

20 3톤 미만 지게차의 소형건설기계 조종 교육시간은?

① **이론 6시간, 실습 6시간**
② 이론 4시간, 실습 8시간
③ 이론 12시간, 실습 12시간
④ 이론 10시간, 실습 14시간

정답 ①
해설 3톤 미만 소형건설기계 조종 교육시간은 **이론 6시간, 실습 6시간**으로 규정되어 있다. 이는 지게차 조작에 필요한 최소한의 이론적, 실습적 경험을 제공하기 위한 것이다.

21 건설기계에 사용되는 유압 실린더 작용은 어떠한 것을 응용한 것인가? ★★★

① 베르누이의 정리   ② **파스칼의 정리**
③ 지렛대의 원리   ④ 후크의 법칙

정답 ②
해설 유압 실린더는 파스칼의 원리를 응용하여 작동한다. 파스칼의 원리는 폐쇄된 유체 내에서 압력이 균일하게 전달된다는 법칙으로, 유압 시스템에서 작은 힘으로 큰 힘을 얻을 수 있게 해준다.

22 공유압 기호 중 그림이 나타내는 것은? ★★★

① **유압동력원**   ② 공기압동력원
③ 전동기   ④ 원동기

정답 ①
해설 공유압 기호에서 유압동력원은 유압 시스템에 압력을 공급하는 장치를 나타낸다. 이는 유압펌프 등 동력 공급 장치를 포함한다.

23 작동형, 평형피스톤형 등의 종류가 있으며 회로의 압력을 일정하게 유지시키는 밸브는? ★★★

① **릴리프 밸브**   ② 메이크업 밸브
③ 시퀀스 밸브   ④ 무부하 밸브

정답 ① 릴리프 밸브는 유압 회로에서 압력을 일정하게 유지하며, 초과 압력을 방출하여 시스템의 안전을 보장한다.
해설 ② 메이크업 밸브: 유압 흐름을 보충하는 역할.
③ 시퀀스 밸브: 작동 순서를 제어.
④ 무부하 밸브: 시스템의 무부하 상태를 유지.

24 유압 실린더는 유체의 힘을 어떤 운동으로 바꾸는가?

① 회전 운동   ② **직선 운동**
③ 곡선 운동   ④ 비틀림 운동

정답 ② 유압 실린더는 유압 에너지를 직선 운동으로 변환한다. 이 직선 운동은 주로 리프팅, 틸팅 등 건설기계에서 중요한 작업 동작을 수행한다.
해설 회전 운동은 유압 모터에서 발생한다.

25 유압 작동유의 점도가 너무 높을 때 발생되는 현상으로 맞는 것은?

① **동력 손실의 증가**
② 내부 누설의 증가
③ 펌프 효율의 증가
④ 마찰 마모 감소

정답 ① 유압 작동유의 점도가 너무 높으면 흐름에 대한 저항이 증가하여 펌프와 같은 유압 장치에서 동력을 더 많이 소모하게 된다. 따라서 동력 손실이 커진다. 점도가 낮을 경우에는 내부 누설이 증가할 수 있으나, 너무 높을 경우에는 유압 시스템 효율이 저하된다.

해설
② 내부 누설의 증가: 점도가 너무 낮을 때 발생하는 현상이다.
③ 펌프 효율의 증가: 점도가 높을수록 펌프 효율은 오히려 떨어진다.
④ 마찰 마모 감소: 점도가 너무 높을 때는 마찰과 열 발생이 오히려 증가한다.

26 일반적으로 오일탱크의 구성품이 아닌 것은?

① 스트레이너
② 배플
③ 드레인플러그
④ **압력조절기**

정답 ④ 오일탱크는 유압유를 저장하고 냉각하며, 불순물을 제거하는 역할을 한다. 오일탱크에는 스트레이너, 배플, 드레인플러그와 같은 구성품이 포함된다. 압력조절기는 유압 시스템 내에서 압력을 조절하는 장치로, 오일탱크의 구성품이 아니다.

해설
① 스트레이너: 유압유 내 불순물을 걸러낸다.
② 배플: 유압유의 흐름을 안정화하고 열교환을 돕는다.
③ 드레인플러그: 오일 배출 시 사용된다.
④ 압력조절기: 유압 회로에서 압력을 조정하는 부품이다.

27 다음 중 액추에이터의 입구 쪽 관로에 설치한 유량제어밸브로 흐름을 제어하여 속도를 제어하는 회로는? ★★★

① 시스템 회로(system circuit)
② 블리도오프 회로(bled-off circuit)
③ **미터인 회로(meter-in circuit)**
④ 미터아웃 회로(meter-out circuit)

정답 ③ 유압 시스템에서 액추에이터(실린더 또는 모터)의 속도를 제어하려면 유량을 조절해야 함. 미터인 회로(Meter-in circuit)는 유체가 액추에이터에 들어가기 전에 유량을 조절하여 속도를 제어하는 방식임.

해설
① 유압 시스템의 전체 회로를 의미하며 특정한 유량 제어방식과 관련 없음.
② 일부 유량을 우회 배출하여 압력을 조절하는 방식.
④ 유체가 액추에이터를 빠져나간 후 유량을 조절하는 방식으로, 미터인 회로와 반대 개념임.

28 유압장치의 구성요소가 아닌 것은?

① **유니버설 조인트**
② 오일탱크
③ 펌프
④ 제어밸브

정답 ① 유니버설 조인트는 기계적인 동력 전달 장치로, 유압장치의 구성 요소가 아님.

해설 유압장치는 유체의 압력을 이용하여 동력을 전달하는 시스템으로, 주요 구성 요소는 다음과 같음.
오일탱크: 유압 작동유를 저장.
펌프: 유압 에너지를 생성.
제어밸브: 유량과 압력을 조절하여 원하는 방향으로 유압을 제어.

29 다음 그림과 같이 안쪽은 내·외측 로터로 바깥쪽은 하우징으로 구성되어 있는 오일펌프는?

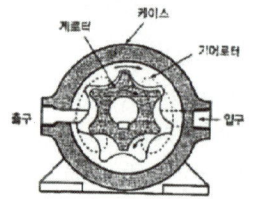

① 기어 펌프　　　　② 베인 펌프
③ **트로코이드 펌프**　④ 피스톤 펌프

[정답] ③ 트로코이드 펌프(Trochoid pump)는 내·외측 로터가 맞물려 유체를 펌핑하는 방식으로, 오일 펌프로 많이 사용됨.
[해설] ① 기어 펌프(Gear pump) : 맞물린 기어를 이용해 유체를 이동시키는 방식.
② 베인 펌프(Vane pump) : 회전판과 베인을 이용하여 유체를 이동시키는 방식.
④ 피스톤 펌프(Piston pump) : 피스톤 왕복운동을 이용한 방식으로 고압 시스템에서 사용됨.

30 유압에너지를 공급받아 회전운동을 하는 기기를 무엇이라 하는가?

① 펌프　　　　② **모터**
③ 밸브　　　　④ 롤러 리미트

[정답] ② 유압 시스템에서 유압 에너지를 기계적 에너지(회전운동)로 변환하는 장치를 유압 모터(Hydraulic motor)라고 함.
[해설] ① 펌프(Pump) : 기계적 에너지를 유압 에너지로 변환하는 장치임.
③ 밸브(Valve) : 유압을 제어하는 역할을 수행하는 장치임.
④ 롤러 리미트(Roller limit) : 기계적 동작을 제한하는 장치로, 회전운동과 관련 없음.

31 볼트 등을 조일 때 조이는 힘을 측정하기 위하여 쓰는 렌치는? ★★★

① 복스 렌치　　　② 오픈엔드 렌치
③ 소켓 렌치　　　④ **토크 렌치**

[정답] ④ 토크 렌치(Torque wrench)는 볼트 및 너트를 일정한 힘(토크)으로 조이기 위해 사용되는 공구로, 조임 강도를 정확하게 측정할 수 있음.
[해설] ① 복스 렌치(Box wrench) : 육각 볼트와 너트를 조이는 일반적인 렌치.
② 오픈엔드 렌치(Open-end wrench) : 개방형 렌치로 조임력 측정 기능이 없음.
③ 소켓 렌치(Socket wrench) : 다양한 소켓을 교체하여 사용할 수 있는 렌치이지만, 토크 측정 기능은 없음.

32 전기장치의 퓨즈가 끊어져서 다시 새것으로 교체하였으나 또 끊어졌다면 어떤 조치가 가장 옳은가?

① 계속 교체한다.
② 용량이 큰 것으로 갈아 끼운다.
③ 구리선이나 납선으로 바꾼다.
④ **전기장치의 고장개소를 찾아 수리한다.**

[정답] ④ 퓨즈가 반복적으로 끊어진다면 과전류 또는 합선(쇼트) 등의 문제가 발생했을 가능성이 높음.
[해설] ① 문제를 해결하지 않고 계속 교체하면 전기 장치에 더 큰 손상이 발생할 수 있음.
② 퓨즈 용량을 초과하면 보호 기능이 사라져 더 큰 사고로 이어질 수 있음.
③ 퓨즈를 대체하면 과전류로 인해 화재 위험이 커짐.

33 산업안전보건표지에서 그림이 나타내는 것은?

① 비상구 없음 표지　② 방사선 위험 표지
③ 탑승금지 표지　　**④ 보행금지 표지**

[정답] ④ 산업안전보건표지 중 보행금지 표지는 사람이 걷는 모습 위에 금지 표시(빨간 원과 사선)가 있는 형태임.

[해설] ① "비상구 없음"이라는 표지판은 일반적으로 공식적인 산업안전보건표지로 분류되지 않는다. 일반적인 비상구 표지는 녹색 배경에 하얀색 화살표 및 문(exit) 표시가 있으며, 이는 비상 탈출 경로를 안내하는 역할을 한다.
② 방사선 위험 표지는 일반적으로 노란색 바탕에 검은색 삼엽 방사능 심볼(☢)이 있는 형태이다. 이 표지는 방사선이 발생하는 구역이나 방사선 물질을 다루는 시설에서 사용되며, 국제적으로 표준화된 경고 표시이다.
③ 탑승금지 표지는 빨간 원과 대각선 금지선이 있는 그림 속에 사람이 차량이나 기계에 탑승하는 모습이 포함된 형태이다. 이 표지는 산업 현장, 건설 현장, 공장 등에서 안전상의 이유로 특정 기계나 차량에 탑승하지 말 것을 경고하는 용도로 사용된다.

34 가동하고 있는 엔진에서 화재가 발생하였다. 불을 끄기 위한 조치 방법으로 가장 올바른 것은?
★★★

① 원인분석을 하고 모래를 뿌린다.
② 포말 소화기를 사용 후 엔진 시동스위치를 끈다.
③ 엔진 시동스위치를 끄고 ABC 소화기를 사용한다.
④ 엔진을 급가속하여 팬의 강한 바람을 일으켜 불을 끈다.

[정답] ③ 엔진 화재 시에는 먼저 시동을 끄고, ABC 분말 소화기를 사용하여 불을 진압하는 것이 가장 효과적임.

[해설] ① 화재 발생 시 즉각 진압해야 하며, 모래는 유류 화재에 적절하지 않음.
② 소화 전에 시동을 먼저 꺼야 불의 확산을 막을 수 있음.
④ 불길이 더 커질 수 있어 매우 위험한 행동임.

35 동력 전달장치에서 가장 재해가 많이 발생하는 것은?

① 차축　　② 기어
③ 피스톤　**④ 벨트**

[정답] ④ 동력 전달장치 중 벨트는 회전하는 부품과 밀착되어 있어 끼임 사고가 발생할 위험이 가장 큼. 벨트는 노출된 상태에서 회전하기 때문에 손, 옷, 머리카락 등이 끼이는 사고가 자주 발생함.

[해설] ① 차축은 직접적으로 접촉할 위험이 적음.
② 기어는 보호 커버가 있는 경우가 많아 상대적으로 안전함.
③ 피스톤은 실린더 내부에서 작동하므로 직접적인 재해 위험이 적음.

36 구급처치 중에서 환자의 상태를 확인하는 사항과 가장 거리가 먼 것은?

① 의식　　② 상처
③ 출혈　　**④ 격리**

[정답] ④ 격리는 감염병 예방 등의 상황에서 필요하지만, 응급 상황에서 가장 우선시되는 사항은 아님.

[해설] 응급 처치 시 환자의 상태를 신속하게 파악하는 것이 중요함.
① 환자가 의식이 있는지 확인해야 함.
② 외상이나 출혈 여부를 확인해야 함.
③ 출혈이 있는 경우 즉각적인 응급조치가 필요함.

37 작업장에서 전기가 예고 없이 정전 되었을 경우 전기로 작동하던 기계기구의 조치방법으로 틀린 것은?

① 즉시 스위치를 끈다.
② 안전을 위해 작업장을 정리해 놓는다.
③ 퓨즈의 단선 유, 무를 검사한다.
④ 전기가 들어오는 것을 알기 위해 스위치를 켜 둔다.

정답 ④ 스위치를 켜둔 상태에서 전력이 복구되면 기계가 갑자기 작동하여 위험함.

해설 정전 시 안전을 유지하는 것이 최우선이며, 갑작스러운 전원 복구로 인한 사고를 방지해야 함.
① 전원 복구 시 기계가 갑자기 작동하는 것을 방지함.
② 정전 중 사고를 방지하기 위해 주변을 정리함.
③ 정전 원인을 파악하기 위해 필요한 조치임.

38 복스렌치가 오픈렌치보다 많이 사용되는 이유는?

① 값이 싸며 적은 힘으로 작업할 수 있다.
② 가볍고 사용하는데 양손으로도 사용할 수 있다.
③ 파이프 피팅 조임 등 작업용도가 다양하여 많이 사용된다.
④ 볼트, 너트 주위를 완전히 감싸게 되어 사용 중에 미끄러지지 않는다.

정답 ④ 복스 렌치(Box wrench)는 볼트와 너트를 완전히 감싸는 구조이므로 미끄러짐을 방지하고 안정적인 작업이 가능함.

해설 ① 복스 렌치는 일반적으로 오픈 렌치보다 비쌀 수 있음.
② 복스 렌치는 보통 강도가 높은 금속으로 제작되어 상대적으로 무거움.
③ 특정 작업에는 적합하지만, 파이프 피팅과 같은 특정 용도에는 다른 공구가 더 적합할 수 있음.

39 다음 중 한국전력의 송전선로 전압으로 맞는 것은?

① 6.6kV   ② 22.9kV
③ **345kV**   ④ 0.6kV

정답 ③

해설 • 한국전력의 주요 송전선로 전압 등급
초고압 송전: 765kV, 345kV (장거리 대규모 송전용)
일반 송전: 154kV, 66kV
배전망: 22.9kV, 6.6kV
① 6.6kV → 배전용 전압.
② 22.9kV → 배전용 전압.
④ 0.6kV → 저압 배전용.

40 엔진의 윤활유 압력이 높아지는 이유는? ★★★

① 윤활유 펌프의 성능이 좋지 않다.
② 윤활유량이 부족하다.
③ **윤활유의 점도가 너무 높다.**
④ 기관 각부의 마모가 심하다.

정답 ③ 윤활유의 점도가 높으면 흐름이 원활하지 않아 압력이 상승함.

해설 ① 펌프 성능이 좋지 않으면 오히려 압력이 낮아짐.
② 부족하면 압력도 함께 낮아짐.
④ 마모가 심하면 오히려 윤활유가 새어나가 압력이 감소함.

41 디젤기관에서 터보차저를 부착하는 목적으로 맞는 것은? ★★★

① 기관의 유효압력을 낮추기 위해서
② 기관의 냉각을 위해서
③ **기관의 출력을 증대시키기 위해서**
④ 배기 소음을 줄이기 위해서

정답 ③ 터보차저는 배기가스를 이용해 공기를 강제로 압축하여 실린더에 더 많은 공기를 공급함. 이를 통해 연료 연소가 더욱 효율적으로 이루어져 출력이 증가함.

해설 ① 유효압력을 증가시키는 역할을 함.
② 냉각 기능과 직접적인 관련은 없음.
④ 터보차저는 소음 감소가 아닌 출력 증가가 주요 목적임.

42 기관에서 크랭크축의 회전과 관계없이 작동되는 기구는? ★★★

① 발전기 ② 캠 샤프트
③ 워터 펌프 ④ 스타트 모터

정답 ④ 스타트 모터는 시동을 걸 때만 작동하며, 크랭크축의 회전과 직접적인 연계가 없음.

해설 ① 크랭크축이 회전할 때 함께 작동함.
② 크랭크축과 연결되어 회전함.
③ 크랭크축의 회전에 의해 구동됨.

43 건설기계기관에 있는 팬벨트의 장력이 약할 때 생기는 현상으로 맞는 것은?

① 발전기 출력이 저하될 수 있다.
② 물 펌프 베어링이 조기에 손상된다.
③ 엔진이 과냉된다.
④ 엔진이 부조를 일으킨다.

정답 ① 팬벨트가 헐거우면 발전기가 정상적으로 작동하지 못해 출력이 저하됨.

해설 ② 과도한 장력이 있을 경우 손상이 발생할 가능성이 큼.
③ 냉각계통과 직접적인 관련이 없음.
④ 팬벨트 장력과 직접적인 관련이 없음.

44 운전 중 엔진오일 경고등이 점등되었을 때의 원인이 아닌 것은?

① 오일 드레인 플러그가 열렸을 때
② 윤활계통이 막혔을 때
③ 오일필터가 막혔을 때
④ 오일 밀도가 낮을 때

정답 ④ 엔진오일 경고등이 켜지는 원인은 윤활유 부족, 계통 막힘, 압력 저하 등이 있음. 밀도보다는 점도와 압력이 중요한 요소임.

해설 ① 오일이 유출되면서 압력이 떨어짐.
② 오일 흐름이 원활하지 않으면 압력 이상이 발생함.
③ 필터가 막히면 오일 순환이 어려워짐.

45 기관 과열 시 일어날 수 있는 현상으로 가장 적합한 것은?

① 연료가 응결될 수 있다.
② 실린더 헤드의 변형이 발생할 수 있다.
③ 흡배기 밸브의 열림량이 많아진다.
④ 밸브 개폐시기가 빨라진다.

정답 ② 과열되면 금속 부품이 팽창하여 변형될 수 있음.

해설 ① 낮은 온도에서 응결 가능성이 있음.
③ 과열과 관계가 없음.
④ 열팽창으로 인해 밸브 작동이 제대로 안 될 가능성이 큼.

46 기관의 피스톤이 고착되는 원인으로 틀린 것은?

① 냉각수 량이 부족할 때
② 기관오일이 부족하였을 때
③ 기관이 과열되었을 때
④ 압축 압력이 너무 높았을 때

정답 ④ 피스톤 고착의 주요 원인은 냉각 부족, 윤활 부족, 과열 등임.

해설 ① 냉각 부족 시 피스톤 온도가 상승하여 고착 가능성 증가.
② 윤활이 부족하면 마찰이 증가하여 고착 가능성이 커짐.
③ 고온으로 인해 금속 팽창이 심해짐.

47 건설기계에서 사용하는 경유의 중요한 성질이 아닌 것은? ★★★

① 옥탄가 ② 비중
③ 착화성 ④ 세탄가

정답 ① 경유의 성질 중 세탄가(Cetane number)가 중요한 요소이며, 옥탄가(Octane number)는 휘발유의 성질을 나타내는 지표임.

해설 ② 경유의 밀도 특성을 나타내는 요소.
③ 연료가 얼마나 쉽게 점화되는지 나타내는 성질.
④ 경유의 연소 특성을 나타내는 중요한 요소.

48 건설기계에서 엔진부조가 발생되고 있다. 그 원인으로 맞는 것은?

① **인젝트 공급파이프의 연료 누설**
② 인젝터 연료 리턴 파이프의 연료 누설
③ 가속페달 케이블의 조정 불량
④ 자동변속기의 고장 발생

[정답] ① 연료 공급이 원활하지 않으면 엔진이 고르지 않게 작동(부조)할 수 있음.
[해설] ② 연료가 리턴되는 과정에서는 직접적인 연소에 영향을 미치지 않음.
③ 가속 반응에는 영향을 줄 수 있으나 엔진 부조의 주된 원인은 아님.
④ 엔진 부조와 직접적인 관련이 없음.

49 디젤기관에서 연료가 정상적으로 공급되지 않아 시동이 꺼지는 현상이 발생 되었다. 그 원인으로 적합하지 않는 것은?

① 연료파이프 손상
② 프라이밍 펌프 고장
③ 연료 필터 막힘
④ **자동변속기의 고장 발생**

[정답] ④ 연료 공급 문제로 인해 시동이 꺼질 수 있음. 변속기 고장은 연료 공급과 무관함.
[해설] ① 손상된 파이프에서 연료가 새어나가면 공급이 원활하지 않음.
② 연료를 공급하는 보조 펌프가 작동하지 않으면 연료 공급이 어려움.
③ 필터가 막히면 연료 흐름이 제한됨.

50 디젤기관과 관계없는 것은?

① 경유를 연료로 사용한다.
② **점화장치 내에 배전기가 있다.**
③ 압축 착화한다.
④ 압축비가 가솔린기관보다 높다.

[정답] ② 디젤기관은 압축 착화 방식을 사용하며 점화플러그 및 배전기가 없음.
[해설] ① 디젤기관은 경유를 사용함.
③ 연료를 분사 후 압축하여 자연 발화시킴.
④ 효율을 높이기 위해 압축비가 가솔린기관보다 높음.

51 운전 중 운전석 계기판에서 확인해야 하는 것이 아닌 것은?

① **실린더 압력계**   ② 연료량 게이지
③ 냉각수 온도게이지   ④ 충전 경고등

[정답] ① 운전 중 계기판에서 확인해야 하는 주요 정보는 연료량, 냉각수 온도, 충전 상태 등임. 실린더 압력계는 정비 시 측정하는 장치로, 계기판에서 확인할 필요 없음.
[해설] ② 연료량을 확인하여 주행 가능 여부를 판단함.
③ 엔진 과열을 방지하기 위해 확인해야 함.
④ 배터리 충전 이상 여부를 나타냄.

52 건설기계 엔진에 사용되는 시동모터가 회전이 안 되거나 회전력이 약한 원인이 아닌 것은?

① 시동스위치 접촉 불량이다.
② 배터리 단자와 터미널의 접촉이 나쁘다.
③ **브러시가 정류자에 잘 밀착되어 있다.**
④ 배터리 전압이 낮다.

[정답] ③ 시동모터가 정상 작동하지 않는 원인은 배터리 전압 부족, 단자 접촉 불량, 스위치 문제 등이 있음.
[해설] ① 스위치가 정상적으로 작동하지 않으면 전원이 공급되지 않음.
② 접촉 불량으로 인해 전력 공급이 원활하지 않을 수 있음.
④ 배터리 충전 상태가 나쁘면 시동모터가 정상적으로 회전하지 않음.

53 야간작업 시 헤드라이트가 한쪽만 점등되었다. 고장 원인으로 가장 거리가 먼 것은?

① **헤드라이트 스위치 불량**
② 전구 접지불량
③ 한 쪽 회로의 퓨즈 단선
④ 전구 불량

정답 ① 한쪽 헤드라이트만 점등되지 않는 경우 주요 원인은 전구, 퓨즈, 접지 불량 등이 있음. 스위치가 불량이면 양쪽 모두 점등되지 않음.

해설 ② 접지 불량이 있으면 한쪽만 정상 작동할 수 있음.
③ 퓨즈가 끊어지면 해당 회로의 전구가 작동하지 않음.
④ 특정 전구가 고장 나면 한쪽만 점등되지 않을 수 있음.

54 AC 발전기에서 전류가 발생되는 곳은? ★★★

① 로터 코일
② 레귤레이터
③ **스테이터 코일**
④ 전기자 코일

정답 ③ AC 발전기는 로터 코일에서 자기장을 형성하고, 스테이터 코일에서 전류를 유도하여 발생시킴.

해설 ① 로터 코일은 자기장을 형성하는 역할.
② 전압을 조절하는 장치.
④ DC 발전기에서 전류를 발생시키는 부분임.

55 축전지 터미널에 부식이 발생하였을 때 나타나는 현상과 가장거리가 먼 것은?

① 기동 전동기의 회전력이 작아진다.
② 엔진 크랭킹이 잘 되지 않는다.
③ 전압강하가 발생된다.
④ **시동 스위치가 손상된다.**

정답 ④ 터미널 부식이 심하면 전류 흐름이 원활하지 않아 시동 성능이 저하됨. 부식은 터미널에 영향을 미치며, 시동 스위치 자체의 손상과는 무관함.

해설 ① 전류 흐름이 방해를 받아 시동이 약해질 수 있음.
② 전압 강하로 인해 시동이 원활하지 않을 수 있음.
③ 부식으로 인해 전기 흐름이 저하됨.

56 실드형 예열 플러그에 대한 설명으로 맞는 것은?

① 히트 코일이 노출되어 있다.
② 발열량은 많으나 열용량은 적다.
③ **열선이 병렬로 결선되어 있다.**
④ 축전지의 전압을 강하시키기 위하여 저항기를 직렬 접속한다.

정답 ③ 실드형 예열 플러그는 열선을 병렬로 연결하여 안정적으로 작동하도록 설계됨.

해설 ① 실드형은 코일이 보호 커버에 감싸져 있음.
② 실드형은 일정한 열용량을 유지하도록 설계됨.
④ 병렬 연결이 일반적임.

57 납산축전지를 오랫동안 방전상태로 두면 사용하지 못하게 되는 원인은?

① **극판이 영구 황산납이 되기 때문이다.**
② 극판에 산화납이 형성되기 때문이다.
③ 극판에 수소가 형성되기 때문이다.
④ 극판에 녹이 슬기 때문이다.

정답 ① 방전 상태가 지속되면 극판에 황산납(Sulfation)이 형성되어 충전 성능이 저하됨.

해설 ② 정상적인 작동 과정에서 형성되는 물질임.
③ 수소는 충전 중에 발생할 수 있으나 방전과 무관함.
④ 내부 구조상 녹이 슬 가능성은 낮음.

58 엔진에서 발생한 회전동력을 바퀴까지 전달할 때 마지막으로 감속작용을 하는 것은?

① 클러치
② 트랜스미션
③ 프로펠러샤프트
④ **파이널드라이버기어**

정답 ④ 파이널드라이브 기어는 차축과 휠 사이에서 최종적으로 감속 및 동력 전달을 담당함.

해설 ① 동력 전달을 연결하거나 차단하는 역할을 함.
② 변속비를 조절하여 동력의 출력을 변경하는 역할을 함.
③ 트랜스미션과 디퍼렌셜 사이에서 동력을 전달하는 역할을 함.

59 타이어식 건설기계에서 앞바퀴 정렬의 역할과 거리가 먼 것은?

① 브레이크의 수명을 길게 한다.
② 타이어 마모를 최소로 한다.
③ 방향 안정성을 준다.
④ 조향핸들의 조작을 작은 힘으로 쉽게 할 수 있다.

정답 ① 앞바퀴 정렬(얼라인먼트)은 타이어의 수명과 방향 안정성에 영향을 미치지만 브레이크 수명과는 직접적인 관계가 없음.
해설 ② 잘못된 정렬은 타이어 마모를 가속화할 수 있음.
③ 정렬이 올바르면 직진 주행이 안정적으로 유지됨.
④ 정렬이 적절하면 조향이 부드러워짐.

60 지게차 작업시 안전수칙으로 틀린 것은?

① 주차 시에는 포크를 완전히 지면에 내려야 한다.
② 화물을 적재하고 경사지를 내려갈 때는 운전 시야 확보를 위해 전진으로 운행해야 한다.
③ 포크를 이용하여 사람을 싣거나 들어 올리지 않아야 한다.
④ 경사지를 오르거나 내려올 때는 급회전을 금해야 한다.

정답 ② 경사지에서는 화물을 향하도록 후진하면서 내려가는 것이 안전함.
해설 ① 포크를 올린 상태로 두면 사고 위험이 있음.
③ 지게차는 인력 운송 용도로 사용하면 안 됨.
④ 급회전 시 전복될 위험이 큼.

05 기출문제 5회 (60제)

이론 따로 필요없다. 문제 해설로 시원하게 끝낸다

※ 맞는 것을 고르는 답은 고딕, 틀린 것을 고르는 답은 명조체로 표시하였습니다

1 토크컨버터 구성품 중 스테이터의 기능으로 옳은 것은? ★★★

① **오일의 방향을 바꾸어 회전력을 증대시킨다.**
② 토크컨버터의 동력을 전달 또는 차단한다.
③ 오일의 회전속도를 감속하여 견인력을 증대시킨다.
④ 클러치판의 마찰력을 감소시킨다.

정답 ①
해설
① 스테이터는 오일 흐름을 조절하여 토크를 증가시키는 역할을 함.
② 토크컨버터는 연속적인 동력 변환 장치임.
③ 오일 속도를 감속시키는 역할은 아님.
④ 클러치 시스템과 관계가 없음.

2 건설기계등록번호표의 색칠 기준으로 맞는 것은?

① 자가용 - 녹색 판에 흰색 문자
② 영업용 - 주황색 판에 흰색 문자
③ **관용 - 흰색 판에 검은색 문자**
④ 수입용 - 적색 판에 흰색 문자

정답 ③
해설
• 건설기계 등록번호표의 색상 기준 (건설기계관리법 시행규칙 별표 2)
  – 비사업용(관용 또는 자가용): 흰색 바탕에 검은색 문자
  – 대여사업용: 주황색 바탕에 검은색 문자
  – 수입용(시험용·제작용 등 미등록 기계)에 대한 별도의 색상 규정은 삭제되었으며, 현재는 임시 운행 번호표에 대한 규정(흰색 페인트판에 검은색 문자. 재질은 목판)만 남아 있음

3 자동차에서 팔을 차체의 밖으로 내어 45° 밑으로 펴서 상하로 흔들고 있을 때의 신호는? ★★★

① **서행신호**
② 정지신호
③ 주의신호
④ 앞지르기신호

정답 ①
해설
• 도로교통법 시행령 [별표 2] 〈개정 2023. 10 .17.〉 신호의 시기 및 방법
  – 서행신호: 팔을 차체의 밖으로 내어 45도 밑으로 펴서 위아래로 흔들거나 자동차안전기준에 따라 장치된 제동등을 깜박일 것
  – 정지신호: 팔을 차체의 밖으로 내어 45도 밑으로 펴거나 자동차안전기준에 따라 장치된 제동등을 켤 것
  – 앞지르기신호: 오른팔 또는 왼팔을 차체의 왼쪽 또는 오른쪽 밖으로 수평으로 펴서 손을 앞뒤로 흔들 것

4 차로가 설치된 도로에서 통행방법 중 위반이 되는 것은?

① 택시가 건설기계를 앞지르기 하였다.
② 차로를 따라 통행하였다.
③ 경찰관의 지시에 따라 중앙 좌측으로 진행하였다.
④ **두 개의 차로에 걸쳐 운행하였다.**

정답 ④ 도로에서는 지정된 차로를 따라 통행해야 하며, 차선을 물고 주행하는 것은 법 위반임.
해설
① 건설기계가 저속 주행 시 앞지르기 가능.
② 차로를 준수하는 것이 원칙.
③ 경찰 지시가 있으면 이를 따라야 함.

5 교차로 통행방법 설명 중 틀린 것은?

① 교차로 내는 차선이 없으므로 진행방향을 임의로 바꿀 수 있다.
② 좌회전할 때에는 교차로 중심 안쪽으로 서행한다.
③ 교차로에서 직진하려는 차는 이미 교차로에 진입하여 좌회전하고 있는 차의 진로를 방해할 수 없다.
④ 교차로에서 우회전할 때에는 서행하여야 한다.

정답 ① 교차로 내에서도 차선이 없더라도 지정된 진행방향을 따라야 함.
해설 ② 교차로 중심을 크게 돌지 않도록 주의해야 함.
③ 좌회전 차량이 먼저 교차로를 빠져나가도록 해야 함.
④ 보행자 및 다른 차량과 충돌을 방지하기 위해 서행해야 함.

6 도로교통법에 의한 통고처분의 수령을 거부하거나 범칙금을 기간 안에 납부하지 못한 자는 어떻게 처리되는가?

① 면허의 효력이 정지된다.
② 면허증이 취소된다.
③ 연기신청을 한다.
④ **즉결 심판에 회부된다.**

정답 ④ 범칙금을 기한 내 납부하지 않거나 수령을 거부하면 즉결심판을 통해 법원의 판단을 받게 됨.
해설 ① 즉결심판과 별개로 면허 정지 조치는 없음.
② 즉결심판으로 면허 취소가 바로 이루어지는 것은 아님.
③ 범칙금 납부 기한 연기는 허용되지 않음.

7 건설기계관리법령상 건설기계의 총 종류 수는?

① 16종(15종 및 특수건설기계)
② 21종(20종 및 특수건설기계)
③ **27종**
④ 30종(27종 및 특수건설기계)

정답 ③
해설 '특수건설기계'라는 명칭과 구분은 현재 공식적으로는 사용되지 않으며, 「건설기계관리법 시행령」 별표 2에 열거된 27종이 현행 기준임

8 폐기요청을 받은 건설기계를 폐기하지 아니하거나 등록번호표를 폐기하지 아니한 자에 대한 벌칙은?

① 2년 이하의 징역 또는 1천만원 이하의 벌금
② **1년 이하의 징역 또는 1천만원 이하의 벌금**
③ 2백만원 이하의 벌금
④ 1백만원 이하의 벌금

정답 ②
해설 • 건설기계관리법 제41조(벌칙)
다음 각 호의 어느 하나에 해당하는 자는 1년 이하의 징역 또는 1천만원 이하의 벌금에 처한다.
13. 제25조의2제2항을 위반하여 폐기요청을 받은 건설기계를 폐기하지 아니하거나 등록번호표를 폐기하지 아니한 자

9 주차·정차가 금지되어 있지 않은 장소는?

① 교차로
② 건널목
③ 횡단보도
④ **경사로의 정상부근**

정답 ④
해설 • 도로교통법 제32조(정차 및 주차의 금지)
모든 차의 운전자는 다음 각 호의 어느 하나에 해당하는 곳에서는 차를 정차하거나 주차하여서는 아니 된다.
1. 교차로·횡단보도·건널목이나 보도와 차도가 구분된 도로의 보도(「주차장법」에 따라 차도와 보도에 걸쳐서 설치된 노상주차장은 제외한다)
2. 교차로의 가장자리나 도로의 모퉁이로부터 5미터 이내인 곳 〈이하 생략〉

10 유압회로에서 유량제어를 통하여 작업속도를 조절하는 방식에 속하지 않는 것은?

① 미터 인(meter in) 방식
② 미터 아웃(meter out) 방식
③ 브리드 오프(bleed off) 방식
④ **브리드 온(bleed on) 방식**

[정답] ④ 브리드 온(bleed on) 방식이라는 용어는 유압 제어에서 사용되지 않는 개념

[해설] 유압회로에서 작업속도를 제어하는 방식은 일반적으로 유량제어 방식에 의해 이루어진다. 대표적인 방식으로는 미터 인, 미터 아웃, 브리드 오프 방식이 있다.
① 유압 실린더 입구 쪽에 유량제어밸브를 설치해 유입 유량을 조절하는 방식이며, 하중이 일정할 때 유리하다.
② 실린더의 배출 쪽 유량을 조절하는 방식으로, 하중이 변할 때 안정된 제어가 가능하다.
③ 펌프에서 공급되는 유압유 일부를 회로 외부로 우회시켜, 액추에이터로 가는 유량을 줄이는 방식이다. 이 방법은 부하에 관계없이 유량 자체를 줄이므로 회로의 부담이 작고 효율적이다.

11 유압장치에 부착되어 있는 오일탱크의 부속장치가 아닌 것은?

① 주입구 캡
② 유면계
③ 배플
④ **피스톤 로드**

[정답] ④ 피스톤 로드는 유압 실린더의 일부로, 오일탱크 부속장치가 아님.

[해설] ① 유압유를 보충할 때 사용하는 입구를 덮는 장치로, 먼지나 이물질이 들어가는 것을 방지한다.
② 오일탱크 내부의 유압유의 양(레벨)을 확인할 수 있는 눈금 계기이다.
③ 유압유의 흐름을 조절하거나 오일의 유속을 줄여 침전 효과를 돕는 내부 칸막이 구조물이다.

12 밀폐된 용기에 채워진 유체의 일부에 압력을 가하면 유체 내의 모든 곳에 같은 크기로 전달된다는 원리는?

① **파스칼의 원리**
② 베르누이의 원리
③ 보일샤의 원리
④ 아르키메데스의 원리

[정답] ① 파스칼의 원리는 유압 시스템의 기본 원리로, 액체가 압력을 균등하게 전달하는 성질을 의미함.

[해설] ② 베르누이의 원리: 유체의 속도와 압력 사이의 관계를 설명하는 원리이며, 흐름이 빠를수록 압력이 낮아진다는 내용이다.
③ 보일샤의 원리: 보일의 법칙과 샤를의 법칙을 합친 것으로, 기체의 온도, 부피, 압력 간의 관계를 설명한다.
④ 아르키메데스의 원리: 물체가 유체에 잠겼을 때 받는 부력에 관한 원리이다.

13 구동되는 기어펌프의 회전수가 변하였을 때 가장 적합한 설명은?

① **오일의 유량이 변한다.**
② 오일의 압력이 변한다.
③ 오일의 흐름 방향이 변한다.
④ 회전 경사판의 각도가 변한다.

[정답] ① 유량은 회전수에 비례하여 변한다. 회전수가 증가하면 펌프가 보내는 유량이 증가하고, 회전수가 감소하면 유량도 감소한다.

[해설] ② 압력은 유량과는 직접적인 관계가 아니며, 부하 상태에 따라 달라진다. 회전수 변화만으로 압력이 반드시 변하지는 않는다.
③ 기어펌프의 회전 방향이 바뀌지 않는 한, 유압유의 흐름 방향은 일정하다.
④ 사판식 피스톤 펌프에 해당되는 설명으로, 기어펌프에는 존재하지 않는 구조다.

14 유압장치에서 유압조정밸브의 조정방법은?

① 압력조절밸브가 열리도록 하면 유압이 높아진다.
② 밸브스프링의 장력이 커지면 유압이 낮아진다.
③ **조정 스크류를 조이면 유압이 높아진다.**
④ 조정 스크류를 풀면 유압이 높아진다.

정답 ③ 조정 스크류를 조이면 스프링 장력이 증가하여 유압이 높아짐.

해설 ① 압력조절밸브가 열리면 유압이 감소함.
② 스프링 장력이 커지면 오히려 유압이 증가함.
④ 스크류를 풀면 스프링의 장력이 약해지므로, 낮은 압력에서도 밸브가 열려 유압이 낮아진다.

15 축압기의 종류 중 공기 압축형이 아닌 것은?

① 스프링 하중식(spring loaded type)
② 피스톤식(piston type)
③ 다이어프램식(diaphragm type)
④ 블래더식(bladder type)

정답 ① 스프링 하중식은 압축기체가 아니라 스프링의 탄성력을 이용하여 압력을 저장하는 방식이다. 따라서 이는 공기(기체) 압축형이 아니며, 기계식 에너지를 이용한 방식이다.

해설 ② 내부에 피스톤이 있고, 한쪽은 유압유, 한쪽은 압축기체(보통 질소)가 들어 있어 기체의 압축에 의해 유압이 유지된다.
③ 유체와 기체를 고무 다이어프램으로 나눠 기체가 압축되며 유압을 유지한다.
④ 내부 고무풍선(bladder)에 기체를 주입하고, 외부로 유압유가 유입되며 압축 작용이 일어난다.

16 유압모터의 단점에 해당되지 않는 것은?

① 작동유에 먼지나 공기가 침입하지 않도록 특히 보수에 주의해야 한다.
② 작동유가 누출되면 작업 성능에 지장이 있다.
③ 작동유의 점도변화에 의하여 유압모터의 사용에 제약이 있다.
④ **릴리프 밸브를 부착하여 속도나 방향제어하기가 곤란하다.**

정답 ④ 릴리프 밸브는 압력 조절 및 과압 보호용으로 사용하는 밸브이다.

해설 ① 유압 장치는 정밀한 구조로 되어 있어, 작동유에 먼지나 공기가 들어가면 고장의 원인이 되므로 보수 및 관리에 주의가 필요하다.
② 유압 시스템은 작동유가 동력 매개체이므로, 누출 시 바로 출력 저하나 성능 저하로 이어진다.
③ 작동유의 점도가 온도에 따라 변화하면, 모터의 회전 속도나 출력에 영향을 줄 수 있음. 특히 낮은 온도에서는 점도가 높아져 흐름이 느려지고, 고온에서는 점도가 낮아져 밀봉 효과가 떨어질 수 있다.

17 유압유의 온도가 과도하게 상승하였을 때 나타날 수 있는 현상과 관계없는 것은?

① 유압유의 산화작용을 촉진한다.
② 작동 불량 현상이 발생한다.
③ 기계적인 마모가 발생할 수 있다.
④ **유압기계의 작동이 원활해진다.**

정답 ④ 유압유 온도가 상승하면 점도가 낮아지고 마찰이 증가하여 작동이 불량해질 수 있음.

해설 ① 고온에서는 유압유의 산화가 촉진됨.
② 유압유의 성질이 변질되어 정상적인 작동이 어려워짐.
③ 윤활 기능이 저하되어 부품 마모가 증가할 수 있음.

18 유압장치의 일상점검 항목이 아닌 것은?

① 오일의 양 점검
② 변질상태 점검
③ 오일의 누유 여부 점검
④ **탱크 내부 점검**

정답 ④ 오일탱크 내부는 구조상 육안으로 쉽게 볼 수 없으며, 일상점검 수준이 아닌 정기점검이나 분해정비 수준의 작업에 해당한다.

해설 ① 유압탱크 내의 작동유가 규정량 이상 있는지 확인하는 것으로, 대표적인 일상점검 항목이다.
② 오일 색깔이나 냄새, 점도 등을 확인하여 작동유가 산화되었거나 수명이 다하지 않았는지 살펴본다.
③ 호스, 실린더, 밸브 연결 부위 등에서 오일이 새지 않는지 점검한다. 가장 기본적인 안전 점검 항목 중 하나다.

19 공장에서 엔진 등 중량물을 이동하려고 한다. 가장 좋은 방법은? ★★★

① 여러 사람이 들고 조용히 움직인다.
② **체인 블록이나 호이스트를 사용한다.**
③ 로프로 묶고 살며시 잡아당긴다.
④ 지렛대를 이용하여 움직인다.

정답 ② 체인 블록(chain block)과 호이스트(hoist)는 중량물을 들어 올리거나 이동할 때 사용되는 대표적인 장비로, 하중을 줄이고 안전사고를 예방할 수 있다.

해설 공장에서 엔진처럼 무겁고 큰 중량물을 안전하게 이동하려면, 기계적 인력 보조장비를 사용하는 것이 가장 안전하고 효율적임.

20 안전·보건표지의 종류와 형태에서 그림의 안전표지판이 나타내는 것은? ★★★

① 사용금지   ② 탑승금지
③ 보행금지   ④ **물체이동금지**

정답 ④ 이 표지는 기계류나 물체의 이동을 금지한다는 의미의 "물체이동금지"를 나타냄.

해설 ① 사용금지 → 일반적인 기계류 사용 금지를 나타내는 표현
② 탑승금지 → 사람의 형상이 의자나 차량 위에 있는 이미지와 대각선 금지 표시로 나타남
④ 물체이동금지 → 걷는 사람의 실루엣에 금지선을 표시한 형태

21 높은 곳에 출입할 때는 안전장구를 착용하여야 하는데 안전대용 로프의 구비조건에 해당되지 않는 것은?

① 충격 및 인장 강도에 강할 것
② 내마모성이 높을 것
③ 내열성이 높을 것
④ **완충성이 적고, 매끄러울 것**

정답 ④ 완충성이 적고 매끄럽다는 조건은 오히려 부적합한 조건이다. 완충성(충격흡수능력)이 높아야 추락 시 충격을 줄일 수 있고, 로프가 너무 매끄러우면 미끄러져 고정이 불안정할 수 있기 때문에 안전성이 떨어진다.

해설 ① 갑작스러운 하중에도 끊어지지 않아야 하므로 필수 조건임.
② 마찰, 날카로운 모서리 등과 접촉해도 손상되지 않도록 해야 함.
③ 고온 환경이나 마찰열에도 로프가 손상되지 않도록 어느 정도 열에 강해야 함.

22 다음 중 안전의 제일 이념에 해당하는 것은? ★★★

① 품질 향상   ② 재산 보호
③ **인간 존중**   ④ 생산성 향상

정답 ③ 안전의 기본 이념은 사람의 생명과 건강을 최우선으로 보호하는 것임.

해설 ① 품질 향상은 생산성 관련 개념.
② 안전과 관련되지만, 가장 중요한 것은 아님.
④ 안전보다 생산성을 우선하는 것은 위험할 수 있음.

23 연삭 작업시 반드시 착용해야 하는 보호구는?

① 방독면   ② 장갑
③ **보안경**   ④ 마스크

정답 ③ 연삭 작업 중 비산물(부스러기, 먼지 등)로부터 눈을 보호하기 위해 보안경을 착용해야 함.

해설 ① 유해가스 작업 시 필요.
② 연삭 작업 중에는 끼면 오히려 위험할 수 있음.
④ 호흡기 보호를 위한 것이지만, 눈 보호는 안 됨.

24 감전되거나 전기화상을 입을 위험이 있는 작업에서 제일 먼저 작업자가 구비해야 할 것은? ★★★
① 완강기　　② 구급차
③ **보호구**　　④ 신호기

정답 ③ 감전 예방을 위해 절연장갑, 절연화 등 보호구 착용이 필수임.
해설 ① 고소 작업 시 탈출용.
② 사고 발생 후 대처하는 수단.
④ 작업과 직접 관련 없음.

25 유해광선이 있는 작업장에 보호구로 가장 적절한 것은?
① **보안경**　　② 안전모
③ 귀마개　　④ 방독마스크

정답 ① 유해광선(자외선, 적외선 등)으로부터 눈을 보호하기 위해 보안경 착용이 필수
해설 ② 머리 보호용으로, 유해광선 차단과 관련 없음.
③ 소음 차단용
④ 호흡기 보호용

26 일반 수공구 사용시 주의사항으로 틀린 것은?
① 용도 이외에는 사용하지 않는다.
② 사용 후에는 정해진 장소에 보관한다.
③ 수공구는 손에 잘 잡고 떨어지지 않게 작업한다.
④ **볼트 및 너트의 조임에 파이프렌치를 사용한다.**

정답 ④ 파이프렌치는 파이프와 같은 원형 물체를 조이거나 풀 때 사용하는 도구다. 볼트와 너트 조임에는 전용 렌치(스패너, 복스 렌치 등)를 사용해야 하며, 파이프렌치를 사용할 경우 손상이 발생하거나 정확한 조임이 어렵다.
해설 ① 기본적인 공구 사용의 원칙으로, 안전을 위해 반드시 지켜야 할 사항이다.
② 정리정돈은 도구 분실 방지 및 다음 작업자의 안전을 위한 필수 항목이다.
③ 미끄러지거나 놓치지 않도록 작업 전 도구 상태를 점검하고, 작업 중 주의하는 것은 매우 중요하다.

27 추락 위험이 있는 장소에서 작업할 때 안전관리상 어떻게 하는 것이 가장 좋은가?
① **안전띠 또는 로프를 사용한다.**
② 일반 공구를 사용한다.
③ 이동식 사다리를 사용하여야 한다.
④ 고정식 사다리를 사용하여야 한다.

정답 ① 높은 곳에서 작업하거나 추락 위험이 있는 장소에서는 반드시 개인 보호장비(PPE)를 착용해야 하며, 특히 추락 방지 장비인 안전띠(안전대)와 생명줄(로프)의 착용은 필수이다.
해설 ② 공구 사용은 작업 방식과 직접적인 관련은 있지만, 추락 방지와는 무관함.
③ 이동식 사다리는 작업 중 흔들리거나 전도될 수 있어 추락 위험이 더 커질 수 있음. 필요시 고정조치가 요구됨.
④ 고정식 사다리가 안전하긴 하지만, 추락 자체를 막는 방법은 아님. 추락 방지 조치로는 미흡함.

28 압력의 단위가 아닌 것은?
① kgf/cm²　　② **dyne**
③ psi　　　　④ bar

정답 ② 압력은 힘을 면적으로 나눈 값으로, 일반적으로 kgf/cm², psi, bar 등이 사용됨. dyne은 힘의 단위(1 dyne = 10^{-5} N)로, 압력 단위가 아님.
해설 ① 1제곱센티미터당 1kgf의 힘을 의미하며, 압력 단위로 사용됨.
③ 파운드 퍼 스퀘어 인치(psi)로 미국에서 주로 사용됨.
④ 1 bar는 약 1.02 kgf/cm²로, 산업에서 많이 사용됨.

29 디젤기관에서 압축압력이 저하되는 가장 큰 원인은? ★★★
① 냉각수 부족 ② 엔진오일 과다
③ 기어오일의 열화 **④ 피스톤 링의 마모**

정답 ④ 압축압력이 낮아지는 원인은 피스톤 링의 마모로 인해 실린더 벽과의 밀폐성이 저하되어 압축 누설이 발생하기 때문임.

해설 ① 냉각수가 부족하면 엔진 과열 문제가 발생하지만, 압축압력 저하와는 직접적인 연관이 없음.
② 엔진오일이 많아도 압축압력에 직접적인 영향을 주지 않음.
③ 기어오일은 변속기에서 사용되며, 엔진 압축압력과 관계가 없음.

30 엔진 윤활유의 기능이 아닌 것은?
① 윤활작용 ② 냉각작용
③ 연소작용 ④ 방청작용

정답 ③ 엔진 윤활유의 주요 기능은 윤활, 냉각, 밀봉, 방청(녹 방지) 기능을 수행하는 것임. 연소는 연료와 공기의 혼합물에 의해 발생하며, 윤활유의 역할이 아님.

해설 ① 마찰을 줄여 엔진 부품 보호.
② 엔진의 열을 흡수하여 과열 방지.
④ 부품이 녹슬지 않도록 보호.

31 디젤기관에서 에어클리너가 막혔을 때 발생하는 현상은? ★★★
① 배기색은 희고, 출력은 정상이다.
② 배기색은 희고, 출력은 증가한다.
③ 배기색은 검고, 출력은 저하된다.
④ 배기색은 검고, 출력은 증가한다.

정답 ③ 에어클리너가 막히면 공기 공급이 부족하여 연료가 완전 연소되지 않음 → 검은 연기가 발생하고 출력이 저하됨.

해설 ① 공기 부족으로 인해 희색 연기가 나오지 않음.
② 출력이 감소함.
④ 출력이 증가하지 않고 오히려 감소함.

32 기관에서 밸브의 개폐를 돕는 것은?
① 너클 암 ② 스티어링 암
③ 로커 암 ④ 방청작용

정답 ③ 로커 암(rocker arm)은 캠축에서 받은 힘을 밸브에 전달하여 개폐를 조절하는 역할을 수행함.

해설 ① 자동차 조향장치(스티어링)에 사용됨.
② 차량 조향 장치의 일부로, 밸브 개폐와 관련 없음.
④ 방청작용은 윤활유의 기능으로, 밸브 개폐와 관련 없음

33 디젤기관에서 조속기의 기능으로 맞는 것은? ★★★
① 연료 분사량 조절 ② 연료 분사시기 조정
③ 엔진 부하량 조정 ④ 엔진 부하시기 조정

정답 ① 조속기(governor)는 엔진 속도(회전수)를 일정하게 유지하기 위해 연료 분사량을 조절하는 역할을 수행함.

해설 ② 분사펌프에서 수행하는 기능.
③ 조속기는 부하량을 직접 조절하지 않음.
④ 부하 시기를 조정하는 기능이 아님.

34 디젤기관에서 연료 라인에 공기가 혼입되었을 때 현상으로 가장 적절한 것은? ★★★
① 분사압력이 높아진다.
② 디젤 노크가 일어난다.
③ 연료 분사량이 많아진다.
④ 기관 부조 현상이 발생된다.

정답 ④ 연료 라인에 공기가 들어가면 연료 공급이 불규칙해져 엔진이 불안정하게 작동함 → 기관 부조(고르지 않은 작동) 발생.

해설 ① 공기가 혼입되면 오히려 압력이 불규칙해짐.
② 디젤 노크는 주로 조기 점화로 발생.
③ 공기가 들어가면 연료 분사가 원활하지 않음.

35 건설기계 장비에서 기관을 시동한 후 정상운전 가능 상태를 확인하기 위해 운전자가 가장 먼저 점검해야 할 것은? ★★★

① 주행속도계 ② 엔진 오일량
③ 냉각수온도계 **④ 오일압력계**

정답 ④ 기관 시동 후 가장 먼저 윤활 상태(오일압력계)를 점검하여 엔진 보호 여부를 확인해야 함.

해설 ① 속도계는 엔진 상태 점검과 관련 없음.
② 시동 전 점검 사항.
③ 시동 직후 온도 변화는 크지 않음.

36 사용 중인 엔진의 오일을 점검하였더니 오일량이 처음량보다 증가하였다. 원인에 해당될 수 있는 것은?

① 냉각수 혼입 ② 산화물 혼입
③ 오일필터 막힘 ④ 배기가스 유입

정답 ① 오일량 증가의 주요 원인은 냉각수가 실린더 헤드 가스켓 손상 등으로 인해 엔진 오일에 유입되었기 때문.

해설 ② 산화물은 오일량 증가와 무관함.
③ 필터가 막혀도 오일량 변화는 없음.
④ 배기가스는 기체이므로 오일량 증가와 무관함

37 실린더 헤드 등 면적이 넓은 부분에서 볼트를 조이는 방법으로 가장 적합한 것은?

① 규정 토크로 한 번에 조인다.
② 중심에서 외측을 향하여 대각선으로 조인다.
③ 외측에서 중심을 향하여 대각선으로 조인다.
④ 조이기 쉬운 곳부터 조인다.

정답 ② 실린더 헤드 볼트는 균형 있게 조여야 하므로 중심에서 바깥쪽으로 대각선 방향으로 조여야 함.

해설 ① 점진적으로 조여야 함.
③ 균형이 맞지 않음.
④ 불균형 발생 위험.

38 기관 과열의 원인과 가장 거리가 먼 것은?

① 팬벨트가 헐거울 때
② 물 펌프 작동이 불량할 때
③ 크랭크축 타이밍기어가 마모되었을 때
④ 방열기 코어가 규정 이상으로 막혔을 때

정답 ③ 기관 과열은 주로 냉각계통의 이상으로 인해 발생함. 타이밍기어는 밸브 개폐 타이밍을 조절하는 역할을 하므로 기관 과열과 직접적인 관련이 없음.

해설 ① 팬벨트가 헐거우면 냉각팬과 물 펌프가 정상적으로 작동하지 않아 과열 발생.
② 물 펌프가 정상적으로 작동하지 않으면 냉각수가 원활하게 순환되지 않아 엔진이 과열됨.
④ 방열기(라디에이터)가 막히면 냉각수의 흐름이 원활하지 않아 열이 식지 않음.

39 기관 작동 중 냉각수의 온도가 정상적으로 올라가지 않을 때의 원인으로 맞는 것은?

① 수온 조절기의 열림 ② 팬벨트의 헐거움
③ 물 펌프의 불량 ④ 냉각수 부족

정답 ① 냉각수 온도가 올라가지 않는 원인은 수온 조절기(서모스탯)가 계속 열려 있어 냉각수가 빠르게 순환되기 때문.

해설 ② 팬벨트가 헐거우면 냉각팬과 물 펌프의 작동이 저하되지만, 온도가 과도하게 낮아지지는 않음.
③ 물 펌프가 불량하면 오히려 냉각수가 순환되지 않아 과열됨.
④ 냉각수가 부족하면 오히려 과열이 발생함.

40 기동하고 있는 원동기에서 화재가 발생하였다. 그 소화 작업으로 가장 먼저 취해야 할 안전한 방법은?

① 원인분석을 하고, 모래를 뿌린다.
② 경찰에 신고한다.
③ **점화원을 차단한다.**
④ 원동기를 가속하여 팬의 바람을 끈다.

정답 ③
해설 ① 원인을 파악하는 건 중요하지만, 화재 발생 직후의 1차 조치로는 부적절. 또한 모든 화재에 모래가 적합한 것도 아님
② 화재 발생 시 우선은 소방서에 신고해야 하며, 경찰은 화재 수습 이후 조치 대상임
④ 이는 오히려 산소 공급을 증가시켜 화재를 악화시킬 수 있음. 매우 위험한 대응

41 기동 전동기의 전기자 코일에 항상 일정한 방향으로 전류가 흐르도록 하기 위해 설치한 것은? ★★★

① 다이오드　　　② 로터
③ **정류자**　　　④ 슬립링

정답 ③ 정류자(Commutator)는 직류전동기(DC Motor) 및 기동 전동기에서 사용되는 반원통 모양의 금속 세그먼트임. 브러시와 접촉하면서 전기자 코일로 흐르는 전류의 방향을 기계적으로 주기적으로 바꿔줌. 이 기능을 통해 전기자에 흐르는 전류가 항상 같은 방향으로 작용하여 일정한 회전력을 유지할 수 있음.
해설 ① 다이오드는 전류를 한 방향으로만 흐르게 하는 전자부품임. 주로 전자회로에서 쓰이며, 기계적으로 회전하는 전동기 내 전기자 전류 방향 제어에는 사용되지 않음.
② 로터는 전동기에서 회전하는 회전체임. 이는 물리적으로 회전운동을 일으키는 부분일 뿐, 전류 방향을 제어하는 기능은 없음.
④ 슬립링(Slip Ring)은 교류전동기(AC Motor)에서 사용되며, 회전하는 코일에 연속적으로 전기를 공급하기 위해 사용하는 원형 금속 링임. 슬립링은 전류 방향을 바꾸는 역할을 하지 않고, 회전 부위에 전력을 공급하는 연결 장치일 뿐임.

42 회로의 전압이 12V이고 저항이 6옴일 때 전류는 얼마인가?

① 1A　　② **2A**　　③ 3A　　④ 4A

정답 ②
해설 전류(I)는 옴의 법칙(Ohm's Law) I = V / R을 사용하여 구할 수 있음.
I = 12V / 6Ω = 2A

43 방향지시등의 한쪽 등이 빠르게 점멸하고 있을 때, 운전자가 가장 먼저 점검하여야 할 곳은?

① **전구(램프)**　　　② 플래셔 유닛
③ 콤비네이션 스위치　　④ 배터리

정답 ① 방향지시등(깜빡이)이 한쪽만 빠르게 깜빡이는 경우, 해당 방향의 전구가 끊어졌거나 접촉 불량일 가능성이 높음.
해설 ② 플래셔 유닛 불량 시 양쪽 모두 점멸이 불가능함.
③ 방향지시등 스위치 문제라면 한쪽만 이상이 생기지는 않음.
④ 배터리 문제는 전체 전기장치에 영향을 줌.

44 건설기계에 사용하는 교류발전기의 구조에 해당하지 않는 것은?

① 스테이터 코일　　② 로터
③ **마그네틱 스위치**　　④ 다이오드

정답 ③ 교류발전기는 스테이터 코일, 로터, 다이오드 등으로 구성됨. 마그네틱 스위치는 기동 전동기(스타터 모터)에 사용되는 부품으로, 교류발전기와 무관함.
해설 ① 고정된 코일로, 전류를 유도하는 역할.
② 회전하면서 자기장을 생성하는 부품.
④ 교류를 직류로 변환하는 역할.

45 MF(Maintenance Free) 축전지에 대한 설명으로 적합하지 않은 것은?

① 격자의 재질은 납과 칼슘합금이다.
② 무보수용 배터리이다.
③ 밀봉 촉매 마개를 사용한다.
④ 증류수는 매 15일마다 보충한다.

정답 ④ MF 배터리는 무보수 배터리로, 증류수를 보충할 필요가 없음.
해설 ① 납-칼슘 합금을 사용하여 증발을 최소화함.
② 보충 없이 장기간 사용 가능.
③ 내부 가스를 재순환시키는 밀봉 구조.

46 유압식 모터그레이더의 블레이드 횡행 장치의 부품이 아닌 것은?

① 상부레일　　② 회전실린더
③ 볼조인트　　④ 피스톤로드

정답 ② 회전실린더는 블레이드의 회전(틸팅 또는 앵글 조절)을 담당하는 부품으로, 횡행(좌우 수평 이동) 기능과는 관련이 없음
해설 • 블레이드 횡행 장치 구성 주요 부품
- 상부레일: 블레이드가 이동하는 가이드 역할을 함
- 볼조인트: 블레이드 장치에 유연한 연결을 제공하여 진동이나 충격 흡수
- 피스톤로드: 유압 실린더 내부에서 블레이드를 좌우로 밀고 당기는 동력 전달 부품
- 횡행실린더: 블레이드를 수평 방향으로 이동시키는 유압실린더

47 타이어에서 고무로 피복된 코드를 여러 겹으로 겹친 층에 해당되며 타이어 골격을 이루는 부분은?

① 카커스(carcass)부　　② 트레드(tread)부
③ 숄더(shoulder)부　　④ 비드(bead)부

정답 ① 카커스는 타이어 내부에서 골격 역할을 하는 부분으로, 강도를 유지하고 하중을 지탱하는 역할을 함.
해설 ② 도로와 직접 닿는 부분.
③ 트레드와 사이드월 사이의 연결부.
④ 휠 림에 접촉하는 부분으로 타이어를 고정하는 역할.

48 지게차에 관한 설명으로 틀린 것은?

① 짐을 싣기 위해 마스트를 약간 전경시키고 포크를 끼워 물건을 싣는다.
② 틸트 레버는 앞으로 밀면 마스터가 앞으로 기울고 따라서 포크가 앞으로 기운다.
③ 포크를 상승시킬 때는 리프트 레버를 뒤쪽으로, 하강시킬 때는 앞쪽으로 민다.
④ 목적지에 도착 후 물건을 내리기 위해 틸트 실린더를 후경시켜 전진한다.

정답 ④ 틸트 실린더를 후경시키면 포크가 뒤로 기울어짐. 전진하면 하중이 불안정해질 위험이 있음.
해설 ① 짐을 안정적으로 싣기 위해 약간 전경 후 포크를 끼움.
② 틸트 레버 조작 시 마스트 기울기 조정 가능.
③ 리프트 레버 조작으로 포크의 상승/하강 조절.

49 하부 추진체가 휠로 되어 있는 건설기계장비로 커브를 돌 때 선회를 원활하게 해주는 장치는?

① 변속기　　② 차동 장치
③ 최종 구동장치　　④ 트랜스퍼케이스

정답 ② 차동 장치(Differential gear)는 좌우 바퀴의 회전 속도를 조절하여 원활한 선회를 가능하게 함.
해설 ① 엔진과 바퀴의 동력을 전달하는 역할.
③ 바퀴에 전달되는 토크를 조절함.
④ 4륜구동 차량의 전·후륜 동력 배분 장치.

50 토크 컨버터의 오일의 흐름 방향을 바꾸어 주는 것은? ★★★

① 펌프　　　　　② 터빈
③ 변속기축　　　**④ 스테이터**

[정답] ④ 스테이터는 유체 흐름을 바꿔 회전력을 효율적으로 전달하는 역할을 함.
[해설] ① 오일을 공급하는 역할.
② 동력을 변속기축으로 전달하는 역할.
③ 변속기 내부 동력전달축.

51 좌회전을 하기 위하여 교차로에 진입되어 있을 때 황색 등화로 바뀌면 어떻게 하여야 하는가?

① 정지하여 정지선으로 후진한다.
② 그 자리에 정지하여야 한다.
③ 신속히 좌회전하여 교차로 밖으로 진행한다.
④ 좌회전을 중단하고 횡단보도 앞 정지선까지 후진하여야 한다.

[정답] ③ 교차로 내에서 신호가 변경되었을 경우, 안전하게 교차로를 빠져나가는 것이 원칙.
[해설] ① 교차로 내에서 후진은 위험함.
② 교차로 내 정지는 교통 흐름 방해.
④ 교차로에서 후진은 위험함.

52 앞지르기를 할 수 없는 경우에 해당되는 것은?

① 앞차의 좌측에 다른 차가 나란히 진행하고 있을 때
② 앞차가 우측으로 진로를 변경하고 있을 때
③ 앞차가 그 앞차와의 안전거리를 확보하고 있을 때
④ 앞차가 양보 신호를 할 때

[정답] ① 앞차의 좌측에 차량이 있으면 앞지르기가 불가능함.
[해설] ② 진행 방향에 따라 앞지르기가 가능함.
③ 앞지르기 여부와 관련 없음.
④ 양보 신호가 있으면 앞지르기가 가능함.

53 건설기계 등록의 말소 사유에 해당하지 않는 것은?

① 건설기계를 폐기한 때
② 건설기계의 구조변경을 했을 때
③ 건설기계가 멸실 되었을 때
④ 건설기계의 차대가 등록 시의 차대와 다른 때

[정답] ② 구조변경은 변경등록사항이며, 말소사유가 아님.
[해설] ① 말소등록 필요.
③ 등록 말소됨.
④ 불법 개조 등으로 등록 말소됨.

54 건설기계 등록번호표의 색상 구분 중 틀린 것은?

① 관용 번호판은 흰색판에 검정색 문자이다.
② 영업용 번호판은 주황색판에 검은색 문자이다.
③ 자가용 번호판은 녹색판에 흰색 문자이다.
④ 임시운행 번호표는 흰색판에 검은색 문자이다.

[정답] ③
[해설] • 건설기계 등록번호표의 색상 기준 (건설기계관리법 시행규칙 별표 2)
– 비사업용(관용 또는 자가용): 흰색 바탕에 검은색 문자
– 대여사업용: 주황색 바탕에 검은색 문자
– 수입용(시험용·제작용 등 미등록 기계)에 대한 별도의 색상 규정은 삭제되었으며, 현재는 임시운행 번호표에 대한 규정(흰색 페인트판에 검은색 문자. 재질은 목판)만 남아 있음

55 정기검사대상 건설기계의 정기검사 신청기간으로 맞는 것은?

① 건설기계의 정기검사 유효기간 만료일 전후 45일 이내에 신청한다.
② 건설기계의 정기검사 유효기간 만료일 전 90일 이내에 신청한다.
③ 건설기계의 정기검사 유효기간 만료일 전후 30일 이내에 신청한다.
④ 건설기계의 정기검사 유효기간 만료일 후 60일 이내에 신청한다.

[정답] ③
[해설] 건설기계 정기검사는 유효기간 만료일 전후 30일 이내에 신청해야 함.

56 신호등에 녹색 등화시 차마의 통행방법으로 틀린 것은?

① 차마는 다른 교통에 방해되지 않을 때에 천천히 우회전 할 수 있다.
② 차마는 직진 할 수 있다.
③ 차마는 비보호 좌회전 표시가 있는 곳에서는 언제든지 좌회전을 할 수 있다.
④ 차마는 좌회전을 하여서는 아니 된다.

정답 ③ 비보호 좌회전은 녹색 신호 시 직진 차량과 반대편 차량을 주의하며 진행해야 함.
해설 ① 교통에 방해되지 않으면 가능.
② 녹색 등화 시 기본적으로 직진 가능.
④ 비보호 좌회전이 아닐 경우 좌회전 금지.

57 도로교통법상 도로의 모퉁이로부터 몇 m 이내의 장소에 정차하여서는 안 되는가?

① 2m ② 3m ③ 5m ④ 10m

정답 ③
해설 도로 모퉁이로부터 5m 이내에서는 정차 및 주차 금지.

58 대형 건설기계 특별 표지판 부착을 하지 않아도 되는 건설기계는?

① 너비 3미터인 건설기계
② 길이 16미터인 건설기계
③ 최소 회전반경 13미터인 건설기계
④ 총중량 50톤인 건설기계

정답 ②
해설 • 건설기계 안전기준에 관한 규칙
제2조(정의)
33. "대형건설기계"란 다음 각 호의 어느 하나에 해당하는 건설기계를 말한다
가. 길이가 16.7미터를 초과하는 건설기계
나. 너비가 2.5미터를 초과하는 건설기계
다. 높이가 4.0미터를 초과하는 건설기계
라. 최소회전반경이 12미터를 초과하는 건설기계
마. 총중량이 40톤을 초과하는 건설기계. 다만, 굴착기, 로더 및 지게차는 운전중량이 40톤을 초과하는 경우를 말한다.
바. 총중량 상태에서 축하중이 10톤을 초과하는 건설기계. 다만, 굴착기, 로더 및 지게차는 운전중량 상태에서 축하중이 10톤을 초과하는 경우를 말한다.
제168조(특별표지판) 대형건설기계에는 다음 각 호의 기준에 적합한 특별표지판을 부착하여야 한다.

59 건설기계조종사 면허가 취소되었을 경우 그 사유가 발생한 날로부터 며칠 이내에 면허증을 반납해야 하는가? ★★★

① 7일 이내 ② 10일 이내
③ 14일 이내 ④ 30일 이내

정답 ②
해설 • 건설기계관리법 시행규칙
제80조(건설기계조종사면허증 등의 반납) ① 건설기계조종사면허를 받은 자가 다음 각 호의 어느 하나에 해당하는 때에는 그 사유가 발생한 날부터 10일 이내에 주소지를 관할하는 시·도지사에게 그 면허증을 반납하여야 한다.
1. 면허가 취소된 때
2. 면허의 효력이 정지된 때
3. 면허증의 재교부를 받은 후 잃어버린 면허증을 발견한 때

60 도로교통법상 폭우·폭설·안개 등으로 가시거리가 100m 이내일 때 최고속도의 감속으로 맞는 것은?

① 20% ② 50% ③ 60% ④ 80%

정답 ②
해설 • 도로교통법 시행규칙
제19조(자동차등과 노면전차의 속도) ②
2. 최고속도의 100분의 50을 줄인 속도로 운행하여야 하는 경우
가. 폭우·폭설·안개 등으로 가시거리가 100미터 이내인 경우
나. 노면이 얼어 붙은 경우
다. 눈이 20밀리미터 이상 쌓인 경우

06 기출문제 6회 (60제)

이론 따로 필요없다. 문제 해설로 시원하게 끝낸다

※ 맞는 것을 고르는 답은 고딕, 틀린 것을 고르는 답은 명조체로 표시하였습니다

1 유압 에너지의 저장. 충격흡수 등에 이용되는 것? ★★★

① **축압기(accmulator)**
② 스트레이너(strainer)
③ 펌프(pump)
④ 오일 탱크(oil tank)

[정답] ① 축압기는 유압 에너지를 저장하고 충격을 흡수하는 기능을 함.
[해설] ② 유압유의 불순물 제거 장치.
③ 유압을 발생시키는 장치.
④ 유압유를 저장하는 용기.

2 유압유의 압력에너지를 기계적 에너지로 변환시키는 작용을 하는 것은? ★★★

① 유압펌프   ② 유압밸브
③ 어큐뮬레이터   ④ **액추에이터**

[정답] ④ 액추에이터는 유압을 이용하여 직선 운동(실린더) 또는 회전 운동(모터)을 수행하는 장치.
[해설] ① 유압을 발생시키는 장치.
② 유압을 조절하는 장치.
③ 유압을 저장하는 장치.

3 유압의 압력을 올바르게 나타낸 것은?

① 압력 = 단면적 × 가해진 힘
② **압력 = 가해진 힘/단면적**
③ 압력 = 단면적/가해진 힘
④ 압력 = 가해진 힘 × 단면적

[정답] ②
[해설] 유압의 기본 원리는 파스칼의 법칙(P = F/A)

4 건설기계에 사용되는 유압펌프의 종류가 아닌 것은?

① 베인 펌프   ② 플런저 펌프
③ **포막 펌프**   ④ 기어 펌프

[정답] ③ 유압펌프에는 기어 펌프, 베인 펌프, 플런저 펌프 등이 있음.
[해설] 포막 펌프는 일반적으로 낮은 압력(저압) 및 중·저유량 운송에 적합하며, 건설기계의 고압 유압 시스템에 적절하지 않음.
건설기계는 유압 실린더나 유압 모터를 강하게 작동시켜야 하는데, 포막 펌프는 충분한 힘을 제공하지 못함.

5 유량제어밸브가 아닌 것은?

① 속도제어 밸브   ② **체크 밸브**
③ 교축 밸브   ④ 급속배기 밸브

[정답] ② 체크 밸브는 유체의 역류 방지 기능만 수행하며 유량 조절과 관련 없음.
[해설] 유량제어밸브는 유압시스템에서 유체의 흐름을 조절하는 역할을 함.

6 유압회로의 압력에 의해 유압 액추에이터의 작동 순서를 제어하는 밸브는? ★★★
① 언로더 밸브　　② **시퀀스 밸브**
③ 감압 밸브　　　④ 릴리프 밸브

[정답] ② 시퀀스 밸브(sequence valve)는 일정한 압력이 가해졌을 때 다음 액추에이터가 작동하도록 제어하는 역할을 함.
[해설] ① 펌프의 부하를 줄이는 역할.
③ 시스템 압력을 낮추는 역할.
④ 과도한 압력을 방출하는 역할.

7 유압장치의 기본적인 구성요소가 아닌 것은?
① 유압 발생 장치　　② **유압 재순환장치**
③ 유압 제어장치　　　④ 유압 구동장치

[정답] ② 유압 시스템은 유압 발생 장치, 유압 제어장치, 유압 구동장치로 구성됨. 유압 재순환장치는 유압 시스템에는 별도로 존재하지 않는 개념.
[해설] ① 유압 펌프 등 포함.
③ 밸브류 포함.
④ 실린더, 모터 등 포함.

8 유압회로에서 유압유의 점도가 높을 때 발생될 수 있는 현상이 아닌 것은? ★★★
① 관내의 마찰 손실이 커진다.
② 동력 손실이 커진다.
③ 열 발생의 원인이 될 수 있다.
④ **유압이 낮아진다.**

[정답] ④ 점도가 너무 높으면 유압 손실과 열 발생의 원인이 됨. 점도가 높아지면 유압이 쉽게 낮아지지 않음.
[해설] ① 점도가 높으면 흐름 저항 증가.
② 점도가 높을수록 펌프 부하 증가.
③ 마찰로 인해 열이 발생함.

9 오일탱크 내의 오일을 전부 배출시킬 때 사용하는 것은?
① 리턴 라인　　　② 배플
③ 어큐뮬레이터　　④ **드레인 플러그**

[정답] ④ 드레인 플러그는 오일탱크의 바닥에 위치하여 오일을 배출하는 장치임.
[해설] ① 오일을 탱크로 되돌리는 역할.
② 유압유의 흐름을 조절하는 판.
③ 유압 에너지를 저장하는 장치.

10 유압 라인에서 압력에 영향을 주는 요소로 가장 관계가 적은 것은?
① 유체의 흐름 량　　② 유체의 점도
③ 관로 직경의 크기　　④ **관로의 좌·우 방향**

[정답] ④ 압력에 영향을 주는 주요 요소는 유체의 흐름량, 점도, 관로 직경 등이 있음. 관로의 좌·우 방향은 압력 자체에 큰 영향을 주지 않음.
[해설] ① 유량이 많을수록 압력 증가 가능.
② 점도가 높으면 압력 손실 증가.
③ 직경이 작을수록 압력이 증가.

11 벨트 취급에 대한 안전사항 중 틀린 것은?
① 벨트 교환시 회전을 완전히 멈춘 상태에서 한다.
② **벨트의 회전을 정지시킬 때 손으로 잡는다.**
③ 벨트에는 적당한 장력을 유지하도록 한다.
④ 고무벨트에는 기름이 묻지 않도록 한다.

[정답] ② 회전 중인 벨트를 손으로 잡으면 매우 위험하며, 반드시 기계를 정지한 후 작업해야 함.
[해설] ① 안전을 위해 필수.
③ 벨트가 너무 팽팽하거나 느슨하면 수명 단축.
④ 기름이 묻으면 미끄러짐 발생.

12 화재가 발생하기 위해서는 3가지 요소가 있는데 모두 맞는 것으로 연결된 것은? ★★★

① **가연성 물질 – 점화원 – 산소**
② 산화 물질 – 소화원 – 산소
③ 산화 물질 – 점화원 – 질소
④ 가연성 물질 – 소화원 – 산소

정답 ①

• 화재의 3요소
1) 가연성 물질 (불에 탈 수 있는 물질)
2) 점화원 (불꽃, 전기스파크 등)
3) 산소 (연소를 지속시키는 요소)

해설 ② 소화원은 화재 진압에 사용됨.
③ 질소는 불연성 기체로, 화재를 일으키지 않음.
④ 소화는 화재 예방 개념.

13 작업장의 안전수칙 중 틀린 것은?

① **공구는 오래 사용하기 위하여 기름을 묻혀서 사용한다.**
② 작업복과 안전장구는 반드시 착용한다.
③ 각종기계를 불필요하게 공회전시키지 않는다.
④ 기계의 청소나 손질은 운전을 정지 시킨 후 실시한다.

정답 ① 공구에 기름이 묻으면 손에서 미끄러질 위험이 있으며, 안전사고의 원인이 될 수 있음.

해설 ② 필수적인 안전수칙.
③ 연료 절약 및 사고 예방.
④ 작업 중 청소는 위험.

14 수공구류의 일반적인 안전수칙이다. 해당되지 않는 것은?

① 손이나 공구에 묻은 기름, 물 등을 닦아낼 것
② 주위를 정리 정돈할 것
③ 규격에 맞는 공구를 사용할 것
④ **수공구는 그 목적 외에 다목적으로 사용할 것**

정답 ④

해설 공구는 사용 목적에 맞게 사용해야 하며, 잘못된 용도로 사용하면 사고 위험이 큼.
① 작업 중 미끄러짐 방지.
② 작업장 안전 확보.
③ 작업 효율성 및 안전성 보장.

15 안전제일에서 가장 먼저 선행되어야 할 이념으로 맞는 것은? ★★★

① 재산 보호 ② 생산성 향상
③ 신뢰성 향상 ④ **인명 보호**

정답 ④

해설 안전의 가장 중요한 이념은 인명 보호이며, 재산 보호, 생산성 향상보다 우선되어야 함.
① 인명 보호가 최우선.
② 안전 확보 후 생산성이 향상될 수 있음.
③ 안전 확보 후 기업 신뢰성이 높아질 수 있음.

16 보기의 조정렌치 사용상 안전수칙 중 옳은 것은?

a. 잡아당기며 작업한다.
b. 조정 죠에 당기는 힘이 많이 가해지도록 한다.
c. 볼트 머리나 너트에 꼭 끼워서 작업을 한다.
d. 조정렌치 자루에 파이프를 끼워서 작업을 한다.

① a, b ② **a, c** ③ b, c ④ b, d

정답 ②

해설 b. 조정 죠에 과도한 힘을 가하면 안 됨. 너무 강한 힘을 주면 죠가 벌어지거나 렌치가 손상될 수 있음.
d. 조정렌치는 정해진 길이와 설계하중 내에서 안전하게 사용할 수 있도록 제작됨.
파이프를 끼우면 지렛대 효과로 인해 렌치에 과도한 힘이 가해지고, 이로 인해 렌치 자체가 휘거나 파손될 가능성이 큼.

17 작업장에서 중량물을 들어 올리는 방법 중 안전상 가장 올바른 것은?

① 최대한 사람의 힘을 모아 들어올린다.
② 지렛대를 이용한다.
③ 로프로 묶고 잡아당긴다.
④ **체인블록을 이용하여 들어올린다.**

정답 ④ 체인블록은 중량물을 안전하게 들어올릴 수 있는 장치임.
해설 ① 부상의 위험이 높음.
② 일정 무게 이상에서는 부적절함.
③ 균형이 맞지 않아 위험함.

18 안전·보건표지의 종류와 형태에서 그림의 안전 표지판이 나타내는 것은? ★★★

① **응급구호 표지** ② 비상구 표지
③ 위험장소경고 표지 ④ 환경지역 표지

정답 ① 응급구호 표지
해설 응급구호 표지는 응급처치가 가능한 장소 또는 구급시설이 있는 위치를 안내하는 표지이다.
흰색 십자가가 검은색, 초록색 또는 파란색 배경 위에 표시됨.
주로 구급함, 응급처치 장소, 의료시설 등을 표시할 때 사용된다.

19 전기 용접 아크 광선에 대한 설명 중 틀린 것은?

① 전기 용접 아크에는 다량의 자외선이 포함되어 있다.
② 전기 용접 아크를 볼 때에는 헬멧이나 실드를 사용하여야 한다.
③ **전기 용접 아크 빛에 의해 눈이 따가울 때에는 따듯한 물로 눈을 닦는다.**
④ 전기 용접 아크 빛이 직접 눈으로 들어오면 전광성 안염 등의 눈병이 발생한다.

정답 ③ 전기 용접 아크 빛에 의한 전광성 안염 발생 시 즉시 찬물로 눈을 식혀야 함.
해설 ① 용접 아크에는 다량의 자외선 포함.
② 눈 보호 필요.
④ 직접 노출 시 심각한 안구 손상 위험.

20 일반적인 작업장에서 작업안전을 위한 복장으로 가장 적합하지 않은 것은?

① 작업복의 착용   ② 안전모의 착용
③ 안전화의 착용   ④ **선글라스 착용**

정답 ④ 작업장에서는 안전용 보호안경을 착용해야 하며, 선글라스는 적합하지 않음.
해설 ① 보호 기능이 있는 작업복 필요.
② 머리 보호 필수.
③ 발 보호 필수.

21 154kV 가공 송전선로 주변에서 건설장비로 작업 시 안전에 관한 설명으로 맞는 것은?

① 건설 장비가 선로에 직접 접촉하지 않고 근접만 해도 사고가 발생 될 수 있다.
② 전력선은 피복으로 절연되어 있어 크레인 등이 접촉해도 단선되지 않는 이상 사고는 일어나지 않는다.
③ 1회선은 3가닥으로 이루어져 있으며, 1가닥 절단시에도 전력공급을 계속한다.
④ 사고 발생시 복구공사비는 전력설비가 공공재산이므로 배상하지 않는다.

정답 ① 고압선 근처에서는 절연이 되어 있지 않아 근접 시에도 감전 위험이 있음.
해설 ② 크레인 접촉 시 감전 위험 존재.
③ 절단 시 전력 공급에 문제 발생.
④ 책임이 발생할 수 있음.

22 전기시설에 접지공사가 되어 있는 경우 접지선의 표지색은?

① 적색   ② 녹색
③ 황색   ④ 백색

정답 ② 접지선은 녹색 또는 녹색+황색 줄무늬로 표시됨.
해설 ① 적색: 일반적으로 3상 전원선 중 하나(R상)의 색
③ 황색: 전원선으로 사용될 수 있음 (예: S상)
④ 백색: 일부 시스템에서 중성선(N선)으로 사용되기도 함

23 다음 중 건설기계 임시운행 사유가 아닌 것은?

① 확인검사를 받기 위하여 건설기계를 검사장소로 운행하는 경우
② 신규등록검사를 받기 위하여 건설기계를 검사장소로 운행하고자 할 때
③ 신개발 건설기계를 시험, 연구의 목적으로 운행하고자 할 때
④ 건설기계형식승인을 받고자 할 때

정답 ④ 건설기계 형식승인은 행정절차상의 심사이지, 운행이 수반되는 검사나 시험이 아니기 때문에 임시운행 사유에는 해당하지 않음
해설 • 건설기계관리법 시행규칙
제6조(미등록 건설기계의 임시운행) ① 건설기계의 등록전에 일시적으로 운행을 할 수 있는 경우는 다음 각호와 같다.
1. 등록신청을 하기 위하여 건설기계를 등록지로 운행하는 경우
2. 신규등록검사 및 확인검사를 받기 위하여 건설기계를 검사장소로 운행하는 경우
3. 수출을 하기 위하여 건설기계를 선적지로 운행하는 경우
3의2. 수출을 하기 위하여 등록말소한 건설기계를 점검·정비의 목적으로 운행하는 경우
4. 신개발 건설기계를 시험·연구의 목적으로 운행하는 경우
5. 판매 또는 전시를 위하여 건설기계를 일시적으로 운행하는 경우

24 디젤기관의 압축압력이 규정보다 저하되는 이유는?

① 실린더 벽이 규정보다 많이 마모되었다.
② 냉각수가 규정보다 작다.
③ 엔진 오일량이 규정보다 많다.
④ 점화시기가 규정보다 다소 느리다.

정답 ① 디젤기관의 압축압력이 저하되는 주요 원인은 실린더 벽과 피스톤 링의 마모 때문임.
해설 ② 냉각수 부족은 기관 과열을 유발하지만, 압축 압력 저하와 직접적인 관련이 없음.
③ 엔진 오일량이 많다고 해서 압축압력이 저하되지 않음.
④ 점화시기는 가솔린기관에서 중요한 요소이며, 디젤기관에서는 연료 분사 시기가 중요한 요소임.

25 건식 공기청정기의 효율저하를 방지하기 위한 방법으로 가장 적합한 것은?

① 기름으로 닦는다.
② 마른걸레로 닦아야 한다.
③ **압축공기로 먼지 등을 털어낸다.**
④ 물로 깨끗이 세척한다.

정답 ③ 건식 공기청정기의 필터는 시간이 지남에 따라 먼지가 쌓여 공기 흐름을 방해하게 됨. 필터에 쌓인 먼지는 압축공기를 이용해 털어내야 공기청정기의 효율을 유지할 수 있음.

해설 ① 기름은 필터를 막아 공기 흐름을 방해하고, 오염물질을 더 쉽게 흡착시킴.
② 먼지가 완전히 제거되지 않아 효율이 저하될 수 있음.
④ 건식 필터는 물에 닿으면 손상될 가능성이 있음.

26 팬벨트에 대한 점검과정이다. 가장 적합하지 않은 것은?

① 팬벨트는 눌러(약 10kgf) 처짐이 13~20mm 정도로 한다.
② **팬벨트는 풀리의 밑 부분에 접촉되어야 한다.**
③ 팬벨트의 조정은 발전기를 움직이면서 조정한다.
④ 팬벨트가 너무 헐거우면 기관과열의 원인이 된다.

정답 ② 팬벨트는 풀리의 홈 부분에 정확히 맞물려 있어야 하며, 밑 부분까지 접촉되면 마모되었거나 장력이 부족한 상태임.

해설 ① 올바른 장력 유지로 팬벨트의 슬립을 방지하고 수명을 연장할 수 있음.
③ 발전기를 움직여 팬벨트의 장력을 적절하게 조정하는 것이 바람직함.
④ 팬벨트가 헐거우면 냉각팬과 물 펌프 작동이 저하되어 기관이 과열될 수 있음.

27 기관의 연료분사펌프에 연료를 보내거나 공기빼기 작업을 할 때 필요한 장치는?

① 체크 밸브(check valve)
② **프라이밍 펌프(priming pump)**
③ 오버플로 펌프(overflow pump)
④ 드레인 펌프(drain pump)

정답 ② 연료 공급 시스템에 공기가 유입되면 연료가 정상적으로 공급되지 않아 시동이 어렵거나 불가능해질 수 있음.
프라이밍 펌프는 연료 시스템 내의 공기를 제거하고 연료를 공급하는 역할을 함.

해설 ① 연료의 흐름을 일정 방향으로 유지하는 기능을 하며, 공기 제거 기능은 없음.
③ 연료 라인 내 과잉 연료를 조절하는 기능을 함.
④ 불필요한 연료나 유체를 배출하는 역할을 함.

28 냉각수 순환용 물 펌프가 고장 났을 때 기관에 나타날 수 있는 현상으로 가장 적합한 것은?

① **기관 과열**
② 시동 불능
③ 축전지의 비중 저하
④ 발전기 작동 불능

정답 ① 물 펌프는 엔진 내 냉각수를 순환시켜 열을 방출하는 역할을 함.
물 펌프가 작동하지 않으면 냉각수가 흐르지 않아 엔진이 과열되며, 이로 인해 실린더 헤드가 변형되거나 가스켓이 손상될 수 있음.

해설 ② 물 펌프 고장으로 인해 시동이 완전히 불가능한 경우는 드물다.
③ 축전지와 물 펌프의 기능은 무관함.
④ 발전기는 냉각 시스템과 직접적인 연관이 없음.

29 기관의 밸브 간극이 너무 클 때 발생하는 현상에 관한 설명으로 올바른 것은?

① 정상온도에서 밸브가 확실하게 닫히지 않는다.
② 밸브 스프링의 장력이 약해진다.
③ 푸시로드가 변형된다.
④ **정상온도에서 밸브가 완전히 개방되지 않는다.**

정답 ④ 밸브 간극이 너무 크면 캠의 작동 범위가 줄어들어 밸브가 완전히 열리지 않아 흡기 및 배기가 원활하지 않다.

해설 ① 밸브 간극이 너무 클 경우 밸브가 닫히지 않는 것이 아니라, 오히려 밸브가 충분히 열리지 않는 문제가 발생한다.
② 밸브 스프링의 장력과는 직접적인 관련이 없다.
③ 푸시로드 변형은 심한 과부하나 오작동 시 발생하는 문제이며, 밸브 간극과 직접적인 관계는 없다.

30 기관에서 크랭크축의 역할은?

① 원활한 직선운동을 하는 장치이다.
② 기관의 진동을 줄이는 장치이다.
③ **직선운동을 회전운동으로 변환시키는 장치이다.**
④ 원운동을 직선운동으로 변환시키는 장치이다.

정답 ③ 피스톤의 직선운동을 회전운동으로 변환하여 동력을 전달하는 핵심 부품임.

해설 ① 크랭크축은 직선운동을 회전운동으로 변환함.
② 크랭크축 자체는 진동을 줄이는 역할이 없음.
④ 반대로 직선운동을 회전운동으로 변환함.

31 엔진의 회전수를 나타낼 때 RPM이란?

① 시간당 엔진회전수   ② **분당 엔진회전수**
③ 초당 엔진회전수   ④ 10분간 엔진회전수

정답 ②

해설 RPM(Revolutions Per Minute)은 엔진의 1분당 회전수를 의미함.

32 연료의 세탄가와 가장 밀접한 관련이 있는 것은?

① 열효율   ② 폭발압력
③ **착화성**   ④ 인화성

정답 ③ 세탄가는 연료가 얼마나 빨리 착화하는지를 나타내는 값으로, 착화성이 좋을수록 조기 연소가 방지되고 연소 효율이 높아짐.

해설 ① 세탄가는 연료의 효율과 직접적인 연관이 없음.
② 세탄가는 압력보다는 착화 특성과 연관이 있음.
④ 인화성은 연료가 불꽃에 의해 점화되는 특성을 의미하며, 세탄가와는 다소 차이가 있다.

33 엔진오일이 우유 색을 띠고 있을 때의 주된 원인은? ★★★

① 가솔린이 유입되었다.
② 연소가스가 섞여 있다.
③ 경유가 유입되었다.
④ **냉각수가 섞여 있다.**

정답 ④ 엔진오일에 냉각수가 섞이면 유화 반응이 일어나 우유빛을 띰. 헤드 가스켓이 손상되었거나 실린더 헤드에 균열이 발생하면 냉각수가 엔진오일과 섞여 유화 반응이 일어남.
이는 윤활 기능을 저하시켜 엔진 손상의 원인이 될 수 있음.

해설 ① 가솔린이 섞이면 점도가 낮아질 뿐 색은 변하지 않음.
② 색 변화보다 점도 변화가 더 큼.
③ 경유가 섞이면 점도가 낮아짐.

34 실린더 마모와 가장 거리가 먼 것은?

① 출력의 감소   ② 크랭크실의 윤활유 오손
③ 불완전 연소   ④ **거버너의 작동불량**

정답 ④ 거버너(Governor)는 엔진의 회전 속도를 조절하는 장치로 실린더 마모와 직접적인 관계가 없음

해설 ① 실린더가 마모되면 압축압력이 저하되고 출력이 감소함
② 크랭크실의 윤활유 오염은 실린더 마모로 인해 금속 입자가 오일에 섞이면서 발생함
③ 실린더 마모가 심하면 압축이 제대로 이루어지지 않아 불완전 연소가 발생함

35 건설기계 기관에서 사용하는 윤활유의 주요 기능이 아닌 것은?

① 기밀작용   ② 방청작용
③ 냉각작용   ④ **산화작용**

정답 ④ 산화작용은 오히려 윤활유의 성질을 저하시켜 노화를 가속화함.
윤활유의 주요 기능은 마찰을 줄이고(윤활), 엔진 내부의 부품을 보호함.

해설 ① 윤활유는 실린더 내부 기밀을 유지하여 압축 효율을 높임
② 부식을 방지하는 성질이 있음
③ 엔진 부품의 열을 흡수하고 분산시켜 냉각작용을 함

36 축전지 급속 충전시 주의사항으로 잘못된 것은?

① 통풍이 잘되는 곳에서 한다.
② 충전 중인 축전지에 충격을 가하지 않도록 한다.
③ 전해액 온도가 45℃를 넘지 않도록 특별히 유의한다.
④ 충전시간은 길게 하고, 가능한 2주에 한 번씩 하도록 한다.

정답 ④ 충전시간을 길게 하면 과충전으로 인해 배터리 수명이 단축됨

해설
① 축전지는 통풍이 잘되는 곳에서 충전해야 가스 폭발 위험을 방지할 수 있음
② 충전 중 외부 충격을 가하면 내부 단락이 발생할 수 있으므로 주의해야 함
③ 전해액의 온도가 45℃ 이상 상승하면 배터리 성능이 저하될 수 있으므로 반드시 주의해야 함

37 교류발전기에서 스테이터 코일에 발생한 교류는?

① 실리콘에 의해 교류로 정류되어 내부로 나온다.
② 실리콘에 의해 교류로 정류되어 외부로 나온다.
③ 실리콘 다이오드에 의해 교류로 정류시킨 뒤에 내부로 들어간다.
④ 실리콘 다이오드에 의해 직류로 정류시킨 뒤에 외부로 끌어낸다.

정답 ④

해설 교류발전기(Alternator)는 발전 시 교류 전기를 발생시키며 실리콘 다이오드는 교류를 직류로 변환(정류)하는 역할을 함.
정류된 직류는 차량의 전기 장치에 공급됨.
①~③은 정류 방식이 잘못된 설명이며, 최종 출력은 직류임

38 트랜지스터의 회로작용이 아닌 것은?

① 지연 회로　② 증폭 회로
③ 발열 회로　④ 스위칭 회로

정답 ③ 트랜지스터는 증폭 회로(②), 스위칭 회로(④), 지연 회로(①) 등에서 사용됨.

해설 트랜지스터가 전류를 조절할 때 열이 발생할 수 있지만, 열을 발생시키는 것이 주 기능이 아니므로 ③은 오답임.

39 일반적인 축전지 터미널의 식별법으로 적합하지 않은 것은?

① (+), (-)의 표시로 구분한다.
② 터미널의 요철로 구분한다.
③ 굵고 가는 것으로 구분한다.
④ 적색과 흑색 등 색으로 구분한다.

정답 ②

해설 축전지의 극성 구분 방법에는 다음이 있음.
① (+), (-) 표기가 있음.
③ 일반적으로 양극(+) 단자가 더 두껍고, 음극(-) 단자가 더 얇음.
④ 단자 색상으로 구분 가능함(양극: 적색, 음극: 흑색).
터미널에 요철(凹凸, 오목하고 볼록한 부분)이 존재하는 것은 일반적인 구분 방법이 아니므로 ②가 정답.

40 건설기계의 전조등 성능을 유지하기 위하여 가장 좋은 방법은?

① 단선으로 한다.
② 복선식으로 한다.
③ 축전지와 직결시킨다.
④ 굵은 선으로 갈아 끼운다.

정답 ② 전조등의 성능을 유지하려면 전기 흐름이 원활해야 하며, 복선식 배선이 안정적인 전력 공급을 보장함.

해설
① 단선은 전압 강하가 발생할 수 있어 부적절함.
③ 축전지와 직접 연결하면 과부하로 인해 배선이 손상될 위험이 있음.
④ 전선의 굵기를 늘리는 것도 도움이 되지만, 근본적인 해결책은 아님.

41 시동이 걸렸을 때 시동 키(key) 스위치를 계속 누르고 있을 때 나타나는 현상은? ★★★

① 베어링이 소손된다.
② 전기자가 소손된다.
③ 충전이 잘 된다.
④ **피니언 기어가 소손된다.**

정답 ④ 시동 키를 계속 누르면 스타터 모터가 계속 작동하여 피니언 기어가 과부하로 손상됨

해설 베어링(①)과 전기자(②)도 영향을 받을 수 있지만, 피니언 기어가 가장 먼저 손상되는 부품임. 충전과는 무관하므로 ③은 오답.

42 지게차의 운행사항으로 틀린 것은?

① 틸트는 적재물이 백레스트에 완전히 닿도록 한 후 운행한다.
② 주행 중 노면상태에 주의하고 노면이 고르지 않는 곳에서 천천히 운행한다.
③ 내리막길에서는 급회전을 삼간다.
④ **지게차의 중량제한은 필요에 따라 무시해도 된다.**

정답 ④ 지게차의 최대 적재 하중을 초과하면 전복 위험이 커지고 브레이크 성능이 저하될 수 있음.

해설 ①~③은 지게차의 안전 운행을 위한 필수 사항

43 동력전달장치에 사용되는 차동기어장치에 대한 설명으로 틀린 것은? ★★★

① 선회할 때 좌·우 구동바퀴의 회전속도를 다르게 한다.
② 선회할 때 바깥쪽 바퀴의 회전속도를 증대시킨다.
③ 보통 차동 기어장치는 노면의 저항을 작게 받는 구동바퀴의 회전속도가 빠르게 될 수 있다.
④ **기관의 회전력을 크게 하여 구동 바퀴에 전달한다.**

정답 ④ 차동기어(디퍼렌셜 기어)는 좌우 바퀴의 회전속도를 다르게 하여 원활한 선회를 가능하게 하는 장치이며 기관(엔진)의 출력을 키우는 역할은 하지 않는다. → 기관(엔진)의 출력을 키우는 것은 변속기와 관련된 문제다.

해설 • 차동기어의 주요 기능
 – 좌우 바퀴의 회전속도를 다르게 함.
 – 바깥쪽 바퀴가 더 빠르게 회전하도록 함.
 – 도로 저항에 따라 회전속도가 조정될 수 있음.

44 수동변속기가 장착된 건설기계의 동력전달장치에서 클러치판은 어떤 축의 스플라인에 끼워져 있는가? ★★★

① 추진축   ② 차동기어 장치
③ 크랭크축   ④ **변속기 입력축**

정답 ④ 클러치판은 변속기 입력축의 스플라인에 끼워져 있어, 엔진에서 오는 회전력을 변속기로 전달하는 중간 매개체 역할을 한다.

해설 ① **추진축**: 변속기에서 동력이 전달된 후 후방 차축까지 이어지는 축
② **차동기어 장치**: 두 개의 구동 바퀴(주로 좌우 바퀴)에 각각 다른 회전 속도를 허용해 주는 장치
③ **크랭크축**: 엔진 내에서 왕복 운동을 회전 운동으로 바꾸는 축이며, 플라이휠과 연결됨.

45 동력장치의 장점과 거리가 먼 것은?

① 작은 조작력으로 조향조작이 가능하다.
② 조향 핸들의 시미현상을 줄일 수 있다.
③ 설계·제작 시 조향 기어비를 조작력에 관계없이 선정할 수 있다.
④ 조향핸들이 유격조정이 자동으로 되어 볼 조인트 수명이 반영구적이다.

정답 ④ 조향핸들의 유격은 자동으로 조정되지 않고, 볼 조인트(Ball Joint)는 마모 부품이므로 정기적인 점검 및 교체가 필요함.

해설 ① 동력장치의 가장 큰 장점. 유압이나 전동 모터의 힘으로 핸들 조작이 훨씬 쉬워짐.
② 시미현상(Shimmy)은 조향 핸들이 좌우로 흔들리는 현상인데, 파워스티어링 등 동력장치가 이를 완화해 줌.
③ 동력장치 덕분에 조작력이 부담되지 않아 조향 기어비를 자유롭게 설정할 수 있음.

46 다음 중 건설기계의 범위에 해당되지 않는 것은?

① 자체중량 2톤 미만의 불도저
② 자체중량 1톤 미만의 굴삭기
③ 자체중량 2톤 미만의 로더
④ 자체중량 2톤 미만의 엔진식 지게차

정답 ② 굴삭기는 자체중량이 1톤 이상이어야 건설기계로 등록 가능. 1톤 미만이면 소형 건설기계에 해당되지 않으며, 일반 기계 취급됨.

해설 ① 불도저는 중량 기준과 관계없이 대부분 건설기계에 포함됨. 별도 중량 기준 명시는 없음.
③ 로더는 자체중량 1톤 이상이면 소형건설기계로 분류되어 건설기계 등록 대상이 됨
④ 지게차는 자체중량이 1톤 이상이면 소형건설기계로 등록됨.

47 다음 중 특별 또는 경고표지 부착대상 건설기계에 관한 설명이 아닌 것은?

① 대형건설기계에는 조종실 내부의 조종사가 보기 쉬운 곳에 경고 표지판을 부착하여야 한다.
② 길이가 16.7미터를 초과하는 건설기계는 특별표지 부착 대상이다.
③ 특별표지판은 등록번호가 표시되어 있는 면에 부착해야 한다.
④ 최소 회전반경 12미터를 초과하는 건설기계는 특별표지 부착 대상이 아니다.

정답 ④ 최소회전반경이 12미터를 초과하는 건설기계는 대형건설기계로 분류되어 특별표지판 부착 대상임.

해설 ① 대형건설기계에는 조종사가 쉽게 볼 수 있는 위치에 경고표지판 부착이 의무임 (건설기계 안전기준에 관한 규칙 제170조)
② 길이 16.7m 초과 시 대형건설기계로 분류되며, 특별표지 부착 대상임
③ 특별표지판은 등록번호가 표시되어 있는 면에 부착할 것. 다만, 건설기계 구조상 불가피한 경우는 건설기계의 좌우 측면에 부착할 수 있다. (건설기계 안전기준에 관한 규칙 제168조 4호)

48 앞지르기 금지 장소가 아닌 것은?

① 터널 안, 앞지르기 금지표지 설치장소
② 버스정류장 부근, 주차금지 구역
③ 경사로의 정상 부근, 급경사로의 내리막
④ 교차로 도로의 구부러진 곳

정답 ②

해설 • 도로교통법 제22조(앞지르기 금지의 시기 및 장소)
③ 모든 차의 운전자는 다음 각 호의 어느 하나에 해당하는 곳에서는 다른 차를 앞지르지 못한다. 〈개정 2020. 12. 22.〉
1. 교차로
2. 터널 안
3. 다리 위
4. 도로의 구부러진 곳, 비탈길의 고갯마루 부근 또는 가파른 비탈길의 내리막 등 시·도경찰청장이 도로에서의 위험을 방지하고 교통의 안전과 원활한 소통을 확보하기 위하여 필요하다고 인정하는 곳으로서 안전표지로 지정한 곳

49 도로교통법상에서 교통안전표지의 구분이 맞는 것은? ★★★

① 주의표지, 통행표지, 규제표지, 지시표지, 차선표지
② **주의표지, 규제표지, 지시표지, 보조표지, 노면표지**
③ 도로표지, 주의표지, 규제표지, 지시표지, 노면표지
④ 주의표지, 규제표지, 지시표지, 차선표지, 도로표지

정답 ②
해설
• 도로교통법 시행규칙 제8조(안전표지) ① 법 제4조제1항에 따른 안전표지는 다음 각 호와 같이 구분한다. 〈개정 2019. 6. 14.〉
  1. **주의표지**
  도로상태가 위험하거나 도로 또는 그 부근에 위험물이 있는 경우에 필요한 안전조치를 할 수 있도록 이를 도로사용자에게 알리는 표지
  2. **규제표지**
  도로교통의 안전을 위하여 각종 제한·금지 등의 규제를 하는 경우에 이를 도로사용자에게 알리는 표지
  3. **지시표지**
  도로의 통행방법·통행구분 등 도로교통의 안전을 위하여 필요한 지시를 하는 경우에 도로사용자가 이에 따르도록 알리는 표지
  4. **보조표지**
  주의표지·규제표지 또는 지시표지의 주기능을 보충하여 도로사용자에게 알리는 표지
  5. **노면표시**
  도로교통의 안전을 위하여 각종 주의·규제·지시 등의 내용을 노면에 기호·문자 또는 선으로 도로사용자에게 알리는 표지

50 건설기계소유자에게 등록번호표 제작명령을 할 수 있는 기관의 장은? ★★★

① 국토해양부장관 ② 행정안전부장관
③ 경찰청장 ④ **시·도지사**

정답 ④
해설 건설기계의 등록번호표 제작 및 부착을 감독하는 권한은 시·도지사에게 있다. 시·도지사는 등록번호표의 부착 여부를 확인하고, 부착되지 않은 경우 제작 및 부착을 명령할 수 있다.

51 도로교통법상 철길 건널목을 통과할 때 방법으로 가장 적합한 것은?

① 신호등이 없는 철길 건널목을 통과할 때에는 서행으로 통과하여야 한다.
② 신호등이 있는 철길 건널목을 통과할 때에는 건널목 앞에서 일시정지하여 안전한지의 여부를 확인한 후에 통과하여야 한다.
③ **신호가 없는 철길 건널목을 통과할 때에는 건널목 앞에서 일시정지하여 안전한지의 여부를 확인한 후에 통과하여야 한다.**
④ 신호기와 관련 없이 철길 건널목을 통과할 때에는 건널목 앞에서 일시 정지하여 안전한지의 여부를 확인한 후에 통과하여야 한다.

정답 ③
해설
• 도로교통법 제24조(철길 건널목의 통과)
  ① 모든 차 또는 노면전차의 운전자는 **철길 건널목**(이하 "건널목"이라 한다)을 통과하려는 경우에는 건널목 앞에서 일시정지하여 안전한지 확인한 후에 통과하여야 한다. 다만, 신호기 등이 표시하는 신호에 따르는 경우에는 정지하지 아니하고 통과할 수 있다. 〈개정 2018. 3. 27.〉

52 건설기계 검사기준에서 원동기 성능검사 항목이 아닌 것은?

① 토크 컨버터는 기름량이 적정하고 누출이 없을 것
② 작동 상태에서 심한 진동 및 이상 음이 없을 것
③ 배출가스 허용기준에 적합할 것
④ 원동기의 설치 상태가 확실할 것

정답 ① 토크 컨버터는 변속기 부품으로, 원동기 성능검사와 연관이 없음.

해설 건설기계관리법 시행규칙 [별표 8] 〈개정 2023. 7. 19.〉
건설기계검사기준
2. 원동기
　나. 원동기 성능
　　(1) 작동상태에서 심한 진동 및 이상음이 없을 것
　　(2) 원동기의 설치상태가 확실할 것
　　(3) 볼트·너트가 견고하게 체결되어 있을 것
　　(4) 「대기환경보전법」의 규정에 의한 배출가스 허용기준에 적합할 것. 이 경우 배기가스발산방지장치를 설치한 경우에는 그 설치상태를 기준으로 한다.
　　(5) 배기가스발산방지장치를 설치한 경우에는 배기관·소음기·촉매장치 등의 손상·변형·부식 등이 없고 측정결과에 영향을 줄 수 있는 구조가 아닐 것

53 100만 원 이하의 과태료에 해당되지 않는 것은?

① 등록말소사유 변경신고를 하지 아니하거나 거짓으로 신고한 자
② 건설기계안전기준에 적합하지 아니한 건설기계를 사용하거나 운행한 자 또는 사용하게 하거나 운행하게 한 자
③ 등록번호표를 부착·봉인하지 아니하거나 등록번호를 새기지 아니한 자
④ 등록번호표를 가리거나 훼손하여 알아보기 곤란하게 한 자 또는 그러한 건설기계를 운행한 자

정답 ①은 50만 원 이하의 과태료.

해설 • 건설기계관리법 제44조(과태료)
② 다음 각 호의 어느 하나에 해당하는 자에게는 100만원 이하의 과태료를 부과한다. 〈개정 2022. 2. 3.〉
1. 수출의 이행 여부를 신고하지 아니하거나 폐기 또는 등록을 하지 아니한 자
2. 등록번호표를 부착·봉인하지 아니하거나 등록번호를 새기지 아니한 자
3. 등록번호표를 가리거나 훼손하여 알아보기 곤란하게 한 자 또는 그러한 건설기계를 운행한 자
4. 등록번호의 새김명령을 위반한 자
5. 건설기계안전기준에 적합하지 아니한 건설기계를 사용하거나 운행한 자 또는 사용하게 하거나 운행하게 한 자
5의2. 조사 또는 자료제출 요구를 거부·방해·기피한 자
5의3. 검사유효기간이 끝난 날부터 31일이 지난 건설기계를 사용하게 하거나 운행하게 한 자 또는 사용하거나 운행한 자
6. 특별한 사정 없이 건설기계임대차 등에 관한 계약과 관련된 자료를 제출하지 아니한 자
7. 건설기계사업자의 의무를 위반한 자
8. 안전교육등을 받지 아니하고 건설기계를 조종한 자

54 자동차가 주행 중 서행하여야 하는 곳을 설명한 사항으로 맞지 않는 것은?

① 4차로 주행차선에서 1차로 부근
② 도로가 구부러진 부근
③ 가파른 비탈길의 내리막
④ 비탈길의 고갯마루 부근

정답 ①

해설
• 도로교통법 제31조(서행 또는 일시정지할 장소)
① 모든 차 또는 노면전차의 운전자는 다음 각 호의 어느 하나에 해당하는 곳에서는 서행하여야 한다. 〈개정 2018. 3. 27., 2020. 12. 22.〉
1. 교통정리를 하고 있지 아니하는 교차로
2. 도로가 구부러진 부근
3. 비탈길의 고갯마루 부근
4. 가파른 비탈길의 내리막
5. 시·도경찰청장이 도로에서의 위험을 방지하고 교통의 안전과 원활한 소통을 확보하기 위하여 필요하다고 인정하여 안전표지로 지정한 곳

55 자동차의 승차 정원에 대한 내용으로 맞는 것은?

① 등록증에 기재된 인원
② 화물자동차 4명
③ 승용자동차 4명
④ 운전자를 제외한 나머지 인원

정답 ① 등록증에 기재된 인원

해설 승차 정원은 자동차등록증에 기재된 인원 수를 기준으로 한다.
②, ③ 승차정원은 차량의 구조 및 용도에 따라 다름
④ 운전자를 제외한 나머지 인원 → 승차정원은 운전자를 포함한 인원을 의미

56 오일의 압력이 낮아지는 원인과 가장 거리가 먼 것은? ★★★

① 오일펌프 성능이 노후되었을 때
② 오일의 점도가 높아졌을 때
③ 오일의 점도가 낮아졌을 때
④ 계통 내에서 누설이 있을 때

정답 ② 점도가 높다는 것은 오일이 더 끈적해져 흐르기 어려워졌다는 뜻임. 이 경우 오일펌프는 오히려 높은 압력을 만들기 쉬움

해설
① 오일펌프가 노후되면 충분한 압력을 만들어내지 못하므로 오일 압력이 낮아지는 원인이 됨
③ 오일이 묽어져서 내부 누설이 늘어나고 압력을 잘 형성하지 못하여 오일 압력이 낮아지는 원인이 됨
④ 유압 계통이나 오일 계통에서 오일이 샌다면 압력이 유지되지 않아 오일 압력이 낮아지는 원인이 됨

57 유압유의 흐름을 한쪽으로만 허용하고 반대방향의 흐름을 제어하는 밸브는? ★★★

① 릴리프밸브　　② 체크밸브
③ 카운터 밸런스 밸브　　④ 매뉴얼 밸브

정답 ② 유압유가 한쪽 방향으로만 흐르도록 제어하는 밸브

해설
① 릴리프밸브: 유압 시스템의 압력을 조절하는 밸브
③ 카운터 밸런스 밸브: 하중을 안정적으로 지탱해줌. 실린더에서 유압유가 빠지는 속도를 조절하여 갑작스런 낙하를 천천히 되게 하거나 아예 막아줌
④ 매뉴얼 밸브: 사람이 직접 조작하여 유압유의 흐름을 조절하는 밸브로, 자동적인 방향 제어 기능은 없음

58 다음 [보기]에서 유압작동유가 갖추어야 할 조건으로 모두 맞는 것은?

ㄱ. 압력에 대해 비압축성일 것
ㄴ. 밀도가 작을 것
ㄷ. 열팽창계수가 작을 것
ㄹ. 체적탄성계수가 작을 것
ㅁ. 점도지수가 낮을 것
ㅂ. 발화점이 높을 것

① ㄱㄴㄷㄹ
② ㄴㄷㅁㅂ
③ ㄴㄹㅁㅂ
④ ㄱㄴㄷㅂ

정답 ④ 유압작동유(유압유)는 유압 시스템에서 힘(압력)을 전달하고, 윤활, 냉각, 방청 등의 역할을 하므로 안정적인 작동을 위해 특정한 물리적 특성을 갖추어야 함

해설
ㄱ. 유압은 압력을 이용한 힘 전달이므로, 작동유는 압축되지 않아야 함 (비압축성). 유압유는 거의 비압축성인 것이 이상적임.
ㄴ. 밀도가 너무 크면 기계에 무리가 갈 수 있으므로 적당히 작은 것이 유리함. 그러나 "너무 작아도" 문제이므로 균형 잡힌 밀도 필요. 시험에서는 일반적으로 '작을 것'이 정답으로 처리됨.
ㄷ. 유온이 상승해도 체적이 크게 늘어나지 않아야 유압 성능이 일정하게 유지됨.
ㄹ. 체적탄성계수는 압축에 대한 저항력을 나타냄. 이 수치가 클수록 비압축성, 즉 유압 작동유로 적합함.
ㅁ. 점도지수는 온도에 따른 점도 변화의 민감도임. 이 수치가 클수록 온도 변화에도 점도가 일정하게 유지됨.
ㅂ. 기계는 고온에서 작동하기 때문에, 작동유가 쉽게 불붙으면 위험함. → 발화점이 높을수록 안전함.

59 유압유의 점도에 대한 설명으로 틀린 것은?

① 온도가 상승하면 점도는 저하된다.
② 점성의 점도를 나타내는 척도이다.
③ 온도가 내려가면 점도는 높아진다.
④ 점성계수를 밀도로 나눈 값이다.

정답 ② 점도는 점성(유체의 내부 저항성)을 나타내는 물리량이지, 점성의 점도라고 하진 않음. 용어 정의상 틀린 문장임.

해설
① 일반적으로 온도가 올라가면 유체 분자의 운동이 활발해져서 점도는 낮아짐.
③ 온도가 낮아지면 유체는 굳고 끈적해지며 점도가 커짐.
④ 운동점도(Kinematic viscosity)의 정의임.
공식: 운동점도 = 점성계수 / 밀도 ($\nu = \mu / \rho$)

60 유압모터의 회전속도가 규정 속도보다 느릴 경우의 원인에 해당하지 않는 것은?

① 유압펌프의 오일 토출량 과다
② 유압유의 유입량 부족
③ 각 작동부의 마모 또는 파손
④ 오일의 내부누설

정답 ① 유압펌프에서 오일을 많이 토출하면, 유압모터에 더 많은 오일이 공급되어 회전속도가 빨라짐.

해설
② 유압모터에 공급되는 오일이 부족하면 회전속도가 느려짐.
③ 마모나 파손으로 인한 유압손실이나 누설은 출력 저하와 속도 저하를 유발함.
④ 유압유가 시스템 내에서 원하는 방향 외로 새어나가면, 실제로 작동부에 전달되는 에너지가 줄어들어 속도 저하가 발생함.

07 기출문제 7회 (60제)

이론 따로 필요없다. 문제 해설로 시원하게 끝낸다

※ 맞는 것을 고르는 답은 고딕, 틀린 것을 고르는 답은 명조체로 표시하였습니다

1 유압회로 내의 유압을 설정압력으로 일정하게 유지하기 위한 압력제어 밸브는? ★★★

① **릴리프 밸브** ② 감압 밸브
③ 릴레이 밸브 ④ 리턴 밸브

[정답] ① 유압 시스템에서 압력이 일정 수준(설정압력)을 넘으면 작동하며 과압을 방출시켜 시스템을 보호함. 보통 펌프 출구 쪽에 설치되며 유압이 설정압력 미만일 땐 닫혀 있고, 설정압력 이상이 되면 열려서 오일을 탱크로 우회시킴

[해설] ② 일정 구간의 압력을 일부 낮춰서 공급할 때 사용. 전체 회로의 압력 유지 목적은 아님
③ 전기신호나 압력신호를 이용해 다른 밸브를 작동시키는 보조용 밸브임. 일반적인 압력 조절과는 거리가 있음
④ 사용된 유압유를 탱크로 되돌리는 라인에 설치된 밸브. 압력 제어 목적이 아님.

2 유압유 작동부에서 오일이 누출되고 있을 때 가장 먼저 점검하여야 할 곳은? ★★★

① **실(seal)** ② 피스톤
③ 기어 ④ 펌프

[정답] ① 가장 흔한 누유 원인. 고무패킹류는 마모나 열화에 취약함

[해설] 유압 시스템에서 오일 누출의 가장 흔한 원인은 실(Seal)의 손상이다.
② 피스톤 자체가 누유의 직접 원인이 되진 않음. 다만, 피스톤과 실 사이 간극이 생기면 내부 누유의 간접 원인이 될 수 있음.
③ 기어식 유압펌프에서 마모되면 오일 누출이 발생할 수 있으나, 가장 먼저 점검할 부분은 아님.
④ 펌프 전체를 처음부터 점검하기보다는, 펌프의 실링부(샤프트 실 등)를 먼저 점검하는 것이 원칙임.

3 그림과 같은 유압기호는? ★★★

① 유압밸브 ② 차단밸브
③ **오일탱크** ④ 유압실린더

[정답] ③

[해설] • 기호 특징
– U자형 혹은 사각 열린 형태로 그려짐
– 위쪽이 뚫려 있으며, 개방된 저장 공간을 의미함
– 내부 유압유가 대기압 상태임을 나타냄
• 역할
– 유압유를 저장하는 리저버(Reservoir) 역할
– 사용된 유압유가 되돌아와 냉각 및 여과 후 재사용됨
– 펌프는 이 오일탱크에서 유압유를 빨아들여 압력을 가해 시스템으로 보냄

4 유압실린더의 작동속도가 느릴 경우, 그 원인으로 옳은 것은?

① 엔진오일 교환 시기가 경과 되었을 때
② **유압회로 내에 유량이 부족할 때**
③ 운전실에 있는 가속페달을 작동시켰을 때
④ 릴리프 밸브의 셋팅 압력이 높을 때

[정답] ② 유량이 적으면 실린더가 채워지는데 시간이 오래 걸리므로 작동속도가 느려짐.

[해설] 유압실린더의 작동속도가 느려지는 가장 큰 원인은 유량 부족이다.
① 유압 시스템은 엔진오일이 아니라 유압유로 작동함. 오일 교환 시기가 지나면 엔진 성능에 영향을 주지만, 유압실린더의 속도와는 직접적 관련 없음.
③ 일시적인 회전속도 변화는 있을 수 있으나, 실린더 속도와 직접적인 관련은 없음.
④ 릴리프 밸브는 압력 이상을 방출하여 시스템을 보호하는 역할을 하며, 설정 압력이 높다고 해서 속도가 느려지진 않음.

5 기어식 유압펌프에서 회전수가 변하면 가장 크게 변화되는 것은? ★★★

① 오일 압력　　② 회전 경사단의 각도
③ **오일흐름 용량**　　④ 오일흐름 방향

[정답] ③ 기어식 유압펌프는 정량형(고정용적형) 펌프, 즉 한 바퀴 회전할 때마다 항상 같은 양의 오일을 밀어내는 구조이다. 따라서 이 펌프에서 회전수가 빨라지면, 일정 시간 동안 밀어내는 오일의 총량(유량, 즉 오일흐름 용량)이 증가하게 된다.

[해설] ① 압력은 회전수보다는 부하나 릴리프 밸브 설정 압력에 의해 결정
② 이는 베인 펌프나 플런저 펌프 같은 가변형 펌프에서 사용하는 개념. 기어펌프에는 경사판 자체가 없음
④ 회전방향이 바뀌지 않는 한 유압유의 흐름 방향은 변하지 않음

6 산업안전보건에서 안전표지의 종류가 아닌 것은?

① 위험표지　　② 경고표지
③ 지시표지　　④ 금지표지

[정답] ①

[해설] '위험표지'라는 말은 일상적인 표현으로는 사용되지만, 법적 명칭 또는 표준 분류에는 해당하지 않음. 경고표지가 '위험을 알리는' 의미를 포함하고 있으므로 위험표지는 중복되거나 비공식적인 용어에 해당

7 배터리 전해액처럼 강산, 알칼리 등의 액체를 취급할 때 가장 적합한 복장은? ★★★

① 면장갑 착용　　② 면직으로 만든 옷
③ 나일론으로 만든 옷　　④ **고무로 만든 옷**

[정답] ④ 고무 소재는 산과 알칼리 등에 대한 내화학성이 우수하며, 액체가 침투되지 않도록 방수성이 강함. 장갑, 앞치마, 장화 등으로도 널리 사용됨. 전해액(황산)을 다루는 배터리 작업 시 가장 일반적으로 사용

[해설] 강산(황산, 질산 등)이나 알칼리(수산화나트륨 등) 같은 부식성 화학물질을 다룰 때는, 산·알칼리에 의한 화학적 손상을 방지할 수 있는 내화학성 보호복을 착용해야 함
① 산이나 알칼리에 노출되면 쉽게 젖고 화학반응이 일어나 위험함
② 흡수성이 강해 액체가 스며들어 피부에 직접 접촉될 위험이 큼
③ 일부 내수성은 있지만, 화학약품에 대한 내성이 낮고 녹을 수도 있음

8 다음 중 보호안경을 끼고 작업해야 하는 사항과 가장 거리가 먼 것은?

① 산소용접 작업 시
② 그라인더 작업 시
③ 건설기계 장비 일상점검 작업 시
④ 클러치 탈·부착 작업 시

정답 ③ 기본적인 시각 점검이나 오일 양 체크 등은 안전모, 장갑 정도면 충분. 특별히 눈에 위험이 되는 요인(비산물, 강한 빛 등)이 발생하지 않음

해설 • 보호안경 착용이 필수적인 작업
① 고온의 불꽃, 금속 비산물, 자외선 발생 등으로 눈 손상 우려
② 금속 파편, 연마 가루 등이 눈에 튈 수 있음
④ 장력을 가진 부품이 튈 수 있어 눈 보호 필요

9 스패너 작업 시 유의할 사항으로 틀린 것은?

① 스패너의 입이 너트의 치수에 맞는 것을 사용해야 한다.
② 스패너의 자루에 파이프를 이어서 사용해서는 안 된다.
③ 스패너와 너트 사이에는 쐐기를 넣고 사용하는 것이 편리하다.
④ 너트에 스패너를 깊이 물리도록 하여 조금씩 앞으로 당기는 식으로 풀고 조인다.

정답 ③ 쐐기를 넣는 것은 정상적인 체결이 되지 않았음을 나타내며, 미끄러짐, 파손, 손 부상 등의 위험이 있기 때문에 절대 금지

해설 ① 크기가 맞지 않으면 미끄러져 손을 다치거나 너트가 마모될 수 있음
② 스패너에 파이프를 덧대면 지렛대 작용이 발생하여, 예상보다 큰 힘이 가해지고 이는 공구나 부품의 손상으로 이어질 수 있음
④ 스패너를 최대한 깊이 물려야 힘이 고르게 분산되고 너트 모서리 손상이나 미끄러짐을 방지할 수 있음. '조금씩 당기면서' 작업하는 것도 안전을 높이는 방법

10 물품을 운반할 때 주의할 사항으로 틀린 것은?

① 가벼운 화물은 규정보다 많이 적재하여도 된다.
② 안전사고 예방에 가장 유의한다.
③ 정밀한 물품을 쌓을 때는 상자에 넣도록 한다.
④ 약하고 가벼운 것을 위에 무거운 것을 밑에 쌓는다.

정답 ① 물품을 운반할 때는 중량뿐 아니라 부피, 중심위치, 적재 방법 등도 매우 중요함. "가볍다"는 이유만으로 규정보다 많이 적재하는 것은 매우 위험한 행동

해설 ② 적재나 운반 작업의 최우선은 항상 '안전'임
③ 깨지기 쉬운 제품은 충격을 줄이기 위해 상자나 보호포장을 사용하는 것이 원칙
④ 하중의 안정성 확보를 위한 기본 원칙

11 전등 스위치가 옥내에 있으면 안 되는 경우는?

① 건설기계 장비 차고 ② 절삭유 저장소
③ 카바이드 저장소  ④ 기계류 저장소

정답 ③ 카바이드(CaC_2)라는 물질은 공기 중의 습기나 물과 만나면 가연성 가스인 아세틸렌을 만들어냄. 이 아세틸렌은 불이 아주 잘 붙고 폭발 위험이 큰 가스임.
그런데 실내에 설치된 전등 스위치는 스위치를 켜거나 끌 때 순간적으로 '스파크(불꽃)'가 튈 수 있고 이 불꽃이 아세틸렌 가스에 닿으면 폭발이 일어날 수 있어 매우 위험함.
그래서 카바이드 같은 위험물을 보관하는 곳에는 전등 스위치를 실내가 아닌 바깥에 설치하는 것이 안전 규칙임

해설 ② 절삭유는 인화점이 높고, 일정한 관리 하에서는 스위치 설치 가능

12 산업재해의 통상적인 분류 중 통계적 분류를 설명한 것 중 틀린 것은?

① 사망: 업무로 인해서 목숨을 잃게 되는 경우
② **중경상: 부상으로 인하여 30일 이상의 노동 상실을 가져온 상해정도**
③ 경상해: 부상으로 1일 이상 7일 이하의 노동 상실을 가져온 상해 정도
④ 무상해 사고: 응급처치 이하의 상처로 작업에 종사하면서 치료를 받는 상해 정도

정답 ② 중경상: 8일 이상의 휴업이 필요한 부상
해설 ① 업무로 인해 목숨을 잃는 경우.
③ 1~7일 이하의 휴업이 필요한 부상
④ 응급처치 이하의 상처로, 작업에 종사하면서 치료를 받는 경우

13 해머작업 시 안전수칙 설명으로 틀린 것은?

① 열처리된 재료는 해머로 때리지 않도록 주의한다.
② 녹이 있는 재료를 작업할 때는 보호안경을 착용하여야 한다.
③ 자루가 불안정한 것(쐐기가 없는 것 등)은 사용하지 않는다.
④ **장갑을 끼고 시작은 강하게, 점차 약하게 타격한다.**

정답 ④ 해머 작업 시에는 처음에 약하게 시험 타격을 하고, 점차 강도를 조절하는 것이 맞음. 또한 두꺼운 장갑 착용은 미끄러짐을 유발하거나 감각을 떨어뜨려 오히려 위험할 수 있음. 필요한 경우 미끄럼 방지 장갑 또는 맨손 사용이 더 적절함.
해설 ① 열처리된 재료는 표면이 단단하고 취성(깨지기 쉬움)이 강하기 때문에 타격 시 파편이 튀거나 부러질 위험이 있음.
② 녹이 있는 재료는 타격 시 녹 부스러기나 이물질이 튈 수 있어 보호안경 착용이 필수임.
③ 자루가 헐거운 해머는 작업 중 해머 머리가 날아가 심각한 사고를 유발할 수 있음. 쐐기 고정 등 점검 후 사용해야 함.

14 가연성 액체, 유류 등 연소 후 재가 거의 없는 화재는 무슨 급별 화재인가?

① A급 ② **B급** ③ C급 ④ D급

정답 ②
해설 • 화재의 종류
① A급 화재: 일반 가연물 (나무, 종이, 천 등) → 재가 많이 남음, 잔불 처리 필요
② B급 화재: 유류, 가연성 액체, 가스 화재 → 재가 거의 없음, 표면 연소
③ C급 화재: 전기 화재 (누전, 합선 등) → 감전 위험, 전원 차단 후 소화 필요
④ D급 화재: 금속 화재 (마그네슘, 알루미늄 등) → 특수 소화제 필요, 물 사용 금지

15 기계운전 및 작업 시 안전사항으로 맞는 것은?

① 작업의 속도를 높이기 위해 레버 조작을 빨리 한다.
② 장비의 무게는 무시해도 된다.
③ 작업도구나 적재물이 장애물에 걸려도 동력에 무리가 없으므로 그냥 작업한다.
④ **장비 승·하차 시에는 장비에 장착된 손잡이 및 발판을 사용한다.**

정답 ④ 미끄러짐, 넘어짐을 방지하기 위한 기본적인 안전조치임. 점검 시에도 반드시 3점 지지법(양손+발, 양발+손 등)을 사용하는 것이 원칙임.
해설 ① 급작스러운 레버 조작은 장비 손상, 제어력 상실, 사고 유발의 원인이 됨. 항상 천천히, 정확하게 조작하는 것이 원칙임.
② 중장비는 수 톤에 이르는 무게를 갖기 때문에, 하중 계산과 지반 상태 확인이 매우 중요함. 무게를 무시하면 전도 사고나 구조물 파손 등의 위험이 있음.
③ 걸린 상태에서 무리하게 작동하면 기계 고장, 유압 누출, 적재물 낙하로 이어질 수 있음. 즉시 정지하고 걸린 원인을 제거한 후 작업 재개해야 함.

16 작업 중 유압펌프 유량이 필요하지 않게 되었을 때 오일을 저압으로 탱크에 귀환시키는 회로는?

① 시퀀스회로 　　② 어큐뮬레이션회로
③ 블리드오프회로 　　**④ 언로드회로**

정답　④ 언로드 회로(Unload Circuit)는 작업 중 유압펌프에서 유량이 더 이상 필요하지 않게 되었을 때, 즉 부하가 없는 상태에서는 고압을 유지하지 않고 저압 상태로 오일을 탱크로 귀환시키는 회로로서,
유압 시스템 내 에너지 손실을 줄이고,
펌프에 불필요한 부하가 걸리지 않도록 하여 수명을 연장하며,
시스템이 열을 덜 발생하도록 하여 효율을 높이는 효과가 있음

해설　① 여러 작동기(예: 실린더)를 순차적으로 작동시키는 회로. 유압이 설정된 압력에 도달해야 다음 회로가 작동됨
② 축압기(accumulator)를 사용하여 유압 에너지를 저장하고 필요 시 방출하는 회로. 순간적인 피크 부하 대응이나 압력 유지용으로 사용됨
③ 액추에이터(실린더 등)에 도달하기 전, 일부 유량을 외부로 배출하여 속도 제어하는 방식. 에너지 효율은 떨어지지만 제어는 단순함

17 한전에서는 송전선로의 고장발생 예방 및 고장개소의 신속한 발견을 위하여 고장신고 제도를 운영하며 신고한 자에게는 일정한 사례금을 지급하고 있다. 다음 중 신고와 거리가 먼 것은?

① 한전에서 고장개소를 발견하지 못한 상태에서 신고자가 고장개소를 발견하고 즉시 신고를 하는 경우(고장신고)
② 전기설비로 인한 인축사고의 발생이 우려되는 사항의 신고(예방신고)
③ 한전에서 설비상태의 확인을 요청한 경우(확인신고)
④ 고장개소를 발견하고 하루 뒤에 신고한 경우(지연신고)

정답　④ 한전 고장신고 제도는 '신속한 신고'에 중점을 두며, 고장 발견 후 즉시 신고하지 않은 경우(지연신고)는 사례금 지급 대상에서 제외됨

해설　①~③은 사례금 지급 대상 신고

18 실린더 벽이 마멸되었을 때 발생되는 현상은?

① 기관의 회전수가 증가한다.
② 오일 소모량이 증가한다.
③ 열효율이 증가한다.
④ 폭발압력이 증가한다.

정답　② 실린더 벽의 마멸(磨滅)이란, 기관 내부에서 피스톤이 상하로 반복 운동하면서 실린더 벽이 마모되는 현상을 말함. 이 마모가 심해지면 실린더와 피스톤 사이의 밀착성이 떨어지고, 그 틈으로 엔진오일이 연소실로 흘러 들어가 연소되기 때문에 오일 소모량이 증가하게 됨

해설　① 실린더 벽이 마모되면 압축 손실이 발생하여 연소 효율이 떨어지고, 이로 인해 출력과 회전수가 모두 감소한다.
③ 압축이 새고 연료가 완전연소되지 않으면 열효율은 오히려 떨어짐
④ 압축이 잘 되지 않으므로 폭발압력은 감소함

19 디젤엔진의 연료탱크에서 분사노즐까지 연료의 순환 순서로 맞는 것은?

① 연료탱크→연료공급펌프→분사펌프→연료필터→분사노즐
② 연료탱크→연료필터→분사펌프→연료공급펌프→분사노즐
③ 연료탱크→연료공급펌프→연료필터→분사펌프→분사노즐
④ 연료탱크→분사펌프→연료필터→연료공급펌프→분사노즐

정답　③

해설　• 연료의 순환 순서
1. 연료탱크: 연료가 저장된 곳. 모든 출발점이 됨.
2. 연료공급펌프 (저압펌프): 연료를 흡입하여 필터로 보냄
3. 연료필터: 연료에 포함된 먼지, 녹, 수분 등 불순물 제거
4. 분사펌프 (고압펌프): 정화된 연료를 높은 압력으로 압축하여 분사노즐로 보냄
5. 분사노즐: 압축된 연료를 실린더 안으로 미세하게 분사. 연료-공기 혼합 후 점화 없이 압축열로 폭발

20 다음 중 디젤엔진에 터보차저(Turbocharger)를 장착할 때 기대할 수 있는 효과로 가장 적절한 것은?

① 연료 소비량을 증가시켜 고출력을 낸다.
② 고지대에서 흡입 공기량이 감소하여 출력이 저하된다.
③ **배기가스의 에너지를 이용해 흡기압을 높여 출력을 향상시킨다.**
④ 엔진의 냉각 성능을 높이기 위해 사용된다.

정답 ③ 터보차저는 디젤엔진의 출력 향상을 위해 사용되는 과급기 장치임. 배기가스의 에너지를 회수하여 터빈을 돌리고, 그 힘으로 흡기측 공기를 압축해 엔진으로 보내줌. 이를 통해 연소실에 더 많은 공기와 연료를 유입할 수 있어 출력과 연비가 향상됨

해설 ① 연료 소비량은 출력 증가에 비해 비례적으로 늘어나지 않아 연비 향상 효과도 있음.
② 터보차저의 가장 큰 장점 중 하나가 고지대에서도 출력 저하를 방지하는 것임.
④ 터보차저 자체는 냉각 기능이 아닌 과급(압축 공기 공급) 기능을 수행함.

21 라디에이터 캡의 스프링이 파손되었을 때 가장 먼저 나타나는 현상은?

① **냉각수 비등점이 낮아진다.**
② 냉각수 순환이 불량해진다.
③ 냉각수 순환이 빨라진다.
④ 냉각수 비등점이 높아진다.

정답 ① 압력 유지가 안 되어 냉각계통 내부 압력이 떨어짐. 결과적으로 냉각수의 비등점이 낮아짐

해설 ②, ③ 순환 문제는 워터펌프 고장, 냉각수 부족 등과 관련
④ 스프링 파손 시 비등점은 오히려 낮아짐

22 디젤기관에서 조속기가 하는 역할은? ★★★

① 분사시기 조정　　② **분사량 조정**
③ 분사압력 조정　　④ 착화성 조정

정답 ② 조속기(調速機, Governor)는 디젤기관에서 회전 속도를 일정하게 유지하기 위해 분사량을 자동으로 조절해주는 장치임. 즉, 엔진 회전수(RPM)가 변동하지 않도록 연료 분사량을 늘리거나 줄이는 역할을 수행함.

해설 ① 분사시기는 분사펌프나 타이밍기어 등에서 조절
③ 분사펌프 내부 구성이나 압력밸브에서 결정
④ 착화성은 연료의 특성(세탄가 등)에 의해 결정됨

23 일반적으로 디젤기관에서 흡입공기 압축 시 압축온도는 약 얼마인가?

① 200~300℃　　② **500~550℃**
③ 1100~1150℃　　④ 1500~1600℃

정답 ②
해설 디젤기관에서는 연료를 점화플러그 없이 자연 발화(착화)시키기 위해 흡입된 공기를 강하게 압축해 압축 온도를 500~550℃ 정도까지 올림.

24 디젤기관에서 연료장치의 구성 부품이 아닌 것은?

① 분사펌프　　② 연료필터
③ **기화기**　　④ 연료탱크

정답 ③ 디젤기관의 연료장치는 연료를 저장, 여과, 압송, 고압 분사하여 연소실로 공급하는 시스템으로 구성됨. 디젤기관은 연료를 기화(기체화)시키는 과정이 아니라, 고압으로 분사해 자연 착화시키는 방식이므로 기화기는 사용되지 않음

해설 ① 고압으로 연료를 압송하는 핵심 부품
② 연료의 불순물을 걸러주는 장치
④ 연료를 저장하는 기본 장치

25 엔진오일 교환 후 압력이 높아졌다면 그 원인으로 가장 적절한 것은?

① 엔진오일 교환시 냉각수가 혼입되었다.
② 오일의 점도가 낮은 것으로 교환하였다.
③ 오일회로 내 누설이 발생하였다.
④ 오일 점도가 높은 것으로 교환하였다.

[정답] ④ 점도가 높은 오일을 사용하면 오일의 흐름이 원활하지 않아 압력이 상승할 수 있음
[해설] ① 냉각수가 혼입되면 오일이 묽어지고 오히려 압력이 낮아짐.
② 점도가 낮으면 압력이 낮아질 가능성이 있음.
③ 오일이 누출되면 압력이 낮아짐.

26 동절기에 기관이 동파되는 원인으로 맞는 것은?

① 냉각수가 얼어서   ② 기동전동기가 얼어서
③ 발전장치가 얼어서   ④ 엔진오일이 얼어서

[정답] ① 냉각수의 동결로 인한 부피 팽창이 기관 동파의 가장 흔한 원인
[해설] ② 시동 불능의 원인이 될 수는 있으나, 기관 자체가 파손되지는 않음
③ 충전 불량이나 시동 불능은 유발할 수 있으나, 동파와는 무관
④ 일반적인 디젤엔진 오일은 낮은 온도에서도 동결되지 않음

27 다음 중 오일의 여과 방식으로 맞는 것은?

① 전류식   ② 진공식
③ 자력식   ④ 탄성식

[정답] ③ 자력식 여과 방식은 오일 내에 포함된 철분 등 자성을 가진 금속 입자를 자석을 이용하여 제거하는 방식이다. 특히, 엔진이나 유압 장비 등에서 금속 마모로 생긴 이물질 제거에 유용하게 쓰인다.
[해설] ① 여과 방식과 무관한 전기 관련 용어임.
② 오일 여과와 무관. 주로 진공 포장, 진공 건조 등에 사용되는 개념.
④ 여과 방식에서 사용되는 공식 용어가 아님.

28 동력을 전달하는 계통의 순서를 바르게 나타낸 것은?

① 피스톤 → 커넥팅로드 → 클러치 → 크랭크축
② 피스톤 → 클러치 → 크랭크축 → 커넥팅로드
③ 피스톤 → 크랭크축 → 커넥팅로드 → 클러치
④ 피스톤 → 커넥팅로드 → 크랭크축 → 클러치

[정답] ④
[해설] • 동력 전달 계통의 실제 흐름
1. 피스톤(Piston): 실린더 안에서 연료가 폭발하여 발생한 압력을 받는 부품. 직선 왕복 운동을 함
2. 커넥팅로드(Connecting Rod): 피스톤과 크랭크축을 연결. 피스톤의 직선운동을 회전운동으로 바꾸는 중개 역할을 함
3. 크랭크축(Crankshaft): 커넥팅로드의 운동을 통해 회전하게 됨. 엔진의 최종 회전 동력을 출력하는 축
4. 클러치(Clutch): 크랭크축에서 나온 회전 동력을 변속기 쪽으로 전달하거나 차단하는 역할

29 엔진 시동 전에 해야 할 가장 중요한 일반적인 점검 사항은? ★★★

① 실린더의 오염도   ② 충전장치
③ 유압계의 지침   **④ 엔진오일량과 냉각수량**

[정답] ④ 엔진오일은 엔진 내부 윤활, 마모 방지, 냉각, 세정, 부식 방지 등의 중요한 역할을 함. 오일이 부족하면 금속 부품 간 마찰이 심해지고, 심하면 엔진이 고착(시즈)될 수 있음.
냉각수는 엔진의 과열을 방지하는 중요한 유체임. 부족하거나 누수가 있는 상태에서 시동하면 엔진 과열이나 헤드 가스켓 파손 등 큰 고장을 유발할 수 있음.
[해설] ① 실린더 내부 오염도는 일반 정비 때 점검하는 항목이며, 시동 전 우선순위 아님
② 발전기 및 배터리 계통은 작동 중에 점검할 수 있음. 시동 전 필수는 아님
③ 시동 전에는 작동하지 않기 때문에 시동 후 점검 항목임

30 납산 축전지의 용량은 어떻게 결정되는가?

① **극판의 크기, 극판의 수, 황산의 양에 의해 결정된다.**
② 극판의 크기, 극판의 수, 단자의 수에 따라 결정된다.
③ 극판의 수, 셀의 수, 발전기의 충전능력에 따라 결정된다.
④ 극판의 수와 발전기의 충전능력에 따라 결정된다.

정답 ①

해설 • 납산축전지 용량 결정 요소
1. 극판의 크기: 극판(positive/negative plates)은 전기화학 반응이 일어나는 주요 표면임. 극판의 면적이 클수록 더 많은 전기화학 반응이 일어나므로 용량이 커진다.
2. 극판의 수: 극판이 많을수록 병렬로 연결된 셀이 많아져, 전류를 더 많이 저장할 수 있다. 특히 양극판과 음극판 사이의 셀 수가 많아질수록 에너지 저장량도 커짐.
3. 황산(H_2SO_4)의 양과 농도: 납산 축전지에서는 황산이 전해질로 사용되며, 이온의 이동과 화학 반응에 직접 관여함. 충전 및 방전 시 황산의 농도가 변하기 때문에, 적절한 양의 황산은 용량 유지에 중요한 역할을 함.

31 교류발전기에서 교류를 직류로 바꾸어 주는 것은? ★★★

① 계자   ② 슬립링
③ 브러시   ④ **다이오드**

정답 ④ 교류발전기(Alternator)는 이름 그대로 교류(AC) 전류를 생성하는 발전기임. 하지만 차량이나 일반적인 전기 장비들은 대부분 직류(DC)를 필요로 하기 때문에, 교류를 직류로 변환해 주는 장치가 필수임. 이 역할을 해주는 부품이 바로 다이오드(Diode)임.

해설 ① 전기를 만들기 위해 자기장을 만드는 장치임. 전기를 만들 때 필요한 것이지, 교류를 직류로 바꾸는 기능은 하지 않음
② 전기를 흘려주는 통로일 뿐, 전기의 성질(교류 → 직류)을 바꾸는 능력은 없음
③ 슬립링에 닿아서 전기를 밖으로 꺼내주는 역할을 함. 전기 전달자일 뿐, 전류의 성질을 바꾸진 않음

32 조명에 관련된 용어의 설명으로 틀린 것은?

① **조도의 단위는 루멘이다.**
② 피조면의 밝기는 조도로 나타낸다.
③ 광도의 단위는 cd이다.
④ 빛의 밝기를 광도라 한다.

정답 ① 조도의 단위는 럭스(lx)이다. 루멘(lm)은 광속의 단위

해설 ② 피조면(빛을 받는 면)의 밝기는 조도(lux)로 측정함
③ 광도(光度, Luminous intensity)는 한 방향으로 나아가는 빛의 밝기를 나타내며, 단위는 칸델라(cd).
④ 일반적으로 특정 방향에서의 빛의 밝기를 말할 때 광도라고 함.

33 납산축전지에 증류수를 자주 보충시켜야 한다면 그 원인에 해당될 수 있는 것은?

① 충전 부족이다.   ② 극판이 황산화되었다.
③ **과충전되고 있다.**   ④ 과방전되고 있다.

정답 ③ 납산 축전지는 충전 중 전기분해가 일어나면서 전해액의 물(H_2O)이 분해되어 수소(H_2)와 산소(O_2)로 나가게 됨. 이때 수분이 소모되기 때문에 증류수 보충이 자주 필요하게 됨. 특히 과충전 상태가 계속되면 전기분해가 더 심하게 일어나 물이 빠르게 줄어듦.

해설 ① 충전이 부족하면 오히려 전기분해가 충분히 일어나지 않아 물 소모도 적음. 따라서 증류수 보충이 자주 필요하지 않음.
② 극판이 황산화(황산납화)되면 축전지 성능 저하의 원인이 되지만, 이것이 직접 증류수 소모와 관련되진 않음.
④ 방전 상태에서는 전기분해가 일어나지 않기 때문에 물이 줄어드는 현상은 없음.

34 엔진 정지 상태에서 계기판 전류계의 지침이 정상에서 (−)방향을 지시하고 있다. 그 원인이 아닌 것은?

① 전조등 스위치가 점등위치에서 방전되고 있다.
② 배선에서 누전되고 있다.
③ 시동시 엔진 예열장치를 동작시키고 있다.
④ **발전기에서 축전지로 충전되고 있다.**

정답 ④ 엔진이 정지된 상태에서는 발전기가 작동하지 않으므로 충전도 일어나지 않는다. 따라서 전류계가 (−)방향을 지시하는 원인일 수 없다.

해설 ① 전조등이 켜져 있는 경우: 발전이 없는 상태에서 전류가 소모되므로 계기판 전류계가 방전을 나타내는 (−) 방향으로 움직이는 것이 정상임.
② 배선 누전: 전류가 비정상적으로 새어나가 방전이 발생하므로 (−)방향 지시의 원인이 될 수 있음.
③ 예열장치 동작: 디젤기관에서 시동 전 예열장치에 큰 전류가 흐르므로 엔진 정지 상태에서 방전이 발생함.

35 기동전동기는 회전되나 엔진은 크랭킹이 되지 않는 원인으로 옳은 것은?

① 축전지 방전
② 기동전동기의 전기자 코일 단선
③ **플라이휠 링기어의 소손**
④ 발전기 브러시 장력 과다

정답 ③ 기동전동기의 피니언기어가 링기어에 맞물려야 크랭킹이 되는데, 링기어가 마모 또는 파손되면 회전이 전달되지 않아 크랭킹이 되지 않음.

해설 ① 축전지 전압이 낮으면 기동전동기 자체가 회전하지 않음. 따라서 조건과 맞지 않음.
② 코일이 끊어졌다면 아예 전동기가 돌지도 못함. 따라서 문제 상황과 맞지 않는 오답
④ 발전기의 충전 성능에 영향을 미칠 수는 있어도, 기동전동기 작동이나 크랭킹과는 관련이 없음.

36 공기 브레이크에서 브레이크슈를 직접 작동시키는 것은?

① 릴레이 밸브
② 브레이크 페달
③ 캠
④ 유압

정답 ③ 공기 브레이크 시스템에서 브레이크슈를 직접 움직여 드럼을 밀어 붙이는 부품은 '캠'이다. 일반적으로 캠축(브레이크 캠축)이 회전하면서 캠이 브레이크슈를 양쪽으로 벌려 작동시킴.

해설 ① 제동력을 빠르게 전달하기 위해 공기압을 후방 휠 등에 신속하게 전달해 주는 역할을 하는 제어 밸브이며, 직접적으로 슈를 움직이진 않음.
② 운전자가 제동을 요청하는 입력장치로, 실제 브레이크슈를 직접 작동시키지 않음.
④ 공기 브레이크는 유압이 아닌 공기압을 사용하는 시스템이므로 관련 없음.

37 유성기어 장치의 주요 부품으로 맞는 것은?

① 유성기어, 베벨기어, 선기어
② 선기어, 클러치기어, 헬리컬기어
③ 유성기어, 베벨기어, 클러치기어
④ **선기어, 유성기어, 링기어, 유성캐리어**

정답 ④

해설 • 유성기어 장치의 주요 부품
1. 선기어 (Sun Gear): 중심에 위치한 기어로, 보통 구동력을 처음 전달받는 부분임.
2. 유성기어 (Planet Gear): 선기어 둘레에서 회전하며, 선기어와 링기어 사이에 위치. 회전하며 공전하는 구조임.
3. 링기어 (Ring Gear): 가장 바깥쪽에서 유성기어와 맞물리는 내치형 원형기어임.
4. 유성기어 캐리어 (Planet Carrier): 유성기어들을 지지하고 회전을 가능하게 해주는 지지대이자 축 역할.

38 지게차에서 리프트 실린더의 주된 역할은?

① 마스터를 틸트시킨다.
② 마스터를 이동시킨다.
③ **포크를 상승, 하강시킨다.**
④ 포크를 앞뒤로 기울게 한다.

정답 ③ 리프트 실린더(Lift Cylinder)는 지게차의 가장 핵심적인 유압 작동장치 중 하나로, 화물의 적재와 하역을 위해 포크(Fork)를 마스트(Mast)라는 수직 프레임을 따라 위아래로 움직이게 하는 역할을 함.

해설 ① 마스트를 앞뒤로 기울이는 동작은 틸트 실린더(Tilt Cylinder)의 역할임.
② 마스트는 지게차 프레임에 고정되어 있으며, 자체적으로 좌우나 전후로 이동하지 않음.
④ 포크가 기울어지는 것은 마스트가 기울어질 때 따라가는 동작이며, 틸트 실린더의 역할임.

39 클러치 스프링의 장력이 약하면 일어날 수 있는 현상으로 가장 적합한 것은? ★★★

① 유격이 커진다.   ② 클러치판이 변형된다.
③ 클러치가 파손된다.   ④ **클러치가 미끄러진다.**

정답 ④ 클러치 스프링은 클러치판과 플라이휠 사이의 압착력을 유지해 주는 부품임. 이 스프링의 장력이 약해지면, 클러치판을 충분히 눌러주지 못해 미끄러짐 현상이 발생함.

해설 ① 유격은 주로 클러치 페달이나 조정장치의 간극에 관련된 현상임. 스프링 장력과는 직접적인 관계가 없음.
② 클러치판의 변형은 고온이나 마찰열 등에 의한 것으로, 스프링 장력과는 무관함.
③ 스프링이 약하다고 해서 직접적으로 클러치가 파손되진 않음. 오히려 클러치가 미끄러지면서 마모가 가속될 수는 있음.

40 건설기계 등록자가 다른 시·도로 변경되었을 경우 해야 할 사항은? ★★★

① 등록사항 변경 신고를 하여야 한다.
② **등록이전 신고를 하여야 한다.**
③ 등록증을 당해 등록처에 제출한다.
④ 등록증과 검사증을 등록처에 제출한다.

정답 ② 건설기계의 소유자가 다른 시·도로 전출하거나 이전하는 경우에는 기존 등록지를 기준으로 "등록이전 신고"를 해야 함.
이는 단순한 정보 변경이 아니라 등록관청의 관할 지역 자체가 바뀌는 것이기 때문에 '등록사항 변경 신고'가 아니라 '등록이전 신고'가 원칙임.

해설 ① 주소 이전이 같은 시·도 내에서 이루어진 경우에는 등록사항 변경 신고가 맞지만 시·도가 변경된 경우에는 등록이전 신고가 맞음.
③ 등록증 제출은 등록이전 절차의 일부일 수는 있으나, 핵심 조치가 아님.
④ 일부 서류 제출은 필요할 수 있으나, 문제는 '해야 할 사항'에 대해 묻고 있으므로 핵심 조치인 '등록이전 신고'가 정답임.

41 다음 중 피견인 차의 설명으로 가장 옳은 것은?

① 자동차로 볼 수 없다.
② **자동차의 일부로 본다.**
③ 화물자동차이다.
④ 소형자동차이다.

정답 ② 도로교통법 및 자동차 관련 법령에서는 피견인차(견인되어 끌려가는 차량)를 견인차량과 하나의 단위로 간주함. 즉, 피견인차는 독립된 자동차로 보지 않고, 견인차에 포함된 하나의 구성요소로 간주되어 법 적용이나 운행 기준을 정함.

해설 ① 피견인차 자체는 원래 등록된 자동차로 존재하나, 견인 상태에서는 견인차의 일부로 본다는 의미임. 자동차의 자격 자체가 없는 것은 아님.
③ 피견인차는 종류에 따라 승용차, 화물차, 특수차 등 다양할 수 있으며, 반드시 화물차라고 단정할 수 없음.
④ 마찬가지로 소형 여부는 피견인차의 규격에 따라 달라지므로 단정할 수 없음.

42 건설기계의 등록원부는 등록을 말소한 후 얼마의 기한 동안 보존하여야 하는가?

① 5년 ② **10년**
③ 15년 ④ 20년

정답 ② 이는 사후 관리 및 법적 증빙을 위한 목적이다.

해설
- 건설기계관리법 시행규칙
  제12조(등록원부의 보존등) 시·도지사는 건설기계 등록원부를 건설기계의 등록을 말소한 날부터 10년간 보존하여야 한다.

43 고속도로를 운행 중일 때 안전운전상 준수사항으로 가장 적합한 것은?

① 정기점검을 실시 후 운행하여야 한다.
② 연료량을 점검하여야 한다.
③ 월간 정비점검을 하여야 한다.
④ **모든 승차자는 좌석 안전띠를 매도록 하여야 한다.**

정답 ④ 고속도로와 같은 고속 주행 도로에서는 전 좌석 안전띠 착용이 법적으로 의무이며, 사고 발생 시 생명을 지키는 가장 기본적인 안전수칙임. 도로교통법 제50조에 따라 운전자뿐 아니라 동승자 전원도 좌석 안전띠를 매야 함.

해설
① 정기점검은 중요한 차량관리 절차이지만, 고속도로 운행 직전에 반드시 해야 하는 필수사항은 아님. 또, 정기점검은 보통 주기적으로 실시하는 것이지, 고속도로 운행 자체와 직접 연계되진 않음.
② 연료 확인은 중요하지만, 이것만으로는 '안전운전'에 필요한 모든 요건을 충족하는 조치는 아님. 단일 항목만으로는 적합하다고 보기 어려움.
③ 정비점검은 차량관리 차원에서 중요하나, 고속도로 운행 시 준수해야 할 운전자 행동 수칙과는 다름.

44 정기검사 신청을 받은 검사대행자는 며칠 이내 검사일시 및 장소를 통지하여야 하는가? ★★★

① 20일 ② 15일
③ **5일** ④ 3일

정답 ③ 5일

해설
- 「건설기계관리법 시행규칙」 제23조(정기검사의 신청등)
- ④ 제1항에 따라 검사신청을 받은 시·도지사 또는 검사대행자는 신청을 받은 날부터 5일 이내에 검사일시와 검사장소를 지정하여 신청인에게 통지해야 한다. 이 경우 검사장소는 건설기계소유자의 신청에 따라 변경할 수 있다.

45 건설기계의 조종 중 고의 또는 과실로 가스공급시설을 손괴할 경우 조종사면허의 처분기준은?

① 면허효력정지 10일 ② 면허효력정지 15일
③ **면허효력정지 180일** ④ 면허효력정지 25일

정답 ③

해설
- 건설기계관리법 시행규칙 [별표 22]
  건설기계의 조종 중 고의 또는 과실로 「도시가스사업법」 제2조제5호에 따른 가스공급시설을 손괴하거나 가스공급시설의 기능에 장애를 입혀 가스의 공급을 방해한 경우: **면허효력정지 180일**

46 대형건설기계에 적용해야 될 내용으로 맞지 않는 것은?

① 당해 건설기계의 식별이 쉽도록 전후 범퍼에 특별도색을 하여야 한다.
② 최고속도가 35km/h 이상인 경우에는 특별도색을 하지 않아도 된다.
③ 운전석 내부의 보기 쉬운 곳에 경고 표지판을 부착하여야 한다.
④ 총중량 30톤, 축중 10톤 미만인 건설기계는 특별표지판 부착대상이 아니다.

[정답] ② 최고속도가 35km/h 이상이므로 부착해야 한다.
[해설] • 건설기계 안전기준에 관한 규칙
제2조(정의)
33. "대형건설기계"란 다음 각 호의 어느 하나에 해당하는 건설기계를 말한다
마. 총중량이 40톤을 초과하는 건설기계. 다만, 굴착기, 로더 및 지게차는 운전중량이 40톤을 초과하는 경우를 말한다.
바. 총중량 상태에서 축하중이 10톤을 초과하는 건설기계. 다만, 굴착기, 로더 및 지게차는 운전중량 상태에서 축하중이 10톤을 초과하는 경우를 말한다.
제169조(특별도색) 대형건설기계에는 다음 각 호의 기준에 적합한 특별도색을 하여야 한다. 다만, 최고주행속도가 시간당 35킬로미터 미만인 건설기계의 경우에는 그러하지 아니하다.
제170조(경고표지판) 대형건설기계에는 조종실 내부의 조종사가 보기 쉬운 곳에 다음 각 호의 기준에 적합한 경고표지판을 부착하여야 한다.

47 다음 교통안전표지에 대한 설명으로 맞는 것은? ★★★

① 최고 중량 제한표지
② 최고 시속 30km 제한 표지
③ **최저 시속 30km 제한 표지**
④ 차간거리 최저 30m 제한 표지

[정답] ③
[해설] 위 이미지의 교통안전표지는 '최저 속도 제한'을 의미하는 표지판이다.
원 안에 숫자가 적혀 있고 밑에 가로선(-)이 있는 경우, 이는 최저 속도를 의미한다. 즉, 해당 도로에서는 최소 30km/h 이상으로 주행해야 한다는 의미이다.
보통 고속도로, 자동차 전용도로, 터널, 대형 교량 등에서 낮은 속도로 주행하는 차량을 방지하기 위해 설치된다.

48 다음 중 긴급자동차가 아닌 것은?

① 소방자동차
② 구급자동차
③ 그 밖에 대통령령이 정하는 자동차
④ **긴급배달 우편물 운송차 뒤를 따라 가는 자동차**

[정답] ④ "긴급배달 우편물 운송차 뒤를 따라가는 자동차"는 긴급자동차가 아님. → 긴급자동차로 지정되려면 용도, 승인, 표지 등을 갖춰야 하며, 단순히 긴급자동차 뒤를 따라간다고 해서 긴급자동차로 간주되지 않음.
[해설] • 도로교통법 제2조(정의)
22. "긴급자동차"란 다음 각 목의 자동차로서 그 본래의 긴급한 용도로 사용되고 있는 자동차를 말한다.
가. 소방차
나. 구급차
다. 혈액 공급차량
라. 그 밖에 대통령령으로 정하는 자동차→「도로교통법 시행령」 제2조에 규정되어 있음 (예: 긴급우편물 운송차량 등)

49 교차로에서의 좌회전 방법으로 가장 적절한 것은?

① 운전자 편한대로 운전한다.
② 교차로 중심 바깥쪽으로 서행한다.
③ **교차로 중심 안쪽으로 서행한다.**
④ 앞차의 주행방향으로 따라가면 된다.

[정답] ③
[해설] • 도로교통법 제25조(교차로 통행방법)
② 모든 차의 운전자는 교차로에서 좌회전을 하려는 경우에는 미리 도로의 중앙선을 따라 서행하면서 교차로의 중심 안쪽을 이용하여 좌회전하여야 한다.

50 밀폐된 액체의 일부에 힘을 가했을 때 맞는 것은?

① **모든 부분에 같게 작용한다.**
② 모든 부분에 다르게 작용한다.
③ 홈 부분에만 세게 작용한다.
④ 돌출부에는 세게 작용한다.

[정답] ①
[해설] 파스칼의 원리(Pascal's Law)에 따르면, 밀폐된 액체(예: 유압 시스템)에 어떤 압력을 가하면, 그 압력은 모든 방향, 모든 지점에 균일하게 전달된다. 이 원리를 응용한 것이 유압 실린더, 유압 프레스, 자동차 브레이크 등이다.

51 그림과 같이 안쪽 날개가 편심 된 회전축에 끼워져 회전하는 유압펌프는? ★★★

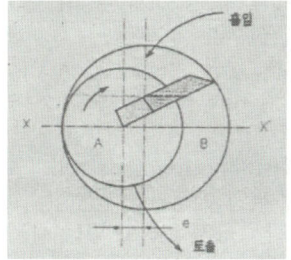

① **베인펌프**   ② 피스톤 펌프
③ 트로코이드 펌프   ④ 사판 펌프

[정답] ① 제시된 그림은 베인 펌프(Vane Pump)의 구조를 보여주는 전형적인 예

[해설] 안쪽에 날개(베인)가 달린 회전체(로터)가 돌면서 바깥쪽 원통형 케이스(하우징) 안에서 공간을 넓혔다 좁혔다 하며 기름(유압유)을 빨아들이고 내보내는 펌프임.

52 두 개 이상의 분기회로에서 실린더나 모터의 작동순서를 결정하는 자동제어 밸브는? ★★★

① 리듀싱밸브   ② 릴리프밸브
③ **시퀀스밸브**   ④ 파일럿 첵밸브

[정답] ③ 시퀀스밸브(Sequence Valve)는 유압 시스템에서 특정 동작이 끝난 후 다음 동작이 실행되도록 하는 자동제어 밸브이다.

[해설]
① 감압밸브로서, 정해진 낮은 압력을 유지해 주는 밸브임
② 유압 회로의 압력이 너무 높아지면 오일을 탱크로 보내 압력을 낮추는 역할을 함
④ 기본은 한쪽 방향만 열리지만, "파일럿 압력"이라는 신호가 오면 양쪽 다 열릴 수 있게 한 체크밸브

53 유압 컨트롤 밸브 내에 스풀 형식의 밸브 기능은?

① **오일의 흐름 방향을 바꾸기 위해**
② 계통 내의 압력을 상승시키기 위해
③ 축압기의 압력을 바꾸기 위해
④ 펌프의 회전 방향을 바꾸기 위해

[정답] ① 스풀의 기본적인 기능은 유압유의 흐름을 전진/후진 또는 상하 방향 등으로 바꾸는 것임

[해설]
② 이는 릴리프 밸브, 감압 밸브 등 압력 제어 밸브의 역할임
③ 축압기(accumulator)는 저장장치이며, 압력을 바꾸는 장치는 따로 있음. 스풀과는 관련 없음.
④ 펌프의 회전 방향은 모터나 구동계의 방향을 바꿔야 하며, 스풀 밸브가 조절하는 것이 아님.

54 보기에서 유압 작동유 탱크의 기능으로 모두 맞는 것은?

> ㄱ. 오일의 저장
> ㄴ. 오일의 역류 방지
> ㄷ. 격판을 설치하여 오일의 출렁거림 방지
> ㄹ. 오일온도 조정(방열)

① ㄱ, ㄴ, ㄷ ② ㄴ, ㄷ, ㄹ
③ **ㄱ, ㄷ, ㄹ** ④ ㄱ, ㄴ, ㄹ

정답 ③ 역류 방지는 체크밸브(역지밸브)의 기능이지 탱크의 역할이 아님.

해설 유압 작동유 탱크(오일탱크)는 유압 시스템의 중요한 부품으로, 다음과 같은 역할을 함.
ㄱ. 오일의 저장: 유압 오일을 저장하여 펌프가 필요할 때 공급할 수 있도록 함.
ㄷ. 격판을 설치하여 오일의 출렁거림 방지: 배플(격판)이라는 구조물을 탱크 내부에 설치하여 유압유가 심하게 출렁이지 않도록 하며, 공기 혼입 방지와 열교환 효율 향상에도 도움을 줌.
ㄹ. 오일온도 조정(방열): 오일탱크는 방열 기능을 하기도 하며, 오일의 온도를 적정하게 유지하는 데 도움을 줌. 방열핀 또는 오일쿨러가 별도로 설치되기도 함.

55 축압기의 용도로 적합하지 않은 것은?

① 유압 에너지의 저장 ② 충격 흡수
③ **유량분배 및 제어** ④ 압력 보상

정답 ③ 이는 유량제어밸브, 방향제어밸브, 분배밸브 등의 역할임.

해설 축압기(accumulator)는 유압 시스템에서 압축된 가스(주로 질소)의 힘을 이용하여 유압 에너지를 저장하거나, 압력 변동을 보완하는 장치임.
• 축압기(Accumulator)의 주요 기능
① 유압 에너지의 저장: 축압기의 가장 기본적인 기능임. 압력을 저장했다가 필요 시 공급함.
② 충격 흡수: 유압계통 내 압력 충격(수격현상 등)을 흡수하여 장비 보호에 도움을 줌.
④ 압력 보상: 시스템 내 압력 저하 시 보조적인 유압을 공급하여 압력 안정성을 유지해 줌.

56 유압오일에서 온도에 따른 점도변화 정도를 표시하는 것은? ★★★

① 점도 ② 점도 분포
③ **점도 지수** ④ 윤활성

정답 ③ 점도 지수(Viscosity Index, VI)란, 유압오일이 온도 변화에 따라 점도가 얼마나 변하는지를 수치로 나타낸 지표임. VI가 높을수록 온도 변화에 따른 점도 변화가 작아 안정적인 오일임.

해설 ① 점도 (Viscosity): 점성의 크기를 나타내는 절대적인 수치. 일반적으로 낮을수록 유체가 묽고, 높을수록 끈적임.
② 점도 분포: 공식 용어가 아님. 실제 산업 및 공학에서는 사용되지 않음.
④ 윤활성 (Lubricity): 마찰을 줄이는 성질을 의미함. 점도와는 관련 있지만 온도 변화에 따른 점도 변화와 직접적인 관련은 없음.

57 작업 중에 유압펌프 유량이 필요하지 않게 되었을 때 오일을 저압으로 탱크에 귀환시키는 회로는? ★★★

① 시퀀스 회로 ② 어큐뮬레이션회로
③ 블리드오프회로 ④ **언로드회로**

정답 ④ 언로드 회로 (Unload Circuit): 유압펌프에서 유량이 더 이상 필요하지 않을 때, 오일을 고압에서 저압으로 전환시켜 탱크에 돌려보내는 회로임. 펌프의 부하와 에너지 손실을 줄이는 데 가장 적합한 방식임.

해설 ① 시퀀스 회로 (Sequence Circuit): 두 개 이상의 실린더나 모터의 작동 순서를 제어하기 위한 회로임.
② 어큐뮬레이션 회로 (Accumulation Circuit): 축압기를 사용하여 유압 에너지를 저장하는 회로임. 펌프가 유량을 내지 않아도 일정 시간 동안 유압을 사용할 수 있게 해줌.
③ 블리드오프 회로 (Bleed-off Circuit): 일정량의 유량을 컨트롤 밸브에서 외부로 흘려 보내는 방식임. 보통 속도 제어나 과도한 유량 방지 등에 사용됨.

58 유압 모터와 연결된 감속기의 기어오일 수준 점검 시 유의사항으로 틀린 것은?

① 오일 수준을 점검하기 전에 항상 오일 수준 점검 게이지 주변을 깨끗하게 청소한다.
② 오일 수준 점검 시는 오일의 정상적인 작업 온도에서 점검해야 한다.
③ 오일량이 너무 적으면 모터 유닛(unit)이 올바르게 작동하지 않거나 손상될 수 있으므로 오일량 수준은 정량 유지가 필요하다.
④ **오일량은 냉간 상태에서 가득 채우는 수준이다.**

[정답] ④ "냉간(冷間) 상태"란 기계나 장비가 작동을 시작하기 전, 즉 충분히 식어 있는 상태를 말함. 즉 오일 부피가 줄어든 상태. 오일을 점검하거나 보충할 때는 항상 온도가 올라간 작동 상태(온간 상태)에서 확인해야 정확한 오일량을 알 수 있음.

[해설] ① 오일 수준 점검 전 게이지 주변 청소는 이물질 혼입 방지를 위한 기본 안전수칙이므로 옳음.
② 정상적인 작업 온도에서 점검해야 오일의 정확한 수준을 확인할 수 있으므로 옳음.
③ 오일 부족 시 윤활 불량으로 모터나 기어가 심각한 손상을 입을 수 있으므로 정량 유지가 매우 중요, 옳음.

59 그림에서 체크 밸브를 나타낸 것은? ★★★

① 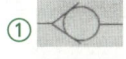 ②
③  ④

[정답] ① 체크 밸브는 일반적으로 화살표 모양이나 한 쪽이 막힌 삼각형 기호로 표시되며, 이는 유체가 한 방향으로만 이동할 수 있음을 의미한다. 삼각형의 꼭지점은 유체가 나가는 방향.
체크 밸브는 유압 시스템에서 역류를 방지하고, 특정한 압력 조건이 충족될 때만 흐름을 허용하는 기능을 한다.

[해설] ② 원 + 이중선 (점 없음): 압력계 연결 포트, 또는 계측 포트 표시
③ 원 + 점 + 이중선: 압력계(완전 표기)
④ 유압 탱크(오일탱크)

60 안전관리의 가장 중요한 업무는? ★★★

① 사고책임자의 직무조사
② 사고원인 제공자 파악
③ **사고발생 가능성의 제거**
④ 물품손상의 손해사정

[정답] ③ 사고발생 가능성의 제거는 선제적 예방 조치로서 안전관리의 본질에 가장 부합함.

[해설] 안전관리의 가장 중요한 목적은 사고가 발생하지 않도록 사전에 예방하는 것임. 즉, 잠재적인 위험요소를 미리 식별하고 제거하거나 통제하여 사고의 가능성을 없애는 것이 핵심 업무임. 이는 '사고예방'이라는 안전관리의 기본 원칙과도 일치함.
①, ②, ④는 모두 사고가 발생한 이후에 이루어지는 조치들로, 안전관리의 핵심 목적과는 거리가 있음.

08 기출문제 8회 (60제)

이론 따로 필요없다. 문제 해설로 시원하게 끝낸다

※ 맞는 것을 고르는 답은 고딕, 틀린 것을 고르는 답은 명조체로 표시하였습니다

1. 디젤기관에서 노킹을 일으키는 원인으로 맞는 것은? ★★★

① 흡입공기의 온도가 높을 때
② 착화지연기간이 짧을 때
③ 연료에 공기가 혼입되었을 때
④ **연소실에 누적된 연료가 많이 일시에 연소할 때**

정답 ④ 착화지연으로 인해 연료가 누적되고, 점화 시 한꺼번에 폭발적으로 연소되면서 노킹 발생.

해설 ① 착화가 쉬워져 오히려 착화지연이 줄고, 노킹 발생 가능성이 낮아짐.
② 조기 착화되므로 폭발적 연소가 아니라 점진적 연소가 되어 노킹이 발생하기 어려움.
③ 출력 저하, 연소 불균형 등의 문제가 발생하지만 노킹의 직접적인 원인은 아님.

2. 기관과열의 직접적인 원인이 아닌 것은?

① 팬벨트의 느슨함
② 라디에이터의 코어 막힘
③ 냉각수 부족
④ *타이밍 체인(timing chain)의 헐거움*

정답 ④ 타이밍 체인의 헐거움은 밸브 타이밍이 맞지 않아 출력 저하, 이상 진동 등을 유발할 수는 있으나 직접적인 과열의 원인으로 보기 어렵다.

해설 ① 팬벨트가 느슨하면 워터펌프가 제대로 작동하지 않아 냉각수 순환이 불량해지고 과열 원인이 됨.
② 라디에이터 코어가 막히면 열 교환이 제대로 이루어지지 않아 과열됨.
③ 냉각수 부족은 냉각 시스템의 가장 일반적인 과열 원인임.

3. 디젤기관에서 감압장치의 기능으로 가장 적절한 것은?

① 크랭크축을 느리게 회전시킬 수 있다.
② 타이밍 기어를 원활하게 회전시킬 수 있다.
③ 캠축을 원활히 회전시킬 수 있는 장치이다.
④ **밸브를 열어주어 가볍게 회전시킨다.**

정답 ④

해설 디젤기관은 압축비가 크기 때문에 시동 시 회전 저항이 크다. 이때 감압장치는 압축 압력을 일시적으로 낮춰 시동 시 회전 저항을 줄이는 장치임. 즉, 배기밸브나 흡기밸브를 미리 열어 압축을 피하게 함으로써 크랭크축이 가볍게 회전하도록 도와줌.

4. 다음 중 기관정비 작업 시 엔진블록의 찌든 기름때를 깨끗이 세척하고자 할 때 가장 좋은 용해액은? ★★★

① 냉각수   ② 절삭유
③ **솔벤트**   ④ 엔진오일

정답 ③ 엔진 블록의 찌든 기름때(그리스, 탄소 찌꺼기 등)를 제거하려면 용해력이 강한 세척제를 사용해야 한다. 솔벤트(solvent)는 기름 성분이나 찌든 때를 효과적으로 제거하기 위해 사용하는 유기용제임.

해설 ① **냉각수**: 냉각용으로 사용되며 세정 기능은 없음.
② **절삭유**: 절삭 작업 시 공구와 공작물의 마찰을 줄이기 위한 유제임.
④ **엔진오일**: 윤활이 목적이며 오염물 제거용으로 쓰지 않음.

5 기관 방열기에 연결된 보조탱크의 역할을 설명한 것으로 가장 적합하지 않은 것은?

① 냉각수의 체적팽창을 흡수한다.
② 장기간 냉각수 보충이 필요 없다.
③ 오버플로(overflow)되어도 증기만 방출된다.
④ 냉각수 온도를 적절하게 조절한다.

정답 ④ 냉각수의 온도를 조절하는 장치는 서모스탯(thermostat)임. 보조탱크는 단지 체적 조절 및 냉각수 예비저장의 역할을 할 뿐, 직접적으로 온도를 조절하지 않음.

해설 ① 냉각수는 열을 받으면 팽창하므로, 보조탱크는 이 팽창된 냉각수를 일시적으로 저장해 주는 역할을 함.
② 보조탱크는 냉각수의 순환과 증발 손실을 줄여 장기간 보충 없이도 안정적으로 냉각수가 유지되도록 도와줌.
③ 과열되면 내부 압력이 상승하면서 오버플로 관을 통해 증기가 빠져나갈 수 있으나, 일반적인 구조에서는 냉각수가 손실되지 않도록 설계되어 있음.

6 냉각장치에서 밀봉 압력식 라디에이터 캡을 사용하는 것으로 가장 적합한 것은?

① 엔진온도를 높일 때
② 엔진온도를 낮게 할 때
③ 압력밸브가 고장일 때
④ 냉각수의 비점을 높일 때

정답 ④ 라디에이터 캡은 냉각 시스템 내 압력을 유지하여 냉각수의 비점을 높이는 역할을 한다. 냉각수가 끓는점을 넘지 않도록 하여 기관 과열을 방지한다.

해설 ① 라디에이터 캡은 온도를 높이기 위한 것이 아니라, 일정 범위 내에서 유지하는 역할을 한다.
② 냉각수 순환을 통해 온도를 낮추는 것이지, 라디에이터 캡이 직접 온도를 낮추지는 않는다.
③ 고장났다면 압력을 유지하지 못해 냉각수 손실이나 과열 위험이 커짐. 오히려 밀봉식 캡을 교체해야 하는 상황임.

7 엔진에서 오일의 온도가 상승되는 원인이 아닌 것은?

① 과부하 상태에서 연속작업
② 오일 냉각기의 불량
③ 오일의 점도가 부적당할 때
④ 유량의 과다

정답 ④ 오일의 유량이 많아지면 오히려 냉각 효과가 증가하고, 오일이 열을 더 효과적으로 운반할 수 있어 온도 상승을 억제하는 방향으로 작용함.

해설 ① 엔진에 과도한 부하가 걸리면 연소 온도와 마찰열이 상승하면서 오일 온도도 함께 상승하게 됨.
② 오일 쿨러가 제 기능을 못하면 오일의 열을 식히지 못해 오일 온도 상승의 직접적인 원인이 됨.
③ 점도가 낮으면 윤활막이 형성되지 않아 마찰열이 증가하고, 점도가 지나치게 높으면 유동성이 떨어져 마찰이 커지므로 모두 오일 온도 상승 원인이 됨.

8 디젤기관을 예방정비 시 고압파이프 연결부에서 연료가 샐(누유) 때 조임 공구로 가장 적합한 것은? ★★★

① 복스렌치   ② 오픈렌치
③ 파이프렌치   ④ 옵셋렌치

정답 ② 오픈렌치(Open Wrench): 개방형 구조로 파이프가 끼워진 상태에서도 쉽게 너트를 잡을 수 있음. 좁은 공간에서도 사용 가능하며, 고압파이프 너트를 조이거나 풀 때 적합함.

해설 ① **복스렌치**(Box Wrench): 육각형 너트를 감싸는 구조로 고정력이 우수하나, 고압파이프와 같은 긴 배관이 있는 곳에서는 사용이 불편함. 공구 삽입 공간이 충분하지 않음.
③ **파이프렌치**(Pipe Wrench): 주로 원형 배관을 물려서 돌리는 데 사용하며, 육각 너트 조임에는 부적합함. 너트를 손상시킬 우려 있음.
④ **옵셋렌치**(Offset Wrench): 손잡이가 휘어진 구조로, 좁은 공간에서 회전 반경을 줄이기 위해 사용하는 도구지만, 오픈렌치처럼 파이프 너트를 끼워 넣을 수 있는 구조는 아님.

9 보기에서 머플러(소음기)와 관련된 설명이 모두 올바르게 조합된 것은?

> a. 카본이 많이 끼면 엔진이 과열되는 원인이 될 수 있다.
> b. 머플러가 손상되어 구멍이 나면 배기음이 커진다.
> c. 카본이 쌓이면 엔진출력이 떨어진다.
> d. 배기가스의 압력을 높여서 열효율을 증가시킨다.

① a, b, d
② b, c, d
③ a, c, d
④ **a, b, c**

정답 ④ d. 일반적으로 배기압력이 높아지면 오히려 엔진 효율은 저하됨. 머플러는 배기 저항을 최소화하면서 소음을 줄이기 위한 장치이지, 배기압을 인위적으로 높여 열효율을 올리는 장치는 아님.

해설
a. 머플러 내부에 카본(탄소 찌꺼기)이 많이 쌓이면 배기 흐름이 방해되고, 배기가 원활하지 않으면 엔진 내부 온도가 상승하여 과열의 원인이 될 수 있음.
b. 머플러는 배기 가스를 소음 없이 배출하는 기능을 하므로, 구멍이 나면 소음을 감쇠하는 기능이 저하되어 배기음이 커짐.
c. 카본 축적으로 인해 배기 저항이 커지면 배기 효율이 떨어지고, 이는 곧 엔진 흡기에도 영향을 미쳐 출력이 저하됨.

10 운전 중인 기관의 에어크리너가 막혔을 때 나타나는 현상으로 가장 적당한 것은? ★★★

① **배출가스 색은 검고 출력은 저하된다.**
② 배출가스 색은 희고 출력은 정상이다.
③ 배출가스 색은 청백색이고 출력은 증가된다.
④ 배출가스 색은 무색이고 출력과는 무관하다.

정답 ①
해설 에어크리너(공기필터)는 기관(엔진)으로 흡입되는 공기 중 이물질이나 먼지를 걸러주는 장치임. 에어크리너가 막히면 흡입 공기가 부족하게 되어 연료가 충분히 연소되지 못하고, 불완전 연소로 인해 검은 연기(매연)가 발생함.
또한, 흡기량 부족으로 인해 연소 효율이 떨어지고 출력도 저하됨.

11 연료탱크의 연료를 분사펌프 저압부까지 공급하는 것은?

① **연료공급 펌프**
② 연료분사 펌프
③ 인젝션 펌프
④ 로터리 펌프

정답 ① 연료공급 펌프 (Fuel Feed Pump): 연료탱크에서 연료를 흡입하여 분사펌프의 저압측 입구까지 공급하는 역할을 함. 저압 운전이며, 연료계통의 1차 단계에 해당함.

해설
② 연료분사 펌프 (Fuel Injection Pump): 연료를 고압으로 압축하여 각 실린더에 정확한 시점과 분량으로 분사하는 장치임. 연료 공급이 아니라 분사 역할을 함.
③ 인젝션 펌프 (Injection Pump): ②번과 동일한 의미로, 연료분사펌프를 영어식 표현으로 부른 것.
④ 로터리 펌프 (Rotary Pump): 연료분사펌프의 한 종류로, 회전식 구조의 고압 펌프임. 연료를 공급받아 고압으로 분사하는 기능을 하며, 저압부까지 끌어올리는 역할은 아님.

12 유압펌프에서 펌프량이 적거나 유압이 낮은 원인이 아닌 것은?

① **오일탱크에 오일이 너무 많을 때**
② 펌프 흡입라인 막힘이 있을 때(여과망)
③ 기어와 펌프 내벽 사이 간격이 클 때
④ 기어 옆 부분과 펌프 내벽 사이 간격이 클 때

정답 ① 오일이 부족하면 펌프 흡입이 어려워 유압 저하 원인이 될 수 있으나, 오일이 많다고 해서 펌프량이나 유압이 저하되지는 않음.
오히려 오일이 충분하면 정상적인 공급이 가능함. 단, 지나치게 많을 경우 통기불량 등 다른 문제가 생길 수 있으나 직접적인 유압 저하의 원인은 아님.

해설
② 유압 저하의 대표적 원인. 흡입 여과망이 막히면 펌프가 오일을 제대로 빨아들이지 못해 공회전 또는 공동현상(캐비테이션)이 발생하고 유압이 낮아짐.
③ 기어형 유압펌프에서는 기어와 내벽 사이 틈이 너무 넓으면 내부 누유(내부 누설)가 발생하여 압력이 형성되지 않음.
④ 기어의 측면과 펌프 하우징 사이의 간격이 크면 측면 누설이 증가하여 유량 손실 발생. 역시 유압 저하 원인.

13 축전지의 충·방전 작용으로 맞는 것은?

① **화학 작용** ② 전기 작용
③ 물리 작용 ④ 환원작용

정답 ① 축전지(배터리)는 전기에너지를 화학에너지로 저장하고, 필요할 때 다시 화학에너지를 전기에너지로 변환하여 사용하는 장치임. 이 과정은 화학 반응을 통해 이루어지며, 이를 화학 작용이라 함.

해설 ② 전기는 결과물이지 작용의 본질이 아님. 전기 작용이라 하면 단순한 전류 흐름을 의미함.
③ 물리적 상태 변화(예: 압력, 온도 변화 등)는 해당되지 않음. 전지 내부에서 일어나는 반응은 물리 변화가 아닌 화학 변화임.
④ 일부 반응이 환원이긴 하나, 축전지 전체 작용은 산화와 환원을 포함한 화학 반응이므로 부분적 개념임.

14 기동 전동기의 시험 항목으로 맞지 않은 것은?

① 무부하 시험 ② 회전력 시험
③ 저항 시험 ④ **중부하 시험**

정답 ④ 중부하 시험 (Medium-load test): 기동 전동기 시험 항목에는 포함되지 않음. 중부하라는 개념은 산업용 전동기 부하 시험에서는 사용되기도 하지만, 기동 전동기에서는 일반적인 시험 항목이 아님.
특히 기동 전동기는 짧은 시간 강력한 힘을 내야 하므로, 보통 무부하 또는 최대부하(토크) 시험을 수행함.

해설 기동 전동기(스타터 모터)는 내연기관의 시동을 걸기 위한 전기모터이며, 정상 작동 여부를 확인하기 위해 여러 가지 시험을 수행함. 일반적으로 시행되는 시험 항목은 다음과 같음:
① 무부하 시험 (No-load test): 전동기 단독으로 동작시켜 전류, 속도, 전압, 소음 등을 측정함. 기동 전동기의 기본 성능 확인용.
② 회전력 시험 (Torque test): 전동기가 출력할 수 있는 최대 회전력(토크)을 측정하여 부하 견딤 능력을 판단함.
③ 저항 시험 (Resistance test): 전기적 결함 여부를 확인하기 위해 권선 저항, 접촉 저항 등을 측정함. 내부 단락 또는 접촉 불량 여부 파악 가능.

15 축전지를 병렬로 연결하였을 때 맞는 것은?

① 전압이 증가한다. ② 전압이 감소한다.
③ **전류가 증가한다.** ④ 전류가 감소한다.

정답 ③ 병렬 연결 시 각 축전지의 전류 공급 능력이 합쳐지므로 전체 전류 용량이 증가함.

해설 ① 직렬 연결 시에만 해당. 병렬 연결에서는 전압 유지됨
② 병렬 연결 시 전압은 변하지 않음
④ 병렬 연결 시 전류 용량은 증가

16 교류 발전기의 구성품으로 교류를 직류로 변환하는 구성품은 어느 것인가? ★★★

① 스테이터 ② 로터
③ **정류기** ④ 콘덴서

정답 ③ 교류 발전기(Alternator)는 회전형 자기장을 이용하여 스테이터(고정자)에 교류 전류(AC)를 유도함. 하지만 차량의 전기 시스템 등에서는 대부분 직류 전류(DC)를 사용하므로, 이 교류를 직류로 바꾸는 장치가 필요함. 이때 사용되는 구성품이 바로 정류기(Rectifier)임.
정류기는 다이오드를 이용하여 교류(AC)를 직류(DC)로 변환함.

해설 ① 스테이터 (Stator): 고정자이며, 교류 전기를 유도해내는 코일 부분. 전압을 발생시키는 역할
② 로터 (Rotor): 회전자이며, 자계를 형성하여 스테이터에 유도 작용을 일으킴. 교류를 만들어내는 원천이나, 직류 변환과는 관련 없음.
④ 콘덴서 (Capacitor): 전기를 임시 저장하거나, 전압 변동을 완화하는 역할

17 시동장치에서 스타트 릴레이의 설치 목적과 관계 없는 것은?

① 회로에 충분한 전류가 공급될 수 있도록 하여 크랭킹이 원활하게 한다.
② 키 스위치(시동스위치)를 보호한다.
③ 엔진 시동을 용이 하게 한다.
④ **축전지의 충전을 용이하게 한다.**

정답 ④ 축전지의 충전은 발전기(알터네이터)와 전압 조정기 등의 충전 계통이 담당

해설 스타트 릴레이(Start Relay)는 시동장치에서 시동모터(기동 전동기)에 큰 전류를 안정적으로 공급하기 위한 전기적 스위치 역할을 하는 부품임. 키 스위치(시동 스위치)는 작은 전류만 다룰 수 있기 때문에, 대전류 회로를 직접 제어할 수 없으므로, 릴레이를 통해 간접적으로 제어하게 됨.
① 릴레이는 고전류가 필요한 시동모터로 충분한 전류를 빠르게 공급해 줌. 크랭킹이 원활해지는 주요 이유임.
② 스타트 릴레이를 이용하면, 키 스위치로 고전류가 흐르는 것을 막아 스위치 손상 방지 가능.
③ 고전류 공급이 원활해야 시동모터가 제대로 작동하고, 그래야 엔진도 쉽게 시동됨.

18 축전지의 취급에 대한 설명 중 옳은 것은?

① 2개 이상의 축전지를 직렬로 배선할 경우 +와 +, -와 -를 연결한다.
② 축전지의 용량을 크게 하기 위해서는 다른 축전지와 직렬로 연결하면 된다.
③ **축전지의 방전이 거듭될수록 전압이 낮아지고 전해액의 비중도 낮아진다.**
④ 축전지를 보관할 때는 될수록 방전시키는 편이 좋다.

정답 ③ 방전 시 내부 화학 반응으로 인해 황산(H_2SO_4)이 물(H_2O)로 희석되고, 전해액의 비중이 낮아지며 전압도 떨어짐.

해설 ① 직렬 연결은 전압을 높이기 위한 방식이며, +극과 -극을 서로 연결해야 함.
② 직렬 연결은 전압을 증가시키고, 용량(Ah)은 그대로임. 용량을 키우려면 병렬 연결이 필요함.
④ 축전지는 완전 충전 상태로 보관해야 내부 황산염화 방지 및 수명 유지에 좋음. 방전 상태로 보관하면 자체방전과 황산염 결정을 초래해 수명 단축됨.

19 긴 내리막길을 내려갈 때는 베이퍼록을 방지하려고 하는 좋은 운전 방법은? ★★★

① 변속레버를 중립으로 놓고 브레이크 페달을 밟고 내려간다.
② 시동을 끄고 브레이크 페달을 밟고 내려간다.
③ **엔진 브레이크를 사용한다.**
④ 클러치를 끊고 브레이크 페달을 계속 밟고 속고를 조정하며 내려간다.

정답 ③ 베이퍼록(Vapor Lock) 현상은 브레이크를 장시간 사용해 과열되면서 제동력이 급격히 저하되는 현상을 말함. 브레이크 오일이 끓어 수증기가 생기고, 이로 인해 브레이크 압력이 제대로 전달되지 않아 제동이 되지 않는 위험한 상황임.
이를 방지하려면 내리막길에서 브레이크 사용을 최소화하고, 차량의 자체 저항(엔진 브레이크)을 활용해 감속하는 것이 가장 안전한 운전 방법임.
저단 기어로 변속하여 엔진의 저항을 이용해 속도를 줄이는 방법. 브레이크 사용을 최소화할 수 있어 베이퍼록 방지에 매우 효과적

해설 ① 중립 상태에서는 엔진 브레이크가 작동하지 않음. 브레이크만 계속 사용하게 되어 베이퍼록 발생 가능성 높음.
② 시동이 꺼지면 브레이크 부스터나 파워 스티어링이 작동하지 않아 제동과 조향이 매우 불안정해짐.
④ 클러치를 끊으면 엔진 브레이크가 작동하지 않게 되어, 결국 브레이크에만 의존하게 됨 → 베이퍼록 유발 가능성 증가

20 지게차의 작업방법 중 틀린 것은?

① 경사 길에서 내려올 때는 후진으로 진행한다.
② 주행방향을 바꿀 때에는 완전 정지 또는 저속에서 운행한다.
③ 틸트는 적재물이 백레스트에 완전히 닿도록 하고 운행한다.
④ 조향륜이 지면에서 5cm 이하로 떨어졌을 때에는 밸런스 카운터 중량을 높인다.

정답 ④ 조향륜(보통 후륜)이 들리는 경우는 적재 중량이 과도하거나 무게중심이 너무 앞으로 쏠려 있는 경우임.
이때는 중량을 줄이거나 적재 위치를 조정해야 하며, 밸런스 카운터를 임의로 추가하는 것은 제조사 기준을 벗어난 위험한 행위임.
조향륜이 지면에서 들리는 현상은 작업의 위험 신호이지, 해결을 위해 무작정 중량을 늘릴 문제가 아님.

해설 ① 경사로에서 하강 시 앞으로 적재물이 쏠리는 위험이 있으므로, 후진으로 진행하여 지게차의 무게중심을 뒤쪽으로 유지함으로써 안전을 확보함.
② 지게차는 무거운 적재물을 실은 상태에서 회전 시 전복 위험이 있으므로 속도를 줄이거나 정지 상태에서 조향해야 함.
③ 포크 틸트를 후방으로 젖혀서 적재물을 백레스트에 밀착시키면 안정적으로 운반 가능. 낙하 위험도 줄어듦.

21 드라이버 라인에 슬립이음을 사용하는 이유는?

① 회전력을 직각으로 전달하기 위해
② 출발을 원활하기 위해
③ **추진축의 길이 방향에 변화를 주기 위해**
④ 진동을 흡수하기 위해

정답 ③ 서스펜션 작동 시 축의 길이가 변화할 수 있는데, 이를 흡수하거나 따라가기 위해 슬립이음이 사용됨

해설 ① 직각 전달에는 유니버설 조인트가 사용됨
② 출발 시 충격을 흡수하는 장치는 클러치나 토크컨버터임
④ 진동 흡수는 댐퍼(damper)나 쿠션조인트 등의 역할임

22 타이어식 건설기계장비에서 동력전달장치에 속하지 않는 것은? ★★★

① 클러치　　② 종감속 장치
③ **과급기**　　④ 타이어

정답 ③ 과급기(터보차저, 슈퍼차저): 엔진에 더 많은 공기를 공급하여 출력 향상을 도와주는 장치로, 동력 '발생'에는 도움을 줄 수 있어도, '전달'과는 직접 관련 없음

해설 타이어식 건설기계의 동력전달 장치(파워트레인)는 엔진에서 발생한 동력을 바퀴까지 효율적으로 전달하는 시스템으로, 다음과 같은 구성 요소를 포함함.
클러치, 변속기(트랜스미션), 프로펠러 샤프트, 디퍼렌셜(차동장치), 종감속 장치, 휠(타이어 포함, 출력 종점)
① 엔진과 변속기 사이에서 동력의 전달과 차단을 조절하는 장치
② 디퍼렌셜 이후에 위치하여 속도를 줄이고 토크를 증가시켜 바퀴에 전달하는 기어 장치
④ 타이어는 최종적으로 동력이 전달되는 부분으로서 동력전달 장치의 종단 요소로 간주됨

23 지게차의 하역 작업 시 포크 사용 방법에 대한 설명으로 가장 올바른 것은? ★★★

① 적재물의 무게 중심이 포크 바깥쪽에 위치하도록 한다.
② 포크의 간격은 적재물보다 넓게 벌려서 삽입한다.
③ **포크는 바닥에 최대한 밀착시켜 운반한다.**
④ 적재물은 포크 끝에 올려놓아 균형을 맞춘다.

정답 ③ 포크를 가능한 한 낮게 유지하면 무게 중심이 낮아져 지게차의 전복 위험이 줄어듦.

해설 ① 무게 중심이 바깥으로 쏠리면 불안정하여 전도 위험 있음.
② 포크가 너무 넓으면 균형이 맞지 않거나 미끄러질 위험 있음.
④ 끝단 적재는 무게중심이 앞으로 쏠려 위험함.

24 타이어식 건설기계에서 서스펜션 장치의 주요 역할로 가장 적절한 것은?

① **노면의 충격을 흡수하여 승차감과 장비 보호 기능을 수행한다.**
② 타이어의 마모를 줄이기 위해 제동력을 분산한다.
③ 회전력을 증폭시켜 추진력을 강화한다.
④ 적재 시 차량의 속도를 자동으로 조절한다.

정답 ① 서스펜션은 타이어식 건설기계에 있어 노면의 충격을 흡수하고, 차체와 적재물, 운전자에 가해지는 충격을 완화하여 장비의 내구성과 안정성을 확보하는 핵심 부품임.

해설 ② 제동장치에 관한 설명
③ 기어박스나 변속기의 기능
④ 자동제어 시스템이나 주행 제어와 관련됨.

25 보행자가 통행하고 있는 도로를 운전 중 보행자 옆을 통과할 때 가장 올바른 방법은? ★★★

① 보행자 앞을 속도 감소 없이 빨리 주행한다.
② 경음기를 울리면서 주행한다.
③ **안전거리를 두고 서행한다.**
④ 보행자가 멈춰 있을 때는 서행하지 않아도 된다.

정답 ③ 보행자와 충분한 간격(측방거리)을 유지하며 속도를 줄여 안전하게 통과하는 것이 법적·현실적으로 모두 가장 안전한 방법임.

해설 ① 보행자 가까이에서 속도 감소 없이 주행하는 것은 매우 위험하며, 법적으로도 부주의 운전으로 간주될 수 있음.
② 경음기(클락션)는 위급 상황 외에 함부로 사용할 수 없음. 보행자를 놀라게 하여 사고를 유발할 수 있음.
④ 보행자가 멈춰 있어도 언제 움직일지 알 수 없으므로, 항상 주의하며 서행해야 함.

26 다음 중 건설기계 등록번호표에 표시되지 않는 항목은 무엇인가?

① 기종별 기호   ② 등록번호
③ **등록관청**   ④ 용도

정답 ③

해설 • 건설기계관리법 시행규칙
제13조(등록번호의 표시등) ① 법 제8조에 따른 건설기계등록번호표(이하 "등록번호표"라 한다)에는 용도·기종 및 등록번호를 표시해야 한다.

27 다음 중 「건설기계관리법 시행규칙」에 따른 정기검사 유효기간이 2년인 건설기계는 어느 것인가?

① 사용 신고된 타워크레인
② 제작된 지 21년이 지난 3톤 지게차
③ **제작된 지 15년 된 1톤 이상 지게차**
④ 20년 이상 사용된 덤프트럭

정답 ③

해설 건설기계관리법 시행규칙 [별표 7]
① 타워크레인 → 유효기간 6개월
② 21년 된 지게차 → 유효기간 1년
③ 15년 된 지게차 → 유효기간 2년
④ 20년 초과 덤프트럭 → 유효기간 6개월

28 건설기계운전 면허의 효력정지 사유가 발생한 경우 관련법상 효력 정지 기간으로 맞는 것은?

① **1년 이내**   ② 6월 이내
③ 5년 이내   ④ 3년 이내

정답 ①

해설 • 건설기계관리법 제28조(건설기계조종사면허의 취소·정지) 시장·군수 또는 구청장은 건설기계조종사가 다음 각 호의 어느 하나에 해당하는 경우에는 국토교통부령으로 정하는 바에 따라 건설기계조종사면허를 취소하거나 1년 이내의 기간을 정하여 건설기계조종사면허의 효력을 정지시킬 수 있다.

29 건설기계의 구조 변경 범위에 속하지 않은 것은?

① 건설기계의 길이, 너비, 높이 변경
② **적재함의 용량 증가를 위한 변경**
③ 조종 장치의 형식 변경
④ 수상작업용 건설기계 선체의 형식변경

정답 ②

해설
- 건설기계관리법 시행규칙 제42조(구조변경범위등)
  법 제17조제2항의 규정에 의한 주요구조의 변경 및 개조의 범위는 다음 각호와 같다.
  1. 원동기 및 전동기의 형식변경
  2. 동력전달장치의 형식변경
  3. 제동장치의 형식변경
  4. 주행장치의 형식변경
  5. 유압장치의 형식변경
  6. 조종장치의 형식변경
  7. 조향장치의 형식변경
  8. 작업장치의 형식변경. 다만, 가공작업을 수반하지 아니하고 작업장치를 선택부착하는 경우에는 작업장치의 형식변경으로 보지 아니한다.
  9. 건설기계의 길·너비·높이 등의 변경
  10. 수상작업용 건설기계의 선체의 형식변경
  11. 타워크레인 설치기초 및 전기장치의 형식변경

30 자동차전용 편도 4차로 도로에서 굴삭기와 지게차의 주행차로는?

① 1차로　　② 2차로
③ 3차로　　④ **4차로**

정답 ④

해설
- 도로교통법 시행규칙 [별표 9] 차로에 따른 통행차의 기준

도로	차로 구분	통행할 수 있는 차종
고속도로 외의 도로	왼쪽 차로	○ 승용자동차 및 경형·소형·중형 승합자동차
	오른쪽 차로	○ 대형승합자동차, 화물자동차, 특수자동차, 법 제2조제18호나목에 따른 **건설기계**, 이륜자동차, 원동기장치자전거(개인형 이동장치는 제외한다)

따라서, 굴삭기와 지게차는 편도 4차로 자동차전용도로에서 가장 오른쪽 차로인 4차로를 이용하여 주행해야 함

31 건설기계 대여업을 하고자 하는 자는 누구에게 등록을 하여야 하는가? ★★★

① 고용노동부장관　② 행정안전부장관
③ 국토해양부장관　④ **시장·군수 또는 구청장**

정답 ④

해설
- 건설기계관리법 시행규칙 제57조(건설기계대여업의 등록 등)
  ① 법 제21조 및 영 제13조에 따라 **건설기계대여업을 등록하려는 자**는 별지 제28호서식의 건설기계대여업등록신청서(전자문서로 된 등록신청서를 포함한다)에 다음 각 호의 서류(전자문서를 포함한다)를 첨부하여 건설기계대여업을 영위하는 사무소의 소재지를 관할하는 **시장·군수 또는 구청장**(자치구의 구청장을 말한다. 이하 같다)에게 제출하여야 한다.

32 교차로 통행 방법으로 틀린 것은?

① 교차로에서는 정차하지 못한다.
② 교차로에서는 다른 차를 앞지르지 못한다.
③ 좌/우 회전시에는 방향지시 등으로 신호를 하여야 한다.
④ **교차로에서는 반드시 경음기를 울려야 한다.**

정답 ④

해설
① 교차로 내에서의 정차는 교통흐름을 방해하므로 금지
② 「도로교통법」 제22조 제3항에 따라, 교차로에서는 앞지르기가 금지
③ 회전 시에는 방향지시등을 통해 다른 운전자에게 의도를 알려야 함
④ 「도로교통법」 제49조 제1항 제8호에 따르면, 정당한 사유 없이 경음기를 사용하는 것은 금지되어 있음. 교차로에서 경음기를 울리는 것은 필요 시에만 허용됨.

33 제2종 보통면허로 운전할 수 없는 자동차는?

① 9인승 승합차 ② 원동기장치 수신차
③ 자가용 승용자동차 ④ 사업용 화물자동차

정답 ④

해설
- 제2종 보통운전면허로 운전할 수 있는 차량
  - 승용자동차
  - 승차정원 10명 이하의 승합자동차
  - 적재중량 4톤 이하의 화물자동차
  - 총중량 3.5톤 이하의 특수자동차(대형견인차, 소형견인차 및 구난차 제외)
  - 원동기장치자전거
- ※ 사업용 화물자동차를 운전하려면 제1종 운전면허와 화물운송종사자격증이 모두 필요

34 다음 신호 중 가장 우선하는 신호는? ★★★

① 신호기의 신호 ② 경찰관의 수신호
③ 안전표시의 지시 ④ 신호등의 신호

정답 ②

해설
- 도로교통법 제5조(신호 또는 지시에 따를 의무)
  ② 도로를 통행하는 보행자, 차마 또는 노면전차의 운전자는 제1항에 따른 교통안전시설이 표시하는 신호 또는 지시와 교통정리를 하는 경찰공무원 또는 경찰보조자(이하 "경찰공무원등"이라 한다)의 신호 또는 지시가 서로 다른 경우에는 경찰공무원등의 신호 또는 지시에 따라야 한다. 〈개정 2018. 3. 27., 2020. 12. 22.〉

35 유압장치를 가장 적절히 표현한 것은?

① 오일을 이용하여 전기를 생산하는 것
② 큰 물체를 들어올리기 위해 기계적인 이점을 이용하는 것
③ 액체로 전환시키기 위해 기체를 압축시키는 것
④ 유체의 압력에너지를 이용하여 기계적인 일을 하도록 하는 것

정답 ④ 유압 시스템의 정의를 정확히 표현한 문장임.
압력(P) = 힘(F) / 면적(A) → 파스칼의 원리 기반

해설
① 이는 발전 시스템 또는 열에너지 시스템에 가까운 설명이며, 유압장치와는 무관함.
② 기계적인 이점(mechanical advantage)은 기어, 도르래, 지레 등의 원리에 해당함. 유압은 기계적 이점이 아닌 압력 전달 원리를 이용함.
③ 이는 기체의 액화, 즉 열역학 또는 냉동기 시스템의 설명에 가까움.

36 유압장치에서 유압탱크의 기능이 아닌 것은?

① 계통 내의 필요한 유량 확보
② 배플에 의해 기포발생 방지 및 소멸
③ 탱크 외벽의 방열에 의해 적정온도 유지
④ 계통 내에 필요한 압력 설정

정답 ④ 압력 설정은 유압밸브(감압밸브, 릴리프밸브 등)가 수행하는 기능임.
유압탱크는 압력을 생성하거나 설정하지 않음. 단지 오일을 저장 및 순환시키는 역할만 수행.

해설
① 유압탱크는 펌프에 공급할 충분한 유량의 오일을 저장하고 공급하는 저장소 역할을 함.
② 탱크 내부의 배플판(Baffle plate)은 유압유의 흐름을 조절하여 기포(공기혼입) 제거와 오일 순환에 도움을 줌.
③ 유압작동 중 생긴 열을 탱크 외벽을 통해 자연 냉각시키며, 유온이 너무 높아지는 것을 막음.

37 유압회로에서 유량제어를 통하여 작업속도를 조절하는 방식에 속하지 않는 것은? ★★★

① 미터 인(meter in) 방식
② 미터 아웃(meter out) 방식
③ 브리드 오프(bleed off) 방식
④ 브리드 온(bleed on) 방식

정답 ④
해설 ① 유입되는 오일량 조절
② 배출되는 오일량 조절
③ 잉여 오일을 배출하여 유량 조절
④ 유압 기술에서 사용되는 공식적인 용어가 아니며, 유량 조절 방식으로 분류되지 않음

38 공유압 기호 중 그림이 나타내는 것은? ★★★

① 유압 동력원 ② 공기압 동력원
③ 전동기 ④ 원동기

정답 ①
해설 문제의 기호는 속이 채워진 검은색 삼각형 모양에 오른쪽으로 선이 이어진 형태로서 공유압 회로도에서 사용하는 유압 동력원을 나타내는 기호임. 반대로, 속이 비어 있는 삼각형(▷)은 공기압, 즉 압축공기를 사용하는 시스템의 에너지 공급원임.

39 유압모터의 용량을 나타내는 것은?

① 입구 압력(kgf/cm^2)당 토크
② 유압 작동부 압력(kgf/cm^2)당 토크
③ 주입된 동력(HP)
④ 체적(cm^3/rev)

정답 ④ 유압모터의 용량은 보통 "정격 배기량" 또는 "체적"으로 표시되며, 모터 샤프트 1회전당 유입되는 유체의 양(cm^3/rev)을 나타냄.
해설 ① 이는 성능 지표 중 하나일 수는 있지만, 모터의 기본 용량을 나타내는 기준은 아님.
② 마찬가지로 토크 특성을 설명하는 단위일 수는 있지만, 모터 자체의 크기나 용량을 나타내지는 않음.
③ 이것은 입력 에너지로서 모터에 공급되는 동력이지, 모터 자체의 고유 용량과는 다름.

40 유압오일의 온도가 상승할 때 나타날 수 있는 결과가 아닌 것은?

① 점도 저하 ② 펌프 효율 저하
③ 오일 누설 감소 ④ 밸브류의 기능 저하

정답 ③ 오일 온도가 상승하면 점도가 낮아지면서 오일이 쉽게 새어나갈 수 있음. 따라서 오일 누설이 감소되는 것이 아니라 오히려 증가하는 경향이 있음.
해설 ① 온도가 상승하면 유압 오일의 점도가 낮아짐. 점도가 낮아지면 윤활성, 밀봉성이 저하되어 내부 마찰 증가 및 누설 위험도 증가
② 유압 오일의 점도가 너무 낮아지면 내부 누설이 증가하여 펌프 효율이 저하될 수 있음.
④ 오일 점도 저하 및 밀봉 불량으로 인해 밸브 내부의 미세 유로 제어 기능이 저하됨

41 유압펌프 점검에서 작동유 유출 여부 점검사항이 아닌 것은?

① 정상작동 온도로 운전을 실시하여 점검하는 것이 좋다.
② 고정 볼트가 풀린 경우에는 추가 조임을 한다.
③ 작동유 유출 점검은 운전자가 관심을 가지고 점검하여야 한다.
④ 하우징에 균열이 발생되면 패킹을 교환한다.

정답 ④ 하우징(펌프 본체)에 균열이 생긴 경우는 중대한 구조 결함이며, 단순히 패킹(씰)을 교환한다고 해서 해결되지 않음. 이 경우에는 펌프 전체 교환 또는 금속 보수가 필요할 수 있음.
해설 ① 오일이 차가울 때보다 운전 온도에 도달했을 때 유출 여부가 더 명확하게 드러나므로, 실 운전 온도에서 점검하는 것이 정확함.
② 외부 누유 원인 중 하나가 고정 볼트 풀림이며, 경우에 따라 재조임으로 간단히 해결될 수 있음.
③ 일상점검에서 운전자의 정기적인 관찰과 확인이 매우 중요함.

42 유압장치에서 유압조절밸브의 조정방법은?

① 압력조정밸브가 열리도록 하면 유압이 높아진다.
② 밸브스프링의 장력이 커지면 유압이 낮아진다.
③ **조정 스크류를 조이면 유압이 높아진다.**
④ 조정 스크류를 풀면 유압이 높아진다.

정답 ③ 조정 나사를 조이면 → 스프링을 더 누르게 되어 장력 증가 → 더 높은 압력에서 개방 → 유압 설정치 상승

해설 ① 압력조정밸브(예: 릴리프밸브)가 열리는 것은 설정 압력 이상이 되었을 때 오일을 바이패스로 보내는 기능임. 밸브가 열린다는 것은 오히려 유압을 제한하여 더 이상 높아지지 않게 한다는 뜻.
② 스프링 장력이 커지면 더 높은 압력에서 밸브가 열리므로, 유압은 더 높게 설정됨.
④ 조정 스크류를 풀면 → 스프링 장력 약화 → 낮은 압력에서도 밸브가 열림 → 유압이 더 낮게 제한됨

43 다음은 유압기기를 점검 중 이상 발견시 조치 사항이다. ( ) 안의 내용을 순서대로 나열한 것은?

> 작동유가 누출되는 상태라면 이음부를 조이거나 부품을 ( )하는 등의 응급조치를 시행하는 것이 당연하다. 그러나 그 원인을 정확히 조사하고 유압기기 전체를 ( )하여, 재발을 방지하고 고장이 확대되지 않도록 하는 일도 반드시 필요하다.

① 플러싱, 교환
② **교환, 재점검**
③ 열화, 재점검
④ 재점검, 교환

정답 ② 유압기기의 부품을 교환한 후 재점검을 수행하여 문제가 해결되었는지 확인하는 것이 가장 적절한 조치임.

해설 ① 플러싱(세척)은 주기적인 관리 방법으로, 즉각적인 조치로는 부적절함.
③ "열화"는 장비가 자연적으로 노후화되는 현상을 의미하며, 점검과 직접적인 관련이 없음.

44 다음 중 압력의 단위가 아닌 것은?

① bar
② kgf/cm²
③ N·m
④ kPg

정답 ③ 뉴턴미터(N·m)는 토크(회전력)의 단위이며, 압력과 직접적인 관련이 없음.

해설 ① 압력의 단위이며, 1 bar = 100 kPa(킬로파스칼)
② 1cm² 면적에 작용하는 힘(kgf)으로, 유압 시스템에서 자주 사용되는 압력 단위임.
④ kPa(킬로파스칼)의 변형 표기로, 압력 단위임.

45 먼지가 많이 발생하는 건설기계 작업 장치에서 사용하는 마스크로 가장 적합한 것은?

① 산소 마스크
② 가스 마스크
③ 방독 마스크
④ **방진 마스크**

정답 ④ 미세먼지 및 고체 분진 차단에 특화된 마스크. 건설 현장, 분진 발생 작업, 지게차·굴삭기 작업 시 표준 보호구로 지정됨.
국내에서는 KF 단위(Korea Filter)로 등급 구분되며, 일반적인 건설현장용으로는 KF80 이상 또는 1급 방진 마스크를 사용함.

해설 ① 산소 공급용 의료장비이며, 공기 중 유해물질 차단 기능은 없음. 먼지 방지 목적에는 부적절.
② 유해 기체나 증기 차단용 마스크로, 일반적인 분진 차단 효과는 제한적임.
③ 가스 마스크의 일종으로, 유독가스나 증기 흡입 방지에 특화되어 있음. 화학공장이나 특정 산업 현장에는 적합하나, 먼지 차단이 주목적인 환경에는 과도하고 부적절함.

46 가연성 가스 저장실에 안전사항으로 옳은 것은?

① 기름걸레를 이용하여 통과 통 사이의 끼워 충격을 적게 한다.
② **휴대용 전등을 사용한다.**
③ 담배 불을 가지고 출입한다.
④ 조명은 백열등으로 하고 실내에 스위치를 설치한다.

정답 ② 방폭형 휴대용 전등을 사용해야 함.
해설 ① 기름걸레는 불이 붙을 위험이 있으므로 가연성 가스 저장실에서는 사용하지 말아야 함.
③ 가연성 가스가 있는 곳에서는 절대 화기를 사용하면 안 됨.
④ 백열등보다는 방폭형 LED 조명이 권장되며, 스위치는 실외에 설치하는 것이 안전함.

48 화재의 분류에서 유류 화재에 해당하는 것은?
★★★

① A급 화재　　② **B급 화재**
③ C급 화재　　④ D급 화재

정답 ② B급 화재: 휘발유, 가솔린, 유기용제 등 액체가 연소하는 화재
해설 ① A급 화재: 목재, 종이, 천 등 일반 가연물이 타는 화재
③ C급 화재: 전기설비로 인한 화재
④ D급 화재: 금속(알루미늄, 마그네슘 등)이 연소하는 화재

47 연삭기 사용 작업시 발생할 수 있는 사고와 가장 거리가 먼 것은?

① 회전하는 연삭숫돌의 파손
② 비산하는 입자
③ **작업자 발의 협착**
④ 작업자의 손이 말려 들어감

정답 ③ 연삭기는 대체로 탁상형 또는 휴대형이며, 작업자의 발이 닿을 위치에 회전체나 이송장치가 없음
협착 사고는 컨베이어, 프레스, 롤러 등에서 더 일반적임
해설 ① 고속 회전 중 숫돌이 균열·노후·과부하로 파손되어 파편이 튀는 사고 발생 가능
② 연삭 시 재료, 숫돌 조각, 마모분말 등이 고속으로 작업자 안면·눈 방향으로 비산됨. 반드시 보안경, 방진마스크 착용해야 함
④ 숫돌이나 가공물에 장갑 낀 손이 감겨 들어가거나 지지대 없이 무리한 작업 중 손이 밀려 들어가는 사고가 있음

49 토크렌치의 가장 올바른 사용법은?

① **렌치 끝을 한 손으로 잡고 돌리면서 눈은 게이지 눈금을 확인한다.**
② 렌치 끝을 양손으로 잡고 돌리면서 눈은 게이지 눈금을 확인한다.
③ 왼손은 렌치 중간 지점을 잡고 돌리며 오른손은 지지점을 누르고 게이지 눈금을 확인한다.
④ 오른손은 렌치 끝을 잡고 돌리며 왼손은 지지점을 누르고 눈은 게이지 눈금을 확인한다.

정답 ①
해설 토크렌치는 꼭 "한 손으로 끝부분을 잡고" 조여야 함. 그 이유는,
1. 렌치의 끝을 잡아야 토크(힘 × 거리)가 정확하게 전달됨. 중간을 잡으면 토크가 줄거나 불안정해져서 정확한 힘이 안 나옴.
2. 다른 손으로 누르거나 지지하면 렌치에 비뚤어진 힘(측면 하중)이 가해져서 계측이 틀려짐. 즉, 한 손만 써서 정직하게 돌리는 게 핵심.

50 인화성 물질이 아닌 것은? ★★★
① 아세틸렌가스 ② 가솔린
③ 프로판가스 ④ 산소

[정답] ④ 산소는 스스로 불이 붙지는 않음. 대신, 다른 인화성 물질의 연소를 촉진하는 조연성 기체임.

[해설]
① 불꽃이나 정전기만으로도 폭발할 수 있을 만큼 인화성이 강함
② 대표적인 인화성 액체, 증발이 빠르고 인화점이 낮아 실온에서도 불이 쉽게 붙음
③ 주로 LPG 연료로 사용되며, 공기 중 누출 시 불꽃이나 열로 인화될 수 있음

51 작업현장에서 사용되는 안전표지 색으로 잘못 짝지어진 것은?
① 빨강색 – 방화표시
② 노란색 – 충돌·추락 주의 표시
③ 녹색 – 비상구 표시
④ 보라색 – 안전지도 표시

[정답] ④ 안전지도는 보통 녹색, 청색, 회색 등의 색상 구성으로 제작되며, 보라색은 관련 없음

[해설]
① 빨간색은 화재, 정지, 위험, 금지를 나타냄
  예: 소화기, 소화전, 화재경보장치 위치 등
② 노란색은 주의표지, 즉 사고 위험, 추락, 감전, 충돌 경고에 사용됨
  예: 경고선, 고소작업 주의, 장비 회전 반경 주의
③ 녹색은 안내·구조·안전을 의미
  예: 비상구, 응급처치함, 대피 방향 등

52 가스 용접장치에서 산소 용기의 색은?
① 청색 ② 황색
③ 적색 ④ 녹색

[정답] ④

[해설]
• 고압가스 안전관리법 시행규칙 [별표 24] 용기등의 표시
① 청색: 액화탄산가스
② 황색: 아세틸렌
③ 적색: 고압가스 용기 색상에는 없음
④ 녹색: 산소

53 액화천연가스에 대한 설명 중 틀린 것은?
① 기체 상태는 공기보다 가볍다.
② 가연성으로써 폭발의 위험성이 있다.
③ LNG라고 하며 메탄이 주성분이다.
④ 액체 상태로 배관을 통하여 수요자에게 공급된다.

[정답] ④ LNG는 수요지(도시가스공사 등)에서 기화장치로 기체로 전환한 후, 기체 상태로 배관 공급함

[해설]
① LNG의 주성분은 메탄(CH_4)이며, 메탄의 비중(0.55)은 공기보다 가벼움 → 누출 시 위로 확산
② 메탄은 인화점이 낮고 폭발 범위가 넓음(5~15%) → 산소와 혼합되면 폭발 위험
③ Liquefied Natural Gas = LNG. 메탄 함량 약 90~95%

54 다음 중 금속나트륨이나 금속칼륨 화재의 소화재로서 가장 적합한 것은? ★★★
① 물 ② 건조사
③ 분말 소화기 ④ 할론 소화기

[정답] ② 건조사(마른 모래): 알칼리 금속 화재에 가장 적합한 소화재로, 불꽃과 산소의 접촉을 차단하여 화재 확산을 방지함

[해설]
금속나트륨이나 금속칼륨은 물과 격렬하게 반응하여 수소를 발생시키고 폭발적인 화재를 유발함. 따라서 이들 알칼리 금속 화재에는 물이나 일반적인 소화기 사용은 매우 위험함.
① 물: 가장 부적절한 소화재임. 금속나트륨이나 금속칼륨과 반응하여 수소를 발생시켜 폭발 위험을 증가시킴.
③ 분말 소화기: 일반적인 전기·유류 화재에 효과적이나, 금속화재에는 적합하지 않음.
④ 할론 소화기: 전자기기 화재 등에는 효과적이지만, 고온의 금속반응 화재에는 효과가 없음.

55 안전·보건표지의 종류와 형태에서 그림의 안전표지판이 나타내는 것은? ★★★

① 보행금지 ② 작업금지
③ 출입금지 ④ **사용금지**

정답 ④ 사용금지: 손, 도구, 기계 등을 사용하는 행위를 금지하는 표지

해설 ① 보행금지: 사람이 걷는 모습에 붉은 색 사선
② 작업금지: 특정 작업(예: 절단, 용접 등)의 행위를 금지하는 표지로, 기계나 작업도구 그림이 포함됨
③ 출입금지: 사람 전체 형상에 붉은 색 사선

56 안전관리상 수공구와 관련한 내용으로 가장 적합하지 않은 것은?

① **공구를 사용한 후 녹슬지 않도록 반드시 오일을 바른다.**
② 작업에 적합한 수공구를 이용한다.
③ 공구는 목적 이외의 용도로 사용하지 않는다.
④ 사용 전에 이상 유무를 반드시 확인한다.

정답 ①

해설 공구의 종류에 따라 오일을 바르는 것이 오히려 불필요한 먼지와 이물질을 부착시켜 오작동을 유발할 수 있음. 대신 건조한 상태로 보관하고 필요시 방청제(WD-40 등)를 사용하는 것이 적절하다.

57 동력 전동장치에서 가장 재해가 많이 발생할 수 있는 것은? ★★★

① 기어 ② 커플링
③ **벨트** ④ 차축

정답 ③ 동력 전동장치 중 벨트는 회전하는 풀리와 함께 고속으로 움직이기 때문에, 작업자의 옷, 머리카락, 손 등이 말려 들어가는 사고가 빈번하게 발생함.
특히 노출되어 있거나 덮개가 없는 벨트 구동부는 작은 접촉만으로도 중대한 신체 손상(절단, 협착 등)을 일으킬 수 있음.

해설 ① 기어: 맞물려 돌아가며 위험은 있지만 대부분 기계 내부에 설치되거나 덮개로 보호되어 있는 경우가 많아 접촉 위험은 상대적으로 적음.
② 커플링: 두 축을 연결하는 장치로, 덜컹거리거나 풀릴 경우 위험하지만 재해 발생 빈도는 낮음.
④ 차축: 회전하는 축 자체는 사고 위험이 있으나, 벨트처럼 외부 노출된 면이 많지는 않음.

58 무거운 짐을 이동할 때 적당하지 않은 것은?

① 힘겨우면 기계를 이용한다.
② **기름이 묻은 장갑을 끼고 한다.**
③ 지렛대를 이용한다.
④ 2인 이상이 작업할 때는 힘센 사람과 약한 사람과의 균형을 잡는다.

정답 ② 기름이 묻은 장갑은 미끄러워서 물건을 제대로 잡을 수 없게 되며, 무거운 짐을 들거나 운반하는 작업 중 미끄러지거나 놓치는 사고의 원인이 됨. 특히 무거운 물건을 다룰 때는 손의 그립력(잡는 힘)이 중요한데, 기름 묻은 장갑은 이 기능을 떨어뜨림.

해설 ① 힘겨우면 기계를 이용한다: 적절한 방법임. 무리한 힘을 쓰지 않고 지게차, 호이스트, 크레인 등의 기계를 활용하는 것이 안전함.
③ 지렛대를 이용한다: 무거운 물체를 들어올릴 때 물리적 원리를 이용하는 안전한 방법 중 하나임.
④ 2인 이상이 작업할 때는 균형을 맞춘다: 협동 작업 시 균형과 동기화가 중요하며, 이는 적절한 안전 수칙임.

59 유압 컨트롤 밸브 내에 스풀 형식의 밸브가 사용되는 이유는?

① 오일의 흐름 방향을 바꾸기 위해
② 계통 내의 압력을 상승시키기 위해
③ 축압기의 압력을 바꾸기 위해
④ 펌프의 회전방향을 바꾸기 위해

정답 ① 스풀 밸브는 밸브 하우징 내에서 원통형 막대(스풀, spool)가 앞뒤로 움직이며 유로(오일 통로)를 개폐함. 이 움직임을 통해 오일이 흐르는 경로를 바꿈
해설 ② 압력 상승은 릴리프 밸브, 레귤레이터, 로딩 밸브 등 압력 제어 밸브의 역할임
③ 축압기의 내부 압력은 자체 구조나 압력 조절 밸브로 조정
④ 펌프의 회전방향은 모터의 전기적 회전방향 변경 또는 베벨기어 구성 변경 등을 통해 결정됨. 컨트롤 밸브와는 관련 없음

60 스패너 작업 방법으로 옳은 것은? ★★★

① 몸 쪽으로 당길 때 힘이 걸리도록 한다.
② 볼트 머리보다 큰 스패너를 사용하도록 한다.
③ 스패너 자루에 조합렌치를 연결해서 사용하여도 된다.
④ 스패너 자루에 파이프를 끼워서 사용한다.

정답 ① 스패너 작업 시에는 몸 쪽으로 당기는 방향으로 힘이 걸리게 작업하는 것이 안전함. 그래야 미끄러지거나 풀릴 때 작업자의 중심이 흐트러지지 않고, 공구에서 손이 미끄러져도 넘어지거나 다른 곳을 다칠 위험이 적음.
해설 ② 볼트 머리보다 큰 스패너를 사용하는 것은 잘못된 방법임. 헛돌거나 모서리를 망가뜨릴 수 있으므로 정확한 규격의 스패너를 써야 함.
③ 스패너에 다른 공구를 조합해서 사용하는 것은 위험함. 구조적으로 맞지 않아 공구 파손이나 미끄러짐의 위험이 있음.
④ 스패너 자루에 파이프를 끼워 사용하는 것도 금지됨. 지렛대 작용으로 과도한 힘이 가해져 스패너나 볼트가 손상되거나 사고로 이어질 수 있음.

PART 02

급하면 이 문제만 풀어보아도 합격권

빈출문제 (총 300제)
60제 × 5회

더 이상의 문제는 없다!

01 빈출문제 1회 (60제)

급하면 이 문제만 풀어보아도 합격권

※ 맞는 것을 고르는 답은 고딕, 틀린 것을 고르는 답은 명조체로 표시하였습니다

1 지게차 작업 중 하중 중심이 안정 삼각형 바깥으로 이동했을 때 발생할 수 있는 문제는 무엇인가?

① 속도가 감소한다.
② **지게차가 전도될 위험이 있다.**
③ 연료 효율이 증가한다.
④ 브레이크 성능이 향상된다.

정답 ② 지게차가 전도될 위험이 있다.
해설 하중 중심은 안정 삼각형 내에 위치해야 하며, 바깥으로 이동하면 전도 위험이 크게 증가한다.

2 유압 시스템의 주요 구성 요소가 아닌 것은?

① 유압 펌프
② 유압 실린더
③ 냉각 팬
④ 유압 밸브

정답 ③ 냉각 팬
해설 유압 시스템은 유압 펌프, 유압 실린더, 유압 밸브 등으로 구성되며 냉각 팬은 포함되지 않는다.

3 지게차 운전 시 작업 구역 내에서 금지해야 할 행동은 무엇인가?

① 경적을 사용하여 경고한다.
② **작업 구역을 빠르게 통과한다.**
③ 적재물을 포크에 안정적으로 배치한다.
④ 후진 시 경고음을 울린다.

정답 ② 작업 구역을 빠르게 통과한다.
해설 작업 구역 내에서는 항상 제한 속도를 준수하며, 서행으로 안전하게 이동해야 한다.

4 유압 시스템의 주요 역할로 올바르지 않은 것은?

① 포크의 상승과 하강을 제어한다.
② 유압 오일의 흐름을 유지한다.
③ 지게차의 속도를 증가시킨다.
④ 적재물을 기울이거나 안정시킨다.

정답 ③ 지게차의 속도를 증가시킨다.
해설 유압 시스템은 주로 포크와 적재물의 동작을 제어하며, 속도 증가와는 관련이 없다.

5 지게차 운전 중 경사로에서 하중을 안정적으로 유지하는 방법은? ★★★

① 적재물을 높게 올려 이동한다.
② **하중을 낮게 유지하고 후진으로 이동한다.**
③ 급가속으로 경사로를 빠르게 통과한다.
④ 적재물을 한쪽으로 치우쳐 배치한다.

정답 ② 하중을 낮게 유지하고 후진으로 이동한다.
해설 경사로에서는 하중을 낮게 유지하며, 후진으로 이동하는 것이 안정성을 유지하는 데 가장 안전하다.

6 전기 시스템에서 과전류를 방지하기 위해 사용되는 장치는?

① 유압 밸브
② **퓨즈**
③ 배터리
④ 스타터 모터

정답 ② 퓨즈
해설 퓨즈는 과전류 발생 시 전기 회로를 보호하는 장치로, 고장 시 전류 흐름을 차단하여 안전을 확보한다.

7 엔진 오일의 부족 상태를 방치할 경우 발생할 수 있는 문제는? ★★★

① 엔진 과열 및 손상
② 연료 효율 증가
③ 브레이크 성능 개선
④ 적재 용량 증가

[정답] ① 엔진 과열 및 손상
[해설] 엔진 오일이 부족하면 윤활이 제대로 이루어지지 않아 엔진이 과열되거나 손상될 위험이 높아진다.

8 작업 전 점검 시 가장 먼저 확인해야 할 사항은 무엇인가?

① 브레이크 상태
② 엔진 오일
③ 타이어 공기압
④ 적재물의 균형 상태

[정답] ③ 타이어 공기압
[해설] 타이어 공기압은 작업 전 안전 운전에 큰 영향을 미치므로 가장 먼저 확인해야 한다.

9 유압 오일의 점도가 너무 낮으면 발생할 수 있는 문제는? ★★★

① 유압 시스템의 과열
② 작업 속도 증가
③ 브레이크 성능 향상
④ 연료 효율 저하

[정답] ① 유압 시스템의 과열
[해설] 점도가 낮은 유압 오일은 유압 시스템의 압력을 유지하기 어렵고, 마찰로 인한 과열이 발생할 수 있다.

10 지게차 작업 중 포크의 적정 높이는 무엇을 기준으로 설정해야 하는가? ★★★

① 지게차 운전자의 시야
② 적재물의 크기
③ 작업 구역의 장애물
④ 적재물의 무게 중심

[정답] ④ 적재물의 무게 중심
[해설] 적재물의 무게 중심을 기준으로 포크의 높이를 조정하여 안정성을 확보해야 한다.

11 배터리 충전 시 반드시 지켜야 할 사항은? ★★★

① 엔진을 켜놓고 충전한다.
② 통풍이 잘되는 곳에서 작업한다.
③ 충전 케이블을 반대로 연결한다.
④ 충전 중에는 충전기를 자주 끈다.

[정답] ② 통풍이 잘되는 곳에서 작업한다.
[해설] 배터리 충전 중에는 가연성 가스가 발생할 수 있으므로 통풍이 잘되는 장소에서 작업해야 한다.

12 지게차의 하중 중심이 안정 삼각형의 경계에 위치할 경우 예상되는 상황은?

① 작업 속도가 빨라진다.
② 지게차가 경고음을 울린다.
③ 안정성이 낮아지고 전복 위험이 증가한다.
④ 브레이크 성능이 향상된다.

[정답] ③ 안정성이 낮아지고 전복 위험이 증가한다.
[해설] 하중 중심이 안정 삼각형의 경계에 위치하면 전복 가능성이 높아져 작업이 위험해질 수 있다.

13 연료필터를 교체하지 않고 방치했을 경우 발생할 수 있는 문제는?

① 연료 소비량 감소
② 엔진 출력 저하
③ 유압 시스템 고장
④ 브레이크 성능 저하

[정답] ② 엔진 출력 저하
[해설] 연료 필터가 막히면 연료 공급이 원활하지 않아 엔진 출력이 저하될 수 있다.

14 후진 경고음이 작동하지 않을 경우 어떻게 대처해야 하는가? ★★★

① **작업을 중단하고 경고음을 점검한다.**
② 경고음이 없어도 작업을 계속 진행한다.
③ 경고등을 대신 켜고 작업을 진행한다.
④ 포크를 낮춰 안전성을 유지한다.

정답 ① 작업을 중단하고 경고음을 점검한다.
해설 후진 경고음은 작업장의 안전을 위해 필수적이므로 작동하지 않을 경우 작업을 중단해야 한다.

15 지게차의 유압 실린더가 손상되었을 경우 예상되는 문제는?

① **포크가 제대로 움직이지 않는다.**
② 엔진 출력이 증가한다.
③ 연료 소비량이 감소한다.
④ 지게차의 속도가 빨라진다.

정답 ① 포크가 제대로 움직이지 않는다.
해설 유압 실린더는 포크의 상승과 하강을 제어하는 핵심 부품으로, 손상 시 정상적인 작동이 불가능하다.

16 지게차 운전 시 적재물을 안전하게 고정하기 위해 사용하는 장치는 무엇인가?

① 포크 익스텐션
② **체인 또는 스트랩**
③ 유압 밸브
④ 브레이크

정답 ② 체인 또는 스트랩
해설 적재물을 운반할 때 체인이나 스트랩을 사용하여 흔들림이나 낙하를 방지한다.

17 유압 시스템의 오일 교체 주기를 초과했을 경우 발생할 수 있는 문제는? ★★★

① **유압 시스템 성능 저하**
② 연료 효율 증가
③ 브레이크 작동 강화
④ 적재 용량 증가

정답 ① 유압 시스템 성능 저하
해설 오래된 유압 오일은 오염되거나 점도가 낮아져 시스템의 성능을 저하시킬 수 있다.

18 지게차 운전 중 작업 구역에서 보행자가 접근할 경우 올바른 행동은? ★★★

① 경적을 울리고 계속 이동한다.
② **보행자가 지나갈 때까지 기다린다.**
③ 속도를 줄이지 않고 이동한다.
④ 적재물을 높이 올려 보행자를 피한다.

정답 ② 보행자가 지나갈 때까지 기다린다.
해설 작업 중 보행자가 접근하면 안전을 위해 작업을 중단하고 보행자가 지나갈 때까지 기다리는 것이 원칙이다.

19 지게차의 경고등이 작동하지 않을 경우 필요한 조치는?

① 작업을 계속한다.
② **경고등을 점검하고 교체한다.**
③ 포크의 높이를 올린다.
④ 속도를 높여 빠르게 이동한다.

정답 ② 경고등을 점검하고 교체한다.
해설 경고등은 작업 중 위험을 알리는 중요한 장치로, 작동하지 않을 경우 즉시 점검 및 교체해야 한다.

20 지게차 운전자가 작업 중 피로를 느낄 경우 취해야 할 적절한 행동은?

① 작업을 계속 진행한다.
② **휴식을 취한 후 작업을 재개한다.**
③ 작업 속도를 증가시킨다.
④ 다른 작업자에게 적재물을 운반하게 한다.

정답 ② 휴식을 취한 후 작업을 재개한다.
해설 피로 상태에서 작업을 강행하면 사고 발생 위험이 높아지므로 적절한 휴식이 필요하다.

21. 지게차 작업 후 반드시 실행해야 할 작업은 무엇인가? ★★★
① 지게차를 세워두고 키를 꽂아둔다.
② **브레이크를 잠그고 키를 제거한다.**
③ 적재물을 포크에 올려둔 상태로 둔다.
④ 연료를 가득 채운다.

정답 ② 브레이크를 잠그고 키를 제거한다.
해설 작업 후 지게차를 안전하게 주차하고 브레이크를 잠근 후 키를 제거하여 사고를 예방해야 한다.

22. 경사로 작업 중 지게차의 하중 중심이 앞으로 쏠릴 경우 발생할 수 있는 문제는?
① 작업 속도가 증가한다.
② 지게차의 후방 안정성이 향상된다.
③ **지게차가 앞으로 전복될 위험이 있다.**
④ 연료 소비가 감소한다.

정답 ③ 지게차가 앞으로 전복될 위험이 있다.
해설 경사로 작업 중 하중 중심이 앞으로 쏠리면 지게차가 전복될 위험이 크므로 작업 전 하중 중심을 올바르게 배치해야 한다.

23. 지게차의 브레이크 작동 여부를 점검하는 가장 적절한 시기는 언제인가?
① 작업 중
② **작업 전**
③ 작업 후
④ 정비 후

정답 ② 작업 전
해설 브레이크는 작업 전 반드시 점검하여 안전한 운행을 보장해야 한다.

24. 유압 시스템에서 유압 호스가 파손되었을 때 취해야 할 조치는 무엇인가?
① 작업을 계속 진행한다.
② 파손된 부분을 테이프로 감싼다.
③ **유압 호스를 교체하거나 수리한다.**
④ 유압 오일을 추가로 주입한다.

정답 ③ 유압 호스를 교체하거나 수리한다.
해설 유압 호스가 파손되면 즉시 수리하거나 교체하여 안전과 성능을 유지해야 한다.

25. 지게차 운전 중 적재물을 높게 올려 이동해야 할 경우 주의할 점은 무엇인가? ★★★
① **속도를 줄이고 천천히 이동한다.**
② 경적을 계속 울린다.
③ 적재물을 빠르게 운반한다.
④ 브레이크를 사용하지 않는다.

정답 ① 속도를 줄이고 천천히 이동한다.
해설 적재물을 높이 올리고 이동할 경우 하중 중심이 상승하므로 속도를 줄여 안정성을 확보해야 한다.

26. 유압 시스템의 오일 점검 시 가장 중요한 요소는 무엇인가? ★★★
① 오일의 색상
② **오일의 점도와 양**
③ 오일의 냄새
④ 오일 탱크의 크기

정답 ② 오일의 점도와 양
해설 유압 시스템에서 오일의 점도와 양은 시스템 성능에 직접적으로 영향을 미치는 중요한 요소이다.

27. 지게차 작업 중 적재물이 흔들리는 경우 가장 먼저 확인해야 할 것은? ★★★
① 포크의 높이
② **적재물의 무게 중심**
③ 브레이크 상태
④ 작업 구역의 장애물

정답 ② 적재물의 무게 중심
해설 적재물이 흔들리는 경우 무게 중심이 올바르게 배치되었는지 확인하고 즉시 조정해야 한다.

28 지게차 작업 후 타이어를 점검해야 하는 이유는 무엇인가?

① 작업 속도를 높이기 위해
② **타이어의 마모 상태를 확인하기 위해**
③ 연료 소비를 줄이기 위해
④ 적재물의 높이를 조정하기 위해

정답 ② 타이어의 마모 상태를 확인하기 위해
해설 작업 후 타이어 마모 상태를 점검하여 교체 여부를 판단하고 안전성을 유지해야 한다.

29 지게차 운전 중 엔진 과열이 발생할 경우 취해야 할 적절한 조치는?

① **작업을 멈추고 엔진을 끈다.**
② 냉각수를 추가로 주입한다.
③ 속도를 높여 냉각 효과를 증가시킨다.
④ 작업을 멈추지 않고 계속 운전한다.

정답 ① 작업을 멈추고 엔진을 끈다.
해설 엔진 과열이 발생하면 작업을 멈추고 엔진을 끈 후 냉각 상태를 점검해야 한다.

30 지게차의 배터리 단자가 부식되었을 경우 올바른 조치는 무엇인가?

① 작업을 계속한다.
② **부식을 청소하고 단자를 다시 연결한다.**
③ 배터리를 교체한다.
④ 전압을 조정한다.

정답 ② 부식을 청소하고 단자를 다시 연결한다.
해설 배터리 단자의 부식은 전기 흐름을 방해할 수 있으므로 이를 청소하고 단자를 올바르게 연결해야 한다.

31 지게차의 적재물 무게가 포크 용량을 초과했을 경우 발생할 수 있는 문제는?

① 엔진 과열
② 유압 시스템 손상
③ **지게차 전복**
④ 브레이크 파손

정답 ③ 지게차 전복
해설 포크의 적재 한도를 초과하면 하중 중심이 안정 삼각형을 벗어나 지게차가 전복될 위험이 있다.

32 지게차 운행 중 유압 시스템에서 이상 소음이 발생하는 주요 원인은? ★★★

① **유압 오일 부족**
② 브레이크 고장
③ 적재물의 불균형
④ 엔진 출력 부족

정답 ① 유압 오일 부족
해설 유압 오일이 부족하면 펌프가 공기를 흡입하여 이상 소음이 발생할 수 있다.

33 지게차의 경사로 하강 시 적재물을 안전하게 운반하는 방법은? ★★★

① 적재물을 높이 올린 상태로 하강한다.
② 브레이크를 완전히 해제한다.
③ **후진으로 하강한다.**
④ 최대 속도로 이동한다.

정답 ③ 후진으로 하강한다.
해설 경사로 하강 시 후진으로 이동하면 하중 중심이 앞으로 쏠리지 않아 안정성을 유지할 수 있다.

34 지게차 작업 중 엔진 경고등이 점등되었을 때 올바른 행동은?

① 작업을 계속 진행한다.
② 경고등을 무시한다.
③ **작업을 중단하고 엔진 상태를 점검한다.**
④ 포크를 최대 높이로 올린다.

정답 ③ 작업을 중단하고 엔진 상태를 점검한다.
해설 경고등은 기계 이상을 알리는 신호이므로 즉시 점검하여 문제를 해결해야 한다.

35 지게차 타이어 공기압이 부족할 경우 발생할 수 있는 문제는?

① 작업 속도 증가
② **안정성 저하**
③ 유압 시스템 손상
④ 적재물 파손

[정답] ② 안정성 저하
[해설] 타이어 공기압이 부족하면 지면과의 접촉면이 비정상적으로 변해 안정성이 저하된다.

36 지게차의 포크가 올바르게 설치되지 않았을 때 발생할 수 있는 문제는?

① **포크의 흔들림으로 적재물이 떨어질 위험이 있다.**
② 지게차의 속도가 증가한다.
③ 연료 소비가 감소한다.
④ 유압 오일의 점도가 낮아진다.

[정답] ① 포크의 흔들림으로 적재물이 떨어질 위험이 있다.
[해설] 포크가 제대로 설치되지 않으면 적재물을 안정적으로 지지할 수 없어 작업 중 사고로 이어질 수 있다.

37 지게차의 연료필터가 막혔을 경우 발생할 수 있는 주요 문제는? ★★★

① 유압 시스템 성능 저하
② **엔진 출력 저하**
③ 브레이크 작동 불량
④ 적재물 파손

[정답] ② 엔진 출력 저하
[해설] 연료필터가 막히면 연료 공급이 원활하지 않아 엔진 출력이 저하된다.

38 지게차의 안정성을 높이기 위해 적재물을 배치할 때 고려해야 할 사항은?

① 적재물을 포크의 끝부분에 배치한다.
② **적재물의 무게 중심을 포크 중앙에 배치한다.**
③ 적재물을 최대한 높이 올려 배치한다.
④ 적재물의 하단을 들어 올리지 않는다.

[정답] ② 적재물의 무게 중심을 포크 중앙에 배치한다.
[해설] 무게 중심이 포크 중앙에 위치해야 하중이 고르게 분산되어 지게차의 안정성이 유지된다.

39 지게차 운전 중 작업 환경이 어두운 경우 조치해야 할 사항은?

① **속도를 줄이고 조명을 켠다.**
② 작업을 멈추고 엔진을 끈다.
③ 적재물을 높이 올려 시야를 확보한다.
④ 경고음을 울리며 빠르게 이동한다.

[정답] ① 속도를 줄이고 조명을 켠다.
[해설] 어두운 환경에서는 작업 속도를 줄이고 조명을 켜 주변을 확인하며 작업을 진행해야 한다.

40 지게차의 유압 밸브가 고장 났을 경우 예상되는 문제는?

① **포크의 작동이 원활하지 않다.**
② 타이어 마모가 심해진다.
③ 엔진 소음이 감소한다.
④ 작업 속도가 빨라진다.

[정답] ① 포크의 작동이 원활하지 않다.
[해설] 유압 밸브는 유압 오일의 흐름을 제어하는 역할을 하므로 고장 시 포크의 작동이 제한된다.

41 지게차 운전 중 브레이크가 작동하지 않을 경우 가장 먼저 해야 할 조치는? ★★★

① 작업을 계속 진행한다.
② **비상 브레이크를 사용한다.**
③ 속도를 높여 작업을 완료한다.
④ 경적을 울리며 계속 이동한다.

[정답] ② 비상 브레이크를 사용한다.
[해설] 브레이크가 작동하지 않을 경우 즉시 비상 브레이크를 사용하여 차량을 멈춰야 한다.

42 적재물이 과도하게 한쪽으로 치우친 경우 발생할 수 있는 문제는? ★★★

① 지게차의 안정성 증가
② **포크의 파손 위험 증가**
③ 브레이크 성능 향상
④ 작업 속도 감소

[정답] ② 포크의 파손 위험 증가
[해설] 적재물이 치우치면 하중이 고르지 않게 분배되어 포크의 파손 및 작업 안전성 문제가 발생할 수 있다.

43 지게차 운행 중 타이어 마모 상태를 점검하지 않을 경우 예상되는 문제는?

① 작업 효율 증가
② **지게차의 주행 안정성 감소**
③ 연료 효율 증가
④ 브레이크 성능 향상

[정답] ② 지게차의 주행 안정성 감소
[해설] 타이어 마모가 심하면 접지력이 감소하여 주행 안정성이 저하되고 작업 중 사고 위험이 증가한다.

44 유압 시스템의 오일이 누유될 경우 가장 먼저 확인해야 할 것은? ★★★

① **유압 밸브의 상태**
② 타이어 공기압
③ 브레이크 상태
④ 경고등의 작동 여부

[정답] ① 유압 밸브의 상태
[해설] 유압 오일 누유는 밸브나 호스의 문제로 발생할 가능성이 크므로 해당 부품을 점검해야 한다.

45 작업 구역에서 지게차의 적재물이 떨어졌을 경우 취해야 할 올바른 행동은?

① **작업을 멈추고 떨어진 적재물을 안전하게 치운다.**
② 적재물을 무시하고 작업을 계속 진행한다.
③ 다른 작업자에게 적재물을 치우게 한다.
④ 경고음을 울리며 이동한다.

[정답] ① 작업을 멈추고 떨어진 적재물을 안전하게 치운다.
[해설] 작업 중 적재물이 떨어졌을 경우 안전을 위해 즉시 작업을 중단하고 안전한 방법으로 치워야 한다.

46 지게차의 적재 중량이 초과되었을 때 발생할 수 있는 주요 문제는?

① 포크의 안정성 증가
② 엔진의 연료 효율 감소
③ 브레이크 성능 향상
④ **지게차 전복 위험 증가**

[정답] ④ 지게차 전복 위험 증가
[해설] 적재 중량 초과는 지게차의 안정성을 저하시키고 전복 위험을 증가시킨다.

47 엔진 냉각수가 부족할 경우 발생할 수 있는 문제는? ★★★

① 작업 속도 증가
② **엔진 과열로 인한 손상**
③ 연료 소비 감소
④ 유압 시스템 성능 향상

[정답] ② 엔진 과열로 인한 손상
[해설] 냉각수가 부족하면 엔진 온도가 과도하게 상승하여 심각한 손상이 발생할 수 있다.

48 작업 구역 내에서 지게차의 경적 사용이 필요한 상황은?

① 적재물을 올릴 때
② **작업 중 보행자가 접근할 때**
③ 포크를 하강할 때
④ 작업을 완료했을 때

[정답] ② 작업 중 보행자가 접근할 때
[해설] 작업 구역 내에서 보행자의 접근은 사고 위험을 증가시키므로 경적을 울려 주의를 환기해야 한다.

49 지게차의 배터리 전압이 비정상적으로 낮은 경우 예상되는 문제는?

① 유압 시스템 성능 증가
② **엔진 출력 감소**
③ 작업 속도 증가
④ 포크 안정성 향상

[정답] ② 엔진 출력 감소
[해설] 배터리 전압이 낮으면 엔진 시동이 어려워지고 출력이 감소할 수 있다.

50 지게차 운행 중 작업자가 피로를 느낄 경우 올바른 행동은?

① 작업을 계속 진행한다.
② **휴식을 취한 후 작업을 재개한다.**
③ 적재물을 높이 올려 빠르게 작업한다.
④ 다른 작업자에게 작업을 맡긴다.

[정답] ② 휴식을 취한 후 작업을 재개한다.
[해설] 피로 상태에서 작업을 강행하면 사고 위험이 높아지므로 적절한 휴식을 취해야 한다.

51 지게차의 포크 높이가 너무 낮게 설정된 경우 발생할 수 있는 문제는?

① 작업 속도가 증가한다.
② **적재물이 지면에 닿아 손상될 위험이 있다.**
③ 유압 시스템 성능이 저하된다.
④ 브레이크 성능이 향상된다.

[정답] ② 적재물이 지면에 닿아 손상될 위험이 있다.
[해설] 포크 높이가 너무 낮으면 적재물이 지면에 닿아 손상되거나 운반 중 흔들릴 위험이 증가한다.

52 작업 중 유압 시스템의 압력이 비정상적으로 낮을 경우 예상되는 문제는? ★★★

① **포크가 상승하지 않는다.**
② 지게차의 속도가 증가한다.
③ 작업 소음이 줄어든다.
④ 연료 소비가 감소한다.

[정답] ① 포크가 상승하지 않는다.
[해설] 유압 압력이 낮으면 포크를 상승하거나 하중을 지탱하는 기능이 약화된다.

53 적재물을 운반할 때 가장 적절한 포크의 높이는?

① **바닥에서 5cm 정도 높이**
② 바닥에서 30cm 이상 높이
③ 운전자의 시야를 가리지 않을 정도
④ 하중 중심을 고려하지 않은 높이

[정답] ① 바닥에서 5cm 정도 높이
[해설] 적재물을 운반할 때 포크를 바닥에서 약간 띄운 상태로 운반하면 하중 중심을 낮게 유지할 수 있다.

54 지게차 운전 중 작업 구역에 예상치 못한 장애물이 있을 경우 올바른 대처는?

① 장애물을 빠르게 통과한다.
② **장애물을 제거한 후 작업을 계속한다.**
③ 포크를 올리고 우회한다.
④ 경고음을 울리지 않고 작업을 진행한다.

[정답] ② 장애물을 제거한 후 작업을 계속한다.
[해설] 작업 구역 내 장애물은 작업 안전을 위협할 수 있으므로 제거 후 작업을 진행해야 한다.

55 지게차의 타이어 공기압이 과도하게 높은 경우 발생할 수 있는 문제는? ★★★

① **지면 접지력이 약해져 안정성이 저하된다.**
② 타이어 수명이 길어진다.
③ 작업 속도가 증가한다.
④ 유압 시스템의 성능이 향상된다.

정답 ① 지면 접지력이 약해져 안정성이 저하된다.
해설 타이어 공기압이 높으면 지면과의 접지 면적이 줄어들어 주행 안정성이 저하된다.

56 지게차의 냉각 시스템에서 이상이 발생했을 경우 가장 먼저 확인해야 할 것은?

① 엔진 오일 상태
② **냉각수의 양**
③ 포크의 작동 상태
④ 타이어 공기압

정답 ② 냉각수의 양
해설 냉각 시스템 문제의 가장 일반적인 원인은 냉각수 부족이므로 이를 우선적으로 확인해야 한다.

57 지게차 운전 중 전복 사고를 방지하기 위한 올바른 방법은? ★★★

① **급회전을 피한다.**
② 포크를 항상 최대 높이로 유지한다.
③ 작업 속도를 최대한 높인다.
④ 적재물을 한쪽으로 치우친 상태로 운반한다.

정답 ① 급회전을 피한다.
해설 급회전은 하중 중심을 벗어나게 하여 전복 사고를 유발할 수 있으므로 피해야 한다.

58 지게차의 배터리 단자가 부식되었을 때 적절한 대처 방법은?

① **부식을 제거하고 단자를 청결히 유지한다.**
② 부식된 상태로 작업을 계속 진행한다.
③ 단자를 제거하지 않고 추가 배터리를 연결한다.
④ 전기 테이프로 감아 사용한다.

정답 ① 부식을 제거하고 단자를 청결히 유지한다.
해설 부식된 배터리 단자는 전기 흐름을 방해하므로 이를 제거하고 단자를 청결히 유지해야 한다.

59 유압 호스가 파손되었을 때 올바른 대처는? ★★★

① 파손된 부분을 테이프로 감싼다.
② 작업을 계속 진행한다.
③ **즉시 작업을 멈추고 호스를 교체하거나 수리한다.**
④ 유압 오일을 추가로 주입한다.

정답 ③ 즉시 작업을 멈추고 호스를 교체하거나 수리한다.
해설 파손된 유압 호스는 작업 안전을 위협하므로 즉시 작업을 멈추고 교체 또는 수리를 해야 한다.

60 지게차 작업 중 보행자와 충돌을 방지하기 위한 최선의 방법은? ★★★

① 작업 중 경적을 수시로 울린다.
② 작업 구역에 접근한 보행자를 무시한다.
③ **보행자가 지나갈 때까지 작업을 멈춘다.**
④ 적재물을 높이 올려 보행자를 피한다.

정답 ③ 보행자가 지나갈 때까지 작업을 멈춘다.
해설 작업 구역 내 보행자는 항상 우선권이 있으며, 보행자가 지나갈 때까지 작업을 멈추는 것이 안전하다.

02 빈출문제 2회 (60제)

급하면 이 문제만 풀어보아도 합격권

※ 맞는 것을 고르는 답은 고딕, 틀린 것을 고르는 답은 명조체로 표시하였습니다

1 지게차의 브레이크 오일 부족이 작업에 미칠 수 있는 영향은?
① 유압 시스템 성능 향상
② **브레이크 성능 저하**
③ 적재물 안정성 증가
④ 타이어 수명 연장

[정답] ② 브레이크 성능 저하
[해설] 브레이크 오일이 부족하면 브레이크 성능이 저하되어 작업 중 안전사고의 위험이 증가한다.

2 적재물이 지게차의 안정 삼각형 경계 밖으로 이동할 경우 예상되는 상황은?
① 적재물이 더 안정적으로 유지된다.
② 유압 시스템이 자동으로 멈춘다.
③ 작업 속도가 증가한다.
④ **지게차의 전복 위험이 증가한다.**

[정답] ④ 지게차의 전복 위험이 증가한다.
[해설] 적재물이 안정 삼각형 경계 밖으로 이동하면 하중 중심이 불안정해져 전복 위험이 커진다.

3 지게차의 경고등이 계속 깜박일 때 작업자는 무엇을 해야 하는가? ★★★
① 작업을 계속 진행한다.
② **경고등을 점검하고 문제를 해결한다.**
③ 경고등을 무시한다.
④ 작업 속도를 높여 작업을 완료한다.

[정답] ② 경고등을 점검하고 문제를 해결한다.
[해설] 경고등은 장비의 이상을 알리는 신호이므로 이를 무시하지 말고 즉시 점검해야 한다.

4 지게차 운행 중 비상 상황 발생 시 가장 중요한 행동은? ★★★
① **지게차를 멈추고 안전을 확보한다.**
② 작업 속도를 줄여 상황을 확인한다.
③ 다른 작업자에게 상황을 알리지 않는다.
④ 경고등을 끈다.

[정답] ① 지게차를 멈추고 안전을 확보한다.
[해설] 비상 상황에서는 지게차를 즉시 멈추고 작업장 안전을 최우선으로 확보해야 한다.

5 지게차의 타이어가 과도하게 마모되었을 때 취해야 할 올바른 행동은?
① 작업을 계속 진행한다.
② **타이어를 교체한다.**
③ 타이어에 공기를 더 주입한다.
④ 경고등을 끈다.

[정답] ② 타이어를 교체한다.
[해설] 마모된 타이어는 주행 안전성을 저하시킬 수 있으므로 즉시 교체해야 한다.

6 경사로에서 지게차가 후진 시 적재물의 안전을 확보하기 위한 방법은? ★★★
① 적재물을 높이 올린 상태로 이동한다.
② 적재물을 포크 끝에 위치시킨다.
③ 경고음을 울리지 않는다.
④ **작업 속도를 천천히 유지한다.**

[정답] ④ 작업 속도를 천천히 유지한다.
[해설] 경사로에서는 작업 속도를 줄이고 하중 중심을 고려하여 안전을 확보해야 한다.

7 지게차의 엔진 과열을 방지하기 위한 적절한 유지 관리 방법은? ★★★

① **냉각수와 오일 상태를 정기적으로 점검한다.**
② 작업 속도를 최대한 높인다.
③ 적재물을 항상 최대치로 운반한다.
④ 경고등이 점등될 때만 점검한다.

정답 ① 냉각수와 오일 상태를 정기적으로 점검한다.
해설 엔진 과열 방지를 위해 냉각수와 오일 상태를 주기적으로 점검하고 관리해야 한다.

8 지게차 작업 중 적재물이 흔들리는 주요 원인은?

① 유압 밸브의 과도한 압력
② **포크의 적재물 배치 불량**
③ 경고등의 오작동
④ 브레이크 오일 부족

정답 ② 포크의 적재물 배치 불량
해설 적재물이 포크에 고르게 배치되지 않으면 운반 중 흔들림이 발생할 수 있다.

9 지게차 작업 구역에서 적재물을 운반하기 전 작업자가 확인해야 할 사항은? ★★★

① **작업 구역의 장애물 여부**
② 엔진의 최대 출력 상태
③ 적재물의 색상
④ 타이어의 디자인

정답 ① 작업 구역의 장애물 여부
해설 작업 구역의 장애물을 사전에 확인하고 제거해야 안전한 작업 환경을 유지할 수 있다.

10 지게차 운전 중 연료 부족 경고등이 점등되었을 경우 올바른 대처는?

① **작업을 멈추고 연료를 보충한다.**
② 경고등을 무시하고 작업을 계속한다.
③ 적재물을 더 가볍게 한다.
④ 연료 보충 없이 최대한 빨리 작업을 완료한다.

정답 ① 작업을 멈추고 연료를 보충한다.
해설 연료 부족 경고등이 점등되면 작업을 멈추고 연료를 보충하여 안전한 작업을 이어가야 한다.

11 지게차 작업 중 적재물의 무게 중심이 높을 경우 발생할 수 있는 문제는?

① 작업 안정성이 증가한다.
② **지게차가 전복될 위험이 높아진다.**
③ 유압 시스템의 성능이 향상된다.
④ 작업 속도가 빨라진다.

정답 ② 지게차가 전복될 위험이 높아진다.
해설 적재물의 무게 중심이 높으면 하중의 균형이 깨져 지게차가 전복될 위험이 커진다.

12 작업 환경이 비나 눈으로 인해 미끄러울 경우 적절한 운전 방법은? ★★★

① 적재물을 높이 올린 상태로 이동한다.
② 경고음을 울리지 않고 빠르게 이동한다.
③ **속도를 줄이고 포크를 낮춘다.**
④ 타이어 공기압을 감소시킨다.

정답 ③ 속도를 줄이고 포크를 낮춘다.
해설 미끄러운 환경에서는 속도를 줄이고 포크를 낮춰 안정성을 유지하며 작업해야 한다.

13 지게차 운행 중 엔진 소음이 비정상적으로 증가했을 경우 조치해야 할 사항은?

① 작업을 계속한다.
② **엔진을 정지시키고 점검한다.**
③ 적재물을 낮춰 소음을 줄인다.
④ 타이어를 점검한다.

정답 ② 엔진을 정지시키고 점검한다.
해설 비정상적인 엔진 소음은 고장의 신호일 수 있으므로 즉시 작업을 중단하고 점검해야 한다.

14 지게차의 포크가 균형 잡힌 상태로 유지되려면 무엇을 확인해야 하는가?

① 유압 호스의 연결 상태
② **적재물의 균형과 무게 중심**
③ 브레이크 오일의 양
④ 타이어의 마모 상태

정답 ② 적재물의 균형과 무게 중심
해설 포크의 균형을 유지하려면 적재물이 고르게 배치되어야 하며 무게 중심이 포크 중앙에 위치해야 한다.

15 지게차 운전 중 브레이크 성능이 저하되었을 경우 가장 먼저 해야 할 조치는?

① **작업을 멈추고 브레이크를 점검한다.**
② 경고음을 울리며 작업을 진행한다.
③ 속도를 줄이고 계속 운전한다.
④ 타이어 공기압을 높인다.

정답 ① 작업을 멈추고 브레이크를 점검한다.
해설 브레이크 성능 저하는 큰 사고로 이어질 수 있으므로 즉시 점검하고 문제를 해결해야 한다.

16 지게차의 배터리 방전 방지를 위한 올바른 방법은? ★★★

① 작업 종료 후 배터리를 완전히 방전시킨다.
② 배터리 단자를 분리한 상태로 작업한다.
③ **정기적으로 배터리 충전을 실시한다.**
④ 경고등이 점등될 때만 충전한다.

정답 ③ 정기적으로 배터리 충전을 실시한다.
해설 배터리 방전을 방지하려면 작업 후 정기적으로 배터리를 충전해야 한다.

17 지게차 운전 중 하중이 너무 무거울 경우 발생할 수 있는 문제는?

① 엔진 성능이 향상된다.
② **지게차가 전복될 위험이 있다.**
③ 유압 시스템이 자동으로 조정된다.
④ 브레이크 성능이 개선된다.

정답 ② 지게차가 전복될 위험이 있다.
해설 하중이 과도하게 무거우면 안정 삼각형의 균형이 깨져 전복 위험이 증가한다.

18 유압 호스가 파손되었을 때 취해야 할 적절한 행동은? ★★★

① 작업을 계속한다.
② 유압 오일을 추가로 보충한다.
③ 파손된 부분을 테이프로 감싼다.
④ **유압 호스를 즉시 교체하거나 수리한다.**

정답 ④ 유압 호스를 즉시 교체하거나 수리한다.
해설 유압 호스가 파손되면 작업을 멈추고 호스를 교체하거나 수리해야 한다.

19 지게차 작업 중 적재물을 최대 높이로 올렸을 때 지켜야 할 안전 수칙은? ★★★

① 작업 속도를 빠르게 한다.
② **적재물을 낮추기 전까지 이동하지 않는다.**
③ 포크를 끝까지 확장한다.
④ 지게차의 엔진을 정지시킨다.

정답 ② 적재물을 낮추기 전까지 이동하지 않는다.
해설 적재물을 최대 높이로 올린 상태에서 이동하면 전복 위험이 증가하므로 이동 전에 반드시 낮춰야 한다.

20 지게차의 브레이크가 갑자기 작동하지 않을 경우 적절한 행동은? ★★★

① 작업을 계속 진행한다.
② 경적을 울리며 이동을 계속한다.
③ **비상 브레이크를 사용하여 지게차를 정지시킨다.**
④ 적재물을 즉시 내린다.

정답 ③ 비상 브레이크를 사용하여 지게차를 정지시킨다.
해설 브레이크가 작동하지 않을 경우 비상 브레이크를 사용하여 차량을 멈추고 사고를 방지해야 한다.

21 지게차 작업 중 경사로를 오르내릴 때 적재물의 방향은 어떻게 설정해야 하는가? ★★★

① 적재물이 경사로 아래쪽을 향하도록 한다.
② **적재물이 경사로 위쪽을 향하도록 한다.**
③ 적재물 방향은 중요하지 않다.
④ 적재물을 수평으로 유지한다.

[정답] ② 적재물이 경사로 위쪽을 향하도록 한다.
[해설] 경사로에서 적재물의 방향을 위쪽으로 유지해야 하며, 이는 안정성을 높이고 전복을 방지한다.

22 지게차 작업 전 타이어 공기압을 점검하는 이유는? ★★★

① 작업 속도를 높이기 위해
② 적재물을 더 많이 운반하기 위해
③ 연료 소비를 줄이기 위해
④ **작업 안정성과 접지력을 유지하기 위해**

[정답] ④ 작업 안정성과 접지력을 유지하기 위해
[해설] 타이어 공기압이 적절해야 작업 중 안정성과 접지력이 유지되어 안전한 작업이 가능하다.

23 지게차의 적재물이 한쪽으로 기울어져 있을 경우 가장 먼저 해야 할 행동은?

① 작업을 계속 진행한다.
② 속도를 높여 기울어짐을 보정한다.
③ **적재물을 재배치하여 균형을 맞춘다.**
④ 포크의 높이를 최대한 낮춘다.

[정답] ③ 적재물을 재배치하여 균형을 맞춘다.
[해설] 적재물이 기울어진 상태로 운반하면 전복 위험이 있으므로 즉시 균형을 맞춰야 한다.

24 지게차의 배터리가 완전히 방전된 경우 적절한 대처 방법은? ★★★

① 엔진을 시동한 상태에서 충전한다.
② **배터리를 교체하거나 외부 충전기를 사용하여 충전한다.**
③ 배터리를 건조한 장소에 보관한다.
④ 배터리 방전 상태로 작업을 계속한다.

[정답] ② 배터리를 교체하거나 외부 충전기를 사용하여 충전한다.
[해설] 배터리가 방전되면 교체하거나 충전기를 사용하여 정상 상태로 복원해야 작업이 가능하다.

25 유압 오일이 과열되었을 때 예상되는 문제는?

① 작업 효율이 증가한다.
② **유압 시스템의 부품 손상이 발생할 수 있다.**
③ 포크가 더 부드럽게 작동한다.
④ 연료 소비가 감소한다.

[정답] ② 유압 시스템의 부품 손상이 발생할 수 있다.
[해설] 유압 오일이 과열되면 시스템 내 부품들이 손상될 수 있으므로 즉시 점검하고 오일을 교체해야 한다.

26 지게차 작업 중 적재물을 고정하지 않은 상태로 운반할 경우 발생할 수 있는 문제는?

① **적재물이 흔들리거나 떨어질 위험이 있다.**
② 연료 소비가 감소한다.
③ 작업 속도가 증가한다.
④ 엔진 출력이 향상된다.

[정답] ① 적재물이 흔들리거나 떨어질 위험이 있다.
[해설] 적재물을 고정하지 않고 운반하면 작업 중 안정성이 크게 저하되어 사고가 발생할 수 있다.

27 작업 구역 내 보행자가 접근할 경우 작업자가 가장 먼저 해야 할 행동은? ★★★

① 작업 속도를 높여 작업을 완료한다.
② **작업을 멈추고 보행자가 안전거리를 확보할 때까지 대기한다.**
③ 적재물을 더 높이 올린다.
④ 보행자에게 작업 중임을 알리지 않는다.

[정답] ② 작업을 멈추고 보행자가 안전 거리를 확보할 때까지 대기한다.
[해설] 보행자가 작업 구역에 접근하면 작업을 중단하고 안전이 확보될 때까지 기다리는 것이 원칙이다.

28 지게차의 엔진 오일을 정기적으로 교체하지 않을 경우 예상되는 문제는?

① 엔진 성능이 저하되고 고장이 발생할 수 있다.
② 작업 속도가 증가한다.
③ 적재물 안정성이 향상된다.
④ 타이어 수명이 연장된다.

[정답] ① 엔진 성능이 저하되고 고장이 발생할 수 있다.
[해설] 오일 교체를 소홀히 하면 엔진 내부 부품 마모와 과열로 인해 성능 저하 및 고장이 발생할 수 있다.

29 지게차의 후진 경고음이 작동하지 않을 경우 적절한 조치는? ★★★

① 작업을 멈추고 경고음 문제를 해결한다.
② 후진 시 주의하면서 작업을 계속 진행한다.
③ 작업 구역에 경고등을 추가로 설치한다.
④ 경고음을 무시하고 작업을 마친다.

[정답] ① 작업을 멈추고 경고음 문제를 해결한다.
[해설] 후진 경고음은 작업 중 안전에 중요한 역할을 하므로 문제 발생 시 즉시 점검하고 해결해야 한다.

30 지게차 운행 중 타이어 공기압이 과도하게 높아진 경우 예상되는 문제는? ★★★

① 브레이크 성능이 향상된다.
② 작업 속도가 느려진다.
③ 유압 시스템 성능이 저하된다.
④ 지면과의 접지력이 감소하여 안정성이 저하된다.

[정답] ④ 지면과의 접지력이 감소하여 안정성이 저하된다.
[해설] 타이어 공기압이 과도하게 높아지면 접지 면적이 줄어들어 주행 안정성이 저하된다.

31 지게차의 적재물을 내릴 때 가장 중요한 안전조치는 무엇인가? ★★★

① 적재물을 빠르게 내린다.
② 포크의 각도를 조절하여 천천히 내린다.
③ 적재물을 내리기 전에 포크를 최대 높이로 올린다.
④ 적재물의 균형을 신경 쓰지 않고 내린다.

[정답] ② 포크의 각도를 조절하여 천천히 내린다.
[해설] 적재물을 내릴 때는 포크의 각도를 적절히 조절하고 천천히 내리면서 안전을 유지해야 한다.

32 작업 구역 내에서 지게차의 속도를 제한해야 하는 이유는?

① 작업속도를 높이기 위해
② 적재물을 더 높이 올리기 위해
③ 보행자와의 충돌 위험을 줄이기 위해
④ 연료 소비를 줄이기 위해

[정답] ③ 보행자와의 충돌 위험을 줄이기 위해
[해설] 작업 구역 내에서는 속도를 제한하여 보행자와의 충돌 위험을 줄이고 안전을 확보해야 한다.

33 지게차 운전 시 적재물이 포크 끝에 위치해 있을 경우 발생할 수 있는 문제는? ★★★

① 적재물 안정성이 증가한다.
② 지게차의 전복 위험이 증가한다.
③ 유압 시스템 성능이 향상된다.
④ 브레이크 성능이 개선된다.

[정답] ② 지게차의 전복 위험이 증가한다.
[해설] 적재물이 포크 끝에 위치하면 하중 중심이 벗어나 전복 위험이 증가하므로 항상 포크 중앙에 배치해야 한다.

34 지게차의 유압 오일 누유가 발생했을 때 가장 먼저 확인해야 할 사항은?

① 유압펌프의 상태
② 엔진 오일의 양
③ 적재물의 위치
④ 타이어 공기압

[정답] ① 유압 펌프의 상태
[해설] 유압 오일 누유는 유압펌프나 연결부의 문제에서 발생할 가능성이 크므로 이를 우선 점검해야 한다.

35 작업 중 적재물이 떨어졌을 경우 작업자가 취해야 할 적절한 행동은?

① **작업을 멈추고 적재물을 치운다.**
② 적재물을 무시하고 작업을 계속 진행한다.
③ 보행자에게 적재물을 치우게 한다.
④ 경고음을 울리며 작업을 계속 진행한다.

[정답] ① 작업을 멈추고 적재물을 치운다.
[해설] 적재물이 떨어졌을 경우 즉시 작업을 멈추고 안전한 방법으로 적재물을 치워야 한다.

36 지게차 작업 중 엔진 온도가 과열되었을 때 올바른 대처 방법은?

① **작업을 멈추고 엔진을 정지시킨다.**
② 냉각수를 추가로 보충하지 않고 작업을 계속 진행한다.
③ 적재물을 더 많이 운반한다.
④ 작업 속도를 높여 냉각 효과를 극대화한다.

[정답] ① 작업을 멈추고 엔진을 정지시킨다.
[해설] 엔진이 과열되면 작업을 즉시 멈추고 냉각 상태를 점검하여 문제를 해결해야 한다.

37 경사로에서 지게차를 운전할 때 피해야 할 행동은 무엇인가?

① 적재물을 낮춘 상태로 이동한다.
② 속도를 줄이고 천천히 이동한다.
③ **급회전하거나 급정거를 한다.**
④ 적재물이 경사로 위쪽을 향하도록 한다.

[정답] ③ 급회전하거나 급정거를 한다.
[해설] 경사로에서는 급회전이나 급정거를 하면 하중 중심이 불안정해져 전복 위험이 높아진다.

38 지게차의 유압 시스템 압력이 과도하게 높을 경우 발생할 수 있는 문제는? ★★★

① 적재물 안정성 증가
② 작업 속도 향상
③ 연료 소비 감소
④ **유압 호스 파열 위험 증가**

[정답] ④ 유압 호스 파열 위험 증가
[해설] 유압 시스템 압력이 과도하게 높으면 호스와 연결부의 파열 위험이 증가하므로 압력을 적절히 유지해야 한다.

39 지게차 작업 중 후방 시야가 가려졌을 때 적절한 행동은? ★★★

① **작업 속도를 줄이고 후방 경고음을 사용한다.**
② 작업을 중단하고 후방 상황을 직접 확인한다.
③ 적재물을 더 높이 올려 시야를 확보한다.
④ 경고등을 끄고 작업을 계속 진행한다.

[정답] ① 작업 속도를 줄이고 후방 경고음을 사용한다.
[해설] 후방 시야가 가려졌을 경우 속도를 줄이고 경고음을 사용하여 안전을 확보해야 한다.

40 지게차 운전 중 적재물을 높이 올린 상태로 급회전하면 발생할 수 있는 문제는?

① 적재물이 더 안정적으로 유지된다.
② **지게차가 전복될 위험이 증가한다.**
③ 작업 속도가 빨라진다.
④ 유압 시스템이 자동으로 조정된다.

[정답] ② 지게차가 전복될 위험이 증가한다.
[해설] 적재물을 높이 올린 상태에서 급회전하면 하중 중심이 벗어나 전복 위험이 크게 증가한다.

41 지게차의 연료 필터를 교체하지 않고 장기간 사용했을 경우 발생할 수 있는 문제는? ★★★

① **엔진 출력 감소**
② 연료 소비 감소
③ 적재물 안정성 증가
④ 유압 시스템 성능 향상

[정답] ① 엔진 출력 감소
[해설] 연료필터가 막히면 연료 흐름이 원활하지 않아 엔진 출력이 저하될 수 있다.

42 작업 중 포크의 각도를 지나치게 뒤로 기울이면 예상되는 문제는?

① **적재물이 뒤로 쏠릴 위험이 있다.**
② 작업 속도가 증가한다.
③ 포크의 안정성이 향상된다.
④ 적재물이 전방으로 떨어질 위험이 있다.

[정답] ① 적재물이 뒤로 쏠릴 위험이 있다.
[해설] 포크의 각도를 지나치게 뒤로 기울이면 적재물이 뒤로 쏠리거나 떨어질 위험이 있으므로 각도를 적절히 유지해야 한다.

43 지게차 운전 중 적재물을 올리는 작업 시 피해야 할 행동은?

① 작업속도를 천천히 유지한다.
② **포크를 급하게 상승시킨다.**
③ 적재물을 안정적으로 배치한다.
④ 작업 환경을 충분히 확인한다.

[정답] ② 포크를 급하게 상승시킨다.
[해설] 포크를 급히 상승시키면 적재물이 불안정해지고 전복 위험이 증가하므로 주의가 필요하다.

44 작업 구역에서 지게차의 후진 시 가장 적절한 행동은? ★★★

① 경적을 울리지 않고 이동한다.
② 후진 속도를 최대한 높인다.
③ 포크를 높이 올려 후방 시야를 확보한다.
④ **작업속도를 줄이고 후방을 확인한다.**

[정답] ④ 작업 속도를 줄이고 후방을 확인한다.
[해설] 후진 시 작업 속도를 줄이고 후방을 확인하여 보행자나 장애물을 피해야 한다.

45 지게차의 타이어 마모 상태를 정기적으로 점검해야 하는 이유는? ★★★

① 작업 속도를 줄이기 위해
② **주행 안정성을 유지하기 위해**
③ 적재물 안정성을 증가시키기 위해
④ 연료 소비를 줄이기 위해

[정답] ② 주행 안정성을 유지하기 위해
[해설] 타이어 마모 상태를 점검하여 주행 중 안정성을 확보하고 사고를 예방할 수 있다.

46 지게차 작업 중 포크가 한쪽으로 기울어진 상태에서 운전할 경우 발생할 수 있는 문제는?

① **적재물이 흔들리거나 떨어질 위험이 있다.**
② 작업 속도가 증가한다.
③ 포크의 안정성이 향상된다.
④ 브레이크 성능이 개선된다.

[정답] ① 적재물이 흔들리거나 떨어질 위험이 있다.
[해설] 포크가 기울어진 상태로 운전하면 적재물이 흔들리거나 떨어질 가능성이 있어 작업 안전이 위협받는다.

47 지게차 운행 중 타이어 공기압이 부족할 경우 예상되는 문제는?

① 작업 속도가 증가한다.
② 연료 소비가 감소한다.
③ **주행 안정성이 저하된다.**
④ 적재물의 안정성이 향상된다.

[정답] ③ 주행 안정성이 저하된다.
[해설] 타이어 공기압이 부족하면 지면과의 접촉 면적이 비정상적으로 증가하여 주행 안정성이 저하된다.

48 경사로 작업 시 적재물의 방향은 어떻게 설정해야 하는가? ★★★

① 적재물이 경사로 아래쪽을 향하도록 한다.
② **적재물이 경사로 위쪽을 향하도록 한다.**
③ 적재물의 방향은 중요하지 않다.
④ 적재물을 수평으로 유지한다.

[정답] ② 적재물이 경사로 위쪽을 향하도록 한다.
[해설] 경사로에서 적재물의 방향을 위쪽으로 유지해야 작업 중 안정성을 확보할 수 있다.

49 지게차 운전 중 엔진 소음이 비정상적으로 증가했을 때 적절한 행동은?

① 작업을 계속 진행한다.
② 엔진을 정지시키고 점검한다.
③ 속도를 높여 소음을 감소시킨다.
④ 적재물을 더 높이 올린다.

정답 ② 엔진을 정지시키고 점검한다.
해설 비정상적인 엔진 소음은 고장의 징후일 수 있으므로 즉시 작업을 멈추고 점검해야 한다.

50 작업 구역 내 보행자가 접근할 경우 작업자가 취해야 할 행동은? ★★★

① 작업 속도를 높여 작업을 완료한다.
② 적재물을 더 높이 올려 보행자를 피한다.
③ 경고음을 울리지 않고 작업을 계속 진행한다.
④ 작업을 멈추고 보행자가 안전거리를 확보할 때까지 대기한다.

정답 ④ 작업을 멈추고 보행자가 안전거리를 확보할 때까지 대기한다.
해설 작업 구역 내에서 보행자가 접근하면 작업을 중단하고 안전을 확보하는 것이 우선이다.

51 유압 시스템의 오일이 누출되었을 경우 가장 먼저 점검해야 할 부분은?

① 타이어 상태
② 포크의 위치
③ 엔진 오일 수준
④ 유압 호스와 연결부

정답 ④ 유압 호스와 연결부
해설 유압 오일 누출은 주로 호스와 연결부에서 발생하므로 이를 우선 점검해야 한다.

52 지게차 작업 중 적재물이 불안정하게 느껴질 경우 가장 먼저 해야 할 조치는?

① 작업 속도를 높인다.
② 적재물을 안정적으로 재배치한다.
③ 포크를 최대 높이로 올린다.
④ 유압 시스템을 점검한다.

정답 ② 적재물을 안정적으로 재배치한다.
해설 적재물이 불안정하면 작업 안전을 위해 즉시 적재물을 안정적으로 재배치해야 한다.

53 작업 후 지게차를 주차할 때 가장 중요한 안전조치는 무엇인가? ★★★

① 적재물을 포크에 둔 상태로 두고 주차한다.
② 포크를 지면에 내리고 브레이크를 체결한다.
③ 엔진을 끈 상태로 포크를 최대 높이로 올린다.
④ 주차 위치에 상관없이 주차한다.

정답 ② 포크를 지면에 내리고 브레이크를 체결한다.
해설 작업 후 지게차를 주차할 때는 포크를 지면에 내리고 브레이크를 체결하여 안전을 확보해야 한다.

54 지게차의 배터리 단자가 부식되었을 경우 적절한 조치는?

① 부식을 제거하고 단자를 청결히 유지한다.
② 부식된 상태로 작업을 계속 진행한다.
③ 단자를 분리하지 않고 충전한다.
④ 부식을 무시하고 경고등을 끈다.

정답 ① 부식을 제거하고 단자를 청결히 유지한다.
해설 배터리 단자의 부식은 전기 흐름을 방해하므로 이를 제거하고 단자를 청결히 유지해야 한다.

55 작업 중 유압 시스템의 압력이 낮아졌을 때 예상되는 문제는? ★★★

① 작업속도가 빨라진다.
② 연료 소비가 감소한다.
③ 포크가 상승하거나 적재물을 지지하는 데 어려움이 생긴다.
④ 브레이크 성능이 향상된다.

정답 ③ 포크가 상승하거나 적재물을 지지하는 데 어려움이 생긴다.
해설 유압 압력이 낮아지면 포크의 작동이 원활하지 않아 작업에 지장을 초래할 수 있다.

56 경사로 작업 중 지게차의 적재물이 미끄러질 위험이 있을 때 가장 중요한 조치는? ★★★

① 적재물을 포크 끝으로 이동한다.
② 경사로를 빠르게 이동한다.
③ **적재물을 안정적으로 고정한 후 천천히 이동한다.**
④ 경고음을 사용하지 않는다.

정답 ③ 적재물을 안정적으로 고정한 후 천천히 이동한다.
해설 경사로 작업 중에는 적재물을 확실히 고정하고 천천히 이동하여 안전성을 확보해야 한다.

57 지게차 운행 중 연료 경고등이 점등되었을 경우 가장 먼저 해야 할 행동은?

① 작업을 계속 진행한다.
② 경고등을 무시하고 이동한다.
③ 작업 속도를 높여 작업을 완료한다.
④ **연료를 즉시 보충한다.**

정답 ④ 연료를 즉시 보충한다.
해설 연료 경고등이 점등되면 즉시 작업을 멈추고 연료를 보충해야 안전한 작업이 가능하다.

58 지게차의 냉각수가 부족할 경우 예상되는 문제는?

① **엔진 과열로 인해 작업 중단이 발생할 수 있다.**
② 연료 소비가 감소한다.
③ 작업 속도가 빨라진다.
④ 적재물 안정성이 향상된다.

정답 ① 엔진 과열로 인해 작업 중단이 발생할 수 있다.
해설 냉각수가 부족하면 엔진이 과열되어 작업이 중단될 수 있으므로 정기적인 점검이 필요하다.

59 지게차 운전 중 후방 카메라가 작동하지 않을 경우 올바른 대처는? ★★★

① 후진 속도를 높인다.
② **후방 상황을 직접 확인하며 천천히 이동한다.**
③ 작업을 계속 진행한다.
④ 적재물을 높이 올려 후방을 확인한다.

정답 ② 후방 상황을 직접 확인하며 천천히 이동한다.
해설 후방 카메라가 작동하지 않을 경우 직접 후방을 확인하며 작업 속도를 줄여야 한다.

60 지게차의 적재물이 지나치게 무거울 경우 발생할 수 있는 문제는?

① **지게차 전복 위험 증가**
② 브레이크 성능 향상
③ 작업 속도 향상
④ 연료 소비 감소

정답 ① 지게차 전복 위험 증가
해설 과도한 적재는 지게차의 안정 삼각형을 벗어나 전복 위험을 증가시킨다. 적재물을 지게차의 허용 하중 내로 유지해야 한다.

03 빈출문제 3회 (60제)

급하면 이 문제만 풀어보아도 합격권

※ 맞는 것을 고르는 답은 고딕, 틀린 것을 고르는 답은 명조체로 표시하였습니다

1 지게차 작업 후 포크를 올린 상태로 주차하면 발생할 수 있는 문제는? ★★★

① 적재물 안정성 증가
② 작업 속도 감소
③ **포크로 인한 사고 위험 증가**
④ 연료 소비가 감소

[정답] ③ 포크로 인한 사고 위험 증가
[해설] 포크를 올린 상태로 주차하면 다른 작업자가 부딪혀 사고가 발생할 위험이 있으므로 반드시 지면에 내리고 주차해야 한다.

2 지게차의 유압 호스에 균열이 발생했을 때 가장 적절한 대처는?

① 균열 부위를 테이프로 감싼다.
② 작업을 계속 진행한다.
③ **호스를 즉시 교체한다.**
④ 유압 오일을 추가로 보충한다.

[정답] ③ 호스를 즉시 교체한다.
[해설] 유압 호스에 균열이 생기면 유압 누출로 인해 작업이 중단될 수 있으므로 즉시 교체해야 한다.

3 지게차의 타이어 공기압이 과도하게 높은 경우 발생할 수 있는 문제는? ★★★

① **지면과의 접지력이 약해져 안정성이 저하된다.**
② 타이어 수명이 증가한다.
③ 작업 속도가 향상된다.
④ 적재물의 안정성이 향상된다.

[정답] ① 지면과의 접지력이 약해져 안정성이 저하된다.
[해설] 타이어 공기압이 과도하면 접지 면적이 줄어들어 주행 안정성이 저하된다.

4 지게차 운전 중 경고등이 지속적으로 깜박일 경우 취해야 할 조치는?

① 작업 속도를 높인다.
② **작업을 중단하고 원인을 점검한다.**
③ 경고등을 무시하고 작업을 계속한다.
④ 경고등을 끈다.

[정답] ② 작업을 중단하고 원인을 점검한다.
[해설] 경고등은 장비 이상을 알리는 신호이므로 즉시 작업을 중단하고 원인을 점검해야 한다.

5 적재물이 지게차 포크의 끝부분에 위치한 상태로 이동하면 발생할 수 있는 문제는? ★★★

① 적재물의 안정성이 증가한다.
② **지게차의 하중 중심이 벗어나 전복 위험이 커진다.**
③ 작업 속도가 향상된다.
④ 연료 소비가 감소한다.

[정답] ② 지게차의 하중 중심이 벗어나 전복 위험이 커진다.
[해설] 적재물이 포크 끝에 위치하면 하중 중심이 불안정해져 전복 위험이 증가하므로 적재물은 포크 중앙에 배치해야 한다.

6 작업 구역 내에서 지게차의 주행 속도를 제한해야 하는 이유는?

① 작업 시간을 단축하기 위해
② 연료 소비를 줄이기 위해
③ 적재물의 높이를 더 많이 올리기 위해
④ **보행자와의 충돌 위험을 줄이기 위해**

[정답] ④ 보행자와의 충돌 위험을 줄이기 위해
[해설] 작업 구역에서는 속도를 제한하여 보행자와의 충돌 위험을 최소화하고 안전을 유지해야 한다.

7 지게차의 연료필터가 막혔을 경우 예상되는 문제는?

① 유압 시스템 성능 저하
② **엔진 출력 감소**
③ 적재물 안정성 증가
④ 작업 속도 향상

[정답] ② 엔진 출력 감소
[해설] 연료 필터가 막히면 연료 공급이 원활하지 않아 엔진 출력이 저하된다.

8 작업 중 지게차의 유압 밸브가 고장 났을 경우 발생할 수 있는 문제는? ★★★

① **포크의 작동이 원활하지 않다.**
② 작업 속도가 향상된다.
③ 적재물이 더 안정적으로 유지된다.
④ 연료 소비가 감소한다.

[정답] ① 포크의 작동이 원활하지 않다.
[해설] 유압 밸브는 유압 오일의 흐름을 제어하므로 고장 시 포크의 작동에 문제가 발생할 수 있다.

9 지게차의 엔진오일 교체 주기를 초과했을 경우 예상되는 문제는? ★★★

① **엔진 과열 및 성능 저하**
② 작업 속도 증가
③ 적재물의 안정성 향상
④ 연료 소비 감소

[정답] ① 엔진 과열 및 성능 저하
[해설] 엔진 오일 교체 주기를 초과하면 윤활 성능이 저하되어 엔진 과열 및 성능 저하가 발생할 수 있다.

10 작업 구역 내 장애물이 있을 경우 작업자가 취해야 할 올바른 행동은?

① 장애물을 우회하며 작업을 계속한다.
② **장애물을 제거한 후 작업을 재개한다.**
③ 장애물을 무시하고 작업을 진행한다.
④ 경고음을 울리지 않고 이동한다.

[정답] ② 장애물을 제거한 후 작업을 재개한다.
[해설] 작업 구역 내 장애물은 사고를 유발할 수 있으므로 제거 후 안전을 확보한 상태에서 작업을 진행해야 한다.

11 지게차 작업 중 엔진 과열로 인한 손상을 방지하려면 무엇을 점검해야 하는가? ★★★

① **냉각수와 엔진오일 상태를 정기적으로 확인한다.**
② 적재물을 최대치로 운반한다.
③ 작업 속도를 최대한 높인다.
④ 타이어 공기압을 자주 점검한다.

[정답] ① 냉각수와 엔진 오일 상태를 정기적으로 확인한다.
[해설] 엔진 과열 방지를 위해 냉각수와 오일 상태를 점검하고 적정 수준을 유지해야 한다.

12 적재물을 운반할 때 포크를 적절한 높이로 유지해야 하는 이유는? ★★★

① 작업속도를 증가시키기 위해
② 포크를 최대한 낮게 유지하기 위해
③ **적재물의 안정성을 확보하기 위해**
④ 유압 시스템을 보호하기 위해

[정답] ③ 적재물의 안정성을 확보하기 위해
[해설] 포크의 적절한 높이는 적재물의 흔들림을 줄이고 안정성을 높이는 데 중요하다.

13 지게차의 브레이크가 갑자기 작동하지 않을 경우 취해야 할 행동은? ★★★

① **작업을 멈추고 비상 브레이크를 사용한다.**
② 작업 속도를 높여 작업을 마친다.
③ 적재물을 내려 안정성을 유지한다.
④ 경고등을 끄고 작업을 계속한다.

정답 ① 작업을 멈추고 비상 브레이크를 사용한다.
해설 브레이크가 작동하지 않을 경우 즉시 작업을 멈추고 비상 브레이크를 사용하여 안전을 확보해야 한다.

14 작업 구역에서 보행자와의 충돌을 방지하기 위한 가장 효과적인 방법은?

① 작업 중 경고음을 자주 울린다.
② 작업 속도를 높여 작업을 신속히 완료한다.
③ **보행자가 접근하면 작업을 멈춘다.**
④ 적재물을 높이 올려 보행자를 피해 간다.

정답 ③ 보행자가 접근하면 작업을 멈춘다.
해설 작업 구역에서 보행자의 안전을 위해 충돌 위험이 있는 경우 작업을 멈추는 것이 원칙이다.

15 유압 시스템의 오일 누출을 방지하기 위해 필요한 점검은?

① **유압 호스와 연결부의 상태를 정기적으로 점검한다.**
② 유압 오일을 과도하게 채운다.
③ 유압 밸브를 고정하지 않는다.
④ 엔진 오일만 점검한다.

정답 ① 유압 호스와 연결부의 상태를 정기적으로 점검한다.
해설 유압 오일 누출을 방지하려면 유압 호스와 연결부를 정기적으로 점검하고, 문제가 발견되면 즉시 수리하거나 교체해야 한다.

16 지게차 운전 중 포크가 지면과 너무 가까울 경우 발생할 수 있는 문제는? ★★★

① 작업 속도가 증가한다.
② **포크가 장애물에 걸려 사고가 발생할 위험이 있다.**
③ 적재물의 안정성이 향상된다.
④ 연료 소비가 감소한다.

정답 ② 포크가 장애물에 걸려 사고가 발생할 위험이 있다.
해설 포크가 지면과 너무 가까우면 장애물에 걸릴 가능성이 높아 작업 중 사고를 초래할 수 있다. 적절한 높이를 유지해야 한다.

17 지게차 작업 중 적재물의 무게중심이 한쪽으로 치우쳤을 때 가장 먼저 해야 할 조치는?

① 작업 속도를 줄인다.
② **적재물을 내려 균형을 맞춘다.**
③ 포크의 각도를 조정한다.
④ 적재물을 더 높이 올린다.

정답 ② 적재물을 내려 균형을 맞춘다.
해설 적재물의 무게 중심이 치우치면 전복 위험이 있으므로 즉시 적재물을 내려 균형을 맞춘 후 작업을 재개해야 한다.

18 지게차의 냉각 시스템이 손상되었을 경우 발생할 수 있는 주요 문제는? ★★★

① 작업 속도 향상
② 연료 소비 감소
③ 적재물의 안정성 향상
④ **엔진 과열로 인한 기계 손상**

정답 ④ 엔진 과열로 인한 기계 손상
해설 냉각 시스템 손상은 엔진 과열을 초래하여 기계적 손상을 유발할 수 있다. 따라서 즉시 수리해야 한다.

19 지게차 작업 후 브레이크를 체결하지 않고 주차하면 발생할 수 있는 문제는? ★★★

① **지게차가 이동하여 사고가 발생할 수 있다.**
② 연료 소비가 증가한다.
③ 적재물이 더 안정적으로 유지된다.
④ 작업 속도가 향상된다.

정답 ① 지게차가 이동하여 사고가 발생할 수 있다.
해설 작업 후 브레이크를 체결하지 않으면 지게차가 자리를 이탈해 사고를 초래할 위험이 있다. 반드시 브레이크를 체결해야 한다.

20 경사로 작업 시 적재물을 운반하는 가장 안전한 방법은? ★★★

① 적재물을 경사로 아래쪽으로 향하게 한다.
② **적재물을 경사로 위쪽으로 향하게 한다.**
③ 적재물의 방향은 중요하지 않다.
④ 작업 속도를 높여 빠르게 이동한다.

정답 ② 적재물을 경사로 위쪽으로 향하게 한다.
해설 경사로 작업 시 적재물을 위쪽으로 향하게 해야 안정성을 유지하고 전복 위험을 줄일 수 있다.

21 작업 구역 내에서 후진 시 안전을 확보하기 위한 가장 적절한 행동은? ★★★

① 후진 속도를 높인다.
② 작업을 멈추고 보행자의 움직임을 무시한다.
③ **후방 경고음을 사용하고 속도를 줄인다.**
④ 적재물을 높이 올려 후방 시야를 확보한다.

정답 ③ 후방 경고음을 사용하고 속도를 줄인다.
해설 후진 시 경고음을 울려 보행자에게 알리고 작업 속도를 줄이는 것이 안전을 확보하는 최선의 방법이다.

22 지게차의 연료가 부족할 경우 가장 먼저 해야 할 행동은?

① 작업 속도를 높여 작업을 마친다.
② **작업을 중단하고 연료를 보충한다.**
③ 적재물을 높이 올려 이동한다.
④ 경고등을 무시하고 작업을 계속한다.

정답 ② 작업을 중단하고 연료를 보충한다.
해설 연료가 부족하면 작업을 즉시 중단하고 연료를 보충하여 지게차의 정상 작동을 유지해야 한다.

23 적재물을 고정하지 않고 운반할 경우 발생할 수 있는 문제는?

① **적재물이 흔들리거나 떨어질 위험이 있다.**
② 연료 소비가 감소한다.
③ 작업 속도가 증가한다.
④ 포크의 안정성이 향상된다.

정답 ① 적재물이 흔들리거나 떨어질 위험이 있다.
해설 적재물을 고정하지 않으면 운반 중 흔들리거나 떨어져 작업 안전에 큰 위험을 초래할 수 있다.

24 지게차 작업 중 보행자가 작업 구역에 접근했을 경우 작업자가 가장 먼저 해야 할 행동은?

① 경고음을 울리며 작업을 계속 진행한다.
② **작업을 멈추고 보행자가 지나갈 때까지 대기한다.**
③ 작업 속도를 높여 작업을 마친다.
④ 적재물을 높이 올려 보행자를 피한다.

정답 ② 작업을 멈추고 보행자가 지나갈 때까지 대기한다.
해설 작업 구역 내에서 보행자가 접근하면 작업을 멈추고 안전을 확보한 상태에서 보행자가 지나갈 때까지 기다려야 한다.

25 지게차의 브레이크가 점검 중에 이상이 발견되었을 경우 올바른 대처는?

① **작업을 중단하고 브레이크를 수리한다.**
② 브레이크를 무시하고 작업을 계속한다.
③ 경고등을 끄고 작업 속도를 낮춘다.
④ 브레이크를 사용하지 않고 작업을 완료한다.

정답 ① 작업을 중단하고 브레이크를 수리한다.
해설 브레이크는 지게차의 중요한 안전 장치이므로 이상이 발견되면 즉시 수리하여 안전을 확보해야 한다.

26 지게차의 타이어가 심하게 마모된 상태로 작업을 계속할 경우 예상되는 문제는? ★★★

① **지면과의 접지력이 감소하여 주행 안정성이 저하된다.**
② 작업 속도가 빨라진다.
③ 적재물이 더 안정적으로 운반된다.
④ 연료 소비가 감소한다.

정답 ① 지면과의 접지력이 감소하여 주행 안정성이 저하된다.
해설 타이어 마모가 심하면 접지력이 줄어들어 주행 안정성이 저하되고 사고 위험이 증가한다. 타이어는 정기적으로 점검하고 교체해야 한다.

27 경사로에서 지게차를 운전할 때 주의해야 할 사항은?

① 적재물을 최대 높이로 올린다.
② 적재물을 경사로 아래쪽으로 향하게 한다.
③ 작업 속도를 높인다.
④ **급정거나 급회전을 피한다.**

정답 ④ 급정거나 급회전을 피한다.
해설 경사로에서는 급정거나 급회전을 하면 안정 삼각형이 무너지며 전복 사고가 발생할 위험이 크다. 천천히 이동하며 안정성을 유지해야 한다.

28 지게차 운전 중 작업 구역에 장애물이 있을 경우 가장 적절한 행동은? ★★★

① 장애물을 빠르게 통과한다.
② **작업을 중단하고 장애물을 제거한 후 이동한다.**
③ 적재물을 더 높이 올려 장애물을 피한다.
④ 경고음을 울리지 않고 작업을 계속한다.

정답 ② 작업을 중단하고 장애물을 제거한 후 이동한다.
해설 장애물은 작업 안전을 방해할 수 있으므로 제거 후 안전하게 작업을 진행해야 한다.

29 지게차 작업 중 유압 밸브가 고장 났을 경우 예상되는 문제는? ★★★

① **포크가 상승하거나 하강하지 않는다.**
② 작업 속도가 빨라진다.
③ 적재물이 더 안정적으로 유지된다.
④ 브레이크 성능이 향상된다.

정답 ① 포크가 상승하거나 하강하지 않는다.
해설 유압 밸브는 포크의 작동을 제어하므로 고장 시 포크가 제대로 작동하지 않아 작업이 중단될 수 있다.

30 지게차 작업 중 작업자가 피로를 느낄 경우 가장 올바른 행동은?

① 작업을 계속 진행하여 빨리 마친다.
② **적재물을 내려놓고 휴식을 취한다.**
③ 경고등을 무시하고 작업을 마무리한다.
④ 작업 속도를 높여 작업을 끝낸다.

정답 ② 적재물을 내려놓고 휴식을 취한다.
해설 작업 중 피로는 사고를 유발할 수 있으므로 즉시 작업을 중단하고 적절한 휴식을 취해 안전한 작업 환경을 유지해야 한다.

31 지게차 작업 중 하중 중심이 안정 삼각형 바깥으로 이동했을 때 발생할 수 있는 문제는 무엇인가?

① 속도가 감소한다.
② 연료 효율이 증가한다.
③ **지게차가 전도될 위험이 있다.**
④ 브레이크 성능이 향상된다.

정답 ③ 지게차가 전도될 위험이 있다.
해설 하중 중심은 안정 삼각형 내에 위치해야 하며, 바깥으로 이동하면 전도 위험이 크게 증가한다.

32 유압 시스템의 주요 구성 요소가 아닌 것은?

① 유압 펌프
② 유압 실린더
③ **냉각 팬**
④ 유압 밸브

정답 ③ 냉각 팬
해설 유압 시스템은 유압 펌프, 유압 실린더, 유압 밸브 등으로 구성되며 냉각 팬은 포함되지 않는다.

33 지게차의 전방 포크가 들리지 않는 주요 원인은 무엇인가? ★★★

① **유압유 부족**
② 배터리 과충전
③ 타이어 공기압 과다
④ 엔진 과열

정답 ① 유압유 부족
해설 포크 상승은 유압 시스템에 의해 이루어지므로, 유압유가 부족하면 작동이 되지 않는다.

34 지게차가 커브를 고속으로 돌 때 발생할 수 있는 주요 위험은?

① 유압 저하
② **전도 위험 증가**
③ 연료 누출
④ 엔진 과부하

정답 ② 전도 위험 증가
해설 고속 선회 시 원심력에 의해 하중 중심이 바깥으로 이동해 전도 위험이 커진다.

35 다음 중 유압 작동유의 오염을 방지하기 위한 기본적인 조치는? ★★★

① 유압유 색을 자주 확인한다.
② 유압 라인에 테이프를 감는다.
③ **필터를 정기적으로 점검하고 교환한다.**
④ 유압펌프를 자주 정지시킨다.

정답 ③ 필터를 정기적으로 점검하고 교환한다.
해설 유압 시스템의 오염 방지를 위해 필터 점검 및 교체는 필수이다.

36 유압 실린더에서 오일이 누유되는 가장 큰 원인은? ★★★

① 유량 과다
② **실링 손상**
③ 냉각수 부족
④ 배터리 노후

정답 ② 실링 손상
해설 실린더 내부의 씰이 마모되거나 손상되면 작동유가 누유될 수 있다.

37 지게차를 장시간 정지 상태로 둘 경우 취해야 할 조치는? ★★★

① 타이어에 공기를 추가한다.
② 포크를 최대로 올려놓는다.
③ 시동을 켜놓는다.
④ **포크를 지면에 내려놓는다.**

정답 ④ 포크를 지면에 내려놓는다.
해설 장시간 정지 시 포크를 내려 유압계통의 부담을 줄이는 것이 안전하다.

38 유압 작동 중 기계에서 이상 소음이 발생하는 경우 가장 먼저 확인할 사항은? ★★★

① 유압유 점도
② 타이어 마모도
③ **유압펌프 내 공기 혼입 여부**
④ 조향 장치 상태

정답 ③ 유압 펌프 내 공기 혼입 여부
해설 유압펌프에 공기가 혼입되면 소음이 심해지는 경우가 많다.

39 지게차의 브레이크 장치에서 가장 먼저 마모되는 부분은? ★★★

① 브레이크 패드
② 브레이크 라인
③ 브레이크 오일
④ 브레이크 디스크

정답 ① 브레이크 패드
해설 제동 시 마찰을 일으키는 브레이크 패드가 가장 먼저 마모된다.

40 다음 중 전동 지게차의 특징이 아닌 것은?

① 배터리를 동력원으로 사용한다.
② 연료탱크가 크다.
③ 조용하게 작동한다.
④ 실내 작업에 적합하다.

정답 ② 연료탱크가 크다.
해설 전동 지게차는 연료탱크가 없고 배터리를 사용한다.

41 지게차 엔진이 과열될 때 가장 먼저 점검할 항목은?

① 브레이크액
② 냉각수량
③ 배터리 수명
④ 유압 필터

정답 ② 냉각수량
해설 엔진 과열의 가장 흔한 원인은 냉각수 부족이다.

42 지게차에서 주로 사용되는 엔진 종류는?

① 전기 엔진
② 휘발유 엔진
③ 디젤 엔진
④ 수소 엔진

정답 ③ 디젤 엔진
해설 디젤 엔진은 고출력과 내구성으로 인해 지게차에 널리 사용된다.

43 브레이크 페달을 밟았을 때 스펀지처럼 푹신한 느낌이 나면 의심할 사항은? ★★★

① 브레이크 오일 누유
② 연료 계통 이상
③ 냉각수 부족
④ 엔진 오일 감소

정답 ① 브레이크 오일 누유
해설 브레이크 라인에 공기가 혼입되었거나 오일이 누유된 경우 페달이 무르게 느껴진다.

44 지게차에서 안전벨트를 착용해야 하는 가장 중요한 이유는?

① 편안한 자세 유지
② 사고 시 운전자 이탈 방지
③ 연료 효율 향상
④ 브레이크 기능 강화

정답 ② 사고 시 운전자 이탈 방지
해설 전도 등 사고 발생 시 안전벨트는 운전자의 신체를 보호해준다.

45 포크에 과도한 하중을 실었을 때 가장 우려되는 문제는?

① 유압유 감소
② 엔진 과열
③ 차량 전도
④ 배터리 방전

정답 ③ 차량 전도
해설 과적은 하중 중심을 변화시켜 전도 위험을 증가시킨다.

46 조향 핸들을 좌측으로 돌리면 지게차는 어떻게 움직이는가?

① 우측으로 선회한다.
② 좌측으로 선회한다.
③ 직진한다.
④ 후진한다.

정답 ② 좌측으로 선회한다.
해설 일반적인 조향 원리에 따라 핸들을 돌린 방향으로 전륜이 회전한다.

47 유압 오일이 오염되었을 경우 가장 먼저 나타나는 증상은? ★★★

① **유압 작동이 원활하지 않다.**
② 오일 색이 붉어진다.
③ 냉각수 온도가 떨어진다.
④ 브레이크가 강화된다.

정답 ① 유압 작동이 원활하지 않다.
해설 오염된 유압유는 점도를 변화시켜 작동 지연이나 불규칙 작동을 유발한다.

48 지게차의 백레스트(backrest)의 역할은? ★★★

① 연료 공급 보조
② **하중의 낙하 방지**
③ 운전석 보호
④ 배터리 냉각

정답 ② 하중의 낙하 방지
해설 백레스트는 적재물이 뒤로 넘어오지 않도록 하는 안전장치이다.

49 전동 지게차의 배터리 충전 중 해야 할 안전조치는? ★★★

① 전조등을 켠다.
② 배터리를 흔든다.
③ **환기 상태를 유지한다.**
④ 충전 도중 포크를 조작한다.

정답 ③ 환기 상태를 유지한다.
해설 충전 시 수소가스 발생 가능성이 있어 충분한 환기가 필요하다.

50 지게차가 경사로를 올라갈 때 적재물의 방향은?

① **포크를 전방으로 향하게 한다.**
② 포크를 후방으로 향하게 한다.
③ 포크를 수평으로 한다.
④ 포크를 올려놓는다.

정답 ① 포크를 전방으로 향하게 한다.
해설 지게차가 경사로를 올라갈 때는 적재물이 전방(앞쪽)을 향해야 전도 위험이 낮아진다.

51 지게차가 주행 중 핸들이 무거워지는 경우 가장 가능성 높은 원인은? ★★★

① **유압 누유**
② 냉각수 부족
③ 브레이크 오일 과다
④ 배터리 충전 부족

정답 ① 유압 누유
해설 유압 누유로 인해 조향계통의 압력이 낮아지면 핸들이 무거워질 수 있다.

52 유압 작동유의 점도가 너무 낮을 경우 발생할 수 있는 문제는?

① 작동 지연
② 오일 순환 불가
③ **누유 증가**
④ 소음 감소

정답 ③ 누유 증가
해설 점도가 낮으면 유압 회로에서 누유가 쉽게 발생할 수 있다.

53 지게차가 후진 시 경고음을 울리는 이유는?

① 연료 소모 확인용
② 배터리 충전 경고
③ **보행자나 인근 작업자에게 후진을 알리기 위해**
④ 조향 안정 확인

정답 ③ 보행자나 인근 작업자에게 후진을 알리기 위해
해설 경고음은 후진 중 주변 사람의 안전을 위한 장치이다.

54 브레이크 시스템에 공기가 혼입되었을 경우 가장 적절한 조치는? ★★★

① 브레이크 패드 교체
② 브레이크 오일 보충
③ 휠 정렬
④ **에어 제거**

정답 ④ 에어 제거
해설 제동계통 내 공기 제거를 위해 블리딩 작업(에어 제거)이 필요하다.

55 유압 시스템의 릴리프 밸브는 어떤 역할을 하는가? ★★★

① 온도 상승 방지
② **압력이 일정 수준 이상이 되면 작동유를 우회시켜 압력 조절**
③ 유량 증가
④ 작동 속도 향상

[정답] ② 압력이 일정 수준 이상이 되면 작동유를 우회시켜 압력 조절
[해설] 릴리프 밸브는 유압 계통의 과압을 방지하는 중요한 안전장치이다.

56 지게차가 갑자기 한쪽 방향으로 쏠리는 경우 가장 의심할 수 있는 원인은? ★★★

① 연료 부족
② 브레이크 오일 누유
③ **타이어 공기압 불균형**
④ 유압 필터 막힘

[정답] ③ 타이어 공기압 불균형
[해설] 좌우 타이어의 공기압이 다르면 균형이 깨져 쏠림 현상이 발생할 수 있다.

57 전동지게차의 충전 중 주의사항으로 옳은 것은? ★★★

① 충전 중 포크를 움직인다.
② 환기되지 않은 밀폐 공간에서 충전한다.
③ **점화원이 없는 곳에서 충전한다.**
④ 충전 중 배터리 뚜껑을 닫는다.

[정답] ③ 점화원이 없는 곳에서 충전한다.
[해설] 충전 중 수소가스가 발생하므로 점화원이 없고 환기되는 장소에서 충전해야 안전하다.

58 유압 펌프의 고장으로 인한 증상이 아닌 것은?

① 소음 발생
② 작동유 누유
③ 작동 지연
④ **냉각수 온도 상승**

[정답] ④ 냉각수 온도 상승
[해설] 냉각수 온도는 주로 엔진계통 이상과 관련 있으며, 유압 펌프와 직접적인 연관은 없다.

59 지게차의 전조등이 양쪽 모두 작동하지 않을 경우 가장 먼저 확인할 항목은? ★★★

① 브레이크 라인
② 냉각수 양
③ **퓨즈**
④ 방향지시등

[정답] ③ 퓨즈
[해설] 전조등이 모두 작동하지 않을 경우 퓨즈 단선 여부를 먼저 점검해야 한다.

60 경사로에서 하중을 적재한 채 정차할 경우 가장 적절한 조치는?

① **바퀴를 고정하고 포크를 지면에 내린다.**
② 포크를 올리고 시동을 끈다.
③ 기어를 중립에 놓고 브레이크만 작동
④ 마스트를 전경시킨다.

[정답] ① 바퀴를 고정하고 포크를 지면에 내린다
[해설] 경사로 정차 시 바퀴를 고정하고 하중을 안전하게 내려 전복을 방지한다.

04 빈출문제 4회 (60제)

급하면 이 문제만 풀어보아도 합격권

※ 맞는 것을 고르는 답은 고딕, 틀린 것을 고르는 답은 명조체로 표시하였습니다

1 유압 시스템 내에 공기가 혼입되면 어떤 현상이 발생하는가?

① 작동 속도 향상
② **작동 불균형 및 떨림**
③ 작동 소음 감소
④ 오일 점도 증가

정답 ② 작동 불균형 및 떨림
해설 공기 혼입은 유압 작동 시 불규칙한 움직임과 소음을 유발할 수 있다.

2 지게차의 적재 능력을 초과하여 작업할 경우 주로 발생하는 위험은?

① 연료 소모 감소
② 오일 점도 증가
③ **전복 또는 전면 낙하**
④ 포크 길이 단축

정답 ③ 전복 또는 전면 낙하
해설 과적은 무게 중심을 벗어나게 하여 전복 사고의 원인이 된다.

3 브레이크 시스템에 공기가 들어가면 어떤 조치를 해야 하는가? ★★★

① 브레이크 패드 교환
② 유압펌프 점검
③ **에어 제거 작업을 실시한다.**
④ 브레이크 디스크 청소

정답 ③ 에어 제거 작업을 실시한다.
해설 공기 혼입은 제동력을 약화시키므로 에어를 제거하는 블리딩 작업이 필요하다.

4 포크가 한쪽으로 기울어져 있을 경우 취할 조치는?

① **좌우 포크 높이를 맞춘다.**
② 포크를 최대한 올린다.
③ 포크를 바닥에 놓는다.
④ 마스트를 전경시킨다.

정답 ① 좌우 포크 높이를 맞춘다.
해설 포크가 기울어지면 하중이 불균형하게 실려 위험하므로 수평으로 조정해야 한다.

5 지게차 마스트가 전경 상태에서 정지되면 어떤 문제가 발생할 수 있는가?

① 무게 중심이 낮아진다.
② 안정성이 높아진다.
③ 조향이 쉬워진다.
④ **하중 낙하 및 전복 가능성 증가**

정답 ④ 하중 낙하 및 전복 가능성 증가
해설 마스트 전경은 하중을 앞쪽으로 쏠리게 하므로 정지 시에는 후경 또는 수직 상태가 안전하다.

6 유압 작동유가 부족한 상태에서 작업을 지속할 경우 나타날 수 있는 현상은? ★★★

① 마스트 작동 속도 증가
② 포크가 부드럽게 상승함
③ **유압 계통의 손상**
④ 냉각 성능 향상

정답 ③ 유압 계통의 손상
해설 작동유 부족은 마찰 및 오버히트로 인해 시스템 손상을 초래할 수 있다.

7 지게차가 후진 주행 중 경고음을 울리는 이유는?

① **보행자나 인근 작업자에게 후진을 알리기 위해**
② 조향 감각 점검
③ 브레이크 이상 알림
④ 연료 잔량 경고

정답 ① 보행자나 인근 작업자에게 후진을 알리기 위해
해설 후진 중 시야 확보가 어려우므로 경고음을 통해 주변의 안전을 확보한다.

8 지게차의 전복을 방지하기 위해 하중은 어디에 적재하는 것이 바람직한가? ★★★

① 포크 끝단
② **포크 중앙 깊숙이**
③ 마스트 옆면
④ 포크 옆면

정답 ② 포크 중앙 깊숙이
해설 하중은 포크 중심부 안쪽에 적절히 분산되어야 무게 중심이 안정된다.

9 지게차에 연료를 보충할 때 가장 적절한 방법은?

① 시동을 켠 상태에서 주입
② **환기되는 장소에서 엔진 정지 후 주입**
③ 작업 중간에 주입
④ 조명기구 근처에서 주입

정답 ② 환기되는 장소에서 엔진 정지 후 주입
해설 연료 주입 시 화재 위험을 줄이기 위해 엔진 정지 및 환기 상태를 유지해야 한다.

10 전동 지게차의 배터리 충전 시 주의사항이 아닌 것은?

① 환기 상태 유지
② 정전기 방지
③ 점화원 차단
④ **포크를 올리고 충전**

정답 ④ 포크를 올리고 충전
해설 충전 중에는 포크를 내리고 모든 조작을 중단하여 안전을 확보해야 한다.

11 브레이크 작동 시 지게차가 좌우로 흔들리는 원인 중 하나는? ★★★

① 브레이크유 증가
② **좌우 브레이크력 불균형**
③ 엔진 출력 저하
④ 조향장치 고장

정답 ② 좌우 브레이크력 불균형
해설 브레이크 페달을 밟을 때 좌우 힘이 다르면 흔들림이나 쏠림이 발생할 수 있다.

12 포크를 너무 높이 들어 올린 상태로 주행할 경우 우려되는 문제는?

① 조향이 쉬워진다.
② 연료 효율 향상
③ **무게 중심 상승으로 인한 전복 위험**
④ 냉각수 순환이 잘됨

정답 ③ 무게 중심 상승으로 인한 전복 위험
해설 포크를 높이면 무게 중심이 상승하여 안정성이 저하된다.

13 마스트가 전경된 상태에서 포크가 상승하면 어떤 위험이 발생하는가? ★★★

① 전방 시야가 좋아짐
② 마스트 손상
③ **하중이 앞으로 쏠리면서 낙하 위험**
④ 냉각성능 저하

정답 ③ 하중이 앞으로 쏠리면서 낙하 위험
해설 마스트 전경 상태에서 상승하면 하중이 앞으로 쏠려 낙하 위험이 커진다.

14 유압 오일의 점도가 너무 높을 경우 어떤 문제가 발생하는가?

① 유압 작동 지연
② 작동속도 향상
③ 누유 증가
④ 냉각수 소모

[정답] ① 유압 작동 지연
[해설] 점도가 높으면 유압오일 흐름이 느려져 작동이 지연될 수 있다.

15 브레이크액이 부족하면 나타날 수 있는 현상은?

① 제동력 향상
② 냉각기능 향상
③ 제동력 약화 및 브레이크 페달이 무르게 느껴짐
④ 포크가 급하게 상승함

[정답] ③ 제동력 약화 및 브레이크 페달이 무르게 느껴짐
[해설] 브레이크액이 부족하면 공기 혼입이나 제동불량의 원인이 된다.

16 유압 회로에서 릴리프 밸브의 고장 시 가장 먼저 발생할 수 있는 문제는? ★★★

① 유압 저하
② 유압 과압으로 인한 손상
③ 작동유 점도 저하
④ 유압유 오염

[정답] ② 유압 과압으로 인한 손상
[해설] 릴리프 밸브는 과도한 압력을 방출하는 역할을 하므로, 고장 시 과압으로 유압 계통이 손상될 수 있다.

17 지게차 운전 중 전복사고를 방지하는 올바른 운행 방법은? ★★★

① 빠른 속도로 커브를 돈다.
② 마스트를 전경시켜 주행한다.
③ 적재물을 최대한 높게 들어 운행한다.
④ 감속하고 천천히 회전한다.

[정답] ④ 감속하고 천천히 회전한다.
[해설] 고속 회전은 전복의 주요 원인이므로, 반드시 감속 후 회전해야 안전하다.

18 유압 작동 시 작동유 온도가 너무 높으면 나타날 수 있는 현상은?

① 작동 속도 향상
② 유압 계통 누유 및 오일 점도 저하
③ 작동유의 점도 증가
④ 소음 감소

[정답] ② 유압 계통 누유 및 오일 점도 저하
[해설] 작동유 온도가 높으면 점도가 낮아지고 누유가 발생할 수 있다.

19 마스트 틸팅 기능의 목적은? ★★★

① 엔진 회전수 조절
② 브레이크 제동력 조절
③ 하중의 낙하 방지 및 안전 적재
④ 조향 각도 증가

[정답] ③ 하중의 낙하 방지 및 안전 적재
[해설] 마스트 틸팅은 적재 시 하중이 안정적으로 유지되도록 도와준다.

20 지게차의 주된 제동 방식은?

① 엔진 브레이크
② 마찰 브레이크
③ 전자 브레이크
④ 전자석 브레이크

[정답] ② 마찰 브레이크
[해설] 대부분의 지게차는 마찰 브레이크를 사용하여 제동력을 확보한다.

21 지게차 적재물 운반 시 가장 이상적인 주행 자세는?

① **포크를 지면에 최대한 가깝게 유지**
② 포크를 높게 들고 주행
③ 마스트를 전경으로 유지
④ 포크를 좌우로 기울여 운행

정답 ① 포크를 지면에 최대한 가깝게 유지
해설 무게 중심을 낮추고 전복을 방지하기 위해 포크는 낮게 유지하는 것이 좋다.

22 지게차가 비탈길을 내려올 때 안전하게 운행하는 방법은? ★★★

① 기어 중립 후 브레이크 사용
② 포크를 들어서 내려간다
③ 후진 상태로 내려간다
④ **엔진 브레이크 및 저단 기어 사용**

정답 ④ 엔진 브레이크 및 저단 기어 사용
해설 저단기어 및 엔진브레이크를 활용하면 속도 제어가 용이하여 안전하다.

23 전동 지게차의 배터리 전압이 떨어졌을 때 나타나는 증상은? ★★★

① 작동속도 증가
② 조향 성능 향상
③ **모터 작동 불량 또는 정지**
④ 유압 작동유 점도 증가

정답 ③ 모터 작동 불량 또는 정지
해설 전압이 부족하면 전동모터가 정상 작동하지 못하여 작동 불량이 발생한다.

24 브레이크 유압이 부족할 경우 가장 먼저 점검해야 할 부품은? ★★★

① 조향펌프
② **브레이크 라인 및 마스터 실린더**
③ 연료 펌프
④ 냉각팬

정답 ② 브레이크 라인 및 마스터 실린더
해설 브레이크 라인 및 마스터 실린더에서 누유나 고장이 있을 수 있다.

25 엔진 지게차의 에어클리너가 막힐 경우 나타나는 현상은? ★★★

① 배기가스가 희어진다.
② 출력이 향상된다.
③ **흑연 배기가스와 출력 저하**
④ 연료 효율 증가

정답 ③ 흑연 배기가스와 출력 저하
해설 흡기 저항이 증가해 연소가 불완전해지고 출력이 저하된다.

26 유압펌프 오일 흡입 라인에 공기가 유입되면 발생하는 주요 문제는?

① 작동유 오염
② **펌프 과열 및 작동 불능**
③ 냉각수 유량 감소
④ 브레이크 고장

정답 ② 펌프 과열 및 작동 불능
해설 공기 혼입은 펌프 작동을 방해하고 소음 및 고장을 유발한다.

27 정기적으로 유압 필터를 교환해야 하는 주된 이유는?

① 냉각 기능을 향상시키기 위해
② 작동유의 색상을 유지하기 위해
③ **작동유의 오염 방지 및 계통 보호**
④ 연료 효율을 높이기 위해

정답 ③ 작동유의 오염 방지 및 계통 보호
해설 필터는 유압 계통 내 오염 방지와 장비 수명 연장을 위해 정기적으로 교체해야 한다.

28 지게차의 주된 안전장치 중 하나로, 운전자가 좌석에서 이탈하면 작동을 정지시키는 장치는? ★★★
① **시트 스위치**
② 비상경보장치
③ 브레이크 잠금장치
④ 클러치 잠금장치

[정답] ① 시트 스위치
[해설] 시트에 사람이 없으면 지게차 작동을 정지시키는 안전 장치이다.

29 디젤 지게차에서 노킹 현상이 발생하는 주요 원인은?
① 냉각수 과다
② **연료 분사 타이밍 이상**
③ 브레이크 패드 마모
④ 과도한 에어 필터 청소

[정답] ② 연료 분사 타이밍 이상
[해설] 디젤 엔진의 노킹은 착화 타이밍의 문제로 인해 발생하는 것이 일반적이다.

30 지게차의 제동 성능을 확인하는 가장 정확한 방법은?
① 브레이크 소음 청취
② **제동거리 측정**
③ 브레이크 패드 색상 확인
④ 타이어 공기압 측정

[정답] ② 제동거리 측정
[해설] 실제 주행 중 제동거리를 측정하는 것이 가장 정확한 평가 방법이다.

31 유압 작동 중 비정상적인 진동이 발생할 경우 가장 의심할 수 있는 원인은? ★★★
① 타이어 마모
② 조향 장치 이상
③ **유압 라인 내 공기 혼입**
④ 배터리 과충전

[정답] ③ 유압 라인 내 공기 혼입
[해설] 유압 라인 내 공기가 혼입되면 작동이 불규칙하고 진동이 발생할 수 있다.

32 지게차가 비정상적으로 좌우로 쏠릴 경우 점검해야 할 사항은? ★★★
① 유압 필터 점도
② 엔진 오일 점도
③ 배터리 전압
④ **포크 높이 균형**

[정답] ④ 포크 높이 균형
[해설] 포크의 높이가 맞지 않으면 적재물 무게 중심이 달라져 쏠림 현상이 생긴다.

33 지게차 주행 중 경고등이 켜지는 가장 일반적인 이유는? ★★★
① 유압유 과잉
② 전기 계통 과부하
③ **엔진오일 부족 또는 과열**
④ 타이어 마모

[정답] ③ 엔진오일 부족 또는 과열
[해설] 대부분의 경고등은 엔진 오일압력 또는 온도 이상을 알리기 위해 점등된다.

34 적재 작업 전 가장 먼저 확인해야 할 사항은?
① 포크의 도장 상태
② **포크의 균형 및 마스트 위치**
③ 엔진오일 점도
④ 브레이크액의 양

[정답] ② 포크의 균형 및 마스트 위치
[해설] 적재 전 포크의 수평 및 마스트의 정렬 상태는 안전한 적재를 위한 핵심 사항이다.

35 유압 실린더 작동 시 오일 누유가 발생하면 가장 먼저 점검할 부위는?
① **실린더 로드 씰**
② 필터 내부
③ 유압펌프 모터
④ 브레이크 디스크

[정답] ① 실린더 로드 씰
[해설] 실린더 로드 주변의 씰이 손상되면 가장 먼저 누유가 발생할 수 있다.

36 지게차가 전복되었을 경우 운전자의 가장 올바른 대처 방법은? ★★★

① 즉시 탈출한다.
② **기기를 끄고 몸을 웅크린 채 안전벨트를 유지한다.**
③ 포크를 위로 올린다.
④ 창문을 열고 뛰어내린다.

[정답] ② 기기를 끄고 몸을 웅크린 채 안전벨트를 유지한다.
[해설] 전복 시 뛰어내리면 더 큰 부상을 입을 수 있으며, 안전벨트를 한 채 내부에서 보호 자세를 유지하는 것이 가장 안전하다.

37 정기적으로 브레이크액을 점검해야 하는 이유는?

① 제동력 향상
② 오일 점도 상승 방지
③ **제동 성능 유지 및 누유 여부 확인**
④ 엔진출력 증가

[정답] ③ 제동 성능 유지 및 누유 여부 확인
[해설] 브레이크액 부족은 제동력을 저하시킬 수 있으며, 점검을 통해 누유 여부도 함께 확인해야 한다.

38 경사로 하향 주행 시 적재물 방향이 전방일 때 가장 우려되는 상황은?

① 조향 불가
② **하중 낙하 및 전복**
③ 배터리 방전
④ 유압 작동속도 저하

[정답] ② 하중 낙하 및 전복
[해설] 하중이 경사 하향 방향을 향할 경우 무게 중심이 앞으로 쏠려 전복 위험이 증가한다.

39 유압계통이 정상작동되지 않을 경우 가장 먼저 확인할 사항은? ★★★

① 타이어 공기압
② 브레이크액 점도
③ **유압 작동유의 양과 상태**
④ 냉각수 온도

[정답] ③ 유압 작동유의 양과 상태
[해설] 유압 작동이 안 될 경우, 작동유 부족 또는 오염이 원인일 수 있다.

40 적재 중량이 무거울수록 지게차의 무게중심은 어떻게 되는가?

① 후방으로 이동
② **전방으로 이동**
③ 고르게 분산됨
④ 변화 없음

[정답] ② 전방으로 이동
[해설] 적재물이 전방에 실리기 때문에 무게 중심도 전방으로 이동하게 된다.

41 지게차에서 포크가 천천히 내려가는 경우 가장 의심할 수 있는 원인은? ★★★

① **유압 필터 막힘**
② 브레이크 고장
③ 실린더 오일 부족
④ 릴리프 밸브 이상

[정답] ① 유압 필터 막힘
[해설] 유압 필터가 막히면 오일 흐름이 느려져 포크가 천천히 내려간다.

42 마스트의 전경각이 과도할 경우 작업 중 어떤 문제가 발생할 수 있는가? ★★★

① 조향 능력 증가
② 무게중심 후방 이동
③ **하중 낙하 위험 증가**
④ 포크 상승속도 향상

[정답] ③ 하중 낙하 위험 증가
[해설] 마스트가 너무 전경되어 있으면 적재물이 앞으로 쏠려 낙하 위험이 증가한다.

43 전동 지게차의 배터리 수명을 늘리기 위한 올바른 충전 습관은? ★★★

① 항상 완전 방전 후 충전한다.
② 충전 중 작업을 계속한다.
③ **규정된 충전주기에 따라 완전 충전한다.**
④ 야간마다 짧게 충전한다.

[정답] ③ 규정된 충전주기에 따라 완전 충전한다
[해설] 배터리 수명을 위해서는 완전 방전보다 정해진 주기 내 완전 충전이 효과적이다.

44 유압작동유가 규정량 이상으로 과다 주입되었을 경우 발생할 수 있는 문제는? ★★★

① 작동 속도 향상
② 기계 냉각 성능 증가
③ 작동유 점도 증가
④ **압력 상승에 따른 누유 및 고장**

[정답] ④ 압력 상승에 따른 누유 및 고장
[해설] 작동유가 과다하면 내부 압력이 비정상적으로 올라가 누유나 부품 손상이 발생할 수 있다.

45 엔진 시동이 걸리지 않을 때 가장 먼저 점검할 항목은?

① **연료 계통 및 배터리 상태**
② 타이어 압력
③ 냉각수 양
④ 브레이크 패드 마모

[정답] ① 연료 계통 및 배터리 상태
[해설] 시동 불량은 연료 공급 문제나 배터리 방전이 원인일 가능성이 크다.

46 지게차 작업 후 마무리 작업으로 가장 적절한 것은?

① 포크를 최대로 올려 둔다.
② 엔진을 켠 채로 둔다.
③ **포크를 바닥에 내리고 시동을 끈다.**
④ 마스트를 전경으로 유지한다.

[정답] ③ 포크를 바닥에 내리고 시동을 끈다.
[해설] 작동계통에 무리를 주지 않기 위해 포크를 내리고 시동을 종료해야 한다.

47 지게차 조작 중 급정거를 반복하게 되면 가장 우려되는 문제는? ★★★

① 유압 작동이 빨라짐
② 포크 길이 감소
③ **하중 낙하 및 브레이크 계통 손상**
④ 냉각수 온도 저하

[정답] ③ 하중 낙하 및 브레이크 계통 손상
[해설] 급정거는 하중이 앞쪽으로 밀리며 낙하 위험이 높고, 브레이크에도 무리를 준다.

48 유압 계통의 오일 점도는 무엇에 가장 큰 영향을 받는가?

① 기계 속도
② 공기 습도
③ 냉각팬 회전수
④ **작동유 온도**

[정답] ④ 작동유 온도
[해설] 온도가 올라가면 점도는 낮아지고, 낮아지면 점도는 높아진다.

49 엔진 지게차에서 주행 중 매연이 짙게 나오는 주요 원인은?

① 과도한 브레이크 사용
② **연료 연소 불완전**
③ 유압오일 누수
④ 배터리 전압 불안정

정답 ② 연료 연소 불완전
해설 흑연(검은 연기)은 연료가 제대로 연소되지 않았을 때 발생한다.

50 후진 시 보행자와의 충돌을 방지하기 위한 가장 효과적인 조치는?

① 속도를 높여 신속하게 지나간다.
② 포크를 높게 들고 후진한다.
③ **후방 경고음 작동 및 시야 확보**
④ 조향 핸들을 빠르게 조작한다.

정답 ③ 후방 경고음 작동 및 시야 확보
해설 후진 시 경고음과 시야 확보는 보행자와의 사고를 예방하는 기본 조치이다.

51 브레이크 작동 중 이상한 소음이 발생할 경우 가장 먼저 확인해야 할 부분은?

① 브레이크 오일 색상
② **브레이크 패드 마모 상태**
③ 타이어 회전수
④ 냉각수 양

정답 ② 브레이크 패드 마모 상태
해설 브레이크 패드가 마모되면 금속 마찰로 인해 소음이 발생할 수 있다.

52 지게차의 엔진오일을 정기적으로 교체해야 하는 이유는? ★★★

① 냉각수 온도 유지
② 연료소비량 증가 방지
③ **윤활기능 유지 및 엔진 보호**
④ 브레이크 성능 향상

정답 ③ 윤활기능 유지 및 엔진 보호
해설 엔진오일은 윤활과 냉각, 오염물 제거 역할을 하며 정기적인 교체가 필요하다.

53 유압 계통에서 작동유의 오염을 가장 효과적으로 방지하는 장치는?

① 리저버 탱크
② 냉각팬
③ **유압 필터**
④ 오일 게이지

정답 ③ 유압 필터
해설 유압 필터는 작동유 내 이물질을 제거하여 시스템 오염을 방지한다.

54 마스트를 후경시켰을 때의 주된 목적은? ★★★

① 연료 효율 향상
② **하중의 낙하 방지**
③ 포크의 상승 속도 향상
④ 무게 중심 전방 이동

정답 ② 하중의 낙하 방지
해설 마스트를 후경시키면 하중이 지게차 쪽으로 밀착되어 안정성을 높인다.

55 지게차 운전 중 핸들이 무거워질 경우 가장 먼저 점검해야 할 부분은? ★★★

① **유압 계통 누유 여부**
② 포크 높이
③ 냉각수 온도
④ 브레이크 오일 양

정답 ① 유압 계통 누유 여부
해설 조향장치가 유압식일 경우 누유로 인해 핸들이 무거워질 수 있다.

56 다음 중 전동지게차의 특징으로 가장 알맞은 것은?

① 배기가스가 많아 실내 사용에 부적합하다.
② **전기모터를 사용하여 소음이 적고 친환경적이다.**
③ 연료 주입이 빠르다.
④ 경사로 주행에 강하다.

정답 ② 전기모터를 사용하여 소음이 적고 친환경적이다.
해설 전동지게차는 소음과 배출가스가 적어 실내에서 적합하게 사용된다.

57 포크가 과도하게 앞쪽으로 경사된 상태에서 하중을 적재할 경우 가장 우려되는 문제는? ★★★

① 냉각수 소모
② 조향성 향상
③ **하중 낙하 및 전도 위험**
④ 제동력 증가

정답 ③ 하중 낙하 및 전도 위험
해설 포크가 전경된 상태에서 적재 시 하중이 불안정해져 전복 위험이 증가한다.

58 디젤 지게차에서 가장 자주 점검해야 하는 항목은? ★★★

① 조향 각도
② 배터리 액 높이
③ 브레이크 패드 두께
④ **연료 필터 및 엔진 오일 상태**

정답 ④ 연료 필터 및 엔진 오일 상태
해설 디젤 엔진의 경우 연료계통과 윤활계통의 점검이 매우 중요하다.

59 유압 작동유가 혼탁한 색을 띠고 점도가 낮아졌다면 어떤 조치가 필요한가?

① 오일을 보충한다.
② 브레이크를 점검한다.
③ **작동유를 전량 교체한다.**
④ 타이어를 점검한다.

정답 ③ 작동유를 전량 교체한다.
해설 혼탁하고 점도가 낮은 오일은 작동 불량과 계통 손상의 원인이 되므로 즉시 교체해야 한다.

60 엔진 지게차에서 점화플러그를 사용하는 연료 방식은?

① **휘발유**
② CNG
③ 디젤
④ 전기

정답 ① 휘발유
해설 휘발유 엔진은 점화플러그를 이용해 혼합기 점화를 유도한다.

05 빈출문제 5회 (60제)

급하면 이 문제만 풀어보아도 합격권

※ 맞는 것을 고르는 답은 고딕, 틀린 것을 고르는 답은 명조체로 표시하였습니다

1 지게차의 운행 전 일상 점검 항목이 아닌 것은?
① 엔진오일 양
② 브레이크 작동 여부
③ 냉각수 누수 여부
④ 포크와 하중의 재질

정답 ④ 포크와 하중의 재질
해설 하중의 재질은 운전자가 점검할 사항이 아니며, 장비의 기능적 상태 확인이 중요하다.

2 마스트가 수직 상태가 아닌 전경 또는 후경 상태로 적재 시 발생할 수 있는 위험은?
① 조향 불능
② 연료 누출
③ 하중 불균형으로 인한 전도 위험
④ 엔진 과열

정답 ③ 하중 불균형으로 인한 전도 위험
해설 마스트는 적재 시 수직에 가까울수록 안정적이며, 경사 상태에서는 하중 불균형이 발생한다.

3 유압 작동유의 누유 여부를 일상적으로 확인할 수 있는 방법은?
① 배터리 게이지 확인
② 냉각수량 확인
③ 바닥 오일 자국 또는 외부 라인 확인
④ 타이어 상태 관찰

정답 ③ 바닥 오일 자국 또는 외부 라인 확인
해설 유압유 누유는 바닥의 자국이나 연결 부위 외관 점검으로 확인할 수 있다.

4 경사로 하강 시 지게차 운전자가 피해야 할 행위는?
① 기어를 낮추고 내려가기
② 엔진 브레이크 사용
③ 브레이크와 조향을 동시에 사용
④ 기어를 중립에 놓고 브레이크만 사용

정답 ④ 기어를 중립에 놓고 브레이크만 사용
해설 중립 주행은 제동력이 약해지므로 기어와 브레이크를 함께 사용해야 안전하다.

5 포크가 한쪽으로만 기울어진 경우 가장 적절한 조치는?
① 마스트를 전경시킨다.
② 포크 높이를 조정한다.
③ 조향 장치를 점검한다.
④ 브레이크를 점검한다.

정답 ② 포크 높이를 조정한다.
해설 포크의 좌우 높이를 맞추지 않으면 하중 불균형이 발생할 수 있으므로 수평 조정이 필요하다.

6 지게차 조향핸들을 돌려도 반응이 없을 경우 가장 가능성 높은 원인은? ★★★
① 유압계통 고장 또는 조향펌프 이상
② 배터리 충전 부족
③ 타이어 마모
④ 브레이크 오일 과다

정답 ① 유압계통 고장 또는 조향펌프 이상
해설 대부분의 지게차 조향은 유압 방식이므로, 펌프 고장이나 유압 누유가 원인일 수 있다.

7 유압 계통의 압력이 급상승하지 않도록 조절하는 장치는? ★★★

① 리미트 스위치
② **릴리프 밸브**
③ 에어클리너
④ 스로틀 밸브

정답 ② 릴리프 밸브
해설 릴리프 밸브는 유압계통 내 압력이 일정 수준을 넘지 않도록 방출 조절을 한다.

8 전동 지게차에서 배터리 충전 완료 후 해야 할 적절한 작업은?

① 포크를 들어 올린다.
② 배터리를 흔들어 균일하게 한다.
③ **전원 차단 후 커넥터를 분리한다.**
④ 충전 후 포크를 시험작동한다.

정답 ③ 전원 차단 후 커넥터를 분리한다.
해설 안전사고 방지를 위해 충전 완료 후 전원 차단 후 분리해야 한다.

9 지게차의 마스트가 기울어져 있을 경우 포크에 실은 하중은 어떻게 되는가?

① **하중이 마스트 방향으로 쏠린다.**
② 하중이 균등하게 분산된다.
③ 하중이 수직으로만 작용한다.
④ 하중은 마스트 기울기에 영향을 받지 않는다.

정답 ① 하중이 마스트 방향으로 쏠린다.
해설 마스트가 기울면 중력 방향으로 하중이 쏠려 전복 또는 낙하 위험이 증가한다.

10 유압계통 작동 중 포크가 일정 위치에서 더 이상 올라가지 않는다면 의심할 수 있는 원인은? ★★★

① 브레이크 이상
② **릴리프 밸브 설정값**
③ 엔진오일 감소
④ 배터리 누전

정답 ② 릴리프 밸브 설정값
해설 설정된 압력 이상에서는 작동유가 우회되므로, 포크가 더 이상 올라가지 않을 수 있다.

11 지게차의 주행 중 조향 핸들이 너무 가볍게 느껴질 경우 가장 의심할 수 있는 원인은? ★★★

① **타이어 공기압 과다**
② 브레이크 오일 부족
③ 조향 유압 누유
④ 냉각수 온도 저하

정답 ① 타이어 공기압 과다
해설 타이어 공기압이 과다할 경우 도로 접지력이 약해져 조향 핸들이 가볍게 느껴질 수 있다.

12 지게차의 유압 실린더 내부에 마모가 발생했을 경우 나타날 수 있는 현상은? ★★★

① 엔진 소음 증가
② **포크 조작 시 끊김 현상 발생**
③ 브레이크 제동력 증가
④ 타이어 회전 저하

정답 ② 포크 조작 시 끊김 현상 발생
해설 유압 실린더 마모 시 오일 누유나 압력 손실로 인해 작동이 원활하지 않게 된다.

13 전동지게차의 배터리 전해액이 부족하면 발생할 수 있는 문제는?

① 유압오일 온도 상승
② 엔진 출력 상승
③ 냉각수 역류
④ **배터리 셀 손상 및 수명 단축**

정답 ④ 배터리 셀 손상 및 수명 단축
해설 전해액이 부족하면 내부 셀이 손상되며 충전 효율이 급감하게 된다.

14 지게차가 좌우로 기울어지며 주행하는 경우 점검할 항목으로 옳은 것은?

① 포크 간격
② 앞 타이어 마모 상태
③ 마스트 경사
④ **좌우 타이어 공기압**

[정답] ④ 좌우 타이어 공기압
[해설] 공기압이 불균형하면 차체가 한쪽으로 기울어져 불안정한 주행이 된다.

15 디젤 엔진에서 흰 연기가 과다하게 나오는 경우 가장 의심할 수 있는 원인은? ★★★

① 연료 과다 공급
② **냉각수 실린더 내 유입**
③ 점화플러그 불량
④ 유압펌프 고장

[정답] ② 냉각수 실린더 내 유입
[해설] 냉각수가 실린더 내로 유입되면 연소 시 수증기로 인해 흰 연기가 발생한다.

16 지게차 포크의 중심 간격이 하중보다 좁을 경우 발생할 수 있는 위험은?

① 연료 소모 증가
② 타이어 마모 감소
③ **적재물 낙하 가능성 증가**
④ 냉각수 온도 상승

[정답] ③ 적재물 낙하 가능성 증가
[해설] 포크 간격이 좁으면 하중을 안정적으로 지지하지 못해 낙하 위험이 있다.

17 지게차 운전 중 하중의 무게중심이 너무 앞쪽으로 치우쳤을 때 발생하는 현상은?

① 엔진 과열
② 브레이크 강화
③ **차량 전도 가능성 증가**
④ 유압 압력 상승

[정답] ③ 차량 전도 가능성 증가
[해설] 하중 중심이 바깥으로 벗어나면 전복 위험이 급격히 증가한다.

18 지게차 유압오일이 부족한 상태에서 계속 작동할 경우 기계에 미치는 영향은?

① **마찰로 인한 부품 손상**
② 작동 속도 증가
③ 제동 성능 향상
④ 냉각 효과 증가

[정답] ① 마찰로 인한 부품 손상
[해설] 오일 부족은 윤활 불량을 초래하고 작동부에 마찰 손상을 유발한다.

19 유압작동유의 교환 주기가 지난 채 계속 사용하면 발생할 수 있는 문제는?

① 연료비 절감
② 타이어 수명 증가
③ **유압 계통 마모 및 고장**
④ 브레이크 성능 향상

[정답] ③ 유압 계통 마모 및 고장
[해설] 교환하지 않은 유압유는 오염되어 계통 전체에 악영향을 미칠 수 있다.

20 지게차의 후진 경고음이 작동하지 않을 경우 취해야 할 조치는? ★★★

① 마스트 틸팅
② 브레이크액 점검
③ **퓨즈 및 배선 점검**
④ 유압 필터 교환

[정답] ③ 퓨즈 및 배선 점검
[해설] 전기식 경고음은 퓨즈나 배선 이상으로 작동하지 않을 수 있으므로 점검이 필요하다.

21 작업장 내 지게차의 속도 제한은 왜 필요한가?
① 연료 효율 증가를 위해
② 포크 작동 속도 향상을 위해
③ 브레이크 성능 테스트를 위해
④ **보행자 안전 확보 및 사고 방지를 위해**

정답 ④ 보행자 안전 확보 및 사고 방지를 위해
해설 지게차는 좁은 공간에서 작업하므로 안전 확보를 위해 속도 제한이 중요하다.

22 유압 필터의 오염 상태가 심할 경우 나타나는 대표적인 현상은? ★★★
① 오일 색이 투명해짐
② 작동이 부드러워짐
③ **유압 작동 지연 및 떨림**
④ 냉각수 소모 증가

정답 ③ 유압 작동 지연 및 떨림
해설 필터가 막히면 유압유 흐름이 원활하지 않아 작동 지연과 진동이 발생한다.

23 유압 실린더의 내부 부품 중 작동유의 누유를 방지하는 역할을 하는 것은?
① 피스톤링
② 리미트 스위치
③ 오일 게이지
④ **씰(Seal)**

정답 ④ 씰(Seal)
해설 씰은 유압실린더 내부에서 오일이 외부로 누출되는 것을 방지하는 부품이다.

24 전동 지게차를 운행 후 장시간 보관할 때 적절한 조치는? ★★★
① 포크를 최대한 높인다.
② **배터리 단자를 분리한다.**
③ 브레이크를 잠근다.
④ 냉각수를 가득 채운다.

정답 ② 배터리 단자를 분리한다.
해설 전기 소모 및 누전 방지를 위해 배터리 단자 분리가 권장된다.

25 지게차 운전자가 반드시 숙지해야 할 적재 관련 기준은? ★★★
① 하중을 무조건 높이 올릴 것
② 하중을 최대한 전방에 둘 것
③ **적재 하중은 지게차의 허용하중 이내일 것**
④ 속도를 높여 빠르게 운반할 것

정답 ③ 적재 하중은 지게차의 허용하중 이내일 것
해설 허용하중을 초과할 경우 전도나 기계 손상이 발생할 수 있으므로 기준을 지켜야 한다.

26 유압 계통의 작동 중 유량 제어 밸브의 주된 역할은? ★★★
① **작동속도 조절**
② 작동유 누유 방지
③ 유압유 온도 상승 방지
④ 브레이크 성능 향상

정답 ① 작동속도 조절
해설 유량 제어 밸브는 유체의 흐름을 조절해 작동 속도를 결정하는 역할을 한다.

27 지게차에 충격을 줄 수 있는 작업 중 피해야 할 습관은?
① 천천히 가속
② 서서히 감속
③ 포크를 수평 유지
④ **갑작스러운 정지와 방향 전환**

정답 ④ 갑작스러운 정지와 방향 전환
해설 급격한 조작은 기계에 충격을 주고 하중의 불균형을 초래할 수 있다.

28 엔진오일이 과다하게 주입될 경우 발생할 수 있는 문제는?

① 연료 효율 향상
② 브레이크 성능 향상
③ **오일 누유 및 엔진 손상**
④ 냉각수 증발

정답 ③ 오일 누유 및 엔진 손상
해설 오일 과다 시 압력이 높아져 씰 손상, 누유 및 과열이 유발될 수 있다.

29 유압 작동 시 마찰과 고열을 방지하기 위한 가장 중요한 조건은? ★★★

① **적절한 윤활 및 오일 점도 유지**
② 엔진 정지
③ 공기 주입
④ 유압 실린더 교체

정답 ① 적절한 윤활 및 오일 점도 유지
해설 유압 작동 중 마찰과 발열을 줄이기 위해 적절한 윤활 상태를 유지해야 한다.

30 지게차에 설치된 백레스트(backrest)의 주된 기능은?

① 운전자의 등을 보호한다.
② **하중의 후방 낙하 방지**
③ 브레이크 성능 향상
④ 엔진 마운트 강화

정답 ② 하중의 후방 낙하 방지
해설 백레스트는 적재된 물건이 운전석 쪽으로 넘어오는 것을 방지하는 안전 장치이다.

31 지게차를 경사진 장소에 주차할 때 가장 안전한 조치는? ★★★

① 포크를 최대한 올려놓는다.
② 기어를 중립에 두고 시동을 끈다.
③ **바퀴를 고정하고 포크를 지면에 내린다.**
④ 마스트를 전경 상태로 둔다.

정답 ③ 바퀴를 고정하고 포크를 지면에 내린다.
해설 경사면 주차 시 바퀴를 고정하고 포크를 내리는 것이 기계 전복 방지에 가장 효과적이다.

32 지게차의 포크 길이는 적재물의 어떤 요소에 가장 큰 영향을 받는가?

① 색상
② 무게
③ **길이**
④ 재질

정답 ③ 길이
해설 포크 길이는 적재물의 길이에 따라 조정해야 하며, 너무 짧거나 길면 하중 불균형이 발생한다.

33 유압 시스템에서 유압작동유가 부족할 경우 가장 먼저 나타나는 현상은? ★★★

① 냉각수 온도 상승
② **작동기구 작동 지연 또는 정지**
③ 브레이크 유압 상승
④ 연료 효율 증가

정답 ② 작동기구 작동 지연 또는 정지
해설 유압유 부족은 유압장치 전체의 작동 불능 또는 반응 지연을 초래한다.

34 지게차 운전 중 앞에 보행자가 있을 경우 가장 적절한 대응은?

① 경적을 계속 울리며 주행한다.
② **속도를 줄이고 충분한 거리를 유지한다.**
③ 빠르게 주행하여 지나간다.
④ 방향지시등을 켠다.

정답 ② 속도를 줄이고 충분한 거리를 유지한다.
해설 보행자 보호는 기본 원칙이며, 충분한 안전거리를 확보해야 한다.

35 브레이크 작동 시 페달이 끝까지 밀려 들어가는 현상은 무엇이 원인일 수 있는가?

① 타이어 공기압 과다
② 마스트 틸트 각도 이상
③ 엔진 출력 감소
④ 브레이크 오일 누유 또는 공기 혼입

[정답] ④ 브레이크 오일 누유 또는 공기 혼입
[해설] 브레이크 오일 부족 또는 공기 혼입은 페달 압력을 약화시켜 제동력이 떨어지게 한다.

36 지게차 포크가 상승한 상태에서 하중을 운반하면 어떤 위험이 있는가? ★★★

① 엔진 마모
② 마스트 강도 증가
③ 무게중심 상승으로 전복 위험 증가
④ 타이어 수명 증가

[정답] ③ 무게중심 상승으로 전복 위험 증가
[해설] 포크를 높인 상태에서 운반하면 지게차 중심이 높아져 전복 위험이 높아진다.

37 유압 작동유의 점도가 너무 높을 경우 발생할 수 있는 문제는? ★★★

① 오일 누유
② 작동 속도 저하
③ 냉각수 소모 증가
④ 브레이크 제동력 증가

[정답] ② 작동 속도 저하
[해설] 점도가 높으면 오일의 흐름이 늦어져 작동기구 반응이 느려진다.

38 전동 지게차의 배터리 충전 중 반드시 해야 할 작업은? ★★★

① 충전 중 운행
② 배터리 셀을 가열함
③ 환기 상태 확보
④ 포크를 최대한 올리기

[정답] ③ 환기 상태 확보
[해설] 충전 중 수소가스가 발생하므로 환기를 통해 폭발 위험을 줄여야 한다.

39 유압 작동유가 탁해졌을 때 적절한 조치는?

① 작동유 재사용
② 작동유 보충만 실시
③ 점도 조절제 주입
④ 전체 작동유 교체 및 필터 교환

[정답] ④ 전체 작동유 교체 및 필터 교환
[해설] 탁해진 오일은 오염되었음을 뜻하며, 계통 보호를 위해 교체가 필요하다.

40 엔진이 과열되었을 때 가장 먼저 점검할 사항은?

① 유압 필터
② 냉각수량 및 누수 여부
③ 브레이크 오일
④ 포크 간격

[정답] ② 냉각수량 및 누수 여부
[해설] 냉각수가 부족하거나 누수되면 엔진 온도가 과도하게 상승한다.

41 지게차의 포크 간격 조정이 필요한 경우는? ★★★

① 모든 적재물은 동일 간격을 사용함
② 적재물의 넓이나 무게중심이 다를 때
③ 마스트를 고정할 때
④ 연료를 교체할 때

[정답] ② 적재물의 넓이나 무게 중심이 다를 때
[해설] 포크 간격은 하중의 형태에 따라 유동적으로 조정되어야 안전하다.

42 작업 중 지게차 엔진에 과부하가 걸리는 주요 원인은?

① **적재량 과다 및 과속**
② 공회전 상태 유지
③ 브레이크 사용 부족
④ 연료 필터 청소

정답 ① 적재량 과다 및 과속
해설 무리한 적재와 고속 주행은 엔진에 무리를 줘 과부하를 유발한다.

43 브레이크 라인에 공기가 혼입되었을 때의 대표 증상은? ★★★

① 브레이크 작동 시 강한 제동력 발생
② 브레이크 소음 증가
③ 작동유 색 변화
④ **페달이 스펀지처럼 무름**

정답 ④ 페달이 스펀지처럼 무름
해설 공기 혼입은 브레이크 유압 전달을 방해해 페달 감각이 무르게 느껴진다.

44 전동 지게차의 배터리 충전 상태를 확인하는 방법은?

① 냉각수 확인
② **배터리 게이지 확인**
③ 오일 점도 측정
④ 포크 작동 테스트

정답 ② 배터리 게이지 확인
해설 대부분의 전동 지게차는 충전 상태를 표시하는 게이지가 장착되어 있다.

45 유압장치 작동 중 소음이 발생할 경우 가장 먼저 점검할 사항은? ★★★

① 포크의 길이
② **유압오일의 부족 또는 오염 여부**
③ 냉각수 순환계통
④ 타이어 마모

정답 ② 유압오일의 부족 또는 오염 여부
해설 오일 부족이나 오염은 유압 계통 소음의 주요 원인 중 하나다.

46 유압작동유 교환 시 가장 중요한 점검 항목은? ★★★

① 교환한 오일의 색상
② 사용한 오일의 양
③ **유압 필터와 함께 교환 여부**
④ 브레이크 작동 여부

정답 ③ 유압 필터와 함께 교환 여부
해설 작동유와 필터는 함께 교환해야 오염 방지 효과가 극대화된다.

47 경사로에서 하강 시 후진으로 운반해야 하는 이유는?

① 브레이크 성능 향상
② 연료 소모 절약
③ **적재물의 무게 중심 유지**
④ 엔진 출력 증가

정답 ③ 적재물의 무게 중심 유지
해설 후진으로 운반하면 하중이 위쪽을 향해 무게중심을 안정적으로 유지할 수 있음

48 적재물을 적재한 상태로 내리막길을 주행할 때 가장 적절한 방법은? ★★★

① **저단 기어와 엔진 브레이크 사용**
② 전진 주행
③ 중립으로 두고 브레이크만 사용
④ 포크를 높이고 주행

정답 ① 저단 기어와 엔진 브레이크 사용
해설 기계적 제동이 가능한 저단 기어와 엔진 브레이크를 함께 사용해야 안전하다.

49 지게차의 좌석에 안전벨트를 설치하는 주된 이유는?

① 운전자 피로 감소
② 연료 소비 절감
③ 승하차 시간 단축
④ **전도 사고 시 운전자 이탈 방지**

정답 ④ 전도 사고 시 운전자 이탈 방지
해설 전도 시 운전자가 기계 밖으로 튀어나가지 않도록 하는 것이 안전벨트의 주목적이다.

50 지게차 조작 중 엔진에서 큰 소음과 함께 출력 저하가 발생했다면 가장 먼저 점검할 것은? ★★★

① 냉각수 라인
② 유압오일
③ **흡기 계통과 연료 공급 상태**
④ 조향 핸들

정답 ③ 흡기 계통과 연료 공급 상태
해설 흡기 불량 또는 연료 공급 이상은 출력 저하와 소음을 유발할 수 있다.

51 유압 실린더에 공기 혼입이 반복될 경우 적절한 조치는?

① 실린더 전체 교체
② 냉각팬 교환
③ **오일 재보충 및 에어 제거**
④ 브레이크 오일 교환

정답 ③ 오일 재보충 및 에어 제거
해설 공기 혼입은 에어 제거 작업(블리딩)으로 해결 가능하며, 오일도 함께 보충해야 한다.

52 전동 지게차의 모터 과열 방지를 위한 기본 관리 항목은? ★★★

① **배터리 전압 유지 및 과부하 방지**
② 타이어 교환 주기
③ 브레이크액 보충
④ 마스트 각도 조절

정답 ① 배터리 전압 유지 및 과부하 방지
해설 전동 지게차는 배터리 전압이 낮거나 과부하 상태에서 모터가 과열되기 쉽다.

53 지게차에서 가장 기본적인 일상 점검 항목이 아닌 것은?

① 포크의 손상 여부
② 유압오일의 양
③ 타이어 공기압
④ **엔진 마운트의 상태**

정답 ④ 엔진 마운트의 상태
해설 엔진 마운트 점검은 정비 항목이며, 운전자의 일상 점검 범위는 아니다.

54 적재물 운반 중 급제동이 위험한 가장 큰 이유는?

① 냉각수 손실
② 포크의 마모
③ **하중이 앞으로 쏠리며 낙하 위험 증가**
④ 엔진 브레이크 고장

정답 ③ 하중이 앞으로 쏠리며 낙하 위험 증가
해설 급제동은 하중의 관성 이동을 유발해 낙하 및 전복을 유발할 수 있다.

55 브레이크 오일을 주기적으로 교체하지 않으면 발생할 수 있는 문제는? ★★★

① **제동력 저하 및 부품 부식**
② 냉각 성능 저하
③ 유압 작동속도 증가
④ 타이어 이상 마모

정답 ① 제동력 저하 및 부품 부식
해설 브레이크 오일은 수분 흡수가 빠르므로 교체하지 않으면 부식 및 성능 저하가 발생한다.

56 경사로에서 지게차의 방향을 바꿔야 할 경우 적절한 위치는?

① 경사 중간 지점
② 하중 방향을 아래로 향하게 한 채
③ 하중을 높이 든 상태에서
④ **평지나 수평면에서 방향 전환**

정답 ④ 평지나 수평면에서 방향 전환
해설 경사로 중간에서 방향을 바꾸면 중심 이동으로 전복 위험이 있으므로 반드시 평지에서 실시해야 한다.

57 유압작동유를 교환할 때 오일의 적정량을 확인하는 방법은?

① 냉각수 게이지 확인
② 연료 주입구 관찰
③ 유압 탱크의 레벨 게이지 확인
④ 타이어 회전수 확인

[정답] ③ 유압 탱크의 레벨 게이지 확인
[해설] 대부분의 유압 탱크에는 오일의 높이를 확인할 수 있는 레벨 게이지가 있다.

58 지게차가 작업 중 전도를 방지하기 위한 가장 기본적인 주행 방법은?

① 포크를 낮춘 상태로 천천히 주행한다.
② 고속으로 적재물을 운반한다.
③ 빠른 속도로 곡선을 돈다.
④ 마스트를 항상 전경 상태로 유지한다.

[정답] ① 포크를 낮춘 상태로 천천히 주행한다.
[해설] 포크를 낮추고 속도를 줄이면 중심이 낮아져 전도 위험이 줄어든다.

59 전동 지게차의 배터리를 보관할 때 주의사항은? ★★★

① 온도와 관계없이 아무 곳에나 둔다.
② 완전 방전 상태로 둔다.
③ 청결히 하고 충전 상태로 건조한 장소에 보관한다.
④ 포크에 실은 채로 둔다.

[정답] ③ 청결히 하고 충전 상태로 건조한 장소에 보관한다.
[해설] 배터리는 충전 상태를 유지하며 건조하고 통풍이 잘 되는 곳에 보관해야 수명을 연장할 수 있다.

60 지게차 작업 중 운전자가 무리한 조작을 반복하면 기계에 어떤 영향이 있을 수 있는가?

① 냉각기 성능 향상
② 연료 효율 증가
③ 브레이크 수명 연장
④ 유압 계통 손상 및 전복 위험 증가

[정답] ④ 유압 계통 손상 및 전복 위험 증가
[해설] 무리한 조작은 기계에 과부하를 주고 유압 계통에 충격을 줘 고장과 사고의 원인이 될 수 있다.

PART 03

총 13개 분야 중 자신이 약한 부분만 집중하는 코스

출제항목별
기출문제 (총 780제)
60제 × 13회

01 안전관리 (60제)

총 13개 분야 중 자신이 약한 부분만 집중하는 코스

※ 맞는 것을 고르는 답은 고딕, 틀린 것을 고르는 답은 명조체로 표시하였습니다

1 지게차 운전 전 작업자가 가장 먼저 확인해야 할 사항은? ★★★

① 적재물의 무게
② 작업장 조명의 밝기
③ **지게차의 일일점검 상태**
④ 작업지시서의 내용

정답 ③ 지게차의 일일점검 상태
해설 지게차는 작업 시작 전 브레이크, 조향장치, 유압계통, 경음기 등을 포함한 일일점검을 실시해야 한다.

2 지게차 운전 중 가장 전도가 쉽게 발생하는 상황은?

① 평지에서 저속 주행 시
② **과적 상태로 고속 회전할 때**
③ 빈 포크 상태로 직진할 때
④ 후진 시 핸들 고정할 때

정답 ② 과적 상태로 고속 회전할 때
해설 지게차는 무게 중심이 높아 전도 위험이 크며, 과적과 급회전이 복합될 경우 전도 가능성이 높다.

3 작업 중 지게차의 포크가 지면에서 너무 높을 경우 발생할 수 있는 위험은? ★★★

① 냉각수 누수
② 지면 손상
③ **시야 방해 및 전도**
④ 연료 소비 증가

정답 ③ 시야 방해 및 전도
해설 포크가 높으면 전방 시야 확보가 어렵고 무게중심이 올라가 전도 위험이 커진다.

4 지게차에 과적재를 할 경우 가장 먼저 영향을 받는 것은?

① 브레이크
② 냉각계통
③ 조향장치
④ **안전성 및 전도**

정답 ④ 안전성 및 전도
해설 적재하중을 초과하면 안정성이 급격히 저하되어 전도 위험이 증가한다.

5 다음 중 지게차의 포크에 적재물이 있을 때의 올바른 운전 방법은?

① 포크를 최대한 높게 하고 이동한다.
② 포크를 약간 전경시킨다.
③ **포크를 지면에서 10~20cm 띄운다.**
④ 포크를 완전히 내린 상태로 운전한다.

정답 ③ 포크를 지면에서 10~20cm 띄운다.
해설 운반 중 포크는 지면에서 낮게 유지해야 무게중심이 안정되어 사고를 예방할 수 있다.

6 지게차의 브레이크 상태를 점검하는 가장 적절한 시기는? ★★★

① 점심시간 후
② 야간작업 전
③ **매일 작업 시작 전**
④ 비가 온 다음날

정답 ③ 매일 작업 시작 전
해설 모든 안전장치는 작업 시작 전 점검이 원칙이며 브레이크는 가장 중요한 항목 중 하나이다.

7 주행 중 전방에 인원이 있을 경우 가장 적절한 조치는?

① 일시 정지하고 안전을 확인한 뒤 진행한다.
② 무시하고 그대로 전진한다.
③ 전진하면서 경음기를 울린다.
④ 포크를 높여 시야를 확보한다.

[정답] ① 일시 정지하고 안전을 확인한 뒤 진행한다.
[해설] 산업안전보건기준에 따라 보행자와의 충돌 방지를 위해 정지 후 안전을 확보하고 운행해야 한다.

8 다음 중 지게차 작업에 적절한 복장은?

① 조임이 있는 작업복과 안전모
② 끈 달린 모자
③ 헐렁한 작업복
④ 반바지와 슬리퍼

[정답] ① 조임이 있는 작업복과 안전모
[해설] 작업 중 기계에 끼임을 방지하기 위해 조임 있는 작업복과 보호구를 착용해야 한다.

9 지게차 운행 중 회전 시 반드시 필요한 조치는? ★★★

① 포크를 높이고 돌기
② 포크를 하강시키고 저속 회전
③ 속도를 높이고 회전
④ 클러치를 끊고 조향함

[정답] ② 포크를 하강시키고 저속 회전
[해설] 회전 중에는 무게 중심을 낮추고 속도를 줄여야 전도 위험을 줄일 수 있다.

10 지게차에 적재된 화물이 흔들릴 경우 가장 먼저 해야 할 일은?

① 속도를 높인다.
② 포크를 높인다.
③ 즉시 정지 후 상태를 확인한다.
④ 브레이크를 강하게 밟는다.

[정답] ③ 즉시 정지 후 상태를 확인한다.
[해설] 운반 중 적재물의 불안정은 낙하 및 전도 사고로 이어질 수 있으므로 정지 후 확인이 필수이다.

11 경사로를 내려올 때 지게차의 운행 방법으로 옳은 것은? ★★★

① 후진 상태로 천천히 내려온다.
② 포크를 높이고 전진한다.
③ 중립 상태로 굴린다.
④ 클러치를 끊고 전진한다.

[정답] ① 후진 상태로 천천히 내려온다.
[해설] 경사로 하강 시 적재물 방향을 위로 향하게 하기 위해 후진 주행이 안전하다.

12 지게차 주행 중 과속할 경우 위험요소가 아닌 것은?

① 전도
② 제동거리 증가
③ 충돌 가능성 증가
④ 운전 편의성 증가

[정답] ④ 운전 편의성 증가
[해설] 과속은 제동거리 증가, 충돌, 전도 등의 원인이 되며, 오히려 조작을 어렵게 한다.

13 포크를 지나치게 벌린 상태로 적재할 경우 발생할 수 있는 위험은?

① 유압 누출
② 브레이크 고장
③ 적재물 낙하
④ 핸들 조작 불량

[정답] ③ 적재물 낙하
[해설] 포크 간격이 부적절하면 화물이 제대로 지지되지 않아 낙하 위험이 커진다.

14 화물 적재 시 하중이 편중되지 않도록 하는 이유는?

① 브레이크 마모 방지
② 조향 성능 향상
③ 연비 개선
④ 전도 및 낙하 방지

[정답] ④ 전도 및 낙하 방지
[해설] 하중이 한쪽으로 치우치면 무게 중심이 불안정해 전도 및 적재물 낙하 위험이 증가한다.

15 포크 틸트(tilt) 작동의 주된 목적은? ★★★

① 포크를 수평으로 유지
② **적재물 낙하 방지**
③ 주행 속도 향상
④ 유압계통 청소

정답 ② 적재물 낙하 방지
해설 포크 틸트는 하중이 포크에서 밀려나지 않도록 기울기를 조정하는 기능이다.

16 지게차가 하중을 들고 급정지했을 때 발생할 수 있는 가장 큰 위험은?

① **적재물 낙하**
② 유압 고장
③ 냉각수 누수
④ 클러치 소음

정답 ① 적재물 낙하
해설 급정지 시 관성에 의해 적재물이 앞으로 튀어나올 수 있으므로 주의가 필요하다.

17 다음 중 지게차의 안전운전 수칙으로 가장 적절한 것은? ★★★

① 전방 시야가 확보되지 않을 땐 속도를 높인다.
② 작업 중 포크에 사람이 탑승할 수 있다.
③ 경적과 경광등은 생략 가능하다.
④ **주행 중에는 포크를 내리고 시야를 확보한다.**

정답 ④ 주행 중에는 포크를 내리고 시야를 확보한다.
해설 전방 시야 확보는 지게차 안전운전의 기본 원칙이다.

18 지게차 작업 전 일일점검에서 포함되지 않는 항목은?

① 브레이크 및 조향장치
② 냉각수 및 오일 상태
③ 타이어 마모 및 공기압
④ **작업반 인원 명단**

정답 ④ 작업반 인원 명단
해설 일일점검은 장비 상태 확인이 목적이며 인원 관리와는 무관하다.

19 작업 중 지게차 전복 사고가 발생했을 때 운전자의 올바른 행동은?

① 운전석을 벗어나 도망간다.
② **핸들을 꼭 잡고 몸을 숙여 자세를 낮춘다.**
③ 포크를 들어 사고를 방지한다.
④ 엔진을 끄고 뛰어내린다.

정답 ② 핸들을 꼭 잡고 몸을 숙여 자세를 낮춘다.
해설 전복 시 뛰어내리면 더 큰 부상을 입을 수 있으므로 운전석에 머무는 것이 안전하다.

20 지게차에 작업자가 동승할 수 있는 조건은?

① 작업현장 내에서만 가능
② 안전띠만 있으면 가능
③ **제조사에서 동승용 좌석이 마련된 경우만 가능**
④ 포크 위에 탑승하면 가능

정답 ③ 제조사에서 동승용 좌석이 마련된 경우만 가능
해설 일반적으로 지게차는 1인용이며, 동승은 안전장치가 설치된 경우에만 허용된다.

21 지게차에 작업자가 동승할 수 없는 가장 큰 이유는?

① 시야 방해
② 기름 소모 증가
③ 제동 거리 감소
④ **전도 및 충돌 사고 위험 증가**

정답 ④ 전도 및 충돌 사고 위험 증가
해설 지게차는 구조상 1인 운전이 기본이며, 동승 시 균형이 무너져 전도 및 사고 위험이 증가한다.

22 야간 작업 시 지게차의 필수 장비는? ★★★

① 클락션
② 백미러
③ **전조등과 경광등**
④ 블랙박스

정답 ③ 전조등과 경광등
해설 야간에는 시야 확보와 주변 경고를 위해 전조등 및 경광등이 필수로 작동해야 한다.

23 지게차가 적재물 없이 운행할 때 올바른 포크 위치는?

① **지면에서 약간 띄운 수평 상태**
② 최대한 하강시킨 상태
③ 틸트를 후경하여 포크를 위로
④ 포크를 좌우로 벌려 놓음

정답 ① 지면에서 약간 띄운 수평 상태
해설 포크를 너무 낮추면 장애물에 걸릴 수 있고, 너무 높으면 시야를 방해할 수 있으므로 수평 상태 유지가 바람직하다.

24 적재물의 무게중심이 앞쪽으로 치우칠 경우 발생하기 쉬운 사고는?

① 조향 불능
② 브레이크 작동 불량
③ 후진 불가
④ **지게차 전도**

정답 ④ 지게차 전도
해설 무게 중심이 앞쪽으로 치우치면 하중에 의해 지게차 전면이 들리며 전도될 수 있다.

25 경사로를 오를 때 적재물 방향은 어떻게 해야 안전한가?

① 경사로 하단 쪽으로
② **경사로 상단 쪽으로**
③ 포크를 바닥으로 향하게
④ 포크를 수평보다 아래로 유지

정답 ② 경사로 상단 쪽으로
해설 적재물은 항상 위쪽을 향하게 해야 전도 및 낙하 사고를 방지할 수 있다.

26 안전한 작업을 위한 지게차 속도는?

① 제한 없음
② 조종사가 판단
③ **작업장 규정에 따름**
④ 최고 속도

정답 ③ 작업장 규정에 따름
해설 작업장 상황에 따라 정해진 제한속도 이내로 주행하는 것이 원칙이다.

27 지게차 전도 시 가장 큰 부상 원인은? ★★★

① 적재물 낙하
② **뛰어내리려다 생기는 충격**
③ 포크의 충격
④ 클러치 고장

정답 ② 뛰어내리려다 생기는 충격
해설 전도 시 무의식적으로 뛰어내리려다 포크나 프레임에 끼이는 사고가 많다.

28 포크 틸트 동작의 후경(tilt back) 기능의 주된 목적은? ★★★

① 포크를 하강시키기 위함
② 포크를 바깥쪽으로 펼치기 위함
③ **적재물의 낙하 방지**
④ 지면과 수평 맞춤

정답 ③ 적재물의 낙하 방지
해설 후경 틸트는 적재물을 운반 중 뒤로 기울여 낙하를 방지하는 기능이다.

29 지게차 작업 전 일일점검의 주요 항목이 아닌 것은?

① 브레이크 상태
② 유압 누유 여부
③ **번호판 부착 여부**
④ 타이어 공기압

정답 ③ 번호판 부착 여부
해설 번호판은 법적 등록사항이며, 일일점검은 안전 운행과 직결된 항목이 중심이다.

30 주행 중 좁은 통로에서 마주오는 차량과 교차할 때 올바른 행동은?

① **일시 정지하고 안전을 확보한 후 진행한다.**
② 경적을 울리며 통과한다.
③ 속도를 내어 먼저 지나간다.
④ 후진하여 통로를 벗어난다.

정답 ① 일시 정지하고 안전을 확보한 후 진행한다
해설 협소한 구간에서는 충돌 방지를 위해 정지 후 통과가 기본이다.

31 다음 중 전도 위험을 줄이기 위한 운전 습관으로 가장 적절한 것은? ★★★

① 포크를 항상 위로 올려 놓기
② **커브 구간에서 속도를 줄이기**
③ 급출발로 적재물을 밀착시키기
④ 내리막에서는 엔진을 끄고 중립으로 이동하기

정답 ② 커브 구간에서 속도를 줄이기
해설 회전 시 속도가 높으면 원심력으로 인해 전도 위험이 크므로 반드시 감속 운전이 필요하다.

32 작업 중 적재물이 떨어졌을 때 운전자가 해야 할 조치는?

① 바로 다시 들어 올린다.
② **작업을 중단하고 관리자에게 보고**
③ 다른 적재물을 먼저 옮긴다.
④ 경적을 울리며 주변을 통과

정답 ② 작업을 중단하고 관리자에게 보고
해설 낙하물 발생 시에는 즉시 작업을 멈추고 사고 처리 지시에 따라야 한다.

33 지게차에 부착된 경고등이 점등되었을 때 운전자의 조치는?

① 무시하고 계속 작업
② 전조등만 끈다.
③ **즉시 운행을 멈추고 점검**
④ 타이어 공기압을 맞춘다.

정답 ③ 즉시 운행을 멈추고 점검
해설 경고등은 장비 이상을 알리는 신호이므로 즉시 점검이 필요하다.

34 작업 중 시야가 확보되지 않는 경우 가장 적절한 조치는? ★★★

① 속도를 높여 빨리 지나간다.
② 경적을 울리며 진행한다.
③ 후진하면서 진행한다.
④ **유도자를 배치한다.**

정답 ④ 유도자를 배치한다
해설 시야가 확보되지 않는 상황에서는 반드시 유도자를 배치해 안전을 확보해야 한다.

35 지게차의 적재 하중을 초과했을 때 가장 먼저 발생할 수 있는 현상은? ★★★

① 주행속도 증가
② 냉각수 온도 상승
③ **전륜 바퀴 들림 또는 전도**
④ 연료 소비 감소

정답 ③ 전륜 바퀴 들림 또는 전도
해설 하중 초과 시 중심이 앞쪽으로 쏠리면서 전륜이 들리거나 기계가 전도될 수 있다.

36 적재물의 낙하 방지를 위해 사용하는 부속 장치는? ★★★

① **백레스트**
② 백미러
③ 냉각기
④ 유압 펌프

정답 ① 백레스트
해설 백레스트는 포크 뒤에 설치된 장치로, 적재물이 뒤로 넘치는 것을 방지한다.

37 지게차의 회전 반경이 좁은 경우 주의해야 할 사항은?

① 연료 소모량
② 급회전 시 전도 위험
③ 클러치 마모
④ 포크 높이 감소

정답 ② 급회전 시 전도 위험
해설 회전 반경이 좁은 공간에서 급회전하면 전복될 가능성이 높다.

38 포크가 비대칭 상태로 작업을 계속할 경우 위험 요소는?

① 유압 펌프 손상
② 적재물의 일방 낙하
③ 냉각수 부족
④ 클러치 파손

정답 ② 적재물의 일방 낙하
해설 포크가 비대칭이면 적재물 중심이 틀어져 한쪽으로 떨어질 수 있다.

39 지게차의 적정 타이어 공기압을 유지해야 하는 주된 이유는? ★★★

① 연비 향상
② 시야 확보
③ 안전한 조향 및 제동
④ 운전 피로도 감소

정답 ③ 안전한 조향 및 제동
해설 공기압이 부족하거나 과할 경우 주행 안정성, 제동 성능에 악영향을 준다.

40 지게차 조작 중 가장 우선적으로 고려해야 할 요소는?

① 작업 속도
② 연료 절약
③ 안전 확보
④ 장비 연식

정답 ③ 안전 확보
해설 어떠한 작업 상황에서도 안전이 최우선이며, 작업자의 생명 보호가 핵심이다.

41 지게차를 정차할 때 포크의 위치로 가장 알맞은 것은? ★★★

① 완전히 올린 상태
② 완전히 내린 상태
③ 지면과 수평을 이루는 높이
④ 적재물보다 높은 위치

정답 ② 완전히 내린 상태
해설 정차 시 포크는 반드시 지면에 완전히 내리고 기계를 정지해야 안전사고를 예방할 수 있다.

42 지게차에서 적재물을 운반할 때 틸트 후경이 필요한 주된 이유는? ★★★

① 연료 소모 감소
② 냉각 효율 향상
③ 적재물의 전방 낙하 방지
④ 포크의 마모 방지

정답 ③ 적재물의 전방 낙하 방지
해설 틸트 후경은 적재물을 운전석 쪽으로 기울여 전방 낙하를 방지하는 역할을 한다.

43 지게차가 전도되었을 때 조종사의 행동으로 적절한 것은? ★★★

① 운전석에서 신속히 뛰어내린다.
② 핸들을 놓고 머리를 들어 올린다.
③ 운전석에서 자세를 낮추고 버틴다.
④ 창문을 열고 탈출한다.

정답 ③ 운전석에서 자세를 낮추고 버틴다.
해설 전도 사고 시 운전석을 벗어나려다 더 큰 부상이 발생할 수 있으므로, 핸들을 잡고 낮은 자세로 버티는 것이 안전하다.

44 지게차가 작업 중 접지력이 저하되는 주요 원인은?
★★★

① **하중이 불균형할 때**
② 노면이 평탄할 때
③ 공기압이 높을 때
④ 냉각수가 적을 때

정답 ① 하중이 불균형할 때
해설 하중이 한쪽으로 쏠리면 바퀴에 전달되는 압력이 불균형해져 접지력이 약해진다.

45 지게차 운행 중 가장 먼저 점검해야 할 상황은? ★★★

① 바닥에 물이 고여 있을 때
② 화물 위치가 조금 틀어졌을 때
③ **브레이크 페달이 무를 때**
④ 핸들이 무거워졌을 때

정답 ③ 브레이크 페달이 무를 때
해설 브레이크는 가장 중요한 제동장치이므로 이상이 느껴지면 즉시 점검해야 한다.

46 지게차 운전 중 연속된 작업으로 인해 오일 온도가 상승하는 것을 방지하려면?

① 오일 양을 줄인다.
② 오일 필터를 제거한다.
③ 냉각수를 빼낸다.
④ **작업 간 적절한 휴식을 둔다.**

정답 ④ 작업 간 적절한 휴식을 둔다.
해설 오일 온도는 연속 사용 시 상승하므로 중간에 장비를 정지하고 휴식 시간을 주는 것이 바람직하다.

47 지게차 조종자가 착용해야 할 필수 보호구로 알맞은 것은?

① 귀마개
② 슬리퍼
③ **안전모**
④ 고글

정답 ③ 안전모
해설 작업 중 낙하물 등에 대비해 조종자는 반드시 안전모를 착용해야 한다.

48 다음 중 지게차 조종자의 법적 준수사항으로 적절하지 않은 것은?

① 음주 후 운전 금지
② **적재 중 대화 금지**
③ 안전속도 유지
④ 지정된 조종 면허 소지

정답 ② 적재 중 대화 금지
해설 대화 자체는 법 위반이 아니며, 작업과 안전에 지장이 없는 범위에서는 제한되지 않는다.

49 지게차 전도 사고 예방을 위한 올바른 조작법은?

① **회전 시 감속 운전**
② 하중을 높게 유지
③ 후진 시 속도 증가
④ 포크를 벌려 운행

정답 ① 회전 시 감속 운전
해설 회전은 전도 사고가 가장 빈번한 상황이므로 반드시 감속하여 회전해야 한다.

50 적재 시 백레스트가 설치되어야 하는 주된 이유는?

① 브레이크 성능 향상
② 시야 확보
③ **화물 뒤로 낙하 방지**
④ 냉각 성능 보조

정답 ③ 화물 뒤로 낙하 방지
해설 백레스트는 적재물이 운전석 쪽으로 넘어오는 것을 방지해 조종자의 안전을 확보한다.

51 지게차 주행 전 타이어 마모 상태를 점검하는 주된 목적은? ★★★

① 공기압 증가
② 승차감 확보
③ 냉각 효율 확인
④ **접지력과 제동 성능 유지**

정답 ④ 접지력과 제동 성능 유지
해설 타이어가 마모되면 지면과의 마찰이 줄어들어 미끄러짐과 제동 거리 증가로 이어진다.

52 지게차가 회전할 때 전도 위험이 가장 큰 상황은?

① 하중이 없는 상태에서 회전
② 직선 주행 중 회전
③ **적재물을 높이 든 상태에서 회전**
④ 후진 중 회전

정답 ③ 적재물을 높이 든 상태에서 회전
해설 포크가 높은 위치에 있을수록 무게중심이 위로 이동해 회전 시 전도 위험이 높아진다.

53 지게차 작업 전 지게차 주변을 점검하는 이유는?

① **통로 및 장애물 확인**
② 작업장 소음 파악
③ 연료 상태 확인
④ 기계 청소 여부 확인

정답 ① 통로 및 장애물 확인
해설 작업 전에 주변의 장애물 및 통로 상태를 점검함으로써 충돌사고를 방지할 수 있다.

54 지게차 운전 중에 갑자기 앞차와 충돌 위험이 생겼을 때 가장 적절한 조치는? ★★★

① 클러치를 끊고 전진
② **비상브레이크 작동**
③ 핸들을 오른쪽으로 급조작
④ 경적을 울리며 계속 진행

정답 ② 비상브레이크 작동
해설 충돌이 예상될 때는 먼저 제동을 시도하여 감속하거나 정지하는 것이 우선이다.

55 다음 중 포크 틸트를 후경하는 것이 적절한 상황은?

① 화물을 내릴 때
② 포크를 정지할 때
③ **화물을 들어 이동할 때**
④ 빈 포크 상태로 전진할 때

정답 ③ 화물을 들어 이동할 때
해설 화물 이동 중 틸트를 후경시키면 적재물이 뒤로 기울어 낙하 위험이 줄어든다.

56 경사진 작업장에서 지게차를 정차시 가장 중요한 조치는? ★★★

① **주차 브레이크를 작동시킨다.**
② 전조등을 켠다.
③ 클러치를 끊는다.
④ 포크를 올려놓는다.

정답 ① 주차 브레이크를 작동시킨다.
해설 경사로에서는 지게차가 굴러가는 것을 방지하기 위해 주차 브레이크를 반드시 작동해야 한다.

57 지게차 조종 중 후진할 때 가장 필요한 안전 조치는?

① 백레스트를 제거함
② 전방 경광등 점등
③ **후방 경고음 작동과 좌우 확인**
④ 포크를 올려 시야 확보

정답 ③ 후방 경고음 작동과 좌우 확인
해설 후진 시 후방 경고음과 시야 확보는 필수이며, 좌우 보행자 및 장애물 확인이 중요하다.

58 다음 중 안전보건표지의 기본 색상으로 잘못 짝지어진 것은?

① 적색 – 금지
② 청색 – 지시
③ 황색 – 경고
④ 녹색 – 화재 예방

정답 ④ 녹색 – 화재 예방
해설 녹색은 비상구·구급·안전 상태 등을 의미하며, 화재 예방은 적색이다.

59 포크에 하중을 걸지 않은 상태에서의 주행 시 포크 위치로 가장 안전한 것은?

① 포크를 완전히 상향
② 지면에 살짝 닿도록 하강
③ 포크를 후경시켜 고정
④ **포크를 지면에서 15cm 높이로 유지**

정답 ④ 포크를 지면에서 15cm 높이로 유지
해설 하중이 없을 때 포크는 주행 시 안전을 위해 약 10~20cm 띄워 수평 유지하는 것이 적절하다.

60 지게차 작업 전 체크리스트에 포함되어야 할 항목으로 옳지 않은 것은?

① 적재물의 운반처
② 냉각수 부족 여부
③ 조종사 면허 상태
④ 유압 상태

정답 ① 적재물의 운반처
해설 체크리스트는 장비 점검 중심이며 운반처는 작업 지시서나 운송 계획에 해당한다.

02 작업 전 점검 (60제)

총 13개 분야 중 자신이 약한 부분만 집중하는 코스

※ 맞는 것을 고르는 답은 고딕, 틀린 것을 고르는 답은 명조체로 표시하였습니다

1 작업 전 점검 항목으로 가장 적절한 것은?

① 포크의 길이 측정
② **냉각수, 유압유, 연료 상태 확인**
③ 화물의 포장 상태
④ 도로 교통량 확인

[정답] ② 냉각수, 유압유, 연료 상태 확인
[해설] 냉각수, 유압유, 연료 등은 지게차 운전 전 반드시 확인해야 하는 주요 점검 항목이다.

2 작업 전 점검 시 타이어의 어떤 부분을 확인해야 하는가? ★★★

① 색상
② **공기압 및 마모 상태**
③ 제조사 로고
④ 표면 무늬 디자인

[정답] ② 공기압 및 마모 상태
[해설] 타이어의 공기압이 부족하거나 마모가 심하면 안전운행에 지장을 줄 수 있다.

3 다음 중 지게차의 일일점검 항목에 해당하지 않는 것은?

① 유압오일 누유 확인
② 라디에이터 물 부족 여부
③ **화물 도착 시간 확인**
④ 타이어 균열 여부

[정답] ③ 화물 도착 시간 확인
[해설] 일일점검은 지게차 장비의 이상 여부를 확인하는 것이며, 화물 일정은 점검 항목이 아니다.

4 작업 전 점검에서 계기판 확인의 주요 목적은?

① **냉각수 온도, 연료량 등 상태 점검**
② 속도 감지
③ 경고등 밝기 조정
④ 조향각도 조정

[정답] ① 냉각수 온도, 연료량 등 상태 점검
[해설] 계기판에는 냉각수 온도, 연료량, 오일압력 등이 표시되므로 운전 전 점검이 필수다.

5 지게차 작업 전 브레이크를 점검해야 하는 가장 큰 이유는?

① 기계 소음 방지
② 속도 향상
③ **제동력 확보로 사고 예방**
④ 핸들 조작 개선

[정답] ③ 제동력 확보로 사고 예방
[해설] 브레이크는 지게차 운전 시 매우 중요한 안전 요소이며, 이상 시 큰 사고로 이어질 수 있다.

6 작업 전 점검 항목 중 유압 계통에서 확인해야 할 사항은? ★★★

① 냉각수 압력
② 핸들 위치
③ 전조등 밝기
④ **유압유 누유 및 오염 여부**

[정답] ④ 유압유 누유 및 오염 여부
[해설] 유압 계통은 유압유의 누유나 오염으로 기능 저하가 발생할 수 있으므로 반드시 점검해야 한다.

7 작업 전 점검 시 경광등 및 경고음 장치의 점검 목적은?

① 운전자의 심리 안정
② 에너지 절감
③ **주위 작업자에게 위치 및 동작 상태를 알리기 위해**
④ 조명 조절을 위해

정답 ③ 주위 작업자에게 위치 및 동작 상태를 알리기 위해
해설 경광등과 경고음은 작업 중 주변 인원에게 차량의 존재를 알리는 중요한 수단이다.

8 지게차의 전조등 점검 시 확인해야 할 사항은?

① **점등 여부 및 방향성**
② 발광 다이오드 유무
③ 색 온도
④ 조향 감도

정답 ① 점등 여부 및 방향성
해설 전조등이 정상 작동하는지, 그리고 조사가 제대로 이루어지는지를 확인해야 한다.

9 작업 전 누유 점검이 필요한 주요 부위는? ★★★

① 조향 핸들
② 브레이크 페달
③ 시트 벨트 고리
④ **유압 실린더 및 연결 부위**

정답 ④ 유압 실린더 및 연결 부위
해설 유압 실린더나 배관 연결 부위에서의 누유는 기계 고장과 화재 위험으로 이어질 수 있다.

10 작업 전 지게차의 냉각장치를 점검하지 않을 경우 발생할 수 있는 문제는?

① 배터리 과충전
② **엔진 과열**
③ 기어 오일 누유
④ 브레이크 고착

정답 ② 엔진 과열
해설 냉각장치의 이상은 엔진 온도를 조절하지 못하게 되어 심각한 고장으로 이어진다.

11 일일 점검 시 유압 작동상태 확인은 어떤 방법으로 이루어지는가? ★★★

① 작동 상태에서 소리로 판단
② **포크 및 틸트 작동 확인**
③ 엔진 시동 시 진동 감지
④ 타이어 손으로 눌러보기

정답 ② 포크 및 틸트 작동 확인
해설 유압 시스템이 정상 작동하는지 확인하려면 포크와 틸트 작동 여부를 점검해야 한다.

12 다음 중 일일점검 항목으로 틀린 것은?

① 연료량 확인
② 엔진 오일 상태 확인
③ **작업 지시서 검토**
④ 브레이크 작동 점검

정답 ③ 작업 지시서 검토
해설 작업 지시서는 업무 내용 관련 서류이며, 기계 자체의 상태 점검 항목은 아니다.

13 작업 전 점검 결과 이상이 발견되었을 경우 적절한 조치는?

① 작업을 그대로 진행한다.
② 점검표에만 기록하고 무시한다.
③ **즉시 상급자에게 보고하고 정비를 요청한다.**
④ 다음날에 정비한다.

정답 ③ 즉시 상급자에게 보고하고 정비를 요청한다
해설 이상이 발견되면 즉시 보고하고 정비를 통해 문제를 해결한 후 작업에 들어가야 한다.

14 다음 중 지게차의 작업 전 시동 전 점검 항목으로 적절하지 않은 것은?
① 냉각수 점검
② 브레이크 오일 점검
③ 핸들 조작 감도 확인
④ **작업지시서 작성**

정답 ④ 작업지시서 작성
해설 작업지시서는 현장 업무 계획서로 장비 점검 항목은 아니다.

15 일일점검 결과 조향이 무거울 경우 의심할 수 있는 원인은? ★★★
① 브레이크 오일 부족
② **유압유 부족 또는 유압 펌프 이상**
③ 배터리 방전
④ 냉각수 과다

정답 ② 유압유 부족 또는 유압 펌프 이상
해설 지게차의 조향은 유압 작동에 의해 이루어지므로 유압 계통 이상 여부를 우선 점검해야 한다.

16 다음 중 일일점검 결과 반드시 정비 요청이 필요한 상황은? ★★★
① 유압유 약간 부족
② 타이어 공기압 기준선보다 5% 낮음
③ **브레이크 작동 시 밀림 현상**
④ 냉각수 점검창 뿌옇게 흐림

정답 ③ 브레이크 작동 시 밀림 현상
해설 제동계통의 이상은 매우 위험하므로 정비 없이 사용해서는 안 된다.

17 일일점검표 작성의 주된 목적은?
① 근무시간 관리
② 작업 내용 기록
③ **장비 이상 유무 기록 및 안전 확보**
④ 장비 외관 상태 확인

정답 ③ 장비 이상 유무 기록 및 안전 확보
해설 일일점검표는 작업 전 장비 상태를 공식적으로 기록하여 안전을 확보하는 데 목적이 있다.

18 작업 전 점검 시 적재물의 상태는 어떤 점에서 확인하는가? ★★★
① **균형과 포장 상태**
② 크기와 부피
③ 운송장 번호
④ 제조사 이름

정답 ① 균형과 포장 상태
해설 포장 상태와 균형이 맞지 않으면 적재물 낙하 위험이 있으므로 확인이 필요하다.

19 지게차에서 배터리를 점검할 때 확인해야 할 사항은?
① 브랜드
② **전압 및 전해액 상태**
③ 색상
④ 포크 위치

정답 ② 전압 및 전해액 상태
해설 배터리는 전압 상태와 전해액 부족 여부를 확인하여 충전 또는 보충이 필요할 수 있다.

20 지게차 작업 전 조향장치의 정비 필요성을 알 수 있는 징후는?
① 핸들이 부드럽게 회전된다.
② **핸들이 무겁고 반응이 느리다.**
③ 브레이크가 잘 작동된다.
④ 냉각수가 넘친다.

정답 ② 핸들이 무겁고 반응이 느리다.
해설 조향장치 이상 시 핸들이 무겁고 반응이 느려질 수 있으며, 유압 계통 정비가 필요하다.

21 작업 전 점검에서 유압 작동부의 누유 여부를 확인하는 주된 이유는?

① 장비의 미관 유지
② 경고등 점등 방지
③ **안전사고 예방과 기능 정상 작동 확인**
④ 연료 절감을 위해

정답 ③ 안전사고 예방과 기능 정상 작동 확인
해설 유압 작동부의 누유는 지게차 기능 저하와 안전사고의 원인이 되므로 반드시 확인해야 한다.

22 작업 전 확인하는 냉각수 상태에서 '적정량'이란?

① 라디에이터가 넘칠 정도
② **엔진이 정지한 상태에서 냉각수 탱크의 표준선까지**
③ 시동이 걸려 있을 때 눈에 안 보이도록
④ 반 이상 채우지 않는 것이 원칙

정답 ② 엔진이 정지한 상태에서 냉각수 탱크의 표준선까지
해설 냉각수는 엔진이 꺼진 상태에서 점검하며, 규정된 눈금선까지 채워져야 한다.

23 타이어의 마모 상태가 불균형할 경우 우선적으로 점검해야 할 것은? ★★★

① **조향장치 및 차륜 정렬 상태**
② 포크의 경사각
③ 배터리 충전량
④ 전조등 밝기

정답 ① 조향장치 및 차륜 정렬 상태
해설 마모 상태가 한쪽으로 치우친 경우 휠 얼라인먼트나 조향장치 불량이 원인일 수 있다.

24 다음 중 작업 전 점검 시 경고등 점등이 확인되었을 때 가장 적절한 조치는?

① 그대로 운행을 시작한다.
② 점검표에만 기록한다.
③ **작동을 멈추고 이상 유무를 확인한다.**
④ 전조등을 껐다 켠다.

정답 ③ 작동을 멈추고 이상 유무를 확인한다.
해설 경고등은 시스템 이상을 알리는 것이므로 즉시 점검 및 조치를 취해야 한다.

25 브레이크 작동 상태 점검 시 '밀림'이 발생하면 원인으로 의심할 수 있는 것은? ★★★

① 연료 부족
② **브레이크 오일 누유 또는 패드 마모**
③ 냉각수 부족
④ 경광등 불량

정답 ② 브레이크 오일 누유 또는 패드 마모
해설 제동력이 약하면 오일 누유나 마모된 제동부품이 원인일 수 있다.

26 지게차의 일일점검표에 점검 결과를 기록하는 주요 목적은?

① 회사 실적 보고용
② 정비비 절감
③ **사고 예방 및 장비 이력 관리**
④ 외관 평가 기준 확보

정답 ③ 사고 예방 및 장비 이력 관리
해설 점검표는 장비의 이상 유무를 기록하여 사고 예방과 정비 이력을 관리하는 데 사용된다.

27 조향장치 점검 시 이상으로 판단할 수 있는 증상은?

① 핸들이 너무 부드럽게 돌아간다.
② 조작 시 엔진 소음이 줄어든다.
③ 정차 중에도 핸들이 돌아간다.
④ **핸들 조작 시 반응이 늦고 무겁다.**

정답 ④ 핸들 조작 시 반응이 늦고 무겁다.
해설 조향이 무거우면 유압계통 이상이나 조향장치 손상일 수 있으므로 점검이 필요하다.

28 일일점검 시 반드시 시동 후 점검해야 하는 항목은? ★★★

① 냉각수 잔량
② **유압 작동 여부 및 누유**
③ 배터리 전압
④ 적재물 무게

정답 ② 유압 작동 여부 및 누유
해설 유압 계통은 시동 후 실제 작동상태를 점검해야 이상 여부를 판단할 수 있다.

29 지게차 작업 전 확인해야 할 '안전장치'로 적절한 것은?

① **백레스트, 경광등, 후방 경고음**
② 포크 재질
③ 조향 핸들의 회전력
④ 좌석 쿠션

정답 ① 백레스트, 경광등, 후방 경고음
해설 안전장치는 낙하물 방지, 시인성 확보, 후방 보행자 경고를 위한 장비이다.

30 작업 전 점검 항목에 해당하지 않는 것은?

① 타이어 공기압 확인
② 유압 실린더 누유 점검
③ 냉각수 잔량 확인
④ **주행 도로 노면 상태 점검**

정답 ④ 주행 도로 노면 상태 점검
해설 노면 상태는 현장 환경 점검이며, 기계 자체의 작업 전 점검 항목은 아니다.

31 작업 전 점검에서 포크의 이상 여부를 확인하는 방법은? ★★★

① 포크를 최대 높이로 들어본다.
② **포크가 좌우로 평행하게 정렬되어 있는지 확인**
③ 포크에 물을 뿌려본다.
④ 포크를 굽혀본다.

정답 ② 포크가 좌우로 평행하게 정렬되어 있는지 확인
해설 포크가 비틀어지거나 비대칭일 경우 화물 낙하 위험이 있으므로 점검이 필요하다.

32 지게차의 냉각수 점검 시 주의할 사항은? ★★★

① 시동을 켠 채 열어본다.
② 엔진이 뜨거울 때 캡을 열어 확인한다.
③ **엔진이 식은 상태에서 점검창 또는 보조탱크 확인**
④ 물을 붓고 캡을 닫지 않는다.

정답 ③ 엔진이 식은 상태에서 점검창 또는 보조탱크 확인
해설 냉각수 점검은 엔진이 식은 후 보조탱크의 수위를 확인하는 방식으로 이루어진다.

33 작업 전 포크의 균열이나 파손 여부를 확인하는 이유는?

① 조향 안정성 확보
② 연비 향상
③ 배터리 보호
④ **적재물 낙하 사고 예방**

정답 ④ 적재물 낙하 사고 예방
해설 포크에 균열이 있으면 적재물이 하강하거나 떨어지는 사고가 발생할 수 있다.

34 일일점검 시 타이어 공기압이 지나치게 높으면 발생할 수 있는 문제는? ★★★

① 접지력 저하로 미끄러짐
② 승차감 향상
③ 조향 향상
④ 브레이크 기능 향상

[정답] ① 접지력 저하로 미끄러짐
[해설] 공기압이 높으면 타이어가 딱딱해져 접지력이 떨어지고 제동력이 감소한다.

35 지게차 작업 전 냉각수 점검에서 냉각수의 색이 탁하거나 불순물이 있을 경우 적절한 조치는?

① 물로 희석한다.
② 그냥 사용한다.
③ 즉시 교환하거나 정비 요청
④ 주행 후 확인한다.

[정답] ③ 즉시 교환하거나 정비 요청
[해설] 냉각수의 오염은 냉각 기능 저하로 이어지므로 즉시 조치가 필요하다.

36 유압 장치의 작동음이 평소와 달리 커졌을 경우 조치로 알맞은 것은?

① 정지 후 유압유 상태 및 오염 여부 점검
② 브레이크를 반복 작동한다.
③ 조향을 계속한다.
④ 포크를 고정한다.

[정답] ① 정지 후 유압유 상태 및 오염 여부 점검
[해설] 소음은 오염, 유압 감소, 펌프 이상 등을 의미하므로 즉시 점검해야 한다.

37 다음 중 작업 전 점검표에 반드시 기록되어야 하는 내용은?

① 근무자 생년월일
② 장비 상태 및 이상 유무
③ 화물 운반 경로
④ 작업장 면적

[정답] ② 장비 상태 및 이상 유무
[해설] 점검표는 장비의 작동 이상 여부와 관련된 정보를 기록하기 위한 문서이다.

38 작업 전 냉각팬 작동 여부 점검의 주된 목적은?

① 유압 유지
② 조향 보조
③ 엔진 과열 방지
④ 제동거리 단축

[정답] ③ 엔진 과열 방지
[해설] 냉각팬은 엔진 열을 식히는 중요한 장치로, 작동하지 않으면 과열이 발생한다.

39 작업 전 점검에서 시동 전 확인 사항으로 옳은 것은? ★★★

① 엔진 소리의 크기
② 포크의 마모 정도
③ 연료 누출, 배선 탈착 여부
④ 틸트 각도 조절

[정답] ③ 연료 누출, 배선 탈착 여부
[해설] 연료 또는 배선 이상은 화재나 시동 불량의 원인이 될 수 있다.

40 다음 중 작업 전 점검 항목에 포함되지 않는 것은?

① 경광등 작동 확인
② 후방 경고음 작동 여부 확인
③ 엔진오일 및 브레이크액 점검
④ 포크의 제작 연도 확인

[정답] ④ 포크의 제작 연도 확인
[해설] 제작 연도는 점검 항목이 아니며, 점검은 작동상태 및 손상 유무를 중심으로 이루어진다.

41 지게차의 작업 전 연료 확인이 중요한 이유는?

① 연비 계산을 위해
② 운전자의 습관 확인
③ **작업 중 연료 부족으로 인한 작업 지연 방지**
④ 연료 색상을 점검하기 위해

정답 ③ 작업 중 연료 부족으로 인한 작업 지연 방지
해설 연료 부족은 작업 도중 중단을 초래할 수 있으므로 사전 확인이 필수적이다.

42 다음 중 포크의 틸트 작동 점검 방법으로 적절한 것은? ★★★

① 시동을 끈 채 손으로 움직인다.
② **시동 후 포크를 앞뒤로 기울여 작동 상태를 확인한다.**
③ 포크를 잡고 흔든다.
④ 포크 높이만 확인한다.

정답 ② 시동 후 포크를 앞뒤로 기울여 작동 상태를 확인한다.
해설 틸트 작동은 유압 시스템으로 작동되므로 실제 작동 상태를 점검해야 한다.

43 지게차 전조등 점검 결과 점등되지 않을 경우 가장 먼저 확인해야 할 것은?

① **전기 배선 및 전구 상태**
② 전구의 색상
③ 라디에이터 캡
④ 타이어 공기압

정답 ① 전기 배선 및 전구 상태
해설 전조등이 켜지지 않으면 전구 파손 또는 배선 불량일 가능성이 크다.

44 일일점검 항목 중 '누유'를 확인할 수 있는 가장 확실한 방법은?

① 냄새로 확인
② **기계 바닥에 기름 자국이 있는지 확인**
③ 기계 진동으로 판단
④ 포크의 마모 상태로 추측

정답 ② 기계 바닥에 기름 자국이 있는지 확인
해설 기계 아래 기름이 떨어져 있는지 확인하면 누유 여부를 쉽게 알 수 있다.

45 작업 전 점검 항목에 포함되는 '안전벨트'의 확인 사항은?

① 색상
② 길이
③ **착용 가능 여부 및 잠금 상태 확인**
④ 보관 위치

정답 ③ 착용 가능 여부 및 잠금 상태 확인
해설 안전벨트가 정상적으로 작동해야 사고 시 조종사를 보호할 수 있다.

46 유압 작동 장치에서 오일색이 뿌옇거나 거품이 많을 경우 의미하는 것은? ★★★

① 정상 상태
② 유압 시스템 과열
③ **공기 혼입이나 오염 발생**
④ 유압 계통 전원 차단

정답 ③ 공기 혼입이나 오염 발생
해설 뿌옇거나 거품이 있는 오일은 유압 시스템에 공기가 혼입되었거나 오염된 상태다.

47 작업 전 점검 항목으로 적절하지 않은 것은?

① 엔진 오일량 확인
② 포크 끝단 마모 상태 확인
③ 브레이크 페달 작동 확인
④ 작업자 보호복 색상 확인

정답 ④ 작업자 보호복 색상 확인
해설 보호복 색상은 작업 환경 요소일 수 있지만 기계 점검 항목은 아니다.

48 작업 전 배터리 전압이 낮다고 판단되는 경우 확인해야 할 사항은?

① 타이어 공기압
② 배터리 단자 연결 상태 및 전해액
③ 유압 실린더 상태
④ 엔진오일 점도

정답 ② 배터리 단자 연결 상태 및 전해액
해설 배터리 전압 저하는 전해액 부족이나 단자 부식이 주요 원인이다.

49 작업 전 점검 시 '포크 끝단의 균열'이 확인되면?

① 작업자와 상의 후 운행한다.
② 그대로 사용한다.
③ 포크를 뒤집어 사용한다.
④ 즉시 사용 중지 후 정비 요청

정답 ④ 즉시 사용 중지 후 정비 요청
해설 포크에 균열이 있으면 적재물 낙하나 파손 위험이 있어 즉시 조치가 필요하다.

50 브레이크 페달이 작동 시 너무 깊게 들어가는 경우 의심되는 원인은? ★★★

① 타이어 마모
② 유압 누유
③ 브레이크 오일 부족 또는 패드 마모
④ 연료 누출

정답 ③ 브레이크 오일 부족 또는 패드 마모
해설 페달이 깊게 들어가면 브레이크 시스템에 문제가 있을 수 있다.

51 일일점검표 작성을 생략했을 경우 우려되는 결과는?

① 작업량 감소
② 장비 수명 연장
③ 사고 발생 시 원인 추적 불가
④ 연료 소모 증가

정답 ③ 사고 발생 시 원인 추적 불가
해설 점검기록은 이상 유무 확인뿐만 아니라 사고 시 원인 규명의 중요한 자료가 된다.

52 점검 시 유압유 레벨이 낮게 나타날 경우 가장 먼저 확인할 사항은? ★★★

① 포크 위치
② 유압유 누유 여부
③ 냉각팬 작동 여부
④ 배터리 전압

정답 ② 유압유 누유 여부
해설 유압유가 부족할 경우 가장 먼저 누유 여부를 확인해야 한다.

53 작업 전 계기판 점검 항목에 해당하지 않는 것은?

① 냉각수 온도
② 경고등 점등 여부
③ 속도계 바늘 색상
④ 연료 게이지

정답 ③ 속도계 바늘 색상
해설 바늘 색상은 성능과 무관하며 계기 기능과 연관된 항목만 점검한다.

54 다음 중 지게차 조향장치 점검에서 확인해야 할 사항은?

① 핸들 조작 시 느려짐 또는 무거움 여부
② 포크 마모 상태
③ 브레이크 작동 시간
④ 냉각수 비중

정답 ① 핸들 조작 시 느려짐 또는 무거움 여부
해설 조향장치는 핸들 작동감으로 이상 유무를 판단할 수 있다.

55 일일점검에서 포크를 들어 올린 후 확인하는 것은?

① 유압 작동력 및 오일 누유 여부
② 작업자의 위치
③ 포크 색상
④ 냉각수 수위

정답 ① 유압 작동력 및 오일 누유 여부
해설 포크 작동 후 누유나 작동 지연 여부를 통해 유압 상태를 점검할 수 있다.

56 다음 중 지게차의 점검 결과 '정상' 상태로 볼 수 있는 경우는?

① 전조등이 깜박인다.
② 브레이크가 밀린다.
③ 유압실린더 주변에 기름이 고여 있다.
④ 계기판에 이상 경고등이 없다.

정답 ④ 계기판에 이상 경고등이 없다
해설 경고등이 점등되지 않으면 장비가 정상 작동 중일 가능성이 크다.

57 경광등 작동 점검의 목적은? ★★★

① 에너지 절감
② 작업자 시야 확보
③ 주변 보행자 및 작업자에게 위치 알림
④ 장비 미관 유지

정답 ③ 주변 보행자 및 작업자에게 위치 알림
해설 경광등은 장비 위치를 알리는 경고 장치다.

58 다음 중 작업 전 점검 시 가장 먼저 수행하는 항목은? ★★★

① 냉각수 확인
② 연료 주입
③ 타이어 공기압 점검
④ 외관 이상 유무 점검

정답 ④ 외관 이상 유무 점검
해설 가장 먼저 외관을 육안으로 확인해 파손, 균열, 누유 여부를 점검한다.

59 포크 수평 불균형 시 예상되는 위험은?

① 연료 소비 증가
② 냉각수 증발
③ 적재물 낙하 또는 한쪽 전도
④ 타이어 편마모

정답 ③ 적재물 낙하 또는 한쪽 전도
해설 포크가 수평이 아니면 적재물이 한쪽으로 기울어져 낙하나 전도 사고가 발생할 수 있다.

60 일일점검표에서 '브레이크 작동 상태' 항목에 체크할 수 있는 적절한 항목은?

① 정상 / 밀림 있음 / 작동 불능
② 고음 / 저음 / 무음
③ 감도 우수 / 적절 / 불감
④ 우회전 / 좌회전 / 직진

정답 ① 정상 / 밀림 있음 / 작동 불능
해설 점검표에는 작동 여부와 이상 징후를 선택하여 기록하는 방식이 사용된다.

03 화물 적재 및 하역작업 (60제)

총 13개 분야 중 자신이 약한 부분만 집중하는 코스

※ 맞는 것을 고르는 답은 고딕, 틀린 것을 고르는 답은 명조체로 표시하였습니다

1. 화물을 들어 올릴 때 포크의 위치로 가장 적절한 것은?

① 최대한 넓게 벌려 포크 끝단에 하중을 실는다.
② 좁게 모아서 한쪽으로 집중시킨다.
③ **화물 중심에 균형 있게 삽입하여 수평 유지**
④ 포크를 바닥에 닿게 눌러 넣는다.

정답 ③ 화물 중심에 균형 있게 삽입하여 수평 유지
해설 포크는 화물 중심에 삽입하여 좌우 균형을 맞춰야 하중 중심이 안정되고 낙하 위험을 줄일 수 있다.

2. 지게차 운행 중 적재물이 흔들릴 경우 가장 적절한 조치는? ★★★

① 속도를 높인다.
② 핸들을 빠르게 조작한다.
③ 클러치를 밟고 중립으로 놓는다.
④ **속도를 줄이고 포크 각도를 후경한다.**

정답 ④ 속도를 줄이고 포크 각도를 후경한다.
해설 적재물이 흔들릴 경우 속도를 줄이고 포크를 후경하여 낙하 위험을 줄인다.

3. 포크의 틸트를 전경으로 유지한 채 주행하면 발생할 수 있는 위험은?

① 연료 효율 향상
② 조향이 쉬워진다.
③ **적재물 낙하 및 전방 시야 방해**
④ 전도 위험이 줄어든다.

정답 ③ 적재물 낙하 및 전방 시야 방해
해설 전경 상태로 주행하면 적재물이 앞으로 기울어져 낙하하거나 운전자의 시야를 가릴 수 있다.

4. 하중 중심이 안정 삼각형 밖으로 벗어나면 발생할 수 있는 가장 큰 문제는?

① **지게차 전도 위험 증가**
② 브레이크 마모
③ 연료 소모 증가
④ 유압유 누출

정답 ① 지게차 전도 위험 증가
해설 하중 중심은 안정 삼각형 내에 있어야 하며, 바깥으로 벗어나면 전도 위험이 커진다.

5. 적재 작업 시 포크의 길이가 화물보다 짧을 경우 어떤 위험이 있는가?

① 냉각수 누수
② 조향 불능
③ **적재물 낙하 및 전도 위험**
④ 전조등 불량

정답 ③ 적재물 낙하 및 전도 위험
해설 포크 길이가 짧으면 화물을 제대로 지탱하지 못해 적재물이 떨어지거나 전도의 위험이 있다.

6. 다음 중 적재물의 낙하를 방지하기 위한 조치로 가장 적절한 것은? ★★★

① 화물 위에 올라타서 고정한다.
② **포크를 후경하고 속도를 줄여 운행한다.**
③ 포크를 수직으로 세운다.
④ 포크를 완전히 낮춘다.

정답 ② 포크를 후경하고 속도를 줄여 운행한다.
해설 후경은 낙하 방지에 효과적이며, 저속 운행은 안전 확보에 도움이 된다.

7 포크 간격이 화물에 비해 지나치게 넓게 벌어진 경우 예상되는 문제는?

① 적재물이 더 안정됨
② 브레이크가 잘 작동함
③ **포크가 화물 중심을 벗어나 낙하 가능성 증가**
④ 연료 소모 감소

[정답] ③ 포크가 화물 중심을 벗어나 낙하 가능성 증가
[해설] 포크가 너무 벌어지면 적재물 중심과 일치하지 않아 낙하 위험이 커진다.

8 적재물을 운반할 때 가장 안전한 포크 높이는?

① 가능한 최대 높이
② 눈높이 이상
③ **지면에서 10~20cm 정도**
④ 포크를 완전히 낮춘 상태

[정답] ③ 지면에서 10~20cm 정도
[해설] 포크는 지면에서 너무 높거나 낮으면 안전에 문제가 되며, 약간 들어 올린 상태가 적절하다.

9 경사로를 올라갈 때 적재물의 방향은?

① 하중이 하단을 향하게 후진 주행
② **하중이 상단을 향하게 전진 주행**
③ 포크를 완전히 내리고 주행
④ 클러치를 밟고 중립 상태로 이동

[정답] ② 하중이 상단을 향하게 전진 주행
[해설] 경사로에서는 하중이 위쪽을 향하도록 전진해야 전도 위험이 줄어든다.

10 적재물이 운전자의 시야를 완전히 가리는 경우 가장 안전한 운전 방법은?

① 그대로 전진 주행한다.
② 적을 울리며 전진한다.
③ **후진하면서 주변을 확인한다.**
④ 포크를 더 높여 시야를 확보한다.

[정답] ③ 후진하면서 주변을 확인한다.
[해설] 시야 확보가 불가능한 경우에는 후진 주행이 가장 안전하다.

11 적재물이 파손되기 쉬운 유리, 도자기류일 경우 적절한 적재 방법은? ★★★

① 포크로 빠르게 찔러 넣는다.
② 후경 없이 수평으로만 이동한다.
③ **포크 끝에 쿠션을 덧대고 천천히 작업한다.**
④ 무거운 화물 아래에 함께 적재한다.

[정답] ③ 포크 끝에 쿠션을 덧대고 천천히 작업한다.
[해설] 파손 위험이 있는 적재물은 포크에 완충재를 대고 신중하게 작업해야 한다.

12 포크 간격은 어떻게 설정해야 안전한 적재가 가능한가?

① 포크 간격을 최소로 설정
② 화물보다 좁게 조정
③ **화물의 너비에 맞춰 균형 있게 설정**
④ 임의로 조정

[정답] ③ 화물의 너비에 맞춰 균형 있게 설정
[해설] 포크 간격은 화물의 중심을 정확히 지지할 수 있도록 균형 있게 조정해야 한다.

13 지게차 작업 시 백레스트의 역할은? ★★★

① 운전자의 등받이
② 조향 보조 장치
③ 유압오일 저장 장치
④ **적재물이 운전자 쪽으로 넘어오지 않도록 방지**

[정답] ④ 적재물이 운전자 쪽으로 넘어오지 않도록 방지
[해설] 백레스트는 적재물의 후방 낙하를 방지하여 운전자를 보호한다.

14 포크를 이용해 화물을 적재할 때 '한쪽 포크만'으로 작업하면 발생할 수 있는 문제는?

① 연료 효율 증가
② 포크 마모 감소
③ **하중 불균형으로 포크 또는 화물 손상**
④ 조향 향상

[정답] ③ 하중 불균형으로 포크 또는 화물 손상
[해설] 한쪽 포크만 사용하면 하중이 한쪽으로 집중되어 장비 또는 화물이 손상될 수 있다.

15 적재물을 차량에 적재한 후 하차할 때 가장 먼저 해야 할 조치는? ★★★

① **포크를 완전히 하강**
② 핸들을 좌우로 움직임
③ 전진 가속
④ 브레이크를 해제함

[정답] ① 포크를 완전히 하강
[해설] 하차 후에는 포크를 반드시 내려 놓아야 안전 사고를 예방할 수 있다.

16 경사로를 내려올 때 지게차의 운행 방법으로 가장 올바른 것은? ★★★

① 전진하면서 하중을 앞에 둔다.
② **후진하면서 하중을 위쪽으로 향하게 한다.**
③ 전진하면서 하중을 등 뒤에 둔다.
④ 포크를 들어올린다.

[정답] ② 후진하면서 하중을 위쪽으로 향하게 한다.
[해설] 경사로에서는 하중을 위로 향하게 해야 중심이 뒤로 쏠리지 않도록 한다.

17 작업 중 화물이 포크에서 떨어졌다면 어떻게 조치해야 하는가?

① 무시하고 계속 작업한다.
② 화물을 즉시 다시 들어 올린다.
③ **장비를 멈추고 주변 안전을 확보한 후 처리한다.**
④ 경적을 울리며 이동한다.

[정답] ③ 장비를 멈추고 주변 안전을 확보한 후 처리한다
[해설] 낙하물은 주변에 위험을 초래하므로 먼저 안전 확보 후 조치해야 한다.

18 적재 중인 화물이 운전자의 시야를 가릴 경우 가장 적절한 조치는? ★★★

① 포크를 더 높인다.
② 빠르게 회전한다.
③ **후진하면서 주변을 확인하며 이동한다.**
④ 화물을 더 많이 적재한다.

[정답] ③ 후진하면서 주변을 확인하며 이동한다.
[해설] 시야 확보가 어려울 때는 후진으로 운행하면서 시야 확보를 해야 한다.

19 지게차 운전 시 화물이 너무 높이 쌓인 경우 주의할 점은?

① 속도를 높인다.
② 클러치를 밟는다.
③ **하중 중심이 높아져 전도 위험이 있으므로 속도와 방향 전환에 주의한다.**
④ 경광등을 끈다.

[정답] ③ 하중 중심이 높아져 전도 위험이 있으므로 속도와 방향 전환에 주의한다
[해설] 하중이 높으면 중심이 높아져 전도 위험이 커지므로 속도와 회전에 주의해야 한다.

20 적재 중 포크가 적재물 하부를 뚫고 들어간 경우 원인은?

① 포크가 너무 약해서
② **포크가 너무 높게 삽입되어 하중 중심이 맞지 않아서**
③ 유압 밸브 고장
④ 브레이크 페달이 고장

[정답] ② 포크가 너무 높게 삽입되어 하중 중심이 맞지 않아서
[해설] 포크가 중심보다 높이 삽입되면 지지 면적이 줄고 하중이 집중되어 화물 파손이 발생할 수 있다.

21 적재물을 한쪽으로 치우쳐 싣는 경우 어떤 위험이 있는가?

① 조향성 향상
② 브레이크 기능 향상
③ 연료 절감
④ 하중 중심이 불안정하여 전도 가능성 증가

정답 ④ 하중 중심이 불안정하여 전도 가능성 증가
해설 한쪽으로 치우친 적재는 하중 중심을 벗어나 전도 사고의 원인이 될 수 있다.

22 지게차로 팔레트를 들어 올릴 때 주의할 점은?

① 포크를 끝에만 걸치게 한다.
② 포크를 약간 비틀어 삽입한다.
③ 포크가 완전히 삽입되도록 한다.
④ 빠르게 찔러 넣는다.

정답 ③ 포크가 완전히 삽입되도록 한다.
해설 포크가 충분히 삽입되지 않으면 화물이 떨어질 위험이 있다.

23 포크의 후경은 언제 사용하는 것이 가장 적절한가? ★★★

① 화물을 들어 올린 후 주행 시
② 포크를 삽입할 때
③ 주행을 마치고 포크를 내릴 때
④ 경사로를 올라갈 때

정답 ① 화물을 들어 올린 후 주행 시
해설 후경은 화물 낙하를 방지하고 안정성을 높이므로 주행 중 유지하는 것이 적절하다.

24 지게차 적재 작업 중 가장 먼저 확인해야 할 사항은?

① 타이어 공기압
② 적재물의 무게와 하중 중심
③ 후방 경고음 작동 여부
④ 연료 잔량

정답 ② 적재물의 무게와 하중 중심
해설 적재 전 하중 중심과 무게를 확인해야 지게차의 안정성이 확보된다.

25 적재한 화물의 높이가 운전자의 시야를 가릴 경우 어떻게 해야 하는가?

① 시야를 무시하고 운전한다.
② 포크를 더 높인다.
③ 후진하며 시야를 확보한다.
④ 경적만 울리며 이동한다.

정답 ③ 후진하며 시야를 확보한다.
해설 운전 시 시야 확보는 필수이며, 시야가 가려지면 후진하여 안전을 확보해야 한다.

26 화물 적재 시 가장 중요한 기준은? ★★★

① 속도
② 연료량
③ 운전자의 경험
④ 하중 중심의 위치

정답 ④ 하중 중심의 위치
해설 적재 시 중심이 안정 삼각형 내에 있어야 전도 위험을 줄일 수 있다.

27 포크 삽입 시 화물에 손상이 가지 않도록 하기 위해 주의할 점은?

① 포크를 천천히 삽입하고 수평을 유지한다.
② 빠르게 찔러 넣는다.
③ 포크를 경사 있게 삽입한다.
④ 후진으로 삽입한다.

정답 ① 포크를 천천히 삽입하고 수평을 유지한다.
해설 화물 파손 방지를 위해 부드럽고 수평을 유지한 삽입이 필요하다.

28 적재물의 높이가 과도하게 높은 경우 어떤 조치를 취해야 하는가? ★★★

① 무시하고 운행한다.
② 포크를 전경시킨다.
③ **적재물을 재배치하여 낮춘다.**
④ 클러치를 밟는다.

[정답] ③ 적재물을 재배치하여 낮춘다.
[해설] 높이가 높으면 하중 중심이 위로 올라가 전도 위험이 커지므로 낮추는 것이 필요하다.

29 경사면에서 화물 적재 후 후진 시 주의해야 할 사항은?

① 속도를 높인다.
② 포크를 전경으로 유지한다.
③ **후경 유지 및 저속 주행**
④ 클러치를 밟고 이동한다.

[정답] ③ 후경 유지 및 저속 주행
[해설] 경사면 주행 시 후경을 유지하고 속도를 줄이면 전도 및 낙하 위험을 줄일 수 있다.

30 적재물과 지게차 간의 마찰이 적을 경우 발생할 수 있는 문제는?

① 조향성 증가　　② **낙하 위험 증가**
③ 연료 절감　　　④ 냉각수 온도 감소

[정답] ② 낙하 위험 증가
[해설] 마찰이 적으면 포크에서 미끄러지기 쉬워 낙하 위험이 크다.

31 포크의 후경각도가 너무 크면 어떤 문제가 발생할 수 있는가?

① **포크가 운전석과 너무 가까워져 적재물 충돌 위험이 커짐**
② 포크가 지면에 끌려 주행이 어려워짐
③ 적재물이 포크에서 이탈해 전방으로 낙하함
④ 포크가 틀어져 핸들 조작이 되지 않음

[정답] ① 포크가 운전석과 너무 가까워져 적재물 충돌 위험이 커짐
[해설] 후경을 과도하게 주면 적재물이 지게차 본체 쪽(운전석 방향)으로 기울게 되어, 작업자와의 간격이 좁아져 충돌 위험이 커짐

32 적재 작업 시 포크의 삽입 깊이는 어떻게 설정하는 것이 적절한가? ★★★

① **완전히 삽입하여 중심을 지지**
② 팔레트의 절반 정도 삽입
③ 삽입하지 않고 걸기만 함
④ 끝단만 대고 들어 올림

[정답] ① 완전히 삽입하여 중심을 지지
[해설] 포크는 화물 중심을 충분히 지지할 수 있도록 깊게 삽입해야 한다.

33 화물이 좌우로 흔들리는 경우 어떤 점검이 필요할까?

① 조향 장치
② 유압 오일 상태
③ **포크의 균형 및 고정 상태**
④ 냉각수 수위

[정답] ③ 포크의 균형 및 고정 상태
[해설] 흔들림은 포크의 고정불량이나 비대칭 문제에서 비롯될 수 있다.

34 팔레트에 실린 화물을 지게차로 운반할 때 가장 우선시해야 할 것은? ★★★

① 빠른 운송
② 바퀴 위치 조정
③ **균형과 하중 중심 유지**
④ 포크 회전 속도

[정답] ③ 균형과 하중 중심 유지
[해설] 화물 운반 시 균형이 맞지 않으면 전도 또는 낙하 사고가 발생할 수 있다.

35 적재된 화물의 무게가 균일하지 않을 경우 포크는 어떻게 해야 하는가? ★★★

① 오른쪽으로만 이동시킨다.
② **무게중심 쪽으로 포크 위치 조정**
③ 속도를 높인다.
④ 후진만 한다.

정답 ② 무게중심 쪽으로 포크 위치 조정
해설 하중 중심에 맞춰 포크를 조정하여 안정성을 확보해야 한다.

36 지게차로 적재 작업 시 화물의 모서리가 날카로울 경우 올바른 조치는?

① 그대로 작업한다.
② 화물 모서리를 자른다.
③ **보호재를 덧대어 작업한다.**
④ 포크를 돌려 넣는다.

정답 ③ 보호재를 덧대어 작업한다.
해설 날카로운 부분은 포크나 장비 손상을 유발하므로 보호재를 활용해야 한다.

37 적재물 위에 다른 화물을 쌓을 때 고려해야 할 점은?

① 하중 중심이 위로 올라가도록 한다
② 가벼운 것을 아래에 두고 무거운 것을 위에 쌓는다
③ **무거운 것을 아래에, 가벼운 것을 위에**
④ 연료 절감 효과를 우선한다

정답 ③ 무거운 것을 아래에, 가벼운 것을 위에
해설 안정성을 위해 하중이 아래쪽에 집중되도록 쌓아야 한다.

38 경사로에서 화물 적재 후 회전 시 가장 주의할 점은?

① 포크를 수평 유지
② 조향 핸들 조작을 빠르게 함
③ 경적을 울림
④ **느리게 회전하고 포크는 후경**

정답 ④ 느리게 회전하고 포크는 후경
해설 경사로 회전은 매우 위험하므로 속도를 줄이고 후경으로 안정성을 높여야 한다.

39 경사로에서 지게차를 세워둘 때 가장 중요한 사항은?

① 포크를 올리고 정지함
② 경사로 하단에 정지
③ **포크를 내리고 주차 브레이크 작동**
④ 운전석에서 이탈하지 않음

정답 ③ 포크를 내리고 주차 브레이크 작동
해설 경사면에서 지게차가 움직이지 않도록 포크 하강 및 브레이크를 작동해야 한다.

40 적재 작업 중 화물이 흔들릴 경우 가장 먼저 해야 할 조치는?

① 경광등을 끈다.
② 속도를 높인다.
③ **속도를 줄이고 정지 후 포크 상태 점검**
④ 포크를 내린다.

정답 ③ 속도를 줄이고 정지 후 포크 상태 점검
해설 흔들림이 있을 때는 속도를 줄이고 즉시 정지하여 장비 상태를 확인해야 한다.

41 포크를 지나치게 낮춘 채 주행할 경우 발생할 수 있는 위험은?

① 유압계통 과열
② **노면에 포크가 걸려 장비 전도 위험**
③ 브레이크 오일 누유
④ 조향성이 향상됨

정답 ② 노면에 포크가 걸려 장비 전도 위험
해설 포크가 너무 낮으면 지면에 닿아 걸릴 수 있으며 이는 전도사고로 이어질 수 있다.

42 경사면에서 작업 중 지게차가 밀리는 것을 방지하는 방법은? ★★★

① 전진하면서 클러치를 밟는다.
② **후진하며 후경 상태로 유지**
③ 포크를 높이고 속도 증가
④ 브레이크를 해제함

정답 ② 후진하며 후경 상태로 유지
해설 경사로에서 밀림을 방지하려면 후경 상태로 후진해야 한다.

43 지게차가 비포장 경사면에서 적재물을 운반할 때 가장 적절한 방법은? ★★★

① 최대 속도로 운행한다.
② 전경 상태로 내려간다.
③ 포크를 완전히 내리고 운행한다.
④ **후경 상태로 저속 운행한다.**

정답 ④ 후경 상태로 저속 운행한다.
해설 비포장 경사로에서는 후경을 유지하고 저속으로 운행하여 낙하와 전도를 방지한다.

44 팔레트 위의 적재물이 비정형일 경우 가장 적절한 적재 방법은? ★★★

① 적재물을 쌓고 로프로 묶는다.
② 아무렇게나 적재한다.
③ **안정된 하단 구조 확보 후 쌓는다.**
④ 포크를 기울여 적재한다.

정답 ③ 안정된 하단 구조 확보 후 쌓는다.
해설 비정형 물품은 균형이 중요하므로 바닥 구조가 안정되도록 배치해야 한다.

45 지게차가 코너를 돌 때 적재물의 하중이 어느 방향으로 쏠릴 가능성이 가장 큰가?

① 전방
② **회전 반대 방향 측면**
③ 하단
④ 운전자 뒤쪽

정답 ② 회전 반대 방향 측면
해설 원심력으로 인해 회전 시 적재물은 반대 방향으로 쏠려 전도 위험이 증가한다.

46 포크 간격이 너무 좁게 설정된 경우 발생할 수 있는 위험은?

① **팔레트 손상 및 화물 균형 상실**
② 하중 분산으로 적재 안정성 증가
③ 연비 향상
④ 냉각 효과 향상

정답 ① 팔레트 손상 및 화물 균형 상실
해설 간격이 좁으면 한쪽에 하중이 집중되어 팔레트가 부서질 수 있다.

47 지게차가 후진 중 적재물로 인해 시야가 가려질 경우 적절한 운전 방법은? ★★★

① 시야 확보하지 않고 감각으로 운전한다.
② 경적만 울리며 후진한다.
③ **안내자의 지시에 따라 후진한다.**
④ 속도를 높여 빨리 빠져나간다.

정답 ③ 안내자의 지시에 따라 후진한다
해설 시야가 확보되지 않는 경우에는 보조자의 안내를 받아야 안전하게 운행할 수 있다.

48 적재물이 불안정하게 쌓인 경우 발생할 수 있는 가장 큰 문제는?

① 브레이크 밀림
② 조향이 무거워짐
③ **운반 중 적재물 낙하**
④ 연료계통 누유

정답 ③ 운반 중 적재물 낙하
해설 불안정한 적재는 주행 중 낙하 사고를 유발할 수 있어 반드시 재정비해야 한다.

49 지게차로 적재물을 내릴 때 가장 먼저 해야 할 조치는? ★★★

① 브레이크 해제
② 포크를 상향시킴
③ 정지 후 포크를 수평 상태로 하강
④ 핸들을 최대한 회전시킴

[정답] ③ 정지 후 포크를 수평 상태로 하강
[해설] 하강 작업은 지게차를 정지한 상태에서 수평을 유지한 채 수행해야 낙하 사고를 방지할 수 있다.

50 지게차로 긴 적재물을 운반할 경우 가장 주의해야 할 점은? ★★★

① 포크를 좁혀 운반한다.
② 속도를 높여 안정화한다.
③ 선회 시 회전 반경을 넓히고 서행한다.
④ 경적을 울리며 운행한다.

[정답] ③ 선회 시 회전 반경을 넓히고 서행한다.
[해설] 긴 적재물은 회전 시 외측이 넓게 휘므로 충분한 공간을 확보하고 천천히 움직여야 한다.

51 경사로를 내려올 때 포크를 후경하지 않으면 어떤 위험이 있는가?

① 냉각 효율 감소
② 포크가 마모됨
③ 화물이 앞으로 쏠려 낙하 위험
④ 타이어 공기압 상승

[정답] ③ 화물이 앞으로 쏠려 낙하 위험
[해설] 포크가 수평 또는 전경이면 화물이 앞으로 기울어 낙하할 수 있다.

52 팔레트에 균열이 발생한 경우 가장 안전한 조치는?

① 무시하고 작업을 계속한다.
② 빠르게 작업을 마무리한다.
③ 사용을 중단하고 교체한다.
④ 포크를 강하게 밀어 넣는다.

[정답] ③ 사용을 중단하고 교체한다.
[해설] 균열이 있는 팔레트는 하중을 지지하지 못하므로 사용을 중단해야 한다.

53 화물을 적재하고 후진 중 주변 보행자가 접근할 경우 가장 적절한 조치는? ★★★

① 그대로 후진을 계속한다.
② 속도를 줄이고 클러치를 밟는다.
③ 즉시 정지 후 보행자 안전 확보
④ 포크를 더 들어 올린다.

[정답] ③ 즉시 정지 후 보행자 안전 확보
[해설] 보행자 접근 시 즉시 정지하여 사고를 방지해야 한다.

54 지게차로 차량에 화물을 적재할 때 적절한 순서는?

① 가장 무거운 것을 가장 위에
② 작은 것부터 앞에 적재
③ 빠른 순서대로 적재
④ 무거운 것을 아래에, 가벼운 것을 위에

[정답] ④ 무거운 것을 아래에, 가벼운 것을 위에
[해설] 적재의 기본은 하중의 안정성을 위해 무거운 것을 아래쪽에 두는 것이다.

55 포크가 마스트에서 이탈되지 않도록 하기 위해 점검해야 할 것은? ★★★

① 유압 펌프 오일 상태
② 브레이크 오일
③ 포크 고정핀 및 레일 상태
④ 냉각수 수위

[정답] ③ 포크 고정핀 및 레일 상태
[해설] 포크가 이탈되지 않으려면 고정 장치와 레일의 상태를 정기적으로 점검해야 한다.

56 지게차로 컨테이너 내부에 화물을 적재할 경우 가장 먼저 고려할 사항은? ★★★

① 조향장치 점검
② 컨테이너 내 마감 상태
③ **진입 경사도 및 내부 높이 확인**
④ 연료 압력

정답 ③ 진입 경사도 및 내부 높이 확인
해설 진입 가능 여부와 공간 확인이 우선되어야 적재 작업이 원활히 이루어진다.

57 적재물 간에 미끄럼을 방지하기 위한 가장 적절한 조치는? ★★★

① 포크를 빠르게 조작한다
② **미끄럼 방지 패드를 사이에 넣는다**
③ 화물을 강하게 압축한다
④ 포크를 전경한다

정답 ② 미끄럼 방지 패드를 사이에 넣는다
해설 화물 간 마찰력이 약할 경우 패드를 이용해 미끄럼을 방지할 수 있다.

58 지게차의 적재물 높이는 어느 정도가 가장 이상적인가?

① **지게차의 안정 삼각형을 고려해 낮게**
② 운전자의 시야를 완전히 가리도록
③ 최대 마스트 높이까지
④ 클러치 높이까지

정답 ① 지게차의 안정 삼각형을 고려해 낮게
해설 적재물의 높이는 중심이 높아지지 않도록 낮게 유지하는 것이 안전하다.

59 화물의 형태가 기울어져 있을 경우 올바른 적재 방법은?

① 기울어진 방향 그대로 운반한다.
② 후진으로 운반한다.
③ **포크 중심을 기울기 방향으로 맞추고 고정 장치 사용**
④ 빠르게 주행한다.

정답 ③ 포크 중심을 기울기 방향으로 맞추고 고정 장치 사용
해설 기울어진 화물은 중심을 맞추고 고정해야 전도나 낙하를 방지할 수 있다.

60 지게차 적재 작업에서 전도 사고를 예방하기 위한 가장 기본적인 원칙은?

① 후진 시 무조건 속도를 높인다
② **하중 중심을 안정 삼각형 내에 두고 속도는 저속 유지**
③ 최대 하중 이상으로 적재한다
④ 포크를 항상 수직으로 고정한다

정답 ② 하중 중심을 안정 삼각형 내에 두고 속도는 저속 유지
해설 전도 예방의 핵심은 중심 안정과 저속 운행이다.

04 화물운반작업 (60제)

총 13개 분야 중 자신이 약한 부분만 집중하는 코스

※ 맞는 것을 고르는 답은 고딕, 틀린 것을 고르는 답은 명조체로 표시하였습니다

1 지게차로 화물을 운반하는 동안 비상 상황 발생 시 대처법은? ★★★

① 경적을 울리며 빠르게 후진
② 즉시 정지 후 포크 하강
③ 포크를 더 들어올림
④ 운전석에서 이탈

정답 ② 즉시 정지 후 포크 하강
해설 비상 상황에서는 지게차를 안전하게 정지시키고 포크를 내려야 한다.

2 포크가 비정상적으로 기울어져 있을 경우 가장 먼저 점검할 사항은? ★★★

① 유압 펌프
② 냉각수 라인
③ 포크 고정 상태 및 유압 실린더
④ 연료 탱크

정답 ③ 포크 고정 상태 및 유압 실린더
해설 포크 기울기는 고정 핀이나 유압계통의 이상으로 발생할 수 있다.

3 지게차가 화물을 운반할 때 가장 안전한 포크 높이는?

① 지면에서 10~20cm
② 운전자의 눈높이
③ 최대 상승 위치
④ 지면에 닿는 높이

정답 ① 지면에서 10~20cm
해설 포크를 너무 높이거나 낮추면 안정성이 떨어지므로 적당한 높이 유지가 필요하다.

4 화물을 운반 중 보행자와 마주쳤을 때 가장 안전한 대처는? ★★★

① 경적을 울리고 속도를 높인다.
② 방향을 틀어 피해간다.
③ 정지하고 보행자가 지나간 후 출발
④ 클러치를 밟고 전진한다.

정답 ③ 정지하고 보행자가 지나간 후 출발
해설 안전을 위해 보행자와의 충돌을 방지해야 하며, 정지 후 재출발이 원칙이다.

5 경사로를 내려올 때 포크의 상태로 가장 적절한 것은?

① 포크를 완전히 내림
② 후경 상태로 유지하며 운전
③ 포크를 수평 상태로 유지
④ 포크를 들어올리고 운전

정답 ② 후경 상태로 유지하며 운전
해설 후경을 유지하면 화물이 앞쪽으로 쏠리는 것을 방지해 안정성을 확보할 수 있다.

6 화물을 운반할 때 후진 주행이 필요한 상황은?

① 운전석 앞쪽에 시야 확보가 어려운 경우
② 포크가 후경 상태일 경우
③ 연료가 부족한 경우
④ 타이어 공기압이 높은 경우

정답 ① 운전석 앞쪽에 시야 확보가 어려운 경우
해설 화물로 인해 앞이 보이지 않을 경우 후진으로 시야 확보 후 운전해야 한다.

7 좁은 통로에서 화물을 운반할 때 가장 적절한 운전법은?
① 속도를 높여 통과한다.
② 조향을 자주 반복한다.
③ 경적을 울리며 전진한다.
④ **천천히 직진하면서 간격을 유지한다.**

정답 ④ 천천히 직진하면서 간격을 유지한다.
해설 좁은 구간에서는 저속 운전과 정확한 조향이 중요하다.

8 화물 운반 중 경사면에서 후진으로 주행해야 하는 이유는? ★★★
① 연료를 절약하기 위해
② 전진보다 속도가 빠르기 때문
③ **하중 중심이 위를 향해 안전성이 확보되기 때문**
④ 클러치를 사용하기 쉬워서

정답 ③ 하중 중심이 위를 향해 안전성이 확보되기 때문
해설 경사로에서 후진은 하중이 높은 쪽을 향하게 하여 전도 위험을 줄인다.

9 화물 운반 중 적재물이 좌우로 흔들릴 경우 운전자가 가장 먼저 해야 할 조치는? ★★★
① **정지 후 포크 각도 및 적재 상태 점검**
② 경적을 울린다.
③ 속도를 높여 빠르게 통과한다.
④ 브레이크를 반복 작동한다.

정답 ① 정지 후 포크 각도 및 적재 상태 점검
해설 흔들림은 낙하 위험이 있으므로 운행을 멈추고 점검하는 것이 우선이다.

10 지게차로 화물 운반 중 다른 작업자와 통로를 공유할 때 주의사항은?
① 클러치를 밟고 주행한다.
② 경적을 울리며 고속 주행한다.
③ **저속 운행 및 안전거리 확보**
④ 적재물을 높이 올려 주행

정답 ③ 저속 운행 및 안전거리 확보
해설 공용 통로에서는 저속 운전과 충분한 간격 확보가 기본이다.

11 화물 운반 중 경광등이 미작동하면 발생할 수 있는 문제는?
① 조향 성능 저하
② 냉각수 온도 상승
③ 브레이크 성능 저하
④ **주변 인식 저하로 충돌 위험 증가**

정답 ④ 주변 인식 저하로 충돌 위험 증가
해설 경광등은 지게차의 위치를 알리는 장치로, 미작동 시 사고 위험이 커진다.

12 작업현장에서 지게차 주행 시 안전속도로 가장 적절한 기준은?
① 시속 20~30km
② **시속 10km 이하**
③ 시속 40km 이상
④ 시속 25km 고정

정답 ② 시속 10km 이하
해설 작업장 내에서는 보행자와 혼재되므로 저속 운전이 기본이다.

13 적재물이 운전자 시야를 가릴 경우 가장 적절한 조치는?
① 포크를 더 높인다.
② 무시하고 전진한다.
③ **후진하며 주변 확인 후 운행**
④ 속도를 높여 빠르게 지나간다.

정답 ③ 후진하며 주변 확인 후 운행
해설 시야 확보가 되지 않으면 후진 운행으로 안전을 확보해야 한다.

14 지게차 운전 중 비상 상황이 발생하면 가장 먼저 해야 할 행동은? ★★★

① 클러치를 밟고 속도를 줄인다.
② **주위에 경고하고 즉시 정지한다.**
③ 포크를 들어올린다.
④ 조향 핸들을 오른쪽으로 돌린다.

정답 ② 주위에 경고하고 즉시 정지한다.
해설 위급상황 발생 시 즉시 정지하고 주변에 위험을 알리는 것이 우선이다.

15 지게차로 좁은 구간을 후진 주행할 때 가장 유의할 점은?

① 속도를 높인다.
② 클러치를 반복 사용한다.
③ **후방 시야 확보 및 안내자의 유무 확인**
④ 전방만 주시한다.

정답 ③ 후방 시야 확보 및 안내자의 유무 확인
해설 후진 주행은 시야 확보가 어렵기 때문에 안내자의 도움이나 거울 확인이 중요하다.

16 지게차가 이동 중 돌출된 바닥 면에 포크가 걸릴 경우 위험 요소는?

① **전도 사고 유발 가능성**
② 브레이크 페달 고장
③ 포크 마모
④ 연료 누출

정답 ① 전도 사고 유발 가능성
해설 포크가 지면에 걸리면 지게차 중심이 이동되어 전도될 수 있다.

17 지게차로 화물을 운반 중 장애물을 발견했을 때 가장 적절한 대처는? ★★★

① 피해 간다.
② 속도를 높여 통과한다.
③ **정지 후 주변을 확인하고 우회한다.**
④ 경적을 울리며 진행한다.

정답 ③ 정지 후 주변을 확인하고 우회한다.
해설 장애물 발견 시 우선 정지하고 상황을 판단해야 한다.

18 후진 중 화물에 의해 후방이 보이지 않는 경우 운전 방법은? ★★★

① 후진하지 않는다.
② 조향만으로 방향을 바꾼다.
③ **안내자의 지시에 따라 안전하게 운행한다.**
④ 클러치를 밟고 후진한다.

정답 ③ 안내자의 지시에 따라 안전하게 운행한다.
해설 시야 확보가 불가할 경우 유도자 또는 후방 카메라 등을 활용해야 한다.

19 지게차 운행 중 포크가 좌우로 흔들리는 경우 가장 먼저 점검할 부위는?

① 브레이크 오일 상태
② **포크 고정핀 및 레일**
③ 유압 실린더 마모도
④ 전조등 상태

정답 ② 포크 고정핀 및 레일
해설 포크 고정이 느슨하거나 마모되면 주행 중 흔들림이 발생할 수 있다.

20 적재물의 상단이 흔들릴 경우 적절한 포크 각도는?

① 전경 상태
② 수평 상태
③ 완전 하강 상태
④ **후경 상태**

정답 ④ 후경 상태
해설 후경 상태는 적재물을 지게차 쪽으로 기울여 포크에 밀착되게 하므로, 적재물 상단의 흔들림을 줄이고, 낙하 위험을 방지할 수 있다.

21 화물 운반 중 정지할 때 가장 바람직한 방법은?
① 급제동을 이용해 빠르게 정지
② 클러치를 밟고 정지
③ **감속 후 완만하게 정지**
④ 후진하면서 정지

정답 ③ 감속 후 완만하게 정지
해설 급제동은 적재물 낙하나 장비 전도 위험이 있으므로 감속 후 부드럽게 정지하는 것이 안전하다.

22 지게차로 화물을 운반할 때 가장 중요한 요소는?
① **하중 중심의 위치와 주행 안정성**
② 운전 속도
③ 운전자의 숙련도
④ 차량 색상

정답 ① 하중 중심의 위치와 주행 안정성
해설 하중 중심이 안정 삼각형 내에 있어야 주행 시 전도 위험을 줄일 수 있다.

23 주행 중 화물이 미끄러지는 주된 원인은?
① 브레이크 고장
② **화물과 포크 사이의 마찰력 부족**
③ 냉각수 부족
④ 조향 핸들 고장

정답 ② 화물과 포크 사이의 마찰력 부족
해설 마찰력이 부족하면 화물이 쉽게 미끄러져 낙하 위험이 증가한다.

24 포크를 전경 상태로 주행할 경우 발생할 수 있는 위험은? ★★★
① 화물이 안정됨
② 시야가 넓어짐
③ 조향이 쉬워짐
④ **화물이 전방으로 낙하할 가능성 증가**

정답 ④ 화물이 전방으로 낙하할 가능성 증가
해설 전경 상태는 하중 중심을 앞으로 이동시켜 낙하 위험을 높인다.

25 화물 운반 중 경사로를 오를 때 가장 적절한 방법은? ★★★
① **포크를 후경하고 전진**
② 포크를 후경하고 후진
③ 포크를 전경하고 전진
④ 포크를 수평으로 유지한 채 후진

정답 ① 포크를 후경하고 전진
해설 경사로를 오를 때는 하중이 뒤로 쏠리게 하고 후경으로 안정성을 높여야 한다.

26 후진 중 방향을 바꿀 때 가장 안전한 방법은? ★★★
① 핸들을 급하게 조작한다.
② 속도를 높이고 회전한다.
③ **완전히 정지한 후 방향을 바꾼다.**
④ 포크를 내린다.

정답 ③ 완전히 정지한 후 방향을 바꾼다.
해설 후진 시 방향 전환은 반드시 정지 후 해야 중심이 흐트러지지 않는다.

27 화물을 운반 중 지게차가 울퉁불퉁한 길을 지날 때 주의할 점은? ★★★
① 포크를 더 높여서 주행
② **포크를 낮게 유지하고 저속 운행**
③ 후진으로 통과
④ 클러치 작동 빈도 증가

정답 ② 포크를 낮게 유지하고 저속 운행
해설 울퉁불퉁한 노면에서는 저속 주행과 포크 하강 유지가 낙하 방지에 중요하다.

28 작업 중 갑작스러운 엔진 정지 시 가장 먼저 해야 할 조치는?
① 경적을 울리고 다시 시동
② **브레이크를 밟고 포크 하강**
③ 핸들을 좌측으로 꺾는다.
④ 후진한다.

정답 ② 브레이크를 밟고 포크 하강
해설 엔진이 꺼지면 포크 하강과 정지가 우선이다. 안전 확보가 가장 중요하다.

29 포크가 지면과 너무 가까운 상태에서 주행하면 발생할 수 있는 문제는?

① 포크 마모 감소
② 운전자가 편해짐
③ **도로 요철에 걸려 전도 위험 증가**
④ 냉각 효과 향상

정답 ③ 도로 요철에 걸려 전도 위험 증가
해설 포크가 너무 낮으면 지면 요철에 걸릴 수 있어 위험하다.

30 주행 중 조향이 어려운 원인 중 하나는? ★★★

① 적재물이 너무 가벼운 경우
② **포크가 비정상 각도로 고정되어 있을 경우**
③ 연료가 충분할 경우
④ 냉각수 온도가 낮을 경우

정답 ② 포크가 비정상 각도로 고정되어 있을 경우
해설 포크의 각도와 하중의 상태는 조향성에 직접 영향을 준다.

31 화물 운반 시 후경 상태를 유지해야 하는 이유는?

① 연료 소비를 줄이기 위해
② 냉각효율을 높이기 위해
③ **화물의 낙하를 방지하기 위해**
④ 핸들을 고정하기 위해

정답 ③ 화물의 낙하를 방지하기 위해
해설 후경은 적재물이 운전자 방향으로 쏠려 낙하하지 않도록 하기 위한 상태이다.

32 작업현장에서 지게차의 주행 중 가장 빈번하게 발생하는 사고 유형은?

① 전기 계통 고장
② 포크의 유압 누설
③ **운전 중 적재물 낙하 및 충돌**
④ 연료 누출

정답 ③ 운전 중 적재물 낙하 및 충돌
해설 주행 중 낙하 및 충돌 사고는 작업현장에서 가장 빈번하게 발생하는 사고 유형이다.

33 지게차로 경사로를 내려갈 때 주의해야 할 점은? ★★★

① 포크를 높게 들어 올린다.
② 전진 속도를 높인다.
③ 경사면을 좌우로 이동한다.
④ **후경 상태를 유지하고 저속 주행한다.**

정답 ④ 후경 상태를 유지하고 저속 주행한다.
해설 경사로 주행 시 안정성을 확보하려면 후경 및 저속 주행이 기본이다.

34 좁은 회전 구간에서 포크의 각도가 중요해지는 이유는?

① 전조등이 포크에 반사되기 때문에
② **포크가 외측 구조물에 걸릴 수 있기 때문에**
③ 냉각수 온도가 올라가기 때문에
④ 브레이크 반응이 느려지기 때문에

정답 ② 포크가 외측 구조물에 걸릴 수 있기 때문에
해설 회전 구간에서는 포크의 끝이 장애물에 걸릴 수 있으므로 각도 조정이 중요하다.

35 운반 중 지게차가 진동에 의해 흔들리는 경우 어떻게 대처해야 하는가?

① **속도를 줄이고 진동 구간을 천천히 이동**
② 진동을 무시하고 계속 주행한다.
③ 속도를 높인다.
④ 핸들을 좌우로 빠르게 조작한다.

정답 ① 속도를 줄이고 진동 구간을 천천히 이동
해설 진동이 심할 경우 낙하 위험이 있으므로 저속 주행이 필수이다.

36 지게차 주행 중 브레이크가 밀릴 경우 가장 먼저 점검할 부위는?

① 전조등 전구
② 냉각수 라디에이터
③ **브레이크 패드 및 오일**
④ 포크 끝단

[정답] ③ 브레이크 패드 및 오일
[해설] 제동 성능 저하는 브레이크 계통의 이상으로 인해 발생하므로 즉시 점검이 필요하다.

37 주행 중 시야 확보가 어려운 상황에서 지게차를 운행하려면?

① 경광등만 켜고 전진
② **조수의 유도를 받으며 이동**
③ 후진으로 방향을 바꾼다.
④ 포크를 높인다.

[정답] ② 조수의 유도를 받으며 이동
[해설] 시야 확보가 어려울 경우 작업자는 유도자에게 조언을 받아야 한다.

38 주행 중 타이어에 이상이 발생했다면? ★★★

① 그대로 운전하여 작업 완료
② 속도를 더 높여서 운전
③ **즉시 정지 후 점검하고 예비 타이어로 교체**
④ 포크를 더 높여 운전

[정답] ③ 즉시 정지 후 점검하고 예비 타이어로 교체
[해설] 타이어는 주행 안전성과 직결되므로 이상이 있을 경우 즉시 정지하고 교체해야 한다.

39 운반 중 포크가 좌우로 흔들리는 원인이 아닌 것은?

① 포크 고정핀 이상
② 마스트 롤러 유격
③ 유압 밸브 고장
④ **브레이크 오일 부족**

[정답] ④ 브레이크 오일 부족
[해설] 포크의 흔들림은 포크 자체의 고정 문제이며 브레이크 오일과는 관련 없다.

40 주행 중 경고음이 울릴 경우 가장 먼저 해야 할 일은?

① 무시하고 계속 운전한다.
② 경광등을 끈다.
③ **정지 후 원인을 점검한다.**
④ 후진으로 빠져나간다.

[정답] ③ 정지 후 원인을 점검한다.
[해설] 경고음은 이상 징후를 알리는 것이므로 우선 정지 후 원인을 파악해야 한다.

41 적재물을 운반 중 좌우로 중심이 흔들리는 원인으로 가장 적절한 것은? ★★★

① 브레이크 페달 고장
② **포크가 완전히 삽입되지 않음**
③ 냉각수 부족
④ 연료 필터 막힘

[정답] ② 포크가 완전히 삽입되지 않음
[해설] 포크가 충분히 삽입되지 않으면 하중 중심이 불안정해져 좌우 흔들림이 발생할 수 있다.

42 주행 중 급정거가 필요한 경우 가장 안전한 방법은?

① **서서히 감속하면서 정지**
② 클러치를 먼저 밟고 브레이크를 밟는다.
③ 브레이크를 세게 밟는다.
④ 핸들을 빠르게 돌린다.

[정답] ① 서서히 감속하면서 정지
[해설] 급제동은 적재물 낙하나 전도 위험이 있으므로 천천히 감속 후 정지하는 것이 안전하다.

43. 지게차 운반 중 화물이 시야를 완전히 가릴 경우 운전 방법은?

① 무시하고 전진
② 포크를 더 높인다.
③ **후진 주행으로 시야 확보**
④ 화물을 포크 위에 수직으로 세운다.

[정답] ③ 후진 주행으로 시야 확보
[해설] 화물로 인해 전방 시야 확보가 어려울 때는 후진 주행으로 시야를 확보해야 안전하다.

44. 지게차 운전 시 피로와 졸음은 어떤 사고로 이어질 수 있는가?

① 유압계 고장
② **과속 주행으로 인한 전도 사고**
③ 연료 누수
④ 브레이크 수명 단축

[정답] ② 과속 주행으로 인한 전도 사고
[해설] 피로는 판단력을 흐려 무의식적으로 과속하거나 부주의하게 되어 전도 사고로 이어질 수 있다.

45. 지게차 운전 중 시야 확보를 위해 활용할 수 없는 수단은?

① 백미러
② 후방카메라
③ 유도자
④ **경적만 울림**

[정답] ④ 경적만 울림
[해설] 경적은 주변 경고용일 뿐 시야 확보 수단이 아니며, 직접 시야 확보 가능한 장치를 사용해야 한다.

46. 작업 현장 내 좁은 통로 주행 시 가장 위험한 요소는?

① 저속 주행
② 경광등 점등
③ **포크가 좌우로 너무 벌어져 있음**
④ 백레스트 부착

[정답] ③ 포크가 좌우로 너무 벌어져 있음
[해설] 좁은 통로에서는 포크 간격이 넓으면 측면 충돌 및 낙하 위험이 있으므로 조정이 필요하다.

47. 경사면을 오를 때 하중이 후면에 있을 경우 위험한 이유는? ★★★

① 연료 소모가 증가함
② 타이어 공기압이 상승함
③ **하중이 아래로 쏠려 전도 위험 증가**
④ 핸들이 무거워짐

[정답] ③ 하중이 아래로 쏠려 전도 위험 증가
[해설] 하중이 경사면 아래쪽에 있으면 전도 위험이 커지므로 하중이 위쪽(전면)을 향하게 해야 한다.

48. 지게차 주행 중 장애물이 앞에 있을 때 적절한 조치는? ★★★

① 빠르게 우회한다.
② 무시하고 직진한다.
③ 경적을 울린다.
④ **즉시 정지 후 장애물 제거 또는 우회**

[정답] ④ 즉시 정지 후 장애물 제거 또는 우회
[해설] 장애물 발견 시 정지 후 안전한 방법으로 우회하거나 제거해야 한다.

49. 작업 중 지게차가 흔들릴 때 가장 먼저 해야 할 일은?

① 브레이크를 밟는다.
② 포크를 더 올린다.
③ 방향을 바꾼다.
④ **즉시 정지하여 원인을 점검**

[정답] ④ 즉시 정지하여 원인을 점검
[해설] 흔들림은 중심 불균형 또는 지면 상태 등 위험 요인이므로 즉시 정지하여 점검이 필요하다.

50 경사면에서 지게차 주차 시 주의사항은?

① 포크를 들어 올리고 핸들을 고정
② 주차 브레이크를 풀고 시동을 끈다.
③ **포크를 하강시키고 주차 브레이크 작동**
④ 포크를 전경하고 정지

[정답] ③ 포크를 하강시키고 주차 브레이크 작동
[해설] 경사로 주차 시 포크를 내리고 주차 브레이크를 걸어야 밀림을 방지할 수 있다.

51 지게차의 적재물에 의한 충돌사고를 예방하기 위해 가장 중요한 운전 습관은?

① **저속 운전과 시야 확보**
② 경적을 울린다.
③ 클러치를 자주 사용한다.
④ 핸들을 자주 돌린다.

[정답] ① 저속 운전과 시야 확보
[해설] 충돌사고 예방을 위해서는 운행 속도를 낮추고 시야를 충분히 확보해야 한다.

52 포크가 적재물에 비해 너무 짧은 경우 발생할 수 있는 위험은?

① **적재물 낙하**
② 연료 소모 증가
③ 포크 손상
④ 조향 어려움

[정답] ① 적재물 낙하
[해설] 포크가 짧아 적재물을 충분히 지지하지 못하면 낙하할 가능성이 높아진다.

53 곡선 주행 중 적재물이 전도될 가능성이 높은 이유는?

① 직진력이 감소함
② **원심력에 의해 적재물이 밖으로 밀림**
③ 마찰력이 커짐
④ 조향각이 좁아짐

[정답] ② 원심력에 의해 적재물이 밖으로 밀림
[해설] 곡선 주행 시 원심력이 작용해 하중 중심이 바깥으로 이동하면 전도 가능성이 높아진다.

54 후진 중 주행 경로를 정확하게 확인하기 위한 가장 좋은 방법은? ★★★

① 클러치를 밟고 감으로 운전
② **주기적으로 멈추며 주변을 확인**
③ 백미러만 보고 운전
④ 포크를 수직으로 세운다.

[정답] ② 주기적으로 멈추며 주변을 확인
[해설] 후진 시 안전 확보를 위해 주기적으로 멈추며 시야 확보가 중요하다.

55 지게차로 화물을 운반하다가 바닥에 경사가 생겼을 때 적절한 대응은?

① 포크를 내린 후 고속 주행
② **즉시 정지하고 지면 상태 확인**
③ 클러치를 밟고 속도 유지
④ 핸들을 오른쪽으로 꺾는다.

[정답] ② 즉시 정지하고 지면 상태 확인
[해설] 경사가 있는 바닥에서는 즉시 정지하여 미끄러짐이나 전도 방지를 위해 확인해야 한다.

56 작업 중 적재물이 흔들릴 때 조치 사항으로 가장 부적절한 것은?

① 속도를 줄인다.
② 즉시 정지 후 점검
③ 포크 각도를 조정한다.
④ **경적을 울리며 계속 주행**

[정답] ④ 경적을 울리며 계속 주행
[해설] 흔들리는 상태에서 운행을 지속하면 전도 및 낙하 위험이 높아진다.

57 경사로 주행 시 하중이 위쪽을 향하게 운전하는 이유는? ★★★

① 하중 중심 안정 확보
② 조향이 쉬워서
③ 연료가 절약되기 위해
④ 핸들이 고정되기 때문에

정답 ① 하중 중심 안정 확보
해설 하중이 위쪽을 향하면 무게중심이 안정돼 전도 위험을 줄일 수 있다.

58 화물 운반 중 발생할 수 있는 사고를 예방하기 위한 가장 기본적인 대책은? ★★★

① 경적 울리기
② 작업 후 포크 청소
③ 적재물 안정 여부 사전 점검
④ 후진 속도 높이기

정답 ③ 적재물 안정 여부 사전 점검
해설 적재물의 고정 및 균형 상태는 운반 중 사고 여부에 직접적으로 영향을 준다.

59 지게차 주행 시 적재물의 좌우 균형이 맞지 않으면 어떤 위험이 발생하는가?

① 연비 감소
② 냉각팬 고장
③ 전조등 점등
④ 전도 사고 위험 증가

정답 ④ 전도 사고 위험 증가
해설 좌우 균형이 맞지 않으면 하중 중심이 이동해 전도될 수 있다.

60 지게차의 화물운반작업 중 피해야 할 행동은?

① 적재물 낙하 방지망 확인
② 작업자와의 거리 확보
③ 운전석 시트 조정
④ 핸드폰 사용 또는 주의 분산 행위

정답 ④ 핸드폰 사용 또는 주의 분산 행위
해설 운전 중 주의가 분산되면 안전사고로 이어질 수 있으므로 절대 금지해야 한다.

05 운전시야확보 (60제)

총 13개 분야 중 자신이 약한 부분만 집중하는 코스

※ 맞는 것을 고르는 답은 고딕, 틀린 것을 고르는 답은 명조체로 표시하였습니다

1 야간 작업장에서 지게차 운행 시 시야 확보를 위한 가장 적절한 장비는? ★★★

① 포크 상단 보조미러
② 적재함 상단 배너광
③ 백레스트 반사판 제거
④ **전조등과 작업등의 병행 사용**

정답 ④ 전조등과 작업등의 병행 사용
해설 야간에는 전조등만으로는 음영이 생기기 쉬우므로 작업등을 병행하여 작업 대상물과 주변을 골고루 비춰야 시야를 확보할 수 있음.

2 폭 1.5m의 좁은 골목에서 화물을 싣고 전방 시야가 가려진 상태로 진행할 경우 가장 적절한 방법은?

① 전진하면서 핸들을 좌우로 조작한다.
② 포크를 들어 시야를 확보한 후 전진한다.
③ **유도자의 지시에 따라 후진 운전한다.**
④ 좌우 깜빡이를 켜고 전진한다.

정답 ③ 유도자의 지시에 따라 후진 운전한다
해설 좁은 공간에서 전방 시야가 확보되지 않을 경우, 후진하면서 유도자의 지시를 받는 것이 가장 안전함.

3 지게차에 부착된 후방 카메라와 백미러의 차이점 중 가장 정확한 설명은? ★★★

① **후방 카메라는 후진 시 거리감을 왜곡할 수 있다.**
② 후방 카메라는 측면까지 시야 확보가 가능하다.
③ 백미러는 야간에도 선명하다.
④ 백미러는 전방 시야를 확보하는 장치다.

정답 ① 후방 카메라는 후진 시 거리감을 왜곡할 수 있다.
해설 후방 카메라는 넓은 시야 확보에는 효과적이지만, 렌즈 특성상 거리 판단에 왜곡이 생길 수 있음.

4 화물을 높이 올린 상태에서 전방이 가려질 경우 가장 적절한 조치는?

① 포크를 유지한 채 전진 속도를 줄인다.
② 포크를 유지하고 클러치를 반복 작동한다.
③ **포크를 하강하고 후진 운전한다.**
④ 속도를 높여 빠르게 운반한다.

정답 ③ 포크를 하강하고 후진 운전한다.
해설 시야 확보가 어려운 경우 화물을 내려 시야를 확보하거나 후진하는 것이 원칙임.

5 눈비가 오는 날 작업 시 시야 확보를 위한 가장 비효율적인 방법은?

① 와이퍼와 난방장치를 가동한다.
② 실내 유리 성에를 제거한다.
③ 안개등을 켠다.
④ **창문을 열고 얼굴을 내민다.**

정답 ④ 창문을 열고 얼굴을 내민다.
해설 눈비가 오는 환경에서 창문을 열고 직접 관찰하는 것은 오히려 시야 확보를 방해하며 위험함.

6 운전 중 좌측 시야 확보가 어려운 경우 가장 적절한 대응은?

① 경적을 울리고 그대로 전진한다.
② **좌측 사이드미러를 재조정하거나 멈춰서 직접 확인한다.**
③ 핸들을 크게 꺾어 우회한다.
④ 포크를 최대한 후경으로 조정한다.

정답 ② 좌측 사이드미러를 재조정하거나 멈춰서 직접 확인한다
해설 시야 확보가 안 되는 상태에서 무리한 주행은 사고로 이어질 수 있으므로 정지 후 직접 확인하는 것이 원칙.

7 후방 시야 확보 장치가 모두 정상 작동하지 않는 경우, 가장 안전한 후진 방법은?

① 후진하지 않고 운전을 종료한다.
② 클러치를 밟고 후진한다.
③ **유도자의 수신호에 의존하여 후진한다.**
④ 핸들을 우측으로 고정한 채 후진한다.

정답 ③ 유도자의 수신호에 의존하여 후진한다
해설 후방 시야 확보가 불가능할 경우, 유도자의 수신호가 가장 안전한 대안이다.

8 외부 작업장에서 햇빛이 강하게 비출 경우 시야 확보를 위한 가장 효과적인 방법은?

① **선글라스를 착용한 후 운전한다.**
② 후진으로만 운전한다.
③ 조향 핸들 조작 빈도를 줄인다.
④ 속도를 높여 빨리 지나간다.

정답 ① 선글라스를 착용한 후 운전한다.
해설 역광이나 강한 빛은 시야를 방해하므로 운전자는 시야 확보를 위한 보안경이나 선글라스를 착용할 수 있음.

9 포크가 높게 들어 올려져 있을 때 후방 시야 확보에 유용한 장비는? ★★★

① 클러치 페달
② **백미러 및 후방 카메라**
③ 유압 오일 게이지
④ 포크 경사계

정답 ② 백미러 및 후방 카메라
해설 포크가 시야를 가릴 때는 후방 관측 장비의 도움이 필수적임.

10 시야 확보가 어려운 상태에서 지게차를 조작해야 하는 경우 작업자와 보행자의 안전 확보 방법으로 가장 적절한 것은?

① 혼자 작업을 빠르게 마무리한다.
② 포크를 들어 시야를 확보한다.
③ **유도자와 무전 또는 수신호로 협조한다.**
④ 포크를 전경한 채 후진한다.

정답 ③ 유도자와 무전 또는 수신호로 협조한다
해설 시야 확보가 어려운 경우에는 반드시 유도자와 협력하여 주변 안전을 확보해야 한다.

11 터널 내부처럼 조도가 급격히 낮아지는 작업 환경에서 가장 바람직한 운전 전략은? ★★★

① 전조등만 켜고 속도 유지
② 경광등만 켠다
③ **속도를 줄이고 전조등과 작업등을 함께 사용**
④ 전진을 멈추고 포크를 전경시킴

정답 ③ 속도를 줄이고 전조등과 작업등을 함께 사용
해설 조도 변화가 큰 곳에서는 시야 확보를 위한 조명 병행 사용과 저속 주행이 필수임.

12 작업 중 적재물이 시야를 가릴 경우 포크를 어느 상태로 조정하는 것이 가장 바람직한가? ★★★

① 전경 상태로 조정
② 포크 수평 고정
③ **후경 상태로 낮추어 시야 확보**
④ 최대 상승 상태로 고정

정답 ③ 후경 상태로 낮추어 시야 확보
해설 후경은 낙하 방지에도 도움이 되며, 포크를 낮추면 시야 확보에도 유리하다.

13 장거리 운반 시 햇빛과 그림자가 교차하는 작업 구간을 지날 때 시야 확보 방법으로 옳지 않은 것은?

① **그림자 구간에서는 속도를 높인다.**
② 안개등을 켜서 노면을 비춘다.
③ 일정한 속도로 주행한다.
④ 작업등 및 경광등을 활용한다.

정답 ① 그림자 구간에서는 속도를 높인다.
해설 밝기 변화가 심한 구간에서는 시야가 순간적으로 흐려질 수 있으므로 감속 운전이 필요하다.

14 전방 시야 확보가 어려운 경우 가장 바람직한 운전 방법은?

① **경광등 점등 후 후진 운전한다.**
② 클러치를 밟고 무리하게 전진한다.
③ 핸들을 크게 꺾어 방향을 바꾼다.
④ 화물을 포크에서 분리한다.

정답 ① 경광등 점등 후 후진 운전한다.
해설 전방 시야 확보가 안 될 경우 후진 운행을 기본으로 하며 경고장치를 병행해야 한다.

15 지게차로 곡선 주행 중 화물이 시야를 가리는 경우 가장 위험한 운전 습관은?

① 경적을 반복 사용함
② 후진으로 방향을 바꾼다.
③ **선회 시 속도를 높인다.**
④ 유도자 신호를 따라 진행한다.

정답 ③ 선회 시 속도를 높인다
해설 곡선에서는 원심력으로 인해 중심이 이동하므로, 시야 제한 시 감속이 필수임.

16 지게차 운전 중 시야 확보를 위해 보조 장비를 점검할 때 확인해야 할 항목이 아닌 것은?

① 백미러의 조절 각도
② 경광등 작동 상태
③ 전조등의 밝기
④ **타이어의 공기압**

정답 ④ 타이어의 공기압
해설 시야 확보를 위한 장비에는 조명과 시야 보조기기 등이 포함되며 타이어는 직접 관련이 없다.

17 좁은 실내 공간에서 운전자의 후방 시야 확보를 도와주는 보조 장비는?

① 유압 게이지
② **백미러 및 경광등**
③ 배터리 잔량계
④ 냉각수 센서

정답 ② 백미러 및 경광등
해설 실내에서는 주변 환경 인식이 어렵기 때문에 시각·청각 보조 장치가 중요하다.

18 후진 주행 중 좌우 시야 확보가 어렵다면? ★★★

① 포크를 전경한다.
② 후진 중에 속도를 높인다.
③ **좌우 보조미러와 유도자 신호를 병행 활용한다.**
④ 포크를 완전히 내려 지면을 비춘다.

정답 ③ 좌우 보조미러와 유도자 신호를 병행 활용한다
해설 좌우 시야가 제한될 경우에는 미러와 유도자 활용으로 보완이 필요하다.

19 터널, 창고, 어두운 작업장 등 조도가 낮은 장소에서 운전 시 주의할 점은?

① 경광등만 켜고 전진한다.
② 시야 확보가 어렵더라도 고속 주행
③ **전조등 점검 및 속도 저하**
④ 포크를 끝까지 전경시킨다.

정답 ③ 전조등 점검 및 속도 저하
해설 어두운 장소에서는 조명을 통해 시야 확보하고, 사고 예방을 위해 속도를 줄여야 한다.

20 경사로를 따라 운행 시 적재물이 시야를 가릴 경우 적절한 대응은?

① 클러치를 밟고 강제 전진
② 핸들을 크게 꺾어 회전한다.
③ 포크를 전경한 채 유지
④ **후진 운전으로 방향 전환**

정답 ④ 후진 운전으로 방향 전환
해설 경사로에서 화물이 시야를 가릴 경우, 후진 방향으로 전환하여 운전하는 것이 가장 안전하다.

21 운전 중 적재물의 상단이 운전자의 시야를 완전히 가리는 경우 가장 먼저 취할 조치는?

① 포크를 전경하여 화물을 뒤로 기울인다.
② 클러치를 밟아 엔진 회전을 낮춘다.
③ **후진 또는 운행을 멈추고 시야 확보 방법을 찾는다.**
④ 경적을 계속 울리며 직진한다.

정답 ③ 후진 또는 운행을 멈추고 시야 확보 방법을 찾는다.
해설 시야 확보 없이 주행을 계속하는 것은 대단히 위험하며, 후진이나 정지를 통해 먼저 시야를 확보해야 함.

22 실외에서 강한 역광으로 인해 전방 시야 확보가 어려운 상황에서 가장 효과적인 대처는? ★★★

① 포크를 최대 후경시킨다.
② **선글라스를 착용하거나 햇빛 가리개를 사용한다.**
③ 핸들을 좌측으로 돌려 방향을 바꾼다.
④ 후진으로만 주행한다.

정답 ② 선글라스를 착용하거나 햇빛 가리개를 사용한다.
해설 강한 역광은 운전자의 시야를 가리므로 시력 보호용 장비의 사용이 적절하다.

23 지게차의 경광등이 고장 났을 경우 작업장 내에서 해야 할 조치는?

① 클러치를 사용해 저속 주행한다.
② 경광등 없이도 운전할 수 있다.
③ **즉시 작업을 중단하고 수리 요청을 한다.**
④ 화물을 내려두고 경적만 사용한다.

정답 ③ 즉시 작업을 중단하고 수리 요청을 한다.
해설 경광등은 시야 확보와 함께 주변 작업자에게 위치를 알리는 장비로, 미작동 시 운행을 중지해야 함.

24 후진 주행 시 보조장비 없이 시야 확보가 어려운 경우 가장 바람직한 방법은? ★★★

① **유도자의 수신호에 의존하여 후진한다.**
② 조향을 빠르게 반복하여 방향을 바꾼다.
③ 포크를 높여 주변을 관측한다.
④ 백미러만 보고 운행한다.

정답 ① 유도자의 수신호에 의존하여 후진한다.
해설 후방 시야 확보가 어려운 경우, 유도자에 의한 협조 운전이 가장 안전함.

25 좁은 실내 공간에서 전방 시야를 확보하기 어려울 경우, 가장 위험한 행동은?

① 속도를 줄이고 유도자의 신호를 받는다.
② 후진을 하여 시야를 확보한다.
③ **클러치를 밟고 시야 확보 없이 전진한다.**
④ 작업등과 백미러를 점검한다.

정답 ③ 클러치를 밟고 시야 확보 없이 전진한다.
해설 시야 확보 없이 진행하는 것은 가장 위험한 행동으로, 사고 발생 가능성이 매우 높음.

26 전방 시야 확보가 어려운 야간 작업 시 가장 효과적인 방법은?

① 백레스트를 제거한다.
② **보조 작업등을 추가로 사용한다.**
③ 경광등을 주황색으로 교체한다.
④ 포크를 높여 조명 효과를 늘린다.

정답 ② 보조 작업등을 추가로 사용한다.
해설 야간 작업에서는 조명이 부족하기 때문에 시야 확보를 위한 추가 작업등이 필수적이다.

27 적재물을 실은 채로 곡선로를 주행할 때 시야 확보가 어려운 경우, 어떤 장비가 가장 도움이 되는가?

① 속도계
② 백레스트
③ 유압 실린더
④ **측면 보조 미러**

정답 ④ 측면 보조 미러
해설 곡선 주행 시 화물로 인해 전방뿐 아니라 측면 시야가 가려질 수 있어 보조 미러가 도움이 됨.

28 비 오는 날 작업장에서 후진 시야 확보를 위한 장치로 가장 효과적인 것은? ★★★

① 경광등
② **후방 카메라와 와이퍼가 달린 후방 유리창**
③ 전조등
④ 유압 게이지

정답 ② 후방 카메라와 와이퍼가 달린 후방 유리창
해설 빗물로 인한 시야 방해를 줄이기 위해 카메라와 와이퍼가 장착된 후방 유리창이 효과적이다.

29 지게차 주행 중 발생하는 햇빛과 그림자의 교차로 인한 시야 방해는 어떻게 대처하는 것이 가장 안전한가?

① 주행 중 클러치를 밟는다.
② 포크를 더 높인다.
③ **속도를 낮추고 전방을 주시한다.**
④ 후진으로 우회한다.

정답 ③ 속도를 낮추고 전방을 주시한다.
해설 시야가 급격히 변하는 환경에서는 속도를 낮춰 사고를 방지하는 것이 핵심이다.

30 운전 중 포크에 실린 적재물이 좌우로 넓고 시야를 가릴 경우 가장 위험한 운전 방식은?

① **경적을 울리며 고속 주행**
② 후진 주행 또는 유도자 동반
③ 경광등 및 미러 활용
④ 포크를 후경하고 저속 주행

정답 ① 경적을 울리며 고속 주행
해설 시야가 제한된 상황에서 고속 주행은 가장 위험하며 반드시 유도자나 후진 운전을 병행해야 함.

31 야외에서 아침 역광이 강할 경우 운전자의 시야 확보 대책으로 옳지 않은 것은?

① 차량용 선바이저 사용
② 선글라스 착용
③ **주행 중 창문 열기**
④ 전방 상황에 따라 감속 운전

정답 ③ 주행 중 창문 열기
해설 창문을 여는 것은 시야 확보와 관련이 없으며, 날씨에 따라 오히려 더 위험할 수 있음.

32 지게차에 보조경(사이드 미러 등)이 설치되어 있어도 여전히 사각지대가 존재할 수 있는 주요 원인은?

① 포크 경사각 부족
② 미러의 조정각 불량 또는 설치 위치 문제
③ 경광등 밝기 부족
④ 조향 핸들의 무게

[정답] ② 미러의 조정각 불량 또는 설치 위치 문제
[해설] 보조경이 설치되어 있어도 시야 사각은 미러 조정 상태에 따라 달라질 수 있음.

33 전방 시야 확보를 위해 포크를 너무 낮게 유지할 경우 발생할 수 있는 위험은?

① 연료 소모 증가
② 타이어 손상
③ 포크가 지면과 접촉해 전도 위험 증가
④ 냉각수 온도 상승

[정답] ③ 포크가 지면과 접촉해 전도 위험 증가
[해설] 포크가 너무 낮으면 도로 요철에 걸려 중심이 흔들릴 수 있음.

34 실내 창고 작업 시 전조등이 너무 강하면 발생할 수 있는 문제는? ★★★

① 유압 압력 상승
② 조향 핸들 무게 증가
③ 작업자의 눈부심 및 반사로 시야 왜곡
④ 포크 자동 상승

[정답] ③ 작업자의 눈부심 및 반사로 시야 왜곡
[해설] 강한 조명은 오히려 작업자의 시야를 방해하는 요소가 될 수 있음.

35 후방 시야를 보조하기 위한 장비 중 사각지대를 가장 효과적으로 줄일 수 있는 것은? ★★★

① 광각 후방 카메라
② 전조등
③ 유압 게이지
④ 클러치 조작계

[정답] ① 광각 후방 카메라
[해설] 후방 카메라는 광각 렌즈를 사용하여 사각지대를 보완할 수 있음.

36 곡선 코너에 진입할 때 시야 확보가 어려운 경우 가장 먼저 해야 할 조치는?

① 경광등만 켜고 고속 진입
② 클러치 조작 후 진입
③ 포크를 올려 시야 확보
④ 속도를 줄이고 좌우 시야 확보

[정답] ④ 속도를 줄이고 좌우 시야 확보
[해설] 곡선 구간은 시야 확보가 어렵기 때문에 반드시 감속과 확인이 필요함.

37 낮은 천장 구조의 실내 공간에서 전방 시야 확보가 곤란한 경우 가장 위험한 행동은?

① 저속으로 천천히 운전한다.
② 작업등 밝기를 조절한다.
③ 포크를 높여 시야를 확보한다.
④ 유도자와 협조한다.

[정답] ③ 포크를 높여 시야를 확보한다.
[해설] 포크를 높이면 천장 충돌 위험이 생기므로 금지되어야 함.

38 전방 시야 확보를 위해 경광등을 사용할 때 주의해야 할 점은? ★★★

① 야간에는 항상 소등한다.
② 경광등이 주변 시야를 가릴 수 있으므로 밝기와 위치를 적절히 조정한다.
③ 경광등은 차량 내 조향과 무관하다.
④ 전조등보다 우선적으로 설치한다.

[정답] ② 경광등이 주변 시야를 가릴 수 있으므로 밝기와 위치를 적절히 조정한다.
[해설] 경광등이 눈부심을 유발할 수 있으므로 밝기 및 방향 조절이 필요하다.

39 햇빛 반사로 인해 사이드 미러가 제대로 보이지 않는 경우 가장 먼저 해야 할 조치는?

① 클러치를 밟는다.
② 작업을 종료한다.
③ **미러 각도를 조정하거나 위치를 바꾼다.**
④ 포크를 높여 시야를 확보한다.

정답 ③ 미러 각도를 조정하거나 위치를 바꾼다.
해설 햇빛 반사는 각도에 따라 달라지므로 미러 조정이 필요하다.

40 후방 시야 확보가 어려운 작업 환경에서 가장 안전한 운전 방식은?

① 클러치 반쯤 밟고 전진한다.
② 좌측 사이드미러만 이용한다.
③ **후방 유도자의 지시에 따라 조작한다.**
④ 포크를 전경하여 후진한다.

정답 ③ 후방 유도자의 지시에 따라 조작한다.
해설 후방 시야 확보가 어렵다면 반드시 유도자의 신호에 의존한 운전이 필요하다.

41 작업장 입구가 어두운 상태에서 밝은 외부에서 진입할 경우 운전자가 겪을 수 있는 가장 큰 시야 문제는?

① 색상 인식 오류
② **눈부심으로 인한 일시적 시야 상실**
③ 후방 미러 기능 정지
④ 핸들 작동 저하

정답 ② 눈부심으로 인한 일시적 시야 상실
해설 밝은 곳에서 어두운 곳으로 갑자기 진입할 경우 동공이 조정되지 않아 시야가 일시적으로 흐려질 수 있음.

42 포크가 너무 높게 설정된 상태에서 후진 운행을 지속하면 어떤 위험이 가장 크게 증가하는가? ★★★

① 조향 성능 저하
② **적재물 중심 이동으로 인한 전도**
③ 타이어 마모 증가
④ 전방 시야 확보 곤란

정답 ② 적재물 중심 이동으로 인한 전도
해설 포크가 높을 경우 하중 중심이 상승하여 주행 중 전도 위험이 크게 증가함.

43 시야 확보에 유리한 운전 자세는?

① 허리를 숙이고 전방을 바라본다.
② 좌측으로 몸을 틀고 후방을 본다.
③ **등을 등받이에 붙이고 정면과 미러를 병행 관찰한다.**
④ 시트에 누운 자세로 편하게 운전한다.

정답 ③ 등을 등받이에 붙이고 정면과 미러를 병행 관찰한다
해설 올바른 자세는 시야를 넓히고 장비의 조작 안전성도 높여준다.

44 후진 중 좌측 사이드 미러가 파손되었다면 가장 적절한 조치는?

① 클러치를 밟고 진행한다
② 우측 미러만 보고 진행한다
③ **정지 후 미러를 수리하거나 유도자 요청**
④ 포크를 내리고 경적을 울린다

정답 ③ 정지 후 미러를 수리하거나 유도자 요청
해설 후방 시야 확보가 안 될 경우, 보조 장치나 유도자의 도움이 필요하다.

45 낮은 천장 구조물 아래에서 작업 시 전방 시야를 확보하기 위해 해야 할 가장 적절한 조치는?

① 포크를 높여 시야를 확보한다.
② 경광등을 끈다.
③ **포크 높이를 낮추고 저속으로 운전한다.**
④ 포크를 최대한 전경시킨다.

정답 ③ 포크 높이를 낮추고 저속으로 운전한다.
해설 낮은 구조물 아래에서는 충돌 위험이 있으므로 포크를 낮추고 저속으로 운행해야 한다.

46 경사진 내리막길에서 전방이 가려지는 상태에서 운전할 때 가장 위험한 행동은?

① **클러치 해제로 고속 주행**
② 후방 경광등 점등
③ 후경 상태 유지 후 저속 운전
④ 유도자의 수신호 확인

정답 ① 클러치 해제로 고속 주행
해설 내리막에서는 무게 중심 이동으로 시야 확보가 어려운데, 고속 주행은 큰 사고로 이어질 수 있음.

47 후방 시야 확보를 위해 가장 적절한 장비 조합은?

① 포크 경사계 + 연료 게이지
② **후방 카메라 + 광각 보조 미러**
③ 전조등 + 온도 센서
④ 배터리 잔량계 + 엔진 RPM 게이지

정답 ② 후방 카메라 + 광각 보조 미러
해설 후방 시야는 광각과 영상 장비로 보완하는 것이 가장 효율적이다.

48 낮에는 잘 보였던 작업 구간이 흐려진 날씨로 인해 시야 확보가 어려워졌을 때 가장 먼저 해야 할 일은?

① 경광등을 끈다.
② 전진만 한다.
③ **전조등 점검 및 밝기 조절**
④ 클러치를 밟고 핸들을 좌우 반복

정답 ③ 전조등 점검 및 밝기 조절
해설 날씨 변화에 따라 조도도 달라지므로 조명을 적절히 조정해야 한다.

49 적재물 상단이 운전자의 정면 시야를 가리는 상황에서 가장 바람직한 대응은?

① 고개를 숙이고 포크 하단으로 시야 확보
② **정지하거나 후진하면서 시야 확보**
③ 화물을 더 높여 시야 확보
④ 클러치를 밟고 경적을 울리며 전진

정답 ② 정지하거나 후진하면서 시야 확보
해설 전방 시야가 확보되지 않으면 반드시 정지 또는 후진을 통해 안전 확보를 우선해야 한다.

50 전방에 햇빛이 강하게 비춰 눈부심이 심한 상태라면 시야 확보를 위한 가장 바람직한 조치는?

① 포크를 올려 햇빛을 가린다.
② 고개를 돌리고 옆을 본다.
③ **선글라스를 착용하거나 선바이저를 이용한다.**
④ 핸들을 빠르게 돌린다.

정답 ③ 선글라스를 착용하거나 선바이저를 이용한다
해설 햇빛 차단 장비는 시야 확보와 시력 보호에 효과적이다.

51 눈이 내리는 야외 작업장에서 지게차 운전 중 시야가 흐려질 경우 가장 먼저 해야 할 조치는? ★★★

① 포크를 올린다.
② **전조등과 와이퍼 작동 상태를 점검한다.**
③ 클러치를 밟고 정지한다.
④ 경광등을 끈다.

정답 ② 전조등과 와이퍼 작동 상태를 점검한다
해설 눈으로 인한 시야 방해를 줄이기 위해 조명과 시야 확보 장치가 정상 작동해야 한다.

52 지게차 작업 중 실내와 실외의 밝기 차이가 매우 큰 경우 가장 필요한 운전 태도는?

① **밝기 변화에 적응할 때까지 감속 운행**
② 조도에 관계없이 속도 유지
③ 클러치를 계속 밟는다.
④ 포크를 최대한 들어 시야 확보

정답 ① 밝기 변화에 적응할 때까지 감속 운행
해설 갑작스런 조도 변화는 시력 적응을 방해하므로 반드시 감속 후 시야 확보가 필요하다.

53 정비 이후 사이드미러가 잘못 조정되어 후방 시야가 가려진 경우 적절한 조치는?

① 조정하지 않고 계속 운전한다.
② 클러치를 밟고 방향을 바꾼다.
③ 포크를 내려 시야를 확보한다.
④ **미러를 즉시 재조정하거나 보조 유도자 요청**

정답 ④ 미러를 즉시 재조정하거나 보조 유도자 요청
해설 미러는 운전자의 주요 시야 확보 수단이며 조정이 필수이다.

54 작업장 바닥에 반사되는 조명 때문에 전방 시야 확보가 어렵다면 가장 먼저 해야 할 일은? ★★★

① 전조등을 꺼버린다.
② 포크를 들어 시야를 높인다.
③ **조명의 각도를 조정하거나 밝기를 낮춘다.**
④ 백미러를 제거한다.

정답 ③ 조명의 각도를 조정하거나 밝기를 낮춘다.
해설 반사는 조명 각도나 밝기 문제이므로 조정이 필요하다.

55 운전 중 백미러에 물방울이 맺히거나 이슬이 낄 경우 가장 적절한 대응은? ★★★

① 물티슈로 닦는다.
② 클러치를 밟고 고속 전진
③ 백미러를 접는다.
④ **미러 가열기 또는 와이퍼 장치 사용**

정답 ④ 미러 가열기 또는 와이퍼 장치 사용
해설 시야 확보 장치에는 방수 및 습기 제거 기능이 필요하며, 보조 장비를 활용해야 한다.

56 운전 중 시야 확보가 불량한 경우 브레이크 조작과 병행하여 수행해야 할 행동은? ★★★

① **경적 사용 및 정지**
② 포크 전경 및 가속
③ 백레스트 제거
④ 좌측으로 몸을 틀어 주행

정답 ① 경적 사용 및 정지
해설 시야 확보가 어렵다면 주변 작업자에게 알리고 즉시 정지하는 것이 최우선이다.

57 지게차에 보조 조명을 추가로 설치하는 주된 목적은?

① 연료 효율 증대
② **운전자의 시야 확보 및 주변 인식 개선**
③ 조향 성능 향상
④ 브레이크 감도 향상

정답 ② 운전자의 시야 확보 및 주변 인식 개선
해설 보조 조명은 야간 또는 실내 조도가 낮은 경우 시야 확보에 중요한 역할을 함.

58 지게차 운전 중 시야가 확보되지 않더라도 작업을 계속해야 한다면 우선적으로 필요한 장치는?

① 조향 핸들 가속 장치
② **유도자 또는 후방 카메라**
③ 포크 상승 제한 장치
④ 클러치 미끄럼 방지 장치

정답 ② 유도자 또는 후방 카메라
해설 운전자의 직접 시야가 확보되지 않을 경우 이를 보완할 장치나 인력이 필요하다.

59 포크에 적재물이 삐져나와 운전자의 좌측 시야를 가릴 경우 우선적으로 해야 할 조치는? ★★★

① 전진하면서 포크를 내린다.
② 좌측 미러만 보고 진행한다.
③ 클러치를 밟고 핸들을 좌측으로 꺾는다.
④ **정지 후 적재물 재정렬 또는 유도자 요청**

정답 ④ 정지 후 적재물 재정렬 또는 유도자 요청
해설 적재물로 인한 시야 차단은 정지 후 즉시 조치해야 함.

60 운전 중 전방에 그늘과 햇빛이 교차되는 지점에서 시야가 순간적으로 사라졌다면?

① 경적을 울리고 통과한다.
② **속도를 줄이면서 눈을 적응시킨다.**
③ 고개를 돌려 반대편으로 운전한다.
④ 클러치를 밟고 강하게 브레이크를 작동시킨다.

정답 ② 속도를 줄이면서 눈을 적응시킨다.
해설 명암 차이가 큰 구간에서는 눈이 적응할 시간이 필요하며 감속이 중요하다.

06 작업 후 점검 (60제)

총 13개 분야 중 자신이 약한 부분만 집중하는 코스

※ 맞는 것을 고르는 답은 고딕, 틀린 것을 고르는 답은 명조체로 표시하였습니다

1 지게차 작업 후 주차 위치로 가장 적절한 곳은?

① 경사진 경사로
② 통행로 바로 옆
③ **평탄하고 안전한 장소**
④ 화물 적재대 위

[정답] ③ 평탄하고 안전한 장소
[해설] 주차는 지게차가 미끄러지거나 전도되지 않도록 평평하고 견고한 장소에 위치시켜야 한다.

2 작업 후 유압 계통의 이상 여부를 점검할 때 확인해야 할 사항으로 적절하지 않은 것은?

① 유압 호스의 균열 여부
② 유압 작동 중 이상 진동
③ 유압 실린더의 색상
④ 연결부 누유 여부

[정답] ③ 유압 실린더의 색상
[해설] 유압 점검은 누유, 균열, 진동 등을 확인하며, 실린더 색상은 점검 항목과 무관하다.

3 작업 후 포크를 가장 안전하게 내려놓는 위치는?

① 포크를 공중에 둔다.
② **포크를 완전히 지면에 밀착시킨다.**
③ 포크를 백레스트보다 위에 둔다.
④ 포크를 운전석 쪽으로 기울인다.

[정답] ② 포크를 완전히 지면에 밀착시킨다.
[해설] 포크는 주차 후 완전히 내리고 후경 상태로 두어야 걸림 사고를 방지할 수 있다.

4 작업 후 엔진 냉각수 점검 시 가장 주의해야 할 사항은?

① 시동이 걸린 상태에서 냉각수를 보충한다.
② 뜨거운 상태에서 라디에이터 캡을 연다.
③ 냉각수 대신 물만 보충한다.
④ **엔진이 식은 후 냉각수 양과 누수를 확인한다.**

[정답] ④ 엔진이 식은 후 냉각수 양과 누수를 확인한다
[해설] 냉각수는 엔진이 식은 뒤에 점검해야 하며, 열림 시 화상의 위험이 있다.

5 작업 종료 후 연료탱크 점검 시 확인할 사항으로 옳지 않은 것은?

① 주행 거리 기록
② 연료 게이지 상태
③ 연료 누출 여부
④ 주입구 뚜껑 밀폐 여부

[정답] ① 주행 거리 기록
[해설] 연료 점검에는 누유, 밀폐, 연료량 확인이 포함되며, 주행 거리는 점검 항목이 아니다.

6 전동 지게차 작업 후 배터리 점검 시 주의사항으로 가장 적절한 것은? ★★★

① 배터리 상단에 물을 직접 붓는다.
② 충전 중에도 작동을 계속한다.
③ **단자 부식 여부 및 전해액 상태를 확인한다.**
④ 고온 상태에서 충전을 시작한다.

[정답] ③ 단자 부식 여부 및 전해액 상태를 확인한다
[해설] 전동 지게차는 배터리 단자의 부식, 전해액 양, 충전 상태 등을 확인해야 한다.

7 작업 후 전기장치 계통 점검 시 확인 사항으로 적절하지 않은 것은?

① 경광등 점등 여부
② 후진 경고음 작동 상태
③ 전조등 밝기
④ 핸들 위치 고정 상태

[정답] ④ 핸들 위치 고정 상태
[해설] 핸들 고정은 조향 계통이고, 전기 계통은 경광등, 전조등, 경고음 등이 해당된다.

8 지게차 작업 종료 후 이상 진동이 있었던 경우 우선 확인해야 할 부위는? ★★★

① 타이어 공기압
② 포크 길이
③ 백레스트 높이
④ 유압 필터 청소 여부

[정답] ① 타이어 공기압
[해설] 이상 진동은 대부분 타이어 공기압, 균열, 편마모 등과 연관되어 있으므로 우선 점검 대상이다.

9 작업 종료 후 브레이크 점검 시 이상을 판단할 수 있는 현상은? ★★★

① 브레이크를 밟을 때 밀림 현상 발생
② 브레이크를 밟을수록 속도 증가
③ 브레이크를 밟으면 클러치가 작동
④ 브레이크 조작이 가벼워짐

[정답] ① 브레이크를 밟을 때 밀림 현상 발생
[해설] 밀림 현상은 브레이크 계통의 마모 또는 유압 계통 이상으로 점검이 필요하다.

10 작업 후 마스트 계통 점검 시 가장 중점을 두어야 할 항목은? ★★★

① 유압호스 색상
② 마스트 지지대 번호
③ 체인 장력 및 마스트 움직임 상태
④ 포크 전경 각도

[정답] ③ 체인 장력 및 마스트 움직임 상태
[해설] 마스트 계통은 체인 장력, 마모, 움직임의 균형 여부 등을 중점적으로 점검한다.

11 작업 종료 후 지게차를 정리 보관할 때 가장 잘못된 방법은?

① 지정된 장소에 보관한다.
② 포크를 하강시킨다.
③ 주차 후 키를 꽂아 둔다.
④ 기어는 중립에 둔다.

[정답] ③ 주차 후 키를 꽂아 둔다.
[해설] 작업 종료 후에는 반드시 시동 키를 분리하여 무단 사용을 방지해야 한다.

12 전동 지게차 배터리 보관 중 전해액이 부족할 경우 올바른 대처는? ★★★

① 황산을 보충한다.
② 증류수를 보충한다.
③ 수돗물을 보충한다.
④ 오일을 넣는다.

[정답] ② 증류수를 보충한다.
[해설] 배터리 전해액 보충에는 반드시 증류수를 사용해야 하며, 수돗물이나 기타 액체는 부적절하다.

13 지게차의 안전사고 예방을 위한 작업 후 최종 점검 항목으로 가장 중요한 것은? ★★★

① 주차 상태와 포크 하강 여부
② 작업일지 작성 여부
③ 연비 확인
④ 연료 단가 확인

[정답] ① 주차 상태와 포크 하강 여부
[해설] 포크를 내리고 안전한 장소에 주차함으로써 후속 사고를 방지할 수 있다.

14 작업 종료 후 외관 점검 시 발견된 손상 부위 처리 방법으로 가장 적절한 것은?

① 바로 작업을 재개한다
② **정비 또는 관리자 보고 후 조치**
③ 테이프로 감아 임시 조치 후 사용
④ 무시하고 운행한다

[정답] ② 정비 또는 관리자 보고 후 조치
[해설] 외관 손상은 구조적 문제와 연결될 수 있으므로 반드시 보고 후 정비해야 한다.

15 작업 종료 후 냉각계통의 점검 항목으로 가장 관련이 적은 것은?

① 냉각수의 양과 누수 확인
② 라디에이터의 오염 여부
③ 냉각수 온도계 작동 여부
④ **연료 게이지 정확도**

[정답] ④ 연료 게이지 정확도
[해설] 연료 게이지는 연료 계통 항목이며, 냉각계통 점검과는 무관하다.

16 지게차 체인에 이물질이 낀 채 보관할 경우 발생할 수 있는 문제는? ★★★

① 유압 상승
② 마스트 고장
③ **체인 손상 및 부식**
④ 타이어 마모

[정답] ③ 체인 손상 및 부식
[해설] 체인에 먼지나 이물질이 끼면 마찰이 증가하여 손상되거나 녹이 발생할 수 있다.

17 작업 후 백레스트의 이상 유무를 점검하는 주요 이유는? ★★★

① 연료 낭비를 막기 위해
② 후진 시 충격 방지를 위해
③ **적재물 낙하 방지 및 운전자 보호를 위해**
④ 타이어 교체 시기 파악을 위해

[정답] ③ 적재물 낙하 방지 및 운전자 보호를 위해
[해설] 백레스트는 적재물이 운전자 쪽으로 넘어오는 것을 방지하는 안전장치이다.

18 작업 후 조향계통의 이상 여부를 판단할 수 있는 증상은?

① **핸들이 무겁거나 헛도는 현상**
② 브레이크가 잘 안 잡힘
③ 클러치 미끄러짐
④ 배터리 잔량 급감

[정답] ① 핸들이 무겁거나 헛도는 현상
[해설] 조향계통 이상은 핸들의 응답 이상으로 확인할 수 있다.

19 지게차 세차 후 윤활이 필요한 주요 부위는?

① 유압 펌프
② **체인 및 축 연결부**
③ 냉각기
④ 연료 탱크 내

[정답] ② 체인 및 축 연결부
[해설] 세차 후 체인, 베어링 등의 회전체는 물기 제거 후 윤활을 재실시해야 한다.

20 전동 지게차의 충전기 연결 시 잘못된 방법은?

① 충전 전 전원 차단 확인
② 연결 전에 충전기 이상 여부 확인
③ 연결 후 충전 시간 체크
④ **충전기 케이블을 임의로 절단하여 연결**

[정답] ④ 충전기 케이블을 임의로 절단하여 연결
[해설] 충전 장비는 임의 개조하면 감전 위험이 있으므로, 반드시 규격에 맞게 연결해야 한다.

21 작업 후 냉각수의 양이 부족할 경우 발생할 수 있는 주요 문제는? ★★★

① 타이어 공기압 상승
② **엔진 과열 및 손상**
③ 브레이크 경고등 점등
④ 조향 각도 감소

정답 ② 엔진 과열 및 손상
해설 냉각수 부족은 엔진 과열의 주요 원인으로, 냉각 계통 점검은 필수이다.

22 지게차 작업 후 각종 오일류의 누유 여부를 확인하는 주된 이유는? ★★★

① 엔진 소리를 조용하게 하기 위해
② 연료 효율을 향상시키기 위해
③ **화재 및 장비 고장을 예방하기 위해**
④ 배터리 충전을 높이기 위해

정답 ③ 화재 및 장비 고장을 예방하기 위해
해설 오일 누유는 화재나 기계 고장을 초래할 수 있으므로 반드시 점검해야 한다.

23 지게차 작업 종료 후 포크 하강 상태를 확인하지 않으면 발생할 수 있는 위험은? ★★★

① **포크에 걸려 넘어진다거나 부딪히는 사고 발생**
② 유압 감압
③ 타이어 펑크
④ 라디에이터 파손

정답 ① 포크에 걸려 넘어진다거나 부딪히는 사고 발생
해설 포크를 내리지 않으면 주변 작업자나 차량이 걸려 사고가 날 수 있다.

24 전동 지게차의 충전 후 점검 항목으로 부적절한 것은?

① **전해액 부족 시 수돗물 보충**
② 배터리 단자 청결 상태 점검
③ 충전 종료 후 전원 차단 확인
④ 충전기 케이블 정리 상태 확인

정답 ① 전해액 부족 시 수돗물 보충
해설 전해액은 반드시 증류수로 보충해야 하며, 수돗물은 사용하면 안 된다.

25 주차 후 포크를 약간 들어 올린 채로 두는 것이 위험한 이유는?

① 연료가 빨리 소모됨
② **포크가 자동 하강되어 파손 유발 가능**
③ 클러치가 고장남
④ 핸들이 잠김

정답 ② 포크가 자동 하강되어 파손 유발 가능
해설 포크가 약간 떠 있는 상태는 중력이나 유압 누유로 하강되며 위험을 초래한다.

26 작업 후 마스트를 점검할 때 가장 중요하게 살펴야 할 부분은?

① 적재하중 기록
② **마스트 체인의 마모 및 장력 상태**
③ 운전석 시트 상태
④ 클러치 유격 정도

정답 ② 마스트 체인의 마모 및 장력 상태
해설 마스트 체인은 잦은 사용으로 마모되기 쉬우므로 작업 후 필수 점검 항목이다.

27 작업 종료 후 엔진 오일 점검 시 가장 유의할 점은? ★★★

① 시동 직후 점검
② 엔진이 고온 상태에서 점검
③ **엔진을 끄고 일정 시간 후 점검**
④ 오일 색상이 밝은지 여부만 확인

정답 ③ 엔진을 끄고 일정 시간 후 점검
해설 오일은 엔진이 식은 후 일정 시간이 지난 뒤에 레벨 게이지로 확인해야 한다.

28 작업 후 브레이크 점검 항목으로 가장 부적절한 것은?

① 제동력 확인
② 브레이크 작동음 이상 유무
③ 브레이크등 작동 여부
④ 유압 호스의 색상

[정답] ④ 유압 호스의 색상
[해설] 유압 호스의 색상은 점검 항목이 아니며, 누유나 균열 여부가 중요하다.

29 작업 후 백레스트의 상태를 점검하는 이유는?

① 엔진 소음을 줄이기 위해
② 브레이크 수명을 늘리기 위해
③ 적재물의 후방 낙하를 방지하기 위해
④ 조향을 정확히 하기 위해

[정답] ③ 적재물의 후방 낙하를 방지하기 위해
[해설] 백레스트는 적재물이 운전석 쪽으로 낙하하지 않도록 하는 장치이다.

30 작업 후 연료탱크 마개가 헐겁게 닫혀 있을 경우 발생할 수 있는 위험은? ★★★

① 배터리 방전
② 연료 증발 및 화재 위험
③ 엔진 출력 상승
④ 냉각수 증발

[정답] ② 연료 증발 및 화재 위험
[해설] 연료 마개가 헐거우면 연료 증기가 누출되어 화재로 이어질 수 있다.

31 엔진 지게차의 작업 종료 후 점검 항목으로 가장 적절한 것은? ★★★

① 포크 간격 측정
② 엔진 오일 누유 여부 확인
③ 전조등 밝기 측정
④ 전해액 농도 측정

[정답] ② 엔진 오일 누유 여부 확인
[해설] 엔진 오일의 누유 여부는 고장의 징후이므로 필수 점검 항목이다.

32 전동 지게차 배터리 점검 시 확인해야 할 사항이 아닌 것은?

① 단자 부식 여부
② 전해액 보충 여부
③ 전조등 교체 여부
④ 충전기 이상 유무

[정답] ③ 전조등 교체 여부
[해설] 전조등은 조명 장치이며, 배터리 점검에는 직접 포함되지 않는다.

33 지게차 조향장치 점검 항목으로 적절한 것은?

① 엔진 출력
② 핸들 유격 및 조향 반응
③ 연료 게이지 위치
④ 경적 음량

[정답] ② 핸들 유격 및 조향 반응
[해설] 핸들의 반응성, 유격 여부 등은 조향장치 점검의 핵심이다.

34 지게차 하역 작업 후 외관을 점검하는 주요 목적은?

① 연비 측정
② 냉각 효율 향상
③ 타이어 공기압 상승 유도
④ 구조 손상 및 이상 유무 파악

[정답] ④ 구조 손상 및 이상 유무 파악
[해설] 외관 점검은 기계의 이상 징후나 손상을 조기에 발견하기 위함이다.

35 작업 후 유압오일 점검 시 오일이 지나치게 탁하거나 거품이 생긴 경우 원인으로 볼 수 있는 것은?

① 연료 부족
② 공기 혼입 또는 오일 열화
③ 냉각수 부족
④ 윤활유 과다

정답 ② 공기 혼입 또는 오일 열화
해설 유압오일에 거품이나 혼탁이 있으면 오일의 수명이 다 되었거나 공기가 섞인 것이다.

36 전동 지게차 배터리 단자가 느슨해졌을 경우 발생할 수 있는 문제는? ★★★

① 냉각수 누수
② 타이어 공기압 감소
③ 전원 공급 불량으로 작동 불가
④ 유압 압력 증가

정답 ③ 전원 공급 불량으로 작동 불가
해설 단자가 느슨하면 전원이 차단되어 지게차가 작동하지 않을 수 있다.

37 작업 종료 후 클러치 페달에 이상 유무를 확인하는 목적은?

① 연료 소모량 확인
② 변속 시 충격 여부 확인
③ 라디에이터 이상 확인
④ 후진등 점검

정답 ② 변속 시 충격 여부 확인
해설 클러치 이상은 변속 충격 및 조작 미흡으로 이어질 수 있으므로 점검이 필요하다.

38 작업 후 타이어에 금이 간 것을 방치할 경우 예상되는 위험은?

① 연비 향상
② 조향성 개선
③ 주행 중 파손 또는 전도 위험 증가
④ 브레이크 성능 향상

정답 ③ 주행 중 파손 또는 전도 위험 증가
해설 금이 간 타이어는 파손되기 쉬워 안전사고의 직접 원인이 될 수 있다.

39 작업 종료 후 포크를 하강시키는 목적 중 잘못된 것은?

① 다음 작업자의 접근 용이
② 포크 손상 방지
③ 유압 오일 소모 방지
④ 넘어짐 사고 예방

정답 ③ 유압 오일 소모 방지
해설 포크 하강은 안전을 위한 조치이며, 오일 소모와는 무관하다.

40 작업 후 브레이크유(제동액)의 점검 필요성이 가장 큰 상황은? ★★★

① 포크가 전경 상태일 때
② 브레이크 작동 시 밀림 현상이 발생할 때
③ 백레스트가 흔들릴 때
④ 조향이 무거울 때

정답 ② 브레이크 작동 시 밀림 현상이 발생할 때
해설 밀림은 제동력이 약하다는 신호이며, 브레이크유 부족이나 누유가 원인일 수 있다.

41 지게차 작업 종료 후 체인에 윤활유를 도포해야 하는 주된 이유는?

① 체인 마모와 부식을 방지하기 위해
② 체인의 색상을 유지하기 위해
③ 체인의 소음을 증가시키기 위해
④ 타이어 회전을 빠르게 하기 위해

정답 ① 체인 마모와 부식을 방지하기 위해
해설 체인 부위는 마찰과 외부 환경에 노출되기 쉬워 작업 후 윤활유를 도포해 보호해야 한다.

42 체인 점검 시 가장 중점적으로 확인해야 할 항목이 아닌 것은?

① 체인 마모 정도
② 장력의 좌우 균형
③ 체인 링크의 색상
④ 윤활 상태

정답 ③ 체인 링크의 색상
해설 색상은 점검 항목이 아니며, 마모, 장력, 윤활이 주요 확인사항이다.

43 작업 종료 후 조향 장치의 유압오일을 점검하지 않을 경우 발생할 수 있는 문제는? ★★★

① 전조등이 꺼짐
② 타이어 공기압 증가
③ 핸들 작동이 무거워지거나 고장 발생
④ 배터리 과충전

정답 ③ 핸들 작동이 무거워지거나 고장 발생
해설 조향 장치 유압오일 부족은 핸들이 무거워지는 주요 원인이므로 점검이 필요하다.

44 지게차 작업 후 브레이크의 밀림 현상이 발생한다면 가장 우선적으로 점검해야 할 것은?

① 연료 탱크 용량
② 브레이크 오일 및 제동 계통
③ 조향 휠 상태
④ 냉각수 온도

정답 ② 브레이크 오일 및 제동 계통
해설 밀림 현상은 제동력 저하의 신호이며 브레이크 계통 이상을 우선 점검해야 한다.

45 작업 후 안전장치 점검 시 반드시 확인해야 할 항목이 아닌 것은?

① 백레스트 고정 상태
② 후진 경고음 작동 여부
③ 경광등 점등 여부
④ 전조등의 색상

정답 ④ 전조등의 색상
해설 전조등의 색상은 안전장치 점검과는 관련이 없고, 작동 여부와 배선 상태가 중요하다.

46 작업 종료 후 클러치 작동 시 "삐걱" 소리가 반복적으로 발생하면 점검이 필요한 부위는?

① 유압 오일 탱크
② 클러치 케이블 및 연결 부위
③ 엔진 피스톤
④ 냉각 팬

정답 ② 클러치 케이블 및 연결 부위
해설 클러치 작동 시 이음은 마찰이나 윤활 불량의 신호로 연결부 점검이 필요하다.

47 지게차에 부착된 백레스트의 주요 기능으로 적절하지 않은 것은?

① 적재물의 낙하 방지
② 운전자 보호
③ 하중 중심 상향 조정
④ 적재물의 위치 고정

정답 ③ 하중 중심 상향 조정
해설 백레스트는 적재물의 낙하를 방지하는 안전장치이며, 하중 중심과 직접 관계는 없다.

48 엔진형 지게차 작업 후 매연이 심하게 발생한다면 점검이 필요한 주요 항목은? ★★★

① **연료 여과기 및 에어크리너**
② 냉각수 순환 장치
③ 포크 경사각
④ 체인 윤활 상태

정답 ① 연료 여과기 및 에어크리너
해설 매연은 연소 불량, 공기 흡입 저하 등에서 발생하므로 필터류 점검이 필요하다.

49 작업 후 유압 작동 중 마스트가 불균형하게 움직인다면 가장 먼저 확인해야 할 것은? ★★★

① 라디에이터 상태
② **체인 장력 불균형 여부**
③ 연료 잔량
④ 전조등 밝기

정답 ② 체인 장력 불균형 여부
해설 마스트 움직임은 체인 좌우 장력 불균형이나 마모에 영향을 받는다.

50 작업 종료 후 적재물이 남아 있는 상태에서 주차할 경우 위험한 이유는?

① 배터리가 소모된다.
② 포크의 탄성이 낮아진다.
③ 브레이크 소리가 커진다.
④ **적재물 낙하 및 무게중심 이동으로 전도 위험**

정답 ④ 적재물 낙하 및 무게중심 이동으로 전도 위험
해설 적재물을 올려둔 채 주차하면 낙하하거나 전도 사고를 유발할 수 있다.

51 체인 장력 점검 시 양쪽 체인의 상태가 불균형하면 발생할 수 있는 문제는?

① 엔진 회전수 과다
② 연료 게이지 오류
③ **마스트가 비틀려 올라감**
④ 브레이크 응답 향상

정답 ③ 마스트가 비틀려 올라감
해설 체인 장력 불균형은 마스트 작동 불균형의 주요 원인이 된다.

52 작업 종료 후 타이어 마모 상태를 확인해야 하는 이유로 가장 적절한 것은? ★★★

① 연료 소모를 줄이기 위해
② **조향성과 주행 안정성 확보**
③ 브레이크를 부드럽게 만들기 위해
④ 전조등 밝기를 유지하기 위해

정답 ② 조향성과 주행 안정성 확보
해설 마모된 타이어는 조향에 영향을 주고 안전사고로 이어질 수 있다.

53 유압 작동 중 이상 진동이 느껴졌다면 점검 대상이 아닌 것은?

① 유압 오일의 점도
② 유압 호스 연결부
③ **브레이크 패드 마모도**
④ 유압 필터 상태

정답 ③ 브레이크 패드 마모도
해설 유압 계통의 진동은 오일, 호스, 필터 이상이 원인이며 브레이크는 관련 없다.

54 지게차 주차 후 경사로에 둔 경우 가장 먼저 발생할 수 있는 위험은?

① **차량의 자연 미끄러짐**
② 유압 작동 저하
③ 포크 손상
④ 냉각수 온도 상승

정답 ① 차량의 자연 미끄러짐
해설 경사로 주차는 브레이크 고장 시 전도나 추락사고를 유발할 수 있다.

55 체인 윤활을 소홀히 했을 경우 가장 먼저 나타나는 현상은? ★★★

① 브레이크가 무거워짐
② **체인 삐걱거림 및 마모 가속화**
③ 연료 소모 증가
④ 유압 밸브 자동 작동

[정답] ② 체인 삐걱거림 및 마모 가속화
[해설] 윤활 부족은 마찰음을 유발하고 체인의 수명을 단축시킨다.

56 포크에 적재물이 실려 있는 상태에서 엔진을 끄고 장시간 방치할 경우 우려되는 현상은? ★★★

① **포크 하강 및 낙하 위험**
② 연료 과소모
③ 유압 상승
④ 조향계통 손상

[정답] ① 포크 하강 및 낙하 위험
[해설] 엔진 정지 시 유압이 유지되지 않아 포크가 하강하면서 사고로 이어질 수 있다.

57 작업 후 경광등이 작동하지 않는다면 점검 순서로 적절한 것은? ★★★

① 타이어 점검 → 배터리 점검
② **전원 스위치 → 배선 상태 → 전구 확인**
③ 경적 점검 → 클러치 점검
④ 포크 경사 → 마스트 후경

[정답] ② 전원 스위치 → 배선 상태 → 전구 확인
[해설] 경광등은 전기계통이므로 전원부터 배선과 전구 상태를 순서대로 점검한다.

58 작업 종료 후 냉각수 점검 시 라디에이터 캡을 열 때 가장 주의해야 할 점은? ★★★

① 시동을 끈 직후 바로 연다.
② **엔진이 충분히 식은 후 천천히 연다.**
③ 캡을 빠르게 열어 김을 제거한다.
④ 캡을 망치로 두드려 연다.

[정답] ② 엔진이 충분히 식은 후 천천히 연다
[해설] 라디에이터 내부 압력과 고온으로 인해 화상의 위험이 있어 식은 후 열어야 한다.

59 작업 종료 후 각종 경고등이 계속 점등되는 경우 점검 대상이 아닌 것은? ★★★

① 배터리 전압
② 전선 접속 상태
③ 엔진 유압
④ **타이어 회전수**

[정답] ④ 타이어 회전수
[해설] 경고등은 대부분 전기 또는 유압 계통과 관련되며, 회전수는 직접 관련이 없다.

60 작업 후 점검을 철저히 하지 않았을 때 다음 날 가장 먼저 문제가 될 수 있는 항목은? ★★★

① 포크 경사각 기록
② **체인 마모와 타이어 공기압 저하**
③ 냉각수 색상 변화
④ 브레이크등 위치

[정답] ② 체인 마모와 타이어 공기압 저하
[해설] 주행 전에 점검이 필요한 핵심 항목으로, 체인과 타이어는 매일 점검 대상이다.

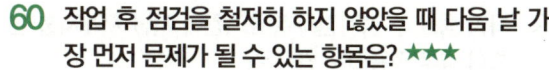

07 건설기계관리법 및 도로교통법 (60제)

총 13개 분야 중 자신이 약한 부분만 집중하는 코스

※ 맞는 것을 고르는 답은 고딕, 틀린 것을 고르는 답은 명조체로 표시하였습니다

---

1 지게차 작업 종료 후 등록번호판이 탈착된 상태로 운행할 경우 적용되는 법령은?

① **건설기계관리법**
② 도로교통법
③ 산업안전보건법
④ 자동차손해배상보장법

[정답] ① 건설기계관리법
[해설] 등록번호판 부착은 건설기계관리법상 의무이며, 탈착 상태 운행 시 과태료 부과 대상이 됨.

2 작업 후 도로에 지게차를 주차할 경우 필요한 조치는? ★★★

① 지게차 조종사 자격증 지참
② **해당 도로관리청이나 경찰서의 허가**
③ 경광등 점등 후 주차
④ 경사로에 전방 향으로 주차

[정답] ② 해당 도로관리청이나 경찰서의 허가
[해설] 도로 위에 주차할 경우 관련 기관의 허가 없이는 불법 주정차로 간주됨.

3 작업 종료 후 정기검사 유효기간이 지난 지게차를 운행할 경우 적용되는 법령은?

① 산업재해보상보험법
② 도로교통법
③ 도로법
④ **건설기계관리법**

[정답] ④ 건설기계관리법
[해설] 정기검사를 받지 않고 운행하는 것은 건설기계관리법 위반이며 과태료가 부과됨.

4 작업 후 지게차 등록번호판이 훼손되었을 경우 조치로 맞는 것은?

① **관할청에 재발급 신청**
② 본인이 직접 제작해 부착
③ 임의로 제거 후 주행
④ 등록번호판 제거 후 운행기록 작성

[정답] ① 관할청에 재발급 신청
[해설] 등록번호판이 훼손되면 반드시 관할청에 재발급 신청해야 하며, 임의 제작은 위법임.

5 지게차의 정기검사 유효기간이 도래했음에도 운행을 지속할 경우 받을 수 있는 행정처분은? ★★★

① 운전면허 정지
② 형사처벌
③ **과태료 부과**
④ 벌점 부과

[정답] ③ 과태료 부과
[해설] 정기검사를 받지 않고 운행할 경우 건설기계관리법에 따라 과태료가 부과됨.

6 작업 종료 후 정기검사를 받지 않은 지게차 소유자에게 행정청이 먼저 해야 하는 조치는?

① **검사 최고 통지**
② 경찰 고발
③ 운전면허 취소
④ 번호판 압수

[정답] ① 검사 최고 통지
[해설] 건설기계관리법에 따라 유효기간이 지나면 우선 최고 조치가 내려짐.

7 지게차 작업 후 도로에 장시간 주차할 경우 위반되는 법령은?

① 건설기계관리법
② **도로교통법**
③ 산업안전보건법
④ 자동차관리법

[정답] ② 도로교통법
[해설] 공공도로에서 장시간 주차 시 도로교통법 위반으로 견인 및 과태료 대상이 됨.

8 작업 후 등록번호판이 없는 지게차를 도로에서 운행할 경우 처벌 조항은?

① 자동차관리법상 차량관리의무 위반
② 도로교통법상 신호위반
③ 건설기계관리법상 조종사 무면허
④ **건설기계관리법상 등록번호표 미부착**

[정답] ④ 건설기계관리법상 등록번호표 미부착
[해설] 등록번호판은 건설기계 등록의 증표로서 부착 의무가 있으며, 미부착 시 법령 위반임.

9 지게차 작업 후 주차 중 경사로에 놓여 있는 경우 의무적으로 해야 할 조치는? ★★★

① **바퀴에 고임목 설치**
② 경고등 점등
③ 포크를 전경시킨 채 정차
④ 엔진을 계속 작동시킴

[정답] ① 바퀴에 고임목 설치
[해설] 경사로 주차 시 고임목을 설치해야 주차 미끄러짐으로 인한 사고를 예방할 수 있음.

10 지게차를 작업 종료 후 방치한 상태에서 사고가 발생한 경우 책임이 있는 자는? ★★★

① **소유자**
② 제작사
③ 보험사
④ 정비사

[정답] ① 소유자
[해설] 건설기계는 사용 중이 아니더라도 소유자에게 안전관리 책임이 있음.

11 도로에 주차 중인 지게차에서 포크가 전경 상태로 돌출되어 사고가 발생할 경우 관련 법 위반은?

① 건설기계관리법상 포크 안전조치 위반
② **도로교통법상 도로 방해 행위**
③ 산업안전보건법상 위험물 방치
④ 조세법상 탈세

[정답] ② 도로교통법상 도로 방해 행위
[해설] 도로 위에 돌출된 구조물이 위험을 초래할 경우 도로교통법상 방해 행위로 간주됨.

12 정기검사를 받지 않은 지게차가 사고를 일으켰을 경우 보험 처리에 불이익이 발생할 수 있는 이유는?

① 엔진이 과열되었기 때문
② **법적 운행 자격 요건을 충족하지 않았기 때문**
③ 조종사가 면허가 없었기 때문
④ 적재물이 적었기 때문

[정답] ② 법적 운행 자격 요건을 충족하지 않았기 때문
[해설] 유효한 정기검사를 받지 않으면 보험상 책임 면제 사유가 될 수 있음.

13 작업 종료 후 등록 말소 대상이 아닌 경우는?

① 지게차가 도난당한 경우
② 지게차가 수출된 경우
③ **검사유예 신청한 경우**
④ 지게차가 멸실된 경우

[정답] ③ 검사유예 신청한 경우
[해설] 검사유예는 등록 말소 사유가 아니며, 기계의 물리적 소멸이 말소 요건임.

14 도로교통법상 건설기계가 일시 정차할 때 필수로 해야 할 조치는? ★★★

① 운전석 창문 개방
② 안전 삼각대 또는 반사판 설치
③ 체인 윤활
④ 백레스트 점검

[정답] ② 안전 삼각대 또는 반사판 설치
[해설] 정차 중 사고를 방지하기 위한 기본 안전조치로 필수임.

15 건설기계관리법에 따라 지게차의 정기검사는 누가 신청해야 하는가? ★★★

① 조종사
② 기계 소유자
③ 보험회사
④ 건설회사

[정답] ② 기계 소유자
[해설] 검사 신청 및 이행 의무는 건설기계의 등록 소유자에게 있음.

16 건설기계관리법에 따라 장비의 정기검사를 받지 않으면 어떤 처벌을 받는가? ★★★

① 운전면허 정지
② 과태료 부과
③ 형사처벌
④ 장비 압류

[정답] ② 과태료 부과
[해설] 검사 미이행 시에는 행정처분의 일환으로 과태료가 부과됨.

17 작업 종료 후 도로에서 일시 정차한 경우, 우선적으로 따라야 할 규정은?

① 도로교통법상 정차·주차 규정
② 건설기계관리법상 검사 조항
③ 산업안전보건법상 보호구 착용 규정
④ 자동차손해배상보장법상 보험 조항

[정답] ① 도로교통법상 정차·주차 규정
[해설] 도로 위 정차·주차는 도로교통법의 규정을 따르며, 위반 시 단속 및 과태료 부과 대상임.

18 지게차를 공사장 외 도로에서 운행하려면 작업 후 반드시 갖추어야 하는 조건은? ★★★

① 포크를 전방에 위치시키고 경광등을 켜야 한다.
② 등록번호판이 탈거되어 있어야 한다.
③ 책임보험 또는 공제에 가입되어 있어야 한다.
④ 경사로에 후진 주차를 해야 한다.

[정답] ③ 책임보험 또는 공제에 가입되어 있어야 한다.
[해설] 도로 운행을 위해서는 법적으로 책임보험 또는 공제조합 가입이 필수임.

19 도로에 정차된 건설기계에 대한 조명 표시가 없을 경우 야간 사고 시 어떤 법이 적용되는가? ★★★

① 산업안전보건법
② 도로교통법
③ 자동차손해배상보장법
④ 건설기계관리법

[정답] ② 도로교통법
[해설] 도로 위 정차 시 조명 장치나 반사장치 부재로 사고가 나면 도로교통법 위반임.

20 정기검사 유효기간이 지난 지게차를 사용 중 발견되었을 경우 가장 먼저 이루어지는 행정 조치는?

① 검사 최고
② 등록 말소
③ 면허 취소
④ 보험 갱신

[정답] ① 검사 최고
[해설] 건설기계관리법에 따라 정기검사 미이행 시, 우선적으로 검사 최고 통보가 이루어짐.

21 지게차 작업 종료 후 등록번호판이 탈착된 상태로 운행할 경우 적용되는 법령은? ★★★

① **건설기계관리법**
② 도로교통법
③ 산업안전보건법
④ 자동차손해배상보장법

정답 ① 건설기계관리법
해설 등록번호판 부착은 건설기계관리법상 의무이며, 탈착 상태 운행 시 과태료 부과 대상이 됨.

22 지게차 작업 종료 후, 등록번호판이 이탈되었을 경우 적절한 조치는? ★★★

① 다른 장비의 번호판을 붙인다.
② 임시 번호판을 자필로 작성해 붙인다.
③ 번호판이 없어도 운행할 수 있다.
④ **관할 시·군·구에 재발급을 신청한다.**

정답 ④ 관할 시·군·구에 재발급을 신청한다.
해설 번호판 이탈 시, 허가 관청에 재발급을 요청하여 재부착해야 함.

23 도로에 주차된 지게차에서 유압 누유가 발생하면 어떤 법 위반으로 연결되는가?

① 수도법
② **건설기계관리법**
③ 교통안전법
④ 형법

정답 ② 건설기계관리법
해설 유압 누유는 건설기계의 유지·관리 의무 위반에 해당된다.

24 도로에 정차한 지게차의 포크가 전방 돌출된 상태로 인해 사고가 발생한 경우 적용되는 법은? ★★★

① 산업안전보건법
② **도로교통법**
③ 건설기계관리법
④ 지방자치법

정답 ② 도로교통법
해설 도로에서 돌출물 방치는 도로교통법상 위험물 방치 행위로 간주된다.

25 도로에 주차한 지게차의 포크가 사람 통행 공간을 침범해 사고가 발생한 경우, 책임은 누구에게 있는가?

① 보험사
② 사고 피해자
③ **건설기계 소유자**
④ 건설 현장 관리자

정답 ③ 건설기계 소유자
해설 포크 등 장비의 외부 돌출물로 인해 사고가 발생한 경우, 소유자에게 안전관리 책임이 있음.

26 건설기계가 작업 후 정기검사를 이행하지 않았고, 사고가 발생한 경우 책임소재는? ★★★

① 정비업체
② 운전자 본인
③ **기계 소유자**
④ 보험회사

정답 ③ 기계 소유자
해설 정기검사 미이행은 소유자에게 책임이 있으며, 사고 발생 시 직접적인 책임이 부과됨.

27 등록번호판을 고의로 제거하거나 타 장비에 부착한 경우 처벌 수준은? ★★★

① **형사처벌 대상**
② 과태료 1회 부과 후 종료
③ 면허 정지
④ 경고 조치로 끝남

[정답] ① 형사처벌 대상
[해설] 번호판의 위·변조나 타 장비 부착은 공문서 위조에 해당하며 형사처벌 대상이 됨.

28 도도로상에서 작업한 지게차가 작업 후 도로 위에 토사물이나 유류를 방치한 경우, 위반되는 법령은? ★★★

① 도로법
② 폐기물관리법
③ 건설기계관리법
④ **도로교통법**

[정답] ④ 도로교통법
[해설] 도로상에 낙하물이나 유류 등을 방치하면 교통방해 행위로 간주되어 도로교통법 위반임.

29 작업 종료 후 등록번호판이 쉽게 분리되는 상태라면?

① 번호판을 제거한 후 운행을 계속한다.
② 임시로 테이프로 고정한다.
③ **즉시 고정상태를 점검하고 관할청에 문의한다.**
④ 번호판을 보관함에 넣어둔다.

[정답] ③ 즉시 고정상태를 점검하고 관할청에 문의한다.
[해설] 등록번호판은 단단히 고정되어야 하며, 쉽게 분리되는 경우 즉시 조치해야 함.

30 지게차가 도로를 주행할 때 포크를 지나치게 높이 들고 운행하는 행위로 위반되는 법은?

① 자동차손해배상보장법
② 건설기계관리법
③ 도로법
④ **도로교통법**

[정답] ④ 도로교통법
[해설] 포크는 전방 돌출물로서 도로 위 통행 시 반드시 하강하고 후경 상태로 두어야 함.

31 정기검사를 받지 않은 지게차를 운행한 경우 위반 법령은? ★★★

① 도로교통법
② **건설기계관리법**
③ 산업안전보건법
④ 자동차관리법

[정답] ② 건설기계관리법
[해설] 건설기계관리법에 따라 정기검사 유효기간 내에 검사를 받지 않으면 운행이 금지된다.

32 건설기계 등록번호판을 타 장비에 임의로 부착했을 경우의 처벌은?

① 행정처분
② **형사처벌**
③ 과태료 50만 원
④ 경고 조치

[정답] ② 형사처벌
[해설] 등록번호 위·변조 및 타 장비 부착은 형법상 공문서 위조 등으로 형사처벌 대상이다.

33 건설기계 등록번호판 없이 운행하면 어떤 법률을 위반하게 되는가?

① **건설기계관리법**
② 자동차손해배상보장법
③ 산업안전보건법
④ 소방법

[정답] ① 건설기계관리법
[해설] 등록번호판은 건설기계 등록의 증명이며, 미부착 운행 시 법령 위반이 된다.

34 도로에서 정차 중인 지게차의 포크가 전방으로 돌출되어 사고가 발생할 경우 적용 법령은?

① 자동차관리법
② **도로교통법**
③ 건설기계관리법
④ 산업안전보건법

[정답] ② 도로교통법
[해설] 도로 위 위험물 돌출로 인한 사고는 도로교통법상 방해행위에 해당된다.

35 도로에 주차된 지게차의 포크가 높이 들린 상태로 방치된 경우 위반되는 법은?

① 도로법
② **도로교통법**
③ 건설기계관리법
④ 형법

[정답] ② 도로교통법
[해설] 포크 등 위험 부품이 들려 있는 상태로 방치하면 통행 방해 및 사고 위험이 있어 위법이다.

36 등록번호판이 훼손된 채 운행하는 경우 적절한 조치는?

① 번호판 제거
② 테이프로 보강 후 운행
③ 임시 번호판을 자필로 작성
④ **관할 관청에 재발급 신청**

[정답] ④ 관할 관청에 재발급 신청
[해설] 등록번호판이 훼손되었을 경우, 반드시 해당 시·군·구청에 재발급을 신청해야 한다.

37 경광등이 고장 난 지게차를 도로에서 운행할 경우 위반되는 법은?

① **건설기계관리법**
② 산업안전보건법
③ 도로법
④ 도로교통법

[정답] ① 건설기계관리법
[해설] 경광등은 건설기계가 갖춰야 할 '법정 장비' 중 하나로서 고장난 채 운행하면 건설기계관리법의 운행 전 점검의무 위반임.

38 건설기계 소유자가 정기검사를 미이행한 경우 가장 먼저 받는 행정 조치는?

① 형사고발
② **검사 최고**
③ 과태료 즉시 부과
④ 등록 말소

[정답] ② 검사 최고
[해설] 검사 유효기간이 지나면 먼저 '검사 최고'라는 시정명령이 내려진다.

39 건설기계 등록을 말소할 수 없는 경우는?

① 도난
② 수출
③ **정기검사 유예**
④ 멸실

[정답] ③ 정기검사 유예
[해설] 정기검사 유예는 일시적인 유예 조치로, 말소 요건에는 해당하지 않는다.

40 도로교통법상 건설기계가 일시 정차할 때 필수로 해야 할 조치는?

① 운전석 창문 개방
② **안전 삼각대 또는 반사판 설치**
③ 체인 윤활
④ 백레스트 점검

[정답] ② 안전 삼각대 또는 반사판 설치
[해설] 정차 중 사고를 방지하기 위한 기본 안전조치로 필수임.

41 도로에서 작업 후 경사로에 주차한 지게차에 고임목이 없는 경우 우려되는 사고는?

① 장비 미끄러짐
② 타이어 마모
③ 냉각수 누수
④ 포크 고정 불량

정답 ① 장비 미끄러짐
해설 경사면에 주차할 경우 고임목이 없으면 장비가 미끄러져 사고로 이어질 수 있음.

42 지게차를 도로에 방치한 채 포크가 들려 있는 상태라면 위반되는 법령은?

① 자동차관리법
② 도로교통법
③ 건설기계관리법
④ 산업안전보건법

정답 ② 도로교통법
해설 도로에서 장비의 돌출물 방치 시 도로교통법 위반으로 간주됨.

43 건설기계의 등록번호판이 타 장비와 중복 사용된 경우 위반되는 법은?

① 도로교통법
② 산업안전보건법
③ 건설기계관리법
④ 자동차손해배상보장법

정답 ③ 건설기계관리법
해설 등록번호의 임의 부착, 중복 사용은 건설기계관리법 위반으로 형사처벌 가능.

44 정기검사 유효기간이 경과한 지게차를 운행할 경우 가장 먼저 내려지는 행정조치는?

① 면허 취소
② 검사 최고
③ 과태료 처분
④ 등록 말소

정답 ② 검사 최고
해설 검사 유효기간이 경과한 경우 우선적으로 '검사 최고' 명령이 내려짐.

45 도로에 정차한 지게차의 체인 부분에서 유압 누유가 발생할 경우 가장 먼저 확인해야 할 항목은?

① 냉각수 수위
② 체인 장력
③ 유압 호스 및 연결 부위
④ 연료 게이지

정답 ③ 유압 호스 및 연결 부위
해설 유압 누유는 호스 또는 연결 부위에서 발생할 가능성이 높음.

46 작업 종료 후 조향 장치가 무거운 상태로 남아 있다면 점검할 우선 항목은?

① 조향 유압오일
② 타이어 공기압
③ 체인 윤활 상태
④ 연료 잔량

정답 ① 조향 유압오일
해설 조향 장치의 무거움은 대부분 유압계통의 오일 부족에서 비롯됨.

47 도로에 주차한 지게차에서 후진 경고음이 작동하지 않으면 관련 법령상 필요한 조치는?

① 장비 교체
② 경고음 수리 및 점검
③ 반사판 제거
④ 포크 각도 조정

정답 ② 경고음 수리 및 점검
해설 경고장치는 보행자 및 차량의 안전을 위한 필수 기능으로 정상 작동이 요구됨.

48 건설기계 정기검사를 받기 위해 필요한 서류가 아닌 것은?

① 건설기계 등록증
② 보험가입 증명서
③ **정비이력표**
④ 신청서

[정답] ③ 정비이력표
[해설] 정기검사에 정비이력표는 필수 서류가 아님.

49 도로 운행 중인 지게차의 경광등이 꺼져 있을 경우 발생할 수 있는 문제는?

① 시동불량
② **야간 시인성 저하로 인한 사고 위험 증가**
③ 체인 마모
④ 연료 누수

[정답] ② 야간 시인성 저하로 인한 사고 위험 증가
[해설] 경광등은 야간 또는 작업 중 차량 시인성을 확보하기 위한 안전장치임.

50 건설기계관리법에 따라 지게차의 정기검사는 누가 신청해야 하는가?

① 조종사
② **기계 소유자**
③ 보험회사
④ 건설회사

[정답] ② 기계 소유자
[해설] 검사 신청 및 이행 의무는 건설기계의 등록 소유자에게 있음.

51 건설기계 소유자가 의무적으로 가입해야 하는 보험은?

① 생명보험
② **책임보험 또는 공제조합**
③ 연금보험
④ 손해보험

[정답] ② 책임보험 또는 공제조합
[해설] 도로 운행을 위해서는 책임보험이나 공제조합 가입이 필수이다.

52 건설기계관리법에 따라 장비의 정기검사를 받지 않으면 어떤 처벌을 받는가?

① 운전면허 정지
② **과태료 부과**
③ 형사처벌
④ 장비 압류

[정답] ② 과태료 부과
[해설] 검사 미이행 시에는 행정처분의 일환으로 과태료가 부과됨.

53 도로교통법에 따라 건설기계를 도로에 주차할 경우 가장 필요한 요소는?

① 조종사 면허 사본
② 적재물 고정줄
③ **해당 관청의 허가 또는 안전 조치**
④ 포크 전경

[정답] ③ 해당 관청의 허가 또는 안전 조치
[해설] 도로에 건설기계를 세울 경우 반드시 허가를 받아야 하며, 안전장치도 필수이다.

54 등록번호판이 지게차에 부착되어 있지 않다면, 가장 먼저 해야 할 조치는?

① **관할청에 재발급 신청**
② 자필로 번호 작성
③ 전조등을 끄고 운행
④ 주차만 하고 운행은 안 함

[정답] ① 관할청에 재발급 신청
[해설] 등록번호판 부착은 법적 의무이므로 훼손되었을 경우 재발급을 받아야 함.

55 정기검사를 받지 않고 운행 중 사고가 발생한 경우 보험처리에서 문제가 될 수 있는 이유는?

① 운전자 피로도 증가
② **법적 검사를 받지 않았기 때문에 계약상 면책될 수 있음**
③ 포크가 내려가 있었기 때문
④ 냉각수가 부족했기 때문

정답 ② 법적 검사를 받지 않았기 때문에 계약상 면책될 수 있음
해설 법적으로 검사 유효기간이 경과된 장비는 보험 보상에서 제외될 수 있음.

56 건설기계 조종사가 무면허로 지게차를 운행한 경우 위반되는 법은?

① 산업안전보건법
② **건설기계관리법**
③ 도로법
④ 조세특례제한법

정답 ② 건설기계관리법
해설 건설기계 조종사 면허는 해당 기종별로 취득해야 하며, 무면허 운행은 위법이다.

57 도로에 정차된 건설기계에 대한 조명 표시가 없을 경우 야간 사고 시 어떤 법이 적용되는가?

① 산업안전보건법
② **도로교통법**
③ 자동차손해배상보장법
④ 건설기계관리법

정답 ② 도로교통법
해설 도로 위 정차 시 조명 장치나 반사장치 부재로 사고가 나면 도로교통법 위반임.

58 지게차 작업 후 번호판이 흔들리는 경우, 가장 먼저 해야 할 조치는?

① **번호판 고정 볼트 확인 및 조임**
② 경광등 점등
③ 냉각수 확인
④ 체인 윤활제 도포

정답 ① 번호판 고정 볼트 확인 및 조임
해설 번호판이 고정되지 않으면 분실 위험 및 법적 책임이 따름.

59 도로에서 작업을 마친 후 지게차를 그대로 방치할 경우 우선 발생할 수 있는 법적 책임은?

① 건설기계관리법 위반
② 산업안전보건법 위반
③ **도로교통법 위반**
④ 자동차손해배상보장법 위반

정답 ③ 도로교통법 위반
해설 도로상 무단 방치는 도로교통법 위반이며, 견인 및 과태료 대상이다.

60 작업 후 지게차의 유압 누유를 방치한 경우 예상되는 법적 문제는?

① 조세법 위반
② **건설기계관리법상 안전관리 의무 위반**
③ 기상법 위반
④ 통신법 위반

정답 ② 건설기계관리법상 안전관리 의무 위반
해설 누유는 사고 및 화재 위험이 있으므로 점검 및 정비를 통한 예방조치가 요구된다.

08 응급대처 (60제)

총 13개 분야 중 자신이 약한 부분만 집중하는 코스

※ 맞는 것을 고르는 답은 고딕, 틀린 것을 고르는 답은 명조체로 표시하였습니다

1 지게차 작업 중 운전자가 의식을 잃고 쓰러졌을 때 가장 먼저 해야 할 응급조치는?

① 주변에 도움을 요청한다.
② 심폐소생술을 즉시 시작한다.
③ **지게차의 시동을 끈다.**
④ 환자에게 물을 마시게 한다.

[정답] ③ 지게차의 시동을 끈다.
[해설] 전기 계통이나 유압계통의 2차 사고를 방지하기 위해 우선 시동을 끄는 것이 안전 조치의 기본임.

2 작업 중 화재가 발생했을 때 가장 적절한 초기 대응 방법은?

① 작업을 계속하며 소화기를 준비한다.
② 바로 작업장을 이탈한다.
③ 소화기를 사용해 불을 끈다.
④ **작업자를 먼저 대피시킨 후 화재를 진압한다.**

[정답] ④ 작업자를 먼저 대피시킨 후 화재를 진압한다.
[해설] 인명 우선 원칙에 따라 대피가 최우선이며, 이후 초기 화재 진압을 시도한다.

3 유압 호스가 갑자기 파열되어 기계가 멈춘 경우 올바른 초기 대응은?

① **시동을 끄고 주변에 위험을 알린다.**
② 누유 부위를 막고 작업을 계속한다.
③ 체인을 먼저 점검한다.
④ 바로 정비사를 호출한다.

[정답] ① 시동을 끄고 주변에 위험을 알린다.
[해설] 유압 호스 파열은 유압 누유와 화재 위험이 있으므로 즉시 시동을 끄고 사고 위험을 알리는 것이 중요하다.

4 지게차 운행 중 브레이크가 듣지 않을 경우 가장 먼저 취해야 할 조치는?

① 기어를 중립으로 둔다.
② 경적을 울리며 주변에 알린다.
③ **감속 기어를 활용해 정지한다.**
④ 시동을 끈다.

[정답] ③ 감속 기어를 활용해 정지한다.
[해설] 브레이크가 작동하지 않을 경우 기계적 저항을 이용해 안전하게 정지시키는 것이 우선이다.

5 전기장치 과열로 인한 연기가 발생할 경우 가장 먼저 해야 할 일은?

① 연기를 환기시킨다.
② **전원을 차단한다.**
③ 냉각수를 주입한다.
④ 소화기를 가져온다.

[정답] ② 전원을 차단한다.
[해설] 전기 과열은 화재로 이어질 수 있으므로 우선 전기 공급을 차단하여 위험을 줄인다.

6 작업 중 다른 작업자가 장비에 끼이는 사고를 당했을 때 가장 먼저 해야 할 일은?

① 피해자를 끌어낸다.
② **장비를 정지하고 구조 요청을 한다.**
③ 상처 부위를 지혈한다.
④ 가까운 병원으로 이송한다.

[정답] ② 장비를 정지하고 구조 요청을 한다.
[해설] 2차 사고 방지를 위해 장비 정지가 최우선이며 즉시 구조요청이 필요하다.

7 작업 중 유독가스를 흡입하여 동료가 의식을 잃었을 때 적절한 조치는?

① 인공호흡을 실시한다.
② 환자를 그 자리에 눕힌다.
③ 깨우려고 흔든다.
④ **환자를 즉시 환기가 잘 되는 곳으로 옮긴다.**

[정답] ④ 환자를 즉시 환기가 잘 되는 곳으로 옮긴다.
[해설] 유해가스 흡입 시 신속한 대피와 환기 확보가 가장 중요하다.

8 기계 장치에서 불꽃이 튀는 것을 목격했을 때 가장 먼저 해야 할 일은?

① 점검을 위해 기계에 가까이 다가간다.
② **주위 사람들에게 알리고 기계 작동을 멈춘다.**
③ 수건으로 덮는다.
④ 경광등을 켠다.

[정답] ② 주위 사람들에게 알리고 기계 작동을 멈춘다.
[해설] 화재 전조 현상일 수 있으므로 우선 기계 정지 및 인원 대피가 우선이다.

9 사고 발생 시 구급차 도착 전까지 현장에서 가능한 응급처치로 적절하지 않은 것은?

① 지혈을 한다.
② 골절 부위를 고정한다.
③ **의식을 잃은 사람에게 물을 마시게 한다.**
④ 쇼크 증세 시 다리를 약간 올린다.

[정답] ③ 의식을 잃은 사람에게 물을 마시게 한다.
[해설] 의식이 없는 사람에게는 기도 막힘 위험이 있어 물을 마시게 해서는 안 된다.

10 작업 중 전도 사고로 부상을 입은 동료가 고통을 호소할 경우, 가장 우선해야 할 조치는?

① 해당 부위를 만져보며 상태를 확인한다.
② 병원으로 이송한다.
③ **환자를 움직이지 않고 119에 신고한다.**
④ 응급 처치를 시도한다.

[정답] ③ 환자를 움직이지 않고 119에 신고한다.
[해설] 척추 손상 가능성이 있을 경우 환자를 움직이지 않고 구조대 도착을 기다려야 한다.

11 작업 중 감전 사고로 동료가 쓰러졌다면 가장 먼저 해야 할 조치는?

① **즉시 전원을 차단한 후 접근한다.**
② 피해자를 손으로 잡아 끌어낸다.
③ 물을 끼얹어 감전을 멈춘다.
④ 구급차를 먼저 부른다.

[정답] ① 즉시 전원을 차단한 후 접근한다.
[해설] 감전 시엔 전기 공급을 먼저 차단해야 하며, 바로 사람을 만지는 것은 위험하다.

12 협소한 공간에서 작업 중 사고 발생 시 가장 먼저 해야 할 행동은?

① 환자를 밖으로 이동시킨다.
② 환자의 호흡을 확인한다.
③ **즉시 구조 요청 및 공기 순환 확보**
④ 물을 뿌려 환기를 유도한다.

[정답] ③ 즉시 구조 요청 및 공기 순환 확보
[해설] 밀폐 공간에서는 질식 사고가 많아 공기 확보와 구조 요청이 중요하다.

13 고온 환경에서 작업하던 동료가 어지러움을 호소하며 쓰러졌다면 응급조치로 가장 적절한 것은?

① 찬물을 끼얹는다.
② **그늘진 곳에 눕히고 수분을 공급한다.**
③ 진통제를 투여한다.
④ 바로 병원으로 데려간다.

[정답] ② 그늘진 곳에 눕히고 수분을 공급한다.
[해설] 열사병 증세일 수 있으며, 체온을 내리고 수분을 보충하는 것이 1차 조치이다.

14 작업장 내에서 화학물질이 눈에 튀었을 때 가장 먼저 해야 할 조치는?

① 안약을 넣는다.
② 소금물로 씻는다.
③ **깨끗한 물로 장시간 세척한다.**
④ 눈을 감고 쉰다.

[정답] ③ 깨끗한 물로 장시간 세척한다.
[해설] 화학물질 접촉 시 눈은 즉시 다량의 물로 15분 이상 세척해야 한다.

15 기계 고장으로 긴급 정지를 해야 할 경우 가장 적절한 행동은?

① 엔진에 물을 붓는다.
② **정지버튼을 누르고 시동을 끈다.**
③ 클러치를 밟는다.
④ 브레이크를 강하게 밟는다.

[정답] ② 정지버튼을 누르고 시동을 끈다.
[해설] 긴급정지는 제어 패널의 정지버튼이 우선이며 이후 시동을 차단해야 안전하다.

16 유압 작동 중 갑작스런 압력 저하가 발생했을 때 가장 먼저 해야 할 일은?

① 유압펌프를 분해한다.
② 유압탱크를 청소한다.
③ 유압오일을 보충한다.
④ **작동을 멈추고 누유 여부 확인**

[정답] ④ 작동을 멈추고 누유 여부 확인
[해설] 압력 저하는 누유 가능성이 크므로 즉시 작동을 멈추고 확인해야 함.

17 지게차 전복 사고가 발생했을 경우 내부에 있던 조종자의 올바른 행동은?

① 뛰어내린다.
② 몸을 움직여 바깥으로 탈출한다.
③ 창문을 깨고 탈출한다.
④ **안전벨트를 매고 차량 내부에 머문다.**

[정답] ④ 안전벨트를 매고 차량 내부에 머문다.
[해설] 전복 시 조종자는 차 내에 머무는 것이 가장 안전하며, 안전벨트를 착용해야 함.

18 지게차 운전 중 전방에서 화재가 발생했을 때 적절한 대처는?

① 화재 방향으로 전진한다.
② 포크를 올려 불을 막는다.
③ **장비를 멈추고 후진하여 피한다.**
④ 기어를 중립에 둔다.

[정답] ③ 장비를 멈추고 후진하여 피한다.
[해설] 전방 화재 시는 후진하여 거리를 확보하는 것이 가장 안전하다.

19 장비 작동 중 갑작스럽게 소리가 커지고 진동이 증가했을 경우 해야 할 일은?

① **시동을 끄고 이상 유무를 점검한다.**
② 바로 정비사를 부른다.
③ 작업을 계속한다.
④ 윤활제를 뿌린다.

[정답] ① 시동을 끄고 이상 유무를 점검한다.
[해설] 이상 소음이나 진동은 고장 징후이므로 즉시 작동을 중지하고 점검해야 한다.

20 작업 중 화물 낙하 사고가 발생했을 때 가장 먼저 해야 할 조치는?

① **주변을 통제하고 상황을 보고한다.**
② 낙하물을 치우고 계속 운전한다.
③ 작업을 마무리하고 퇴근한다.
④ 낙하물을 발로 밀어낸다.

정답 ① 주변을 통제하고 상황을 보고한다.
해설 낙하 사고는 2차 사고로 이어질 수 있으므로 즉시 현장을 통제하고 보고해야 한다.

21 작업 중 동료가 무거운 물체에 깔렸다면 가장 먼저 해야 할 조치는?

① 물체를 즉시 치운다.
② 해당 부위를 움직여본다.
③ **2차 사고 예방을 위해 주변을 통제하고 구조 요청한다.**
④ 상처를 소독한다.

정답 ③ 2차 사고 예방을 위해 주변을 통제하고 구조 요청한다.
해설 구조 전 물체를 임의로 옮기면 더 큰 부상을 초래할 수 있어 통제가 우선이다.

22 전기 합선으로 불꽃이 발생했을 때 가장 먼저 해야 할 조치는?

① 전기 장치를 물로 끈다.
② **소화기 중 이산화탄소형(CO_2)을 사용한다.**
③ 퓨즈를 제거한다.
④ 불이 꺼질 때까지 지켜본다.

정답 ② 소화기 중 이산화탄소형(CO_2)을 사용한다.
해설 전기 화재에는 물 대신 전기용 소화기를 사용해야 감전 위험을 피할 수 있다.

23 작업 중 실신한 동료에게 심폐소생술을 시행하기 전 가장 먼저 해야 할 일은?

① **구조 요청을 한다.**
② 가슴 압박을 시작한다.
③ 입에 이물질을 제거한다.
④ 의복을 벗긴다.

정답 ① 구조 요청을 한다.
해설 전문 구조가 필요한 상황에서 구조 요청이 최우선이며, 이후 CPR을 시작해야 한다.

24 지게차 유압오일이 고온으로 인해 화재로 번질 위험이 있을 때 가장 먼저 해야 할 조치는?

① 라디에이터를 닫는다.
② **시동을 끄고 유압계통을 냉각시킨다.**
③ 냉각팬을 제거한다.
④ 운전석을 비운다.

정답 ② 시동을 끄고 유압계통을 냉각시킨다.
해설 고온 유압오일은 인화 위험이 있으므로 즉시 작동을 멈추고 냉각을 유도해야 한다.

25 유해 화학물질이 피부에 접촉되었을 때 응급처치로 가장 적절한 것은?

① 소금물로 씻는다.
② 응급연고를 바른다.
③ **흐르는 물로 장시간 세척한다.**
④ 마른 천으로 닦아낸다.

정답 ③ 흐르는 물로 장시간 세척한다.
해설 피부 접촉 시 가장 효과적인 응급처치는 흐르는 물로 15분 이상 세척하는 것이다.

26 고열을 호소하는 작업자가 의식이 혼미할 경우 응급처치로 적절한 것은?

① **서늘한 곳으로 옮기고 체온을 낮춘다.**
② 얇은 옷으로 갈아입힌다.
③ 음료수를 준다.
④ 구급차를 기다린다.

> **정답** ① 서늘한 곳으로 옮기고 체온을 낮춘다.
> **해설** 고열 상태는 열사병일 수 있으며 체온을 낮추는 것이 가장 우선이다.

27 작업 중 충격으로 인한 출혈이 발생했을 때 가장 먼저 해야 할 처치는?

① 출혈 부위를 씻는다.
② 출혈 부위를 심장보다 높게 한다.
③ **출혈 부위를 압박해 지혈한다.**
④ 붕대로 느슨하게 감는다.

> **정답** ③ 출혈 부위를 압박해 지혈한다.
> **해설** 외부 출혈 시 직접 압박을 통한 지혈이 가장 효과적인 응급조치이다.

28 가연성 물질 누출이 의심되는 사고 현장에서 가장 먼저 해야 할 조치는?

① 누출 부위를 확인한다.
② **불꽃 사용을 중지하고 전원을 차단한다.**
③ 기계를 이동시킨다.
④ 방진 마스크를 착용한다.

> **정답** ② 불꽃 사용을 중지하고 전원을 차단한다.
> **해설** 가연성 가스 누출 시 불꽃 차단 및 전원 차단이 화재 예방에 필수적이다.

29 고소작업 중 장비가 흔들려 작업자가 추락했을 경우 적절한 초기 대응은?

① 바로 일으켜 앉힌다.
② **부상자의 자세를 유지하고 119에 신고한다.**
③ 출혈이 없는 경우 방치한다.
④ 업어 옮긴다.

> **정답** ② 부상자의 자세를 유지하고 119에 신고한다.
> **해설** 추락사고는 척추 손상 위험이 있어 자세 유지 후 구조 요청이 우선이다.

30 작업 중 복부 통증을 호소하며 쓰러진 작업자에게 가장 우선해야 할 조치는?

① 찬물을 준다.
② 복부를 문지른다.
③ 자세를 바꾸게 한다.
④ **움직이지 않도록 조치하고 구조 요청한다.**

> **정답** ④ 움직이지 않도록 조치하고 구조 요청한다.
> **해설** 내부 장기 손상 가능성도 있으므로 함부로 움직이지 말고 즉시 응급조치를 요청한다.

31 작업 중 지게차에 불이 붙었을 때, 가장 먼저 해야 할 행동은?

① 포크를 내리고 물을 뿌린다.
② **시동을 끄고 소화기를 사용한다.**
③ 작업을 중단하지 않고 운행한다.
④ 연료탱크를 열어 확인한다.

> **정답** ② 시동을 끄고 소화기를 사용한다.
> **해설** 화재 발생 시 전원 차단과 즉각적인 소화기 사용이 화재 확산을 막는 첫 조치이다.

32 장비 작동 중 경고음이 울리며 작동이 멈췄을 경우, 가장 우선 확인할 사항은?

① 체인 상태
② **비상정지 버튼 작동 여부**
③ 유압유 양
④ 연료 게이지

> **정답** ② 비상정지 버튼 작동 여부
> **해설** 경고음과 작동 중지는 비상정지 버튼 오작동 가능성이 있어 이를 우선 확인해야 한다.

33 야간작업 중 조명이 꺼졌을 때 안전 확보를 위한 즉각적인 행동은?

① 포크를 올려 조명 역할을 하게 한다.
② 조명장치를 두드린다.
③ 손전등으로 대체한다.
④ **작업을 중단하고 장비를 정지한다.**

정답 ④ 작업을 중단하고 장비를 정지한다.
해설 시야 확보가 어려운 야간 작업 시 조명이 꺼졌을 경우 즉시 작업을 중단해야 한다.

34 작업 중 고압 호스에서 폭발음과 함께 누유가 발생했다면, 가장 먼저 해야 할 행동은?

① **시동을 끄고 누유 부위를 확인한다.**
② 엔진을 고속으로 회전시킨다.
③ 포크를 올려 고정한다.
④ 작업을 계속한다.

정답 ① 시동을 끄고 누유 부위를 확인한다.
해설 유압 누유는 화재 위험이 있으므로 작동을 멈추고 원인을 파악하는 것이 중요하다.

35 현장에서 연기를 흡입한 작업자가 기침과 호흡 곤란을 호소할 경우 적절한 조치는?

① 침착하게 음료를 준다.
② 누워서 휴식을 취하게 한다.
③ **즉시 깨끗한 공기가 있는 장소로 이동시킨다.**
④ 아무 조치 없이 관찰한다.

정답 ③ 즉시 깨끗한 공기가 있는 장소로 이동시킨다.
해설 연기 흡입은 기도 손상의 위험이 있어 신속한 대피가 필수적이다.

36 고열 작업 중 손과 발이 차고 의식이 흐려지는 동료가 있을 경우 의심할 수 있는 증상은?

① 과식
② 심부전
③ **열사병**
④ 감기

정답 ③ 열사병
해설 고열 작업 중 혈액순환 이상과 의식 혼란은 열사병 증상일 수 있다.

37 고장 난 장비를 억지로 작동시키다가 폭발음이 발생했다면, 이후 조치로 바른 것은?

① 폭발음을 무시하고 계속 운전한다.
② 장비를 점검 없이 정지시킨다.
③ 기름을 보충한다.
④ **시동을 끄고 해당 부위를 격리한 후 보고한다.**

정답 ④ 시동을 끄고 해당 부위를 격리한 후 보고한다.
해설 장비 고장 시 2차 피해 예방을 위해 시동을 끄고 사고 부위를 격리해야 한다.

38 포크를 내리던 중 급정지가 되어 충격이 발생했을 때 가장 먼저 확인할 것은?

① 브레이크 패드 상태
② **체인 고정 및 유압 누유 여부**
③ 연료 탱크 수위
④ 타이어 공기압

정답 ② 체인 고정 및 유압 누유 여부
해설 급정지로 인한 충격은 체인과 유압 계통에 손상이 발생할 수 있으므로 점검이 필요하다.

39 작업 중 장비에서 큰 소음과 진동이 발생했지만 기능은 유지되고 있다면 어떻게 해야 하는가?

① 무시하고 계속 작업한다.
② 잠시 후 정지시킨다.
③ **즉시 시동을 끄고 원인을 확인한다.**
④ 다른 작업자에게 양보한다.

정답 ③ 즉시 시동을 끄고 원인을 확인한다.
해설 소음 및 진동은 기계 결함의 징후일 수 있어 작동을 멈추고 점검이 필요하다.

40 정전으로 작업 현장 전체가 정지되었을 경우 가장 우선적으로 해야 할 행동은?

① **주변 상황을 확인하고 대피에 대비한다.**
② 기계를 강제로 작동시킨다.
③ 조명기구를 정리한다.
④ 혼자서 정비를 시도한다.

정답 ① 주변 상황을 확인하고 대피에 대비한다.
해설 정전은 2차 사고를 유발할 수 있으므로 즉시 안전 확보 및 대피 준비가 필요하다.

41 지게차에 탑승 중 지면이 갑자기 붕괴되었을 때 올바른 대처 방법은?

① 포크를 내리고 바로 탈출한다.
② **기계를 움직이지 않고 안전 확보 후 탈출한다.**
③ 클러치를 밟고 주변을 관찰한다.
④ 체인을 풀어 중량을 줄인다.

정답 ② 기계를 움직이지 않고 안전 확보 후 탈출한다.
해설 불안정한 지반에서는 움직임 자체가 위험하므로 우선 안전을 확보하고 탈출한다.

42 연료 공급계통에서 연기가 발생한 경우 올바른 초동 조치는?

① 계속 운행하며 연기가 사라지는지 본다.
② 연료탱크를 열어 점검한다.
③ **시동을 끄고 연료 공급을 차단한다.**
④ 냉각수를 보충한다.

정답 ③ 시동을 끄고 연료 공급을 차단한다.
해설 연료 연기는 화재로 이어질 수 있으므로 전원을 차단하고 유입을 중단해야 한다.

43 고소작업 중 장비에 감전된 작업자를 구조하려면 가장 먼저 해야 할 조치는?

① **전기를 끊고 구조한다.**
② 절연장갑 없이 구조한다.
③ 곧바로 작업자를 끌어낸다.
④ 작업자가 떨어질 수 있도록 밀어낸다.

정답 ① 전기를 끊고 구조한다.
해설 감전 사고 시 구조자까지 위험하므로 전기 차단이 우선이다.

44 작업 중 복부에 큰 충격을 받은 작업자가 복통을 호소할 경우 적절한 조치는?

① 허리를 두드려준다.
② **눕히고 병원에 이송한다.**
③ 찬물로 마사지한다.
④ 음료를 준다.

정답 ② 눕히고 병원에 이송한다.
해설 복부 충격은 내출혈이 발생할 수 있어 즉시 이송이 필요하다.

45 장비에서 이상한 타는 냄새가 날 경우 올바른 초동 조치는?

① 냄새가 사라질 때까지 운전한다.
② **시동을 끄고 배선을 확인한다.**
③ 브레이크를 작동시킨다.
④ 연료캡을 개방한다.

정답 ② 시동을 끄고 배선을 확인한다.
해설 타는 냄새는 전기계통 이상일 수 있으므로 즉시 점검해야 한다.

46 야간작업 도중 지게차의 경광등이 고장 났을 때 적절한 조치는?

① 경광등 없이 작업을 계속한다.
② 라이트만 켠다.
③ 주변 조명을 모두 끈다.
④ **반사판 등을 이용하여 시인성을 확보한다.**

정답 ④ 반사판 등을 이용하여 시인성을 확보한다.
해설 시인성이 부족한 상태에서는 반사판 등 대체 장치를 활용해 안전을 확보해야 한다.

47 지게차에서 연기가 피어오르기 시작했을 때 가장 먼저 할 일은?

① 연기를 무시하고 운전한다.
② **시동을 끄고 운전석을 빠져나온다.**
③ 포크를 올려 연기를 차단한다.
④ 물을 뿌린다.

[정답] ② 시동을 끄고 운전석을 빠져나온다.
[해설] 연기는 화재 징후이므로 시동 차단 후 즉시 탈출이 필요하다.

48 장비 작동 중 체인이 끊어졌을 경우 가장 먼저 해야 할 일은?

① 다시 연결한다.
② 다른 체인으로 교체한다.
③ **작업을 멈추고 점검 후 보고한다.**
④ 윤활제를 뿌린다.

[정답] ③ 작업을 멈추고 점검 후 보고한다.
[해설] 체인 파손은 즉각적인 작업 중단과 점검 및 보고가 필수이다.

49 동료가 장비에 손이 끼였을 경우 구조 전 가장 먼저 해야 할 일은?

① 환자를 끌어당긴다.
② **기계를 멈추고 주변에 알린다.**
③ 고정 장비를 제거한다.
④ 냉찜질을 실시한다.

[정답] ② 기계를 멈추고 주변에 알린다.
[해설] 기계를 멈추고 주변 상황을 공유하는 것이 2차 사고 방지에 중요하다.

50 작업 중 눈에 금속 조각이 들어갔을 때 응급처치로 가장 부적절한 행동은?

① **눈을 비빈다.**
② 세안한다.
③ 의료기관에 방문한다.
④ 이물질을 제거하지 않는다.

[정답] ① 눈을 비빈다.
[해설] 이물질이 더 깊숙이 들어갈 수 있으므로 눈을 비비지 말고 의료기관으로 이동해야 한다.

51 기계 작동 중 진동이 비정상적으로 증가한 경우 올바른 대처 방법은?

① 진동이 사라질 때까지 기다린다.
② 윤활유를 더 보충한다.
③ **즉시 정지 후 상태를 점검한다.**
④ 체인을 제거한다.

[정답] ③ 즉시 정지 후 상태를 점검한다.
[해설] 이상 진동은 고장의 전조이므로 즉시 정지하고 원인을 확인해야 한다.

52 연료가 샌 흔적이 있는 장비를 계속 운행했을 때 발생할 수 있는 문제는?

① 연비 향상
② **화재 발생 가능성**
③ 엔진 마모
④ 타이어 손상

[정답] ② 화재 발생 가능성
[해설] 연료 누유는 화재의 주요 원인이므로 운행을 중지하고 점검해야 한다.

53 작업 중 포크가 갑자기 하강되었을 경우 가장 먼저 확인할 것은?

① 운전자의 조작 상태
② **유압밸브와 실린더 상태**
③ 타이어 공기압
④ 브레이크 패드 두께

[정답] ② 유압밸브와 실린더 상태
[해설] 갑작스런 하강은 유압계통 고장일 수 있으므로 관련 부품 점검이 필요하다.

54 고압가스 용기가 쓰러졌을 때 가장 먼저 취해야 할 조치는?

① 세운 뒤 밸브를 잠근다.
② 그대로 방치한다.
③ **즉시 작업을 중지하고 보고한다.**
④ 다시 사용한다.

정답 ③ 즉시 작업을 중지하고 보고한다.
해설 고압가스 용기는 쓰러질 경우 폭발 위험이 있어 즉시 통제와 보고가 필요하다.

55 사고 발생 후 구조대가 도착하기 전 가장 중요한 응급처치는?

① 손을 계속 흔들어 자극을 준다.
② **출혈이 있는 부위를 압박한다.**
③ 등을 두드려 기침을 유도한다.
④ 물을 먹인다.

정답 ② 출혈이 있는 부위를 압박한다.
해설 응급 상황에서 지혈은 가장 시급한 응급처치 중 하나이다.

56 고온 상태의 라디에이터 캡을 바로 열었을 경우 발생할 수 있는 위험은?

① 엔진 정지
② 윤활 저하
③ 냉각 효율 증가
④ **압력 폭발 및 화상**

정답 ④ 압력 폭발 및 화상
해설 고온 고압 상태의 라디에이터 캡을 열면 증기 분출로 화상이 발생할 수 있다.

57 브레이크가 갑자기 작동하지 않을 경우 가장 먼저 취해야 할 조치는?

① 핸들을 좌측으로 돌린다.
② **감속기어를 사용해 속도를 줄인다.**
③ 클러치를 밟는다.
④ 타이어를 확인한다.

정답 ② 감속기어를 사용해 속도를 줄인다.
해설 브레이크 고장 시 감속기어를 사용한 엔진 브레이크가 가장 효과적이다.

58 연료탱크 뚜껑 주변에서 이상한 냄새가 날 경우 해야 할 조치는?

① 냄새를 맡아본다.
② 라이터로 점검한다.
③ **즉시 연료탱크를 점검하고 주위 사람들에게 알린다.**
④ 테이프로 덮는다.

정답 ③ 즉시 연료탱크를 점검하고 주위 사람들에게 알린다.
해설 연료 누출은 폭발 위험이 있으므로 즉시 확인과 주변 알림이 필요하다.

59 작업 중 장비에서 폭발음과 함께 불꽃이 튄 경우 가장 먼저 해야 할 일은?

① **장비를 정지시키고 주변 사람들을 대피시킨다.**
② 기계를 더욱 빨리 움직인다.
③ 냉각팬을 끈다.
④ 수건으로 덮는다.

정답 ① 장비를 정지시키고 주변 사람들을 대피시킨다.
해설 불꽃이 튀는 경우 화재 가능성이 크므로 즉시 정지 및 인명 대피가 필요하다.

60 포크가 하강 중 멈추지 않고 계속 내려갈 경우 적절한 대응은?

① **긴급정지 버튼을 누른다.**
② 발로 막는다.
③ 클러치를 밟는다.
④ 기어를 중립에 놓는다.

정답 ① 긴급정지 버튼을 누른다.
해설 포크 이상 작동 시 즉각적인 정지 수단은 긴급정지 버튼이다.

1. 엔진구조 (60제)

총 13개 분야 중 자신이 약한 부분만 집중하는 코스

※ 맞는 것을 고르는 답은 고딕, 틀린 것을 고르는 답은 명조체로 표시하였습니다

1 디젤 엔진에서 연소실의 역할로 가장 적절한 것은?

① **연료가 연소하여 에너지를 발생시키는 공간이다.**
② 연료와 공기가 혼합되지 않도록 한다.
③ 윤활유를 공급하는 공간이다.
④ 배출가스를 냉각하는 공간이다.

[정답] ① 연료가 연소하여 에너지를 발생시키는 공간이다.
[해설] 연소실은 디젤 연료와 공기가 혼합되어 자발 연소를 일으키며, 이를 통해 동력을 얻는 핵심 공간이다.

2 디젤 엔진의 흡기 밸브가 제대로 작동하지 않으면 어떤 현상이 발생하는가?

① 배출가스 색이 청백색이 된다.
② 연료 소비가 줄어든다.
③ **연료가 연소하지 못해 출력 저하가 발생한다.**
④ 냉각수 온도가 내려간다.

[정답] ③ 연료가 연소하지 못해 출력 저하가 발생한다.
[해설] 흡기 밸브 이상은 공기 유입이 불량해져 연료 혼합이 불완전하고 연소 효율이 저하된다.

3 디젤 엔진에서 연료 분사량이 과다하면 발생할 수 있는 현상은?

① 엔진 출력 향상
② 엔진 과열 감소
③ 냉각수 증발
④ **연료 낭비 및 배출가스 증가**

[정답] ④ 연료 낭비 및 배출가스 증가
[해설] 연료 분사량이 많으면 연소되지 못한 연료가 배출가스를 오염시키고 연비도 악화된다.

4 디젤 엔진의 고압 펌프는 어떤 역할을 하는가?

① 엔진 오일을 분사한다.
② **연료를 고압으로 인젝터에 공급한다.**
③ 냉각수를 순환시킨다.
④ 배출가스를 정화한다.

[정답] ② 연료를 고압으로 인젝터에 공급한다.
[해설] 고압 펌프는 연료를 고압으로 만들어 인젝터로 전달해 연소실에 분사되도록 한다.

5 엔진 작동 후 윤활유 점검 시 가장 중요한 사항은?

① 오일의 색상만 확인한다.
② 오일이 증발되었는지 확인한다.
③ **윤활유의 양과 오염 정도를 확인한다.**
④ 냉각수와 혼합 여부를 본다.

[정답] ③ 윤활유의 양과 오염 정도를 확인한다.
[해설] 점검 시 윤활유가 적정선에 있고 오염되어 있지 않은지가 중요하다.

6 냉각수 순환이 제대로 되지 않을 경우 발생할 수 있는 현상은?

① 시동이 잘 걸린다.
② 엔진 출력이 향상된다.
③ **엔진 과열로 인한 손상**
④ 연료 소비 감소

[정답] ③ 엔진 과열로 인한 손상
[해설] 냉각이 되지 않으면 엔진 내부 온도가 과열되어 고장의 원인이 된다.

7 디젤 엔진에서 흡기 계통에 이상이 생겼을 때 나타날 수 있는 현상은?

① 공기가 과도하게 유입되어 냉각된다.
② **출력 저하 및 검은 연기 배출**
③ 시동이 더 잘 걸림
④ 배출가스 색이 투명해짐

정답 ② 출력 저하 및 검은 연기 배출
해설 흡기 불량 시 혼합비가 맞지 않아 연소 불량과 함께 검은 연기가 발생한다.

8 엔진의 캠축은 어떤 역할을 하는가?

① 연료 분사량을 결정한다.
② **밸브의 개폐 타이밍을 조절한다.**
③ 배터리를 충전한다.
④ 냉각수 온도를 조절한다.

정답 ② 밸브의 개폐 타이밍을 조절한다.
해설 캠축은 회전에 따라 밸브를 열고 닫게 만들어 흡기 및 배기가 이루어지게 한다.

9 배기밸브가 제대로 닫히지 않으면 어떤 문제가 발생하는가?

① **압축 손실로 인한 출력 저하**
② 엔진의 진동이 줄어든다.
③ 연료 소비가 줄어든다.
④ 냉각수 누수

정답 ① 압축 손실로 인한 출력 저하
해설 배기 밸브가 닫히지 않으면 압축력이 떨어져 엔진 출력이 감소하게 된다.

10 디젤 엔진에서 연료 분사압력이 낮아졌을 경우의 문제점은?

① 연소효율이 올라간다.
② 시동이 쉬워진다.
③ **연소불량으로 배출가스 악화**
④ 냉각 효과가 증가한다.

정답 ③ 연소불량으로 배출가스 악화
해설 분사압력이 낮으면 연료 미립화가 불완전해 연소가 제대로 이루어지지 않고 배출가스가 나빠진다.

11 디젤 엔진의 냉각 계통에서 서모스탯의 주요 기능은?

① 오일 압력을 일정하게 유지
② **냉각수의 온도에 따라 순환을 제어**
③ 연료 분사 시점을 조정
④ 공기 필터를 자동 세정

정답 ② 냉각수의 온도에 따라 순환을 제어
해설 서모스탯은 냉간 시 냉각수를 차단하고, 온도가 일정 이상으로 올라가면 순환을 시작한다.

12 디젤 엔진의 연료분사 장치 중 연료를 직접 연소실로 분사하는 장치는?

① **인젝터**
② 연료필터
③ 연료탱크
④ 유압실린더

정답 ① 인젝터
해설 인젝터는 고압의 연료를 연소실 내부에 분사하는 역할을 하여 연소가 시작되도록 한다.

13 엔진이 과열되었을 때 가장 먼저 확인해야 할 부분은?

① 배터리 전압
② 윤활유 교체주기
③ **냉각수의 양과 누수 여부**
④ 연료의 품질

정답 ③ 냉각수의 양과 누수 여부
해설 과열은 냉각수 부족 또는 누수로 인해 냉각 성능이 떨어졌을 가능성이 높다.

14 디젤 엔진의 피스톤 링 기능으로 적절하지 않은 것은?

① 압축 가스 밀봉
② 윤활유 차단
③ 열 전달
④ 냉각수 순환

정답 ④ 냉각수 순환
해설 피스톤 링은 냉각수와 무관하며 압축 밀봉, 오일 차단, 열전달 기능을 한다.

15 디젤 엔진의 시동이 잘 걸리지 않는 주요 원인 중 하나는?

① 과도한 냉각수
② **연료 필터의 막힘**
③ 연료 탱크 과충전
④ 윤활유 점도 감소

정답 ② 연료 필터의 막힘
해설 연료 필터가 막히면 연료 공급이 원활하지 않아 시동이 어려워진다.

16 윤활유가 과다하게 감소했을 때 엔진에서 나타나는 현상은?

① 윤활 성능이 개선된다.
② 실린더 벽이 오염된다.
③ **마찰 증가로 인한 고열과 마모**
④ 냉각 효과 증가

정답 ③ 마찰 증가로 인한 고열과 마모
해설 윤활유가 부족하면 부품 간 마찰이 심해져 과열과 마모가 발생한다.

17 흡기밸브의 개폐 타이밍이 틀어졌을 경우 발생할 수 있는 문제는?

① 시동성 향상
② 압축력 증가
③ **연소 불량으로 출력 저하**
④ 연료 소모 감소

정답 ③ 연소 불량으로 출력 저하
해설 흡기 타이밍이 맞지 않으면 혼합 공기량이 비정상적이 되어 출력에 영향을 준다.

18 디젤 엔진에서 배기밸브가 제때 열리지 않으면 어떤 현상이 나타날 수 있는가?

① 공기 유입량 증가
② **배기가스 배출 불량으로 출력 저하**
③ 엔진 회전수 증가
④ 연료 압력 상승

정답 ② 배기가스 배출 불량으로 출력 저하
해설 배기밸브가 열리지 않으면 연소 후 가스가 배출되지 않아 실린더 내 압력이 비정상적으로 유지된다.

19 디젤 엔진의 인터쿨러(Intercooler)는 어떤 역할을 하는가?

① 냉각수 보충
② **흡기 공기를 냉각시켜 밀도를 높임**
③ 배기가스를 여과함
④ 윤활유를 정화함

정답 ② 흡기 공기를 냉각시켜 밀도를 높임
해설 인터쿨러는 터보차저에서 압축된 뜨거운 공기를 냉각시켜 연소 효율을 높인다.

20 연료 공급펌프의 기능으로 적절한 것은?

① **연료탱크에서 연료를 흡입하여 저압으로 공급**
② 연료를 고압으로 압축해 분사
③ 공기를 배출하여 진공을 형성
④ 냉각수를 연료로 순환시킴

정답 ① 연료탱크에서 연료를 흡입하여 저압으로 공급
해설 연료공급펌프는 연료를 분사펌프로 보내기 위해 흡입 및 저압 공급을 담당한다.

21 디젤 엔진에서 연료 필터의 역할은?
① **연료 내 수분과 불순물을 제거**
② 연료의 점도를 높임
③ 배기 가스를 냉각시킴
④ 연료의 압력을 상승시킴

[정답] ① 연료 내 수분과 불순물을 제거
[해설] 연료 필터는 연료 내 이물질이 분사계통으로 유입되는 것을 방지하여 연소 효율을 유지한다.

22 엔진의 크랭크축이 손상되었을 경우 나타나는 주요 증상은?
① 연료소모량 감소
② 실린더 압축력 증가
③ **이상 진동 및 소음 발생**
④ 냉각수 온도 저하

[정답] ③ 이상 진동 및 소음 발생
[해설] 크랭크축 손상은 회전 불균형을 초래해 진동과 소음을 유발하며, 심할 경우 엔진 파손으로 이어질 수 있다.

23 디젤 엔진의 실린더 헤드는 어떤 기능을 하는가?
① 오일 압력을 제어
② **흡기/배기 밸브 및 인젝터 설치와 연소실 밀봉**
③ 캠축 회전을 조절
④ 연료공급을 중단

[정답] ② 흡기/배기 밸브 및 인젝터 설치와 연소실 밀봉
[해설] 실린더 헤드는 연소실 상단부를 구성하며, 밸브류와 인젝터가 부착되어 밀봉 역할을 한다.

24 피스톤이 상승 압축 시에 흡기 밸브와 배기 밸브는 어떤 상태인가?
① 둘 다 열려 있다.
② 흡기 밸브만 열린다.
③ 배기 밸브만 열린다.
④ **둘 다 닫혀 있다.**

[정답] ④ 둘 다 닫혀 있다.
[해설] 압축행정 시 공기가 빠져나가지 않도록 양 밸브가 모두 닫혀야 한다.

25 연료 인젝터에서 분사 각도가 지나치게 좁으면 발생할 수 있는 문제는?
① **연료가 연소실 벽면에 부딪힘**
② 연료가 과도하게 미립화됨
③ 연소실의 압력이 낮아짐
④ 흡기 효율이 증가함

[정답] ① 연료가 연소실 벽면에 부딪힘
[해설] 분사 각도가 너무 좁으면 연료가 연소실 벽에 닿아 불완전 연소 및 매연의 원인이 된다.

26 디젤 엔진의 실린더 내부에서 피스톤 링의 기능으로 볼 수 없는 것은?
① 윤활유 유입 조절
② 압축 가스 밀봉
③ 실린더 벽과의 마찰 감소
④ **냉각수 압력 유지**

[정답] ④ 냉각수 압력 유지
[해설] 피스톤 링은 냉각계통이 아닌 윤활 및 압축 유지를 위한 장치이다.

27 디젤 엔진에서 압축비가 낮으면 나타나는 현상으로 가장 적절한 것은?
① 연료 효율 증가
② 시동성이 향상됨
③ **연소 불량으로 인한 출력 저하**
④ 연료 분사가 빨라짐

[정답] ③ 연소 불량으로 인한 출력 저하
[해설] 압축비가 낮으면 연소온도가 낮아져 자발점화가 어려워지고 출력도 저하된다.

28 연료 분사 타이밍이 너무 빠르면 나타나는 현상은?

① 배기온도 상승
② **착화지연 감소로 노킹 발생**
③ 연료소비 감소
④ 흡기 효율 향상

정답 ② 착화지연 감소로 노킹 발생
해설 분사 타이밍이 너무 빠르면 압축 전에 연소가 시작되어 노킹이 발생할 수 있다.

29 냉각팬이 작동하지 않을 경우 가장 우려되는 문제는?

① 연료 압력 증가
② 배출가스 청색화
③ **엔진 과열로 인한 손상**
④ 공기 유입 증가

정답 ③ 엔진 과열로 인한 손상
해설 냉각팬은 엔진 열을 낮추는 역할을 하며, 작동하지 않으면 과열이 발생할 수 있다.

30 연료펌프 구동에 문제가 발생했을 때 발생할 수 있는 현상은?

① 배출가스 정화
② **시동 불량 또는 엔진 정지**
③ 배터리 과충전
④ 브레이크 효율 상승

정답 ② 시동 불량 또는 엔진 정지
해설 연료가 인젝터에 도달하지 못하면 연소가 이뤄지지 않아 시동이 걸리지 않거나 꺼진다.

31 디젤 엔진에서 연료가 완전히 연소되지 않을 때 배출되는 가스의 주성분은?

① 산소
② **일산화탄소**
③ 아산화질소
④ 이산화탄소

정답 ② 일산화탄소
해설 연료가 불완전 연소될 경우 일산화탄소(CO)와 같은 유해 가스가 주로 발생한다.

32 엔진 점검 후 배기 매니폴드에 균열이 발견될 경우 우려되는 문제는?

① 흡기량 증가
② 연료 분사량 감소
③ 냉각수 압력 상승
④ **배기가스 누출로 인한 출력 저하**

정답 ④ 배기가스 누출로 인한 출력 저하
해설 배기 매니폴드 손상 시 배기 흐름에 이상이 생기며 엔진 효율 저하가 발생한다.

33 디젤 엔진의 고압 펌프 점검 시 확인해야 할 사항은?

① 오일 레벨과 점도
② 배터리 전압
③ 냉각수 온도와 양
④ **연료 분사압력 및 누유 여부**

정답 ④ 연료 분사압력 및 누유 여부
해설 고압 펌프는 연료 분사압을 유지해야 하므로 압력 저하나 누유 여부 점검이 필요하다.

34 냉간 시동 후 흰 연기가 다량 발생하는 주요 원인은?

① **연료 분사 지연**
② 배터리 과충전
③ 냉각수 부족
④ 과도한 윤활유 공급

정답 ① 연료 분사 지연
해설 냉간 시 착화 온도에 도달하지 못하면 연소 지연으로 인해 흰 연기가 발생한다.

35 디젤 엔진에서 압축압력이 낮아졌을 때 발생하는 대표적인 현상은?

① 배출가스 투명도 증가
② 엔진 진동 감소
③ **시동 곤란 및 출력 저하**
④ 연료 절약

정답 ③ 시동 곤란 및 출력 저하
해설 압축압력이 낮으면 연소온도가 부족해 시동성이 나쁘고 출력도 저하된다.

36 디젤 엔진의 연료공급 계통에서 에어가 혼입되었을 경우 나타날 수 있는 현상은?

① 오일 온도 상승
② **시동 불량 및 출력 저하**
③ 냉각수 순환 향상
④ 배터리 전압 증가

정답 ② 시동 불량 및 출력 저하
해설 공기가 연료 라인에 혼입되면 연료의 연속 분사가 불량해 시동 및 출력 문제가 발생한다.

37 엔진 점검 후 엔진오일이 지나치게 검게 변색되었다면 어떤 조치를 우선 고려해야 하는가?

① **오일 필터 교환 및 윤활유 교체**
② 연료 라인 교환
③ 냉각수 교환
④ 연료 탱크 청소

정답 ① 오일 필터 교환 및 윤활유 교체
해설 오염된 윤활유는 윤활 성능을 떨어뜨리므로 교체가 필요하며, 필터도 함께 점검한다.

38 디젤 엔진의 배기밸브가 연소가 끝나기 전에 열릴 경우 발생하는 현상은?

① 냉각 효율 증가
② **미연소 가스 배출 증가**
③ 연료소모 감소
④ 엔진 출력 상승

정답 ② 미연소 가스 배출 증가
해설 배기밸브가 너무 빨리 열리면 연소가 끝나지 않은 가스가 배출되어 효율 저하와 배출가스 문제가 발생한다.

39 인터쿨러 고장 시 예상되는 가장 큰 영향은?

① **흡기 공기 온도 상승으로 출력 저하**
② 배기가스 유량 증가
③ 윤활유 온도 저하
④ 연료 소모 감소

정답 ① 흡기 공기 온도 상승으로 출력 저하
해설 인터쿨러가 작동하지 않으면 뜨거운 공기가 그대로 연소실로 들어가 밀도가 낮아지고 출력이 감소한다.

40 엔진오일 과다 주입 시 발생할 수 있는 부작용은?

① 냉각수 증가
② **오일 실링 파손 및 누유**
③ 점화시기 향상
④ 연료 압력 증가

정답 ② 오일 실링 파손 및 누유
해설 윤활유가 과도하게 많으면 압력이 높아져 오일 씰을 밀어내고 누유가 발생할 수 있다.

41 디젤 엔진에서 피스톤 링이 마모될 경우 예상되는 주요 현상은?

① 냉각수 순환이 향상된다.
② 오일 소비가 줄어든다.
③ **압축압력 저하 및 블로바이 가스 증가**
④ 연료 효율이 상승한다.

정답 ③ 압축압력 저하 및 블로바이 가스 증가
해설 피스톤 링이 마모되면 압축력이 떨어지고 연소가스가 크랭크 케이스로 누출되어 블로바이 가스가 증가한다.

42 디젤 엔진에서 밸브 리프트량이 과도하게 작을 경우 나타날 수 있는 현상은?

① 흡기량 증가로 출력 상승
② 배기 효율 향상
③ **연소실 공기 부족으로 출력 저하**
④ 냉각 효과 증가

정답 ③ 연소실 공기 부족으로 출력 저하
해설 밸브가 충분히 열리지 않으면 공기 유입이 줄어들어 연소불량과 출력 저하가 발생할 수 있다.

43 디젤 엔진 점검 후 실린더 내부에서 발견되는 카본 퇴적물은 무엇을 의미하는가?

① 연료가 과도하게 정제되었음을 의미함
② **연료 미립화 및 연소 불량의 가능성**
③ 냉각수 과다 주입
④ 엔진 오일 점도 감소

정답 ② 연료 미립화 및 연소 불량의 가능성
해설 연료가 제대로 미립화되지 않거나 연소가 불완전할 경우 카본이 실린더 내에 축적된다.

44 디젤 엔진에서 실린더 헤드와 블록 사이의 가스켓이 손상되었을 경우 나타날 수 있는 현상은?

① 배터리 방전
② 실린더 마모 감소
③ 연료 압력 상승
④ **오일과 냉각수 혼합**

정답 ④ 오일과 냉각수 혼합
해설 가스켓 손상은 냉각수 통로와 오일 통로 사이의 밀봉을 해제시켜 서로 섞이게 만들 수 있다.

45 연료 인젝터의 노즐 끝이 막혔을 경우 발생할 수 있는 주요 증상은?

① 시동성 향상
② 엔진 오일 점도 상승
③ **연소 불균형 및 출력 저하**
④ 냉각 효율 증가

정답 ③ 연소 불균형 및 출력 저하
해설 인젝터 노즐이 막히면 연료가 고르게 분사되지 않아 연소가 불균형해지고 출력이 저하된다.

46 디젤 엔진에서 점검해야 할 연료분사펌프의 주요 기능은?

① 연료 냉각
② **연료의 압축 및 분사시기 제어**
③ 엔진의 전기 공급
④ 냉각수의 순환 조절

정답 ② 연료의 압축 및 분사시기 제어
해설 연료분사펌프는 고압으로 연료를 압축하여 인젝터로 보내고, 분사시기를 정밀하게 제어하는 장치이다.

47 디젤 엔진에서 밸브 클리어런스가 지나치게 작을 경우 발생할 수 있는 문제는?

① **밸브 닫힘 불량으로 압축력 저하**
② 밸브 작동시간 증가로 출력 상승
③ 연료 누설로 인한 연비 저하
④ 오일 압력 증가

정답 ① 밸브 닫힘 불량으로 압축력 저하
해설 밸브 클리어런스가 작으면 열팽창 시 밸브가 완전히 닫히지 않아 압축 및 연소에 영향을 준다.

48 디젤 엔진의 배기 매니폴드에 균열이 발생했을 경우 발생할 수 있는 가장 큰 문제는?

① 냉각수 온도 저하
② **배기가스 누출로 작업자 안전 위협**
③ 연료압력 상승
④ 오일 소비 감소

정답 ② 배기가스 누출로 작업자 안전 위협
해설 배기 매니폴드 균열 시 유해 가스가 누출되어 운전자나 주변 작업자에게 영향을 줄 수 있다.

49 디젤 엔진의 작동 후 배기 색이 청색으로 나타날 경우 어떤 상태를 의심할 수 있는가?
① 냉각수 과다 보충
② 연료 계통 누설
③ 공기 필터 오염
④ **과도한 오일 연소**

정답 ④ 과도한 오일 연소
해설 청색 연기는 윤활유가 연소실로 유입되어 연소되고 있음을 의미한다.

50 디젤 엔진의 장시간 사용 후, 출력 저하가 지속적으로 발생할 경우 점검해야 할 첫 번째 항목은?
① **피스톤 링 및 실린더 마모 상태**
② 전조등 밝기
③ 냉각팬의 회전속도
④ 연료캡 상태

정답 ① 피스톤 링 및 실린더 마모 상태
해설 마모로 인해 압축력이 저하되면 연소효율이 떨어지고 출력 저하가 지속적으로 나타날 수 있다.

51 디젤 엔진에서 흡기 파이프의 연결부가 느슨할 경우 예상되는 문제는?
① 배기 가스가 청색으로 변한다.
② **흡입 공기 누출로 출력 저하 발생**
③ 냉각수 온도가 낮아진다.
④ 오일 소비가 감소한다.

정답 ② 흡입 공기 누출로 출력 저하 발생
해설 흡기 계통이 느슨하면 외부 공기 누출로 인해 연소 혼합비가 불균형해져 출력 저하가 나타난다.

52 디젤 엔진의 연소실에 적절한 연료 미립화가 이루어지지 않을 경우 발생 가능한 현상은?
① 배기 온도 감소
② **불완전 연소로 검은 매연 발생**
③ 시동이 빨라짐
④ 연료소모 감소

정답 ② 불완전 연소로 검은 매연 발생
해설 연료가 고르게 미립화되지 않으면 연소 효율이 낮아지고 매연 발생이 증가한다.

53 디젤 엔진의 터보차저 고장 시 가장 먼저 나타날 수 있는 현상은?
① 연료계통의 압력 저하
② 냉각수 소모량 증가
③ **출력 저하 및 가속 불량**
④ 윤활유 색상 변화

정답 ③ 출력 저하 및 가속 불량
해설 터보차저는 흡입 공기량을 증가시켜 출력을 높이므로 고장 시 출력이 감소하게 된다.

54 엔진 점검 후 실린더 헤드 가스켓에서 누수 흔적이 발견되었다면 의심할 수 있는 문제는?
① 배터리 단선
② 연료 압력 과다
③ **냉각수 또는 오일 누출 가능성**
④ 연료 분사각 이상

정답 ③ 냉각수 또는 오일 누출 가능성
해설 헤드 가스켓은 냉각수 및 오일 통로를 밀봉하는 역할을 하므로 누수 흔적은 그 기능 이상을 의미한다.

55 디젤 엔진의 냉각계통에서 오버히트 발생 후 냉각팬을 점검할 때 가장 중요한 항목은?
① **회전 방향 및 작동 여부**
② 팬 날개 개수
③ 팬 재질
④ 고정 볼트 색상

정답 ① 회전 방향 및 작동 여부
해설 냉각팬이 정상적으로 회전하지 않거나 역회전할 경우 냉각 성능이 떨어져 과열될 수 있다.

56 디젤 엔진의 오일 교환 후 엔진 소음이 증가했을 경우 가장 먼저 확인해야 할 항목은?

① **오일의 점도와 잔량**
② 연료 필터 상태
③ 배터리 전압
④ 공기압력계 수치

정답 ① 오일의 점도와 잔량
해설 점도가 낮거나 오일이 부족하면 윤활이 제대로 되지 않아 소음이 발생할 수 있다.

57 디젤 엔진의 연료 분사 펌프 타이밍이 늦어질 경우 발생할 수 있는 현상은?

① 출력 상승
② **흰 연기 증가**
③ 흡기량 증가
④ 엔진 진동 감소

정답 ② 흰 연기 증가
해설 분사 타이밍이 늦으면 착화 지연이 발생해 연료가 완전히 연소되지 않고 흰 연기로 배출된다.

58 엔진 점검 후 냉각수가 오일과 섞여 있는 것이 확인되었을 경우 의심할 수 있는 원인은?

① 연료 필터 막힘
② 오일 필터 파손
③ **실린더 헤드 가스켓 손상**
④ 배기 매니폴드 막힘

정답 ③ 실린더 헤드 가스켓 손상
해설 헤드 가스켓이 손상되면 냉각수와 오일이 서로 섞이는 현상이 나타날 수 있다.

59 디젤 엔진의 흡기 밸브 타이밍이 빨라졌을 경우 예상되는 현상은?

① 압축력 증가
② 흡기량 증가로 출력 향상
③ 배출가스 청색화
④ **역류로 인한 연소 불안정**

정답 ④ 역류로 인한 연소 불안정
해설 흡기 밸브가 일찍 열리면 연소실 내 잔류가스와 혼합되어 연소가 불안정해질 수 있다.

60 디젤 엔진의 냉간 시동 직후 높은 회전수를 지속할 경우 발생할 수 있는 문제는?

① 흡기 효율 증가
② 냉각수 압력 안정화
③ **윤활 불량으로 인한 마모 증가**
④ 배터리 충전 향상

정답 ③ 윤활 불량으로 인한 마모 증가
해설 시동 직후 오일이 엔진 각부에 도달하지 않은 상태에서 고회전하면 마모가 심해질 수 있다.

2. 전기장치 (60제)

총 13개 분야 중 자신이 약한 부분만 집중하는 코스

※ 맞는 것을 고르는 답은 고딕, 틀린 것을 고르는 답은 명조체로 표시하였습니다

1 지게차의 발전기 점검 시 확인해야 할 사항으로 가장 적절한 것은?

① **팬벨트 장력 및 풀리 정렬 상태**
② 타이어 마모 상태
③ 냉각수 양과 색상
④ 포크의 간격

[정답] ① 팬벨트 장력 및 풀리 정렬 상태
[해설] 발전기의 출력 이상은 팬벨트 이완이나 풀리 정렬 이상과 직결되므로 이를 우선적으로 점검해야 한다.

2 축전지의 전해액이 기준선 이하로 감소했을 경우 가장 먼저 취해야 할 조치는?

① 연료 필터 교환
② **증류수를 보충한다.**
③ 브레이크액 보충
④ 배터리를 분리한다.

[정답] ② 증류수를 보충한다.
[해설] 전해액이 부족하면 화학 반응이 제대로 일어나지 않으며, 증류수를 보충하여 전해액 농도를 유지해야 한다.

3 지게차의 발전 전압이 너무 높을 경우 우려되는 현상은?

① 연료 압력 감소
② **축전지 과충전 및 수명 단축**
③ 냉각수 부족
④ 브레이크 제동력 증가

[정답] ② 축전지 과충전 및 수명 단축
[해설] 전압이 기준 이상이면 축전지가 과충전되어 내부 손상 및 과열로 수명이 줄어든다.

4 스타터 모터 작동 후 키 스위치를 원위치로 되돌려도 모터가 계속 회전할 경우 원인은?

① 브레이크 고장
② 기어 장력 부족
③ **솔레노이드 접점의 융착**
④ 팬벨트 이탈

[정답] ③ 솔레노이드 접점의 융착
[해설] 접점이 붙은 상태로 남아 있으면 회로가 계속 연결되어 모터가 멈추지 않는다.

5 작업 후 전조등이 작동하지 않을 때 가장 먼저 확인해야 할 사항은?

① 브레이크 오일
② 조향유 상태
③ **휴즈(Fuse) 상태**
④ 냉각수 보충량

[정답] ③ 휴즈(Fuse) 상태
[해설] 전조등이 갑자기 꺼졌을 경우 회로 차단의 원인인 퓨즈 상태를 가장 먼저 점검해야 한다.

6 지게차의 배터리 터미널 부식이 발생했을 경우 조치로 옳은 것은?

① 터미널을 절단한다.
② **깨끗한 물로 씻은 후 그리스를 도포한다.**
③ 식염수를 부어준다.
④ 브러시로 강하게 문지른다.

[정답] ② 깨끗한 물로 씻은 후 그리스를 도포한다.
[해설] 부식은 물로 닦아내고 재부식을 막기 위해 방청 처리나 그리스를 도포한다.

7 축전지 전압이 급격히 떨어지는 경우 가장 먼저 점검할 부분은?

① **충전 전류량**
② 조향 펌프
③ 기름 누유 여부
④ 냉각 팬 작동 여부

정답 ① 충전 전류량
해설 전압 저하는 충전량 부족이나 발전기 불량이 원인일 수 있으므로 충전 전류를 확인한다.

8 지게차의 발전기가 전기를 생산하지 않을 경우 가장 먼저 확인해야 할 것은?

① 포크 유격
② 브레이크액 잔량
③ **팬벨트 단선 여부**
④ 냉각수 점도

정답 ③ 팬벨트 단선 여부
해설 팬벨트가 끊기면 발전기 회전이 멈추므로 발전이 되지 않는다.

9 배터리 교체 후 시동이 걸리지 않을 때 가장 가능성 있는 원인은?

① 팬벨트 이완
② **단자 연결 불량 또는 단선**
③ 브레이크 패드 마모
④ 기름 종류 부적합

정답 ② 단자 연결 불량 또는 단선
해설 배터리 단자가 느슨하거나 접촉불량이면 전류 흐름이 원활하지 않아 시동이 불가능할 수 있다.

10 지게차 조작 패널의 경고등이 모두 점등되지 않을 경우 가장 먼저 확인할 사항은?

① **배터리 전압**
② 라디에이터 팬 작동
③ 전조등 방향
④ 포크 길이

정답 ① 배터리 전압
해설 경고등이 모두 점등되지 않는 경우 전원 자체의 문제 가능성이 크므로 전압부터 확인해야 한다.

11 지게차에 장착된 축전지의 전해액 비중이 낮아졌을 경우 나타날 수 있는 현상은?

① 과도한 충전 전류 발생
② 전압 정상 유지
③ **시동 불량 및 저장 용량 감소**
④ 전조등 밝기 증가

정답 ③ 시동 불량 및 저장 용량 감소
해설 전해액 비중이 낮으면 축전지의 전기화학 반응이 약해져 충분한 전류를 공급하지 못한다.

12 축전지를 병렬로 연결할 경우 어떤 효과가 발생하는가?

① 전압 증가
② 전압 감소
③ 전류 용량 감소
④ **전류 용량 증가**

정답 ④ 전류 용량 증가
해설 병렬 연결 시 전압은 동일하지만 전류 용량이 늘어나 사용 시간이 증가한다.

13 지게차의 충전계통 점검 시, 충전량이 과다한 원인은?

① 배터리 용량 부족
② 전선 절단
③ **레귤레이터 고장**
④ 스타터 모터 이상

정답 ③ 레귤레이터 고장
해설 전압 조절 장치인 레귤레이터가 고장 나면 과충전이 발생하여 배터리 손상 위험이 있다.

14 전기 계통 점검 중 단선된 회로를 복구할 때 필요한 기본 조치는?

① 퓨즈 제거
② 회로 우회 배선
③ 배터리 교환
④ **단선 부위 절연 후 연결**

> [정답] ④ 단선 부위 절연 후 연결
> [해설] 전기 회로의 단선은 정확한 위치 확인 후 절연 처리를 포함해 연결 복구가 필요하다.

15 작업 종료 후 장시간 사용하지 않을 지게차의 배터리 관리로 옳은 것은?

① 배터리 단자를 물에 담근다.
② **충전한 채로 분리하여 보관한다.**
③ 배터리를 완전히 방전시킨다.
④ 오일로 코팅한다.

> [정답] ② 충전한 채로 분리하여 보관한다.
> [해설] 장기 보관 시에는 완전 충전 상태에서 분리 보관해야 자기 방전을 줄일 수 있다.

16 전기 계통의 쇼트(단락) 발생 시 가장 먼저 확인할 사항은?

① **전선 단열 상태**
② 발전기 출력
③ 타이어 공기압
④ 브레이크액 점도

> [정답] ① 전선 단열 상태
> [해설] 단락은 전선 피복 손상 등으로 인해 발생하므로 절연 상태를 가장 먼저 점검한다.

17 지게차의 충전 경고등이 점등된 상태로 계속 운행할 경우 어떤 문제가 발생할 수 있는가?

① 냉각수 감소
② **배터리 방전으로 시동 불능**
③ 브레이크 제동력 향상
④ 연료 효율 증가

> [정답] ② 배터리 방전으로 시동 불능
> [해설] 충전 경고등은 충전 계통의 이상을 알리는 것으로, 충전이 되지 않으면 배터리가 방전되어 시동이 되지 않는다.

18 전기 계통 점검 시 접지 불량이 있는 경우 예상되는 현상은?

① 전압 과다 공급
② 팬벨트 손상
③ 연료 분사 속도 증가
④ **전기 부품 오작동 및 간헐적 정지**

> [정답] ④ 전기 부품 오작동 및 간헐적 정지
> [해설] 접지가 불량하면 전기 흐름이 불안정해져 각종 전기 장치에 간헐적 이상이 발생할 수 있다.

19 전기 계통의 접지선을 연결할 때 유의해야 할 사항은?

① **회로의 음극 단자와 연결**
② 연료 계통과 함께 연결
③ 냉각수 라인에 연결
④ 공기 필터에 고정

> [정답] ① 회로의 음극 단자와 연결
> [해설] 접지는 전기 흐름의 경로를 형성하기 위해 음극 단자와 차체 사이에 연결하는 것이 원칙이다.

20 전기장치 점검 후 스타터 모터의 작동이 불규칙한 경우 가장 먼저 점검할 부위는?

① 연료 캡
② **솔레노이드 접점 및 내부 단자**
③ 타이어 공기압
④ 변속기 유격

> [정답] ② 솔레노이드 접점 및 내부 단자
> [해설] 스타터 작동 이상은 내부 단자 접촉 불량이나 접점 마모와 같은 원인이 많으므로 이를 먼저 점검한다.

21 지게차의 발전기가 정상 출력 상태임에도 배터리 전압이 낮게 유지되는 경우 점검해야 할 항목은?

① 라디에이터 누수 여부
② 브레이크 드럼 간격
③ **배터리 단자 부식 또는 접촉불량**
④ 연료 필터 압력

정답 ③ 배터리 단자 부식 또는 접촉불량
해설 발전기는 정상 작동하더라도 배터리 단자 접촉불량이면 충전 전류가 전달되지 않아 전압이 낮게 유지된다.

22 배터리 보관 시 온도가 너무 낮을 경우 발생할 수 있는 현상은?

① 전압이 급격히 상승
② **전해액이 응고되어 전압 강하**
③ 전류가 증가하여 과충전 발생
④ 내부 저항이 줄어들어 효율 증가

정답 ② 전해액이 응고되어 전압 강하
해설 저온에서는 전해액이 반응을 일으키기 어려워지고, 전압도 낮아져 시동성이 떨어진다.

23 배터리 점검 시 전해액이 변색되었을 경우 의심할 수 있는 원인은?

① 브레이크 오일 누수
② **과도한 급속충전 또는 내부 손상**
③ 라디에이터 누수
④ 발전기 출력 과부하

정답 ② 과도한 급속충전 또는 내부 손상
해설 전해액 변색은 내부 화학 반응 이상이나 손상된 셀에서 나타날 수 있으므로 교환을 고려해야 한다.

24 발전기 내부 브러시가 마모되었을 경우 발생할 수 있는 현상은?

① 시동이 즉시 걸림
② 조향 성능 향상
③ 연료 압력 상승
④ **충전불량 및 경고등 점등**

정답 ④ 충전불량 및 경고등 점등
해설 브러시 마모로 인해 전기 접촉이 불량해지면 충전이 제대로 되지 않고 경고등이 점등될 수 있다.

25 배터리 교체 작업 후 안전을 위해 반드시 수행해야 하는 작업은?

① **단자에 그리스를 바르고 단단히 고정**
② 브레이크액을 보충
③ 팬벨트를 느슨하게 함
④ 공기압을 조정함

정답 ① 단자에 그리스를 바르고 단단히 고정
해설 단자 부식을 방지하기 위해 그리스를 바르고, 충격이나 진동에도 접속 불량이 없도록 단단히 고정해야 한다.

26 충전계통에서 레귤레이터의 기능으로 옳은 것은?

① 연료분사 제어
② 냉각팬 회전 조절
③ **충전 전압을 일정하게 유지**
④ 배터리 온도 감지

정답 ③ 충전 전압을 일정하게 유지
해설 레귤레이터는 발전기에서 생성된 전류의 전압을 조절하여 배터리에 적절한 전류가 공급되도록 한다.

27 지게차의 전기 계통에서 릴레이의 기능은?

① 연료 냉각
② **고전류를 소전류로 제어함**
③ 배터리 내부 저항 조정
④ 라디에이터 펌프 회전

정답 ② 고전류를 소전류로 제어함
해설 릴레이는 작은 전류로 큰 전류를 제어하는 스위칭 역할을 하며, 과부하 보호에도 효과적이다.

28 지게차의 점검 시 발전기와 배터리 사이 전선에 손상이 있는 경우 발생할 수 있는 현상은?

① 시동이 원활해짐
② 조향감 향상
③ **충전되지 않음 또는 간헐적 충전**
④ 연료 소비량 감소

정답 ③ 충전되지 않음 또는 간헐적 충전
해설 충전 회로 단선 또는 접촉불량 시 배터리에 전류가 흐르지 않아 방전 및 전기장치 이상이 나타난다.

29 스타터 모터가 작동하지 않을 때 가장 먼저 점검해야 할 항목은?

① 조향 휠 정렬 상태
② 연료 라인 압력
③ **배터리 전압 및 단자 연결 상태**
④ 냉각팬 회전 방향

정답 ③ 배터리 전압 및 단자 연결 상태
해설 스타터는 배터리 전압을 직접 사용하는 장치로, 전압 저하나 단자 불량이 있으면 작동하지 않는다.

30 지게차에 장착된 축전지를 장시간 방치하면 발생하는 자기방전 현상에 대한 설명으로 옳은 것은?

① 전압이 점점 상승한다.
② 내부 저항이 완전히 사라진다.
③ 배터리 용량이 증가한다.
④ **외부 사용 없이도 전압이 천천히 감소한다.**

정답 ④ 외부 사용 없이도 전압이 천천히 감소한다
해설 축전지는 사용하지 않아도 내부 화학 반응으로 인해 시간이 지나면 자연스럽게 전압이 감소하는 자기방전 현상이 발생한다.

31 배터리의 충·방전 특성 중 방전 상태가 지속될 경우 가장 먼저 발생할 수 있는 문제는?

① 전압 상승
② 내부 저항 감소
③ **황산염이 극판에 침전되어 성능 저하**
④ 오일 점도 상승

정답 ③ 황산염이 극판에 침전되어 성능 저하
해설 장기간 방전된 상태로 두면 황산염 결정이 극판에 고착되어 충전 효율이 떨어지고 수명이 단축된다.

32 전기장치 점검 후 라이트 점등이 매우 어두울 경우 가장 먼저 확인할 사항은?

① 냉각수 온도
② **발전기 출력 전압**
③ 오일 점도
④ 라디에이터 손상 여부

정답 ② 발전기 출력 전압
해설 라이트 밝기가 약할 경우, 전압 부족이 의심되므로 발전기 전압 상태를 먼저 확인해야 한다.

33 배터리의 용량을 판별할 때 사용되는 단위는?

① 와트시(W·h)
② **암페어시(A·h)**
③ 볼트시(V·h)
④ 옴시(Ω·h)

정답 ② 암페어시(A·h)
해설 배터리의 전기 저장 용량은 암페어시로 표현되며, 일정 전류를 얼마 동안 공급할 수 있는지를 나타낸다.

34 지게차의 전기장치에서 가장 우선적으로 점검해야 하는 안전 요소는?

① **전선 피복 상태 및 접지**
② 배터리 외형 색상
③ 변속기 오일 양
④ 클러치 페달 높이

정답 ① 전선 피복 상태 및 접지
해설 전기 계통의 가장 기본적인 안전 요소는 절연 상태와 접지 상태로, 감전 및 쇼트 방지에 중요하다.

35 지게차의 시동 직후 전기 계통에서 타는 냄새가 날 경우 가장 먼저 점검할 항목은?

① 냉각수 보충량
② 발전기 및 배선의 과열 여부
③ 라디에이터 고정볼트
④ 포크 하중 균형

정답 ② 발전기 및 배선의 과열 여부
해설 시동 직후 이상한 냄새가 나면 과열이나 쇼트 가능성이 높으므로 전선 및 발전기 부위를 점검해야 한다.

36 전기 계통에서 퓨즈가 반복적으로 끊어질 경우 가능한 원인은?

① 회로의 과전류 및 쇼트 발생
② 연료가 과도하게 공급됨
③ 냉각수 누수
④ 포크 틸트 이상

정답 ① 회로의 과전류 및 쇼트 발생
해설 퓨즈는 회로 보호용 장치로 과전류나 쇼트가 발생할 경우 반복적으로 끊어질 수 있다.

37 스타터 모터의 작동음을 들었을 때, '딸깍' 소리만 나고 회전이 되지 않는 경우 원인은?

① 브레이크 패드 마모
② 유압실린더 누유
③ 라디에이터 고장
④ 배터리 전압 부족 또는 접촉불량

정답 ④ 배터리 전압 부족 또는 접촉불량
해설 클릭음만 나고 회전이 되지 않는다면 배터리 전압이 부족하거나 단자가 느슨할 수 있다.

38 발전기 점검 시 정격 전압보다 낮은 전압이 측정되는 경우 조치로 가장 적절한 것은?

① 배터리 완전 방전
② 라디에이터 캡 교환
③ 발전기 브러시 및 베어링 상태 점검
④ 연료 주입구 청소

정답 ③ 발전기 브러시 및 베어링 상태 점검
해설 발전기 출력이 낮으면 브러시 마모나 회전 저항을 일으키는 베어링 문제일 수 있다.

39 작업 후 지게차 전기장치의 안전 점검에서 올바른 항목은?

① 배터리 단자 느슨하게 유지
② 전선이 프레임에 닿도록 고정
③ 접지선 연결 상태 확인
④ 발전기 출력선을 제거함

정답 ③ 접지선 연결 상태 확인
해설 접지는 모든 전기장치 점검에서 핵심적인 요소로, 안전사고 방지와 정상 작동을 위해 반드시 확인해야 한다.

40 지게차의 전기 계통에서 전장 부하가 많아졌을 경우 가장 먼저 영향을 받는 장치는?

① 축전지 및 발전기
② 연료 필터
③ 냉각 팬
④ 브레이크 캘리퍼

정답 ① 축전지 및 발전기
해설 전기 부하가 많아지면 발전기와 축전지에 과도한 전류가 흐르게 되어 성능 저하 또는 과열이 발생할 수 있다.

41 충전계통 점검 중 전압이 일정 이상으로 계속 상승할 경우 의심할 수 있는 고장은?

① 배터리 단선
② 퓨즈 파손
③ 라디에이터 팬 고장
④ 전압 조정기 고장

정답 ④ 전압 조정기 고장
해설 전압 조정기가 고장 나면 충전 전압을 조절하지 못해 과충전 상태가 지속될 수 있다.

42 지게차의 배터리를 장기간 미사용 상태로 방치할 경우 우선 점검해야 할 항목은?

① 전조등 작동 여부
② **충전량과 단자 부식 여부**
③ 클러치 작동 상태
④ 조향 핸들 정렬 상태

정답 ② 충전량과 단자 부식 여부
해설 배터리는 장기간 방치 시 방전 및 단자 부식이 생기기 쉬우므로 가장 먼저 확인해야 한다.

43 전기 계통의 과열 방지를 위한 회로 보호 장치로 올바른 것은?

① 냉각수 펌프 ② 히터 코어
③ **퓨즈 및 릴레이** ④ 라디에이터 캡

정답 ③ 퓨즈 및 릴레이
해설 퓨즈는 일정 전류 이상이 흐르면 차단되며, 릴레이는 전류 경로를 제어하는 역할로 회로 보호에 사용된다.

44 스타터 모터 작동 시 모터는 작동하지만 시동이 걸리지 않는 경우 원인은?

① 팬벨트 이탈
② **기어가 플라이휠에 제대로 맞물리지 않음**
③ 냉각수 부족
④ 연료 필터 파손

정답 ② 기어가 플라이휠에 제대로 맞물리지 않음
해설 모터는 회전하지만 기어가 플라이휠과 맞물리지 않으면 엔진이 회전하지 않아 시동이 되지 않는다.

45 전기 계통 점검 시 전선이 지나치게 단단하고 균열이 있는 경우 조치로 옳은 것은?

① 절연 테이프로 감싼다.
② 윤활유를 도포한다.
③ **전선을 교체한다.**
④ 전압을 낮춘다.

정답 ③ 전선을 교체한다.
해설 전선 피복이 경화되어 균열이 생기면 절연 성능이 떨어져 감전이나 쇼트 위험이 있으므로 교체해야 한다.

46 발전기 교체 후 충전 경고등이 계속 점등되는 경우 가장 먼저 확인할 사항은?

① 브레이크액 누수
② 조향 핸들 유격
③ 전조등 밝기
④ **팬벨트 장력과 연결 상태**

정답 ④ 팬벨트 장력과 연결 상태
해설 팬벨트가 느슨하거나 미설치된 경우 발전기가 회전하지 않아 충전이 되지 않고 경고등이 점등될 수 있다.

47 전기장치 점검 시 배터리 단자에 흰색 결정체가 생긴 경우 적절한 조치는?

① **물로 헹군 후 건조하고 그리스를 발라준다.**
② 연료로 닦아낸다.
③ 그대로 방치한다.
④ 교류 발전기를 교환한다.

정답 ① 물로 헹군 후 건조하고 그리스를 발라준다.
해설 흰색 결정체는 황산염으로, 이를 제거하고 단자의 부식을 방지하기 위해 방청 처리해야 한다.

48 작업 후 전기 계통 점검 시 경고등이 모두 점등되고 꺼지지 않는 경우 가능한 원인은?

① 냉각수 누수
② 배터리 과충전
③ **발전기 레귤레이터 고장**
④ 타이어 공기압 과다

정답 ③ 발전기 레귤레이터 고장
해설 레귤레이터가 고장 나면 전압 제어가 되지 않아 과전압으로 인해 경고등이 모두 점등되는 현상이 발생할 수 있다.

49 작업 종료 후 키를 OFF 했는데도 일부 전기장치가 계속 작동될 경우 가능한 원인은?

① 브레이크 고착
② 퓨즈 용량 과다
③ **릴레이 접점 융착**
④ 냉각팬 회전

정답 ③ 릴레이 접점 융착
해설 릴레이 접점이 붙은 상태로 남아 있으면 회로가 계속 유지되어 전기장치가 꺼지지 않는다.

50 지게차의 배터리 전압이 정상임에도 불구하고 전기장치 작동이 불안정한 경우 확인할 항목은?

① 팬벨트 교체주기
② 브레이크 패드 마모량
③ 연료필터 누설 여부
④ **접지 연결 상태**

정답 ④ 접지 연결 상태
해설 전압은 정상이더라도 접지 상태가 불량하면 회로가 닫히지 않아 전기장치가 불안정하게 작동할 수 있다.

51 스타터 모터에서 발생할 수 있는 주요 고장 증상은?

① 흡기 효율 감소
② **모터 회전 불량 및 기어 유착**
③ 브레이크 잠김
④ 전조등 밝기 증가

정답 ② 모터 회전 불량 및 기어 유착
해설 스타터 모터 고장의 대표적인 증상은 회전 불량과 기어 부분의 작동 불량으로 인한 시동 문제이다.

52 배터리 방전 후 재충전 시 주의할 사항은?

① 급속 충전만 반복한다.
② 증류수 대신 일반 수돗물을 사용한다.
③ **완전 충전 후 단자를 점검한다.**
④ 충전 중 냉각수를 보충한다.

정답 ③ 완전 충전 후 단자를 점검한다.
해설 충전 후 단자 부식 여부를 확인하고 단단히 고정해야 다음 사용 시 전기 흐름이 원활해진다.

53 지게차의 전기 계통에서 단락이 발생할 경우 가장 먼저 취해야 할 조치는?

① 충전기 제거
② **전체 회로의 전원 차단**
③ 냉각수 보충
④ 브레이크 패드 교환

정답 ② 전체 회로의 전원 차단
해설 쇼트가 발생하면 화재 위험이 있으므로 즉시 전원을 차단하여 사고를 방지해야 한다.

54 축전지의 용량을 점검할 때 사용하는 계측기는?

① 볼트미터
② 오실로스코프
③ **하이드로미터**
④ 열전대

정답 ③ 하이드로미터
해설 전해액의 비중을 측정하여 충전 상태를 확인하는 데 사용하는 장비는 하이드로미터이다.

55 전기 계통 점검 시 릴레이가 작동하지 않는 경우 가능한 원인은?

① **제어 회로에 전원이 공급되지 않음**
② 기름압력 상승
③ 브레이크액 부족
④ 포크 틸트 이상

정답 ① 제어 회로에 전원이 공급되지 않음
해설 릴레이는 제어 회로에 전원이 공급되지 않으면 접점이 닫히지 않아 작동하지 않는다.

56 지게차의 전기장치에서 접지선을 임의로 제거했을 때 발생 가능한 결과는?

① 조향력 증가
② **전기장치 오작동 및 감전 위험**
③ 연료 효율 향상
④ 배출가스 정화

정답 ② 전기장치 오작동 및 감전 위험
해설 접지선은 회로의 안전성을 확보하기 위한 장치로, 제거되면 누전 및 감전 위험이 높아진다.

57 축전지 전해액 보충 시 절대 사용해서는 안 되는 물질은?

① 순수한 증류수
② 희석된 황산
③ **수돗물이나 미네랄 워터**
④ 전용 보충 전해액

정답 ③ 수돗물이나 미네랄 워터
해설 수돗물에는 금속 이온이 포함되어 있어 전해질의 반응에 영향을 주므로 반드시 증류수를 사용해야 한다.

58 전기 계통 점검 중 스위치 ON 상태에서도 작동이 되지 않는 경우 점검 순서는?

① 배선 → 전원 → 접지 → 부하
② 접지 → 부하 → 전원 → 배선
③ 부하 → 접지 → 배선 → 전원
④ **전원 → 배선 → 접지 → 부하**

정답 ④ 전원 → 배선 → 접지 → 부하
해설 점검은 전원이 제대로 공급되는지부터 확인하고, 이후 배선과 접지를 거쳐 최종 부하를 점검하는 순서가 효율적이다.

59 지게차에 장착된 배터리를 교체할 때 가장 안전한 절차는?

① **마이너스(-) 단자를 먼저 분리한다.**
② 플러스(+) 단자를 먼저 연결한다.
③ 두 단자를 동시에 분리한다.
④ 충전 상태에서 단자를 분리한다.

정답 ① 마이너스(-) 단자를 먼저 분리한다.
해설 마이너스 단자를 먼저 분리하면 접지 회로가 차단되어 스파크나 감전 위험을 줄일 수 있다.

60 충전기 사용 시 배터리 내부에서 기포가 지속적으로 발생하면 의심할 수 있는 상태는?

① 정상적인 반응
② **과충전 또는 내부 단락**
③ 배터리 용량 증가
④ 방전 완료 신호

정답 ② 과충전 또는 내부 단락
해설 지속적인 기포 발생은 전해액 과열이나 내부 단락에 의한 비정상적인 반응일 수 있으므로 즉시 확인해야 한다.

3. 전·후진 주행장치 (60제)

※ 맞는 것을 고르는 답은 고딕, 틀린 것을 고르는 답은 명조체로 표시하였습니다

1 지게차 주행 후 트랜스미션 오일 누유 여부를 점검할 때 가장 적절한 방법은?

① 냉간 시 오일 캡을 열어 확인한다.
② **엔진이 꺼진 상태에서 레벨 게이지를 확인한다.**
③ 시동 상태에서 오일 드레인 볼트를 푼다.
④ 브레이크를 밟으며 기어를 바꿔본다.

[정답] ② 엔진이 꺼진 상태에서 레벨 게이지를 확인한다.
[해설] 주행 후 트랜스미션 오일의 양과 누유는 레벨 게이지를 통해 확인하며, 안전을 위해 시동을 끈 상태에서 점검한다.

2 지게차의 주행장치 중 동력 전달 장치에 해당하지 않는 것은?

① 클러치
② 변속기
③ 차축
④ **유압 실린더**

[정답] ④ 유압 실린더
[해설] 유압 실린더는 작업장치에 해당되며, 주행용 동력을 전달하는 장치는 아니다.

3 주행 후 변속기의 상태를 점검할 때 이상 징후로 의심할 수 있는 현상은?

① **기어 변속 시 충격음 발생**
② 브레이크 제동력 향상
③ 핸들 조작 시 소음 증가
④ 포크 틸트 속도 향상

[정답] ① 기어 변속 시 충격음 발생
[해설] 기어 충격음은 변속기의 클러치판 마모 또는 오일 부족 등으로 인해 발생할 수 있는 이상 징후다.

4 변속기 내부 오일 점검 시 가장 먼저 확인해야 할 사항은?

① **오일 점도와 색상**
② 포크 간격
③ 브레이크 페달 유격
④ 유압 호스 마모

[정답] ① 오일 점도와 색상
[해설] 점도가 낮아지거나 오염된 오일은 변속기 작동 불량을 유발하므로 점검이 필요하다.

5 지게차 주행 중 전진 또는 후진이 원활하지 않을 경우 가장 먼저 점검할 항목은?

① 유압 작동유 양
② 엔진 냉각수량
③ **변속기 오일량 및 상태**
④ 연료 탱크 캡 상태

[정답] ③ 변속기 오일량 및 상태
[해설] 전·후진이 되지 않거나 불안정할 경우 변속기 계통의 문제를 의심해야 하며, 우선 오일 상태를 점검한다.

6 작업 종료 후 전·후진 주행장치에서 점검해야 할 항목으로 가장 적절한 것은?

① 핸들 조작 유격
② 타이어 공기압
③ **변속 레버 작동상태 및 이탈 여부**
④ 포크 하중 한계

[정답] ③ 변속 레버 작동상태 및 이탈 여부
[해설] 변속 레버의 고정 상태가 불량하면 다음 운행 시 사고를 유발할 수 있어 점검이 필요하다.

7 주행 중 변속기 과열이 발생할 수 있는 원인으로 가장 적절한 것은?

① **과도한 부하 주행**
② 오일 점도 과도
③ 라디에이터 고장
④ 타이어 마모

[정답] ① 과도한 부하 주행
[해설] 무리한 부하 상태에서 주행을 지속하면 변속기 내부 마찰이 증가하여 과열이 발생한다.

8 자동변속 장치가 장착된 지게차에서 기어가 자동으로 바뀌지 않을 경우 가장 먼저 점검해야 할 것은?

① 브레이크액 점도
② 유압 실린더 압력
③ 포크 길이
④ **변속 제어 장치 또는 전기 배선 상태**

[정답] ④ 변속 제어 장치 또는 전기 배선 상태
[해설] 자동 변속기는 전자식 제어를 받는 경우가 많아 전기 신호 오류 시 변속이 되지 않는다.

9 변속기 오일이 외부로 새어나온 흔적이 있는 경우 가장 먼저 확인할 부위는?

① 주행 타이어
② **변속기 하우징과 오일 씰 주변**
③ 배터리 단자
④ 라디에이터 캡

[정답] ② 변속기 하우징과 오일 씰 주변
[해설] 누유가 관찰될 경우 가장 먼저 오일 씰과 접합 부위의 밀봉 상태를 점검해야 한다.

10 후진 시 변속기가 작동하지 않거나 비정상적인 소음을 발생하는 경우 적절한 조치는?

① 유압 호스를 교체한다.
② 엔진을 고속 회전시킨다.
③ **변속기 내부 기어 및 오일 상태 점검**
④ 라디에이터를 청소한다.

[정답] ③ 변속기 내부 기어 및 오일 상태 점검
[해설] 후진 기어의 작동 이상이나 오일 문제는 변속기 내부 점검이 필요하다.

11 변속기 점검 중 변속 충격이 크고 주행 시 떨림이 심할 경우 의심할 수 있는 원인은?

① 포크 간격 이상
② 유압 오일 고온
③ 브레이크 패드 마모
④ **마운트 고무 마모 또는 손상**

[정답] ④ 마운트 고무 마모 또는 손상
[해설] 엔진과 변속기의 진동을 흡수하는 마운트 고무가 손상되면 충격과 떨림이 심해질 수 있다.

12 주행 중 후진 변속 시 기어가 잘 들어가지 않거나 이상 소음이 날 경우 우선 점검할 부분은?

① 타이어 공기압
② **변속기 내부 기어 및 오일 상태**
③ 냉각수 잔량
④ 브레이크액 농도

[정답] ② 변속기 내부 기어 및 오일 상태
[해설] 기어 변속 불량이나 소음은 변속기 내부 손상 또는 윤활 부족과 관련이 있다.

13 변속기 점검 시 기어가 쉽게 빠질 경우 의심할 수 있는 원인은?

① 브레이크 드럼 이상
② 클러치 디스크 과열
③ **변속 레버 링크 및 고정 장치 이상**
④ 엔진 점화시기 불량

[정답] ③ 변속 레버 링크 및 고정 장치 이상
[해설] 기어가 잘 고정되지 않으면 쉽게 빠질 수 있으며, 이는 레버 링크나 고정부의 결함일 수 있다.

14 변속기 작동 이상으로 인한 주행 불량이 발생할 경우 가장 먼저 점검할 사항은?

① 엔진 오일 색상
② **기어 조작 상태와 오일 양**
③ 브레이크 패드 유격
④ 클러치 유압 호스 장력

[정답] ② 기어 조작 상태와 오일 양
[해설] 변속기 문제는 오일 부족이나 오염, 또는 기어 조작 문제로 인해 주행 불량을 유발할 수 있다.

15 주행장치 점검 시 클러치가 미끄러질 경우 발생 가능한 현상은?

① **출력 전달 부족으로 가속 불량**
② 포크 속도 증가
③ 연료 절약 효과
④ 엔진 회전수 감소

[정답] ① 출력 전달 부족으로 가속 불량
[해설] 클러치가 미끄러지면 동력이 제대로 전달되지 않아 주행 속도 증가가 어렵다.

16 지게차의 전·후진 레버가 헐거운 경우 점검이 필요한 부위는?

① 배터리 전압
② 포크 위치
③ **변속 레버 링크 및 조인트 부위**
④ 브레이크액 점도

[정답] ③ 변속 레버 링크 및 조인트 부위
[해설] 레버가 헐거우면 정확한 기어 체결이 어려워 사고 위험이 높아지므로 연결 부위를 점검해야 한다.

17 변속기 작동 후 이상한 타는 냄새가 날 경우 우선 점검해야 할 것은?

① 배터리 충전 상태
② **변속기 오일 과열 여부**
③ 라디에이터 팬 회전 속도
④ 연료 캡 상태

[정답] ② 변속기 오일 과열 여부
[해설] 타는 냄새는 오일이 과열되거나 누유로 인해 발생하는 경우가 많다.

18 주행 후 점검 시 전·후진 변속 레버 조작에 이물감이 있을 경우 조치로 적절한 것은?

① 유압 작동유 교환
② **변속 레버 및 링크 윤활 또는 조정**
③ 포크 오일실 교체
④ 타이어 트레드 점검

[정답] ② 변속 레버 및 링크 윤활 또는 조정
[해설] 조작감이 무겁거나 뻣뻣할 경우 연결 부위 윤활 또는 간극 조정이 필요하다.

19 전·후진 주행장치의 정기 점검 항목에 해당하지 않는 것은?

① 클러치 유격 점검
② 변속기 오일 양 및 누유 점검
③ 후진등 작동 점검
④ **배터리 수명 확인**

[정답] ④ 배터리 수명 확인
[해설] 배터리는 전기장치 항목이며, 주행장치 점검 항목에는 포함되지 않는다.

20 주행 중 지게차가 앞으로 가지 않고 엔진 회전수만 상승하는 경우 가장 가능성 있는 원인은?

① 브레이크 드럼 고착
② **클러치 슬립 또는 변속기 손상**
③ 냉각수 누수
④ 전조등 접점 불량

[정답] ② 클러치 슬립 또는 변속기 손상
[해설] 출력은 발생하나 주행이 되지 않는 경우 동력 전달계통의 문제일 가능성이 높다.

21 지게차의 전후진 기어를 중립 위치로 놓았음에도 차량이 움직이는 경우 가능한 원인은?

① 타이어 공기압 과다
② **클러치 미끄러짐 또는 링크 고장**
③ 냉각수 온도 저하
④ 전조등 배선 단락

[정답] ② 클러치 미끄러짐 또는 링크 고장
[해설] 기어가 중립인데도 차량이 움직인다면 클러치나 변속기 연결부의 문제일 수 있다.

22 지게차 주행 중 전진에서 후진으로 변속 시 반드시 필요한 안전 조치는?

① 포크를 하강시킨다.
② 주차 브레이크를 해제한다.
③ **정지 후 기어를 변속한다.**
④ 엔진을 정지시킨다.

[정답] ③ 정지 후 기어를 변속한다.
[해설] 주행 중 기어를 변속하면 변속기 손상이나 사고가 발생할 수 있으므로 완전 정지 후 변속해야 한다.

23 자동변속기 지게차에서 변속 시 큰 충격이 발생하는 경우 가장 우선 점검할 항목은?

① **변속기 오일 상태 및 점도**
② 연료 필터 오염
③ 타이어 마모
④ 배터리 전압

[정답] ① 변속기 오일 상태 및 점도
[해설] 오일이 부족하거나 점도가 맞지 않으면 유압 변속기의 작동이 부드럽지 못하고 충격이 발생할 수 있다.

24 주행 후 점검 시 클러치 페달 유격이 기준보다 적을 경우 예상되는 문제는?

① 오일 교환 주기 단축
② 포크 속도 저하
③ **클러치 디스크 과열 및 조기 마모**
④ 타이어 공기압 상승

[정답] ③ 클러치 디스크 과열 및 조기 마모
[해설] 유격이 없으면 클러치가 완전히 떨어지지 않아 마찰이 계속 발생하게 되고, 과열 및 마모로 이어진다.

25 기계식 변속기를 사용하는 지게차에서 변속 레버 조작이 비정상적으로 뻑뻑한 경우 조치는?

① 연료 보충
② **변속 레버 윤활 및 연결 조인트 점검**
③ 브레이크 조정
④ 엔진오일 교환

[정답] ② 변속 레버 윤활 및 연결 조인트 점검
[해설] 변속 레버 조작이 원활하지 않다면 기계 연결 부위의 마찰 또는 오염이 원인일 수 있다.

26 작업 종료 후 기어가 중립에 제대로 위치해 있지 않으면 발생할 수 있는 문제는?

① 배터리 전압 과다
② 엔진 부조
③ **시동 불능 또는 불안정한 시동**
④ 냉각수 증발

[정답] ③ 시동 불능 또는 불안정한 시동
[해설] 기어가 정확히 중립 위치에 있지 않으면 시동 인터록 기능으로 인해 시동이 되지 않을 수 있다.

27 전·후진 주행장치 점검 시 변속기 내부에서 '이잉' 하는 금속 마찰음이 지속적으로 발생할 경우 원인은?

① 포크 휨
② **윤활 불량으로 인한 기어 마찰**
③ 클러치 유압 과다
④ 브레이크 패드 마모

정답 ② 윤활 불량으로 인한 기어 마찰
해설 금속 마찰음은 내부 기어에 윤활이 부족하거나 손상이 있을 경우 발생한다.

28 주행 후 변속기 오일 점검 시 오일이 거품 상태이거나 유백색인 경우 원인은?

① 점도 상승
② **수분 혼입으로 인한 유화**
③ 브레이크 오일 누설
④ 연료압 상승

정답 ② 수분 혼입으로 인한 유화
해설 오일에 수분이 섞이면 유화되어 거품처럼 보이거나 유백색으로 변하게 된다.

29 자동변속기 장착 지게차에서 후진 기어 변속 시 차량이 움직이지 않는 경우 가장 먼저 확인할 항목은?

① 타이어 휠 너트
② 냉각수 수위
③ 브레이크 패드 마모
④ **변속기 오일량 및 누유 여부**

정답 ④ 변속기 오일량 및 누유 여부
해설 후진 동작이 되지 않을 때는 오일 부족이나 변속기 계통 누유 여부를 우선 확인해야 한다.

30 작업 후 변속 레버가 제 위치로 복귀되지 않는 경우 예상 가능한 원인은?

① 타이어 압력 과다
② 클러치 유격 부족
③ **레버 스프링의 탄성 저하 또는 파손**
④ 엔진 연료 누유

정답 ③ 레버 스프링의 탄성 저하 또는 파손
해설 복귀되지 않는 문제는 내부 스프링 손상으로 인해 복원력이 부족할 수 있다.

31 변속 레버 조작 후 즉각적인 반응이 나타나지 않는 경우 의심할 수 있는 문제는?

① 브레이크 고착
② **클러치 디스크 마모 또는 동력 전달 불량**
③ 냉각수 부족
④ 연료 탱크 압력 상승

정답 ② 클러치 디스크 마모 또는 동력 전달 불량
해설 기어를 넣었는데 반응이 없는 경우 클러치가 미끄러지거나 출력 전달이 원활하지 않은 경우다.

32 작업 후 후진 기어 작동 시 차량의 움직임이 끊기고 떨릴 경우 점검할 부분은?

① **기어 링크 상태 및 변속기 오일**
② 브레이크액 점도
③ 타이어 접지면 마모
④ 라디에이터 냉각 팬 속도

정답 ① 기어 링크 상태 및 변속기 오일
해설 기어 링크가 느슨하거나 변속기 윤활 상태가 불량하면 기어 맞물림이 불안정해 차량이 떨릴 수 있다.

33 주행장치의 변속기 오일 교환 시 가장 먼저 확인해야 할 사항은?

① 유압 실린더 작동 상태
② **사용 중인 오일의 규격 및 점도**
③ 엔진 마운트 상태
④ 포크 기울기 범위

정답 ② 사용 중인 오일의 규격 및 점도
해설 잘못된 규격의 오일을 사용하면 변속기 내 부품 손상을 유발할 수 있으므로 반드시 확인해야 한다.

34 작업 후 점검 시 클러치 작동 시 경쾌한 '딸깍' 소리 대신 무거운 느낌이 들 경우 원인은?

① 타이어 압력 과다
② **클러치 링크 마찰 및 윤활 불량**
③ 포크 틸트 압력 과다
④ 유압 실린더 스트로크 이상

[정답] ② 클러치 링크 마찰 및 윤활 불량
[해설] 클러치 작동이 무겁고 불안정한 경우 연결 장치의 마찰이나 녹 발생이 원인일 수 있다.

35 전진 주행 시 정상적으로 작동하던 변속기가 언덕길에서 미끄러질 경우 가장 먼저 점검할 것은?

① 브레이크 패드 두께
② 냉각팬 회전 방향
③ **변속기 오일량 및 미끄러짐 여부**
④ 엔진 흡기 압력

[정답] ③ 변속기 오일량 및 미끄러짐 여부
[해설] 경사 주행 시 출력이 감소하거나 미끄러지는 경우 오일 부족이나 내부 마모로 인해 발생할 수 있다.

36 클러치 디스크가 마모되었을 경우 나타나는 현상으로 가장 적절한 것은?

① 주행 시 진동 감소
② 변속 시 기어 충격 감소
③ **동력 전달 불량 및 가속 저하**
④ 연비 향상

[정답] ③ 동력 전달 불량 및 가속 저하
[해설] 마모된 클러치는 회전력 전달이 제대로 되지 않아 차량 성능이 저하된다.

37 후진 시 급격한 진동과 소음이 함께 발생하는 경우 예상할 수 있는 기계적 문제는?

① **후진 기어 마모 또는 베어링 손상**
② 연료 압력 이상
③ 브레이크 오일 누수
④ 라디에이터 냉각수 부족

[정답] ① 후진 기어 마모 또는 베어링 손상
[해설] 기어 및 베어링이 손상되면 회전 불균형으로 인해 진동과 소음이 발생한다.

38 작업 후 변속기 하우징 주변에 오일이 묻어 있는 경우 적절한 점검 항목은?

① 브레이크 패드 유격
② **기어 씰 및 조인트 누유**
③ 냉각팬 날개 간격
④ 라디에이터 고정 볼트

[정답] ② 기어 씰 및 조인트 누유
[해설] 하우징 주변의 오일은 기어 샤프트 씰이나 접합부에서 누유된 것일 수 있다.

39 주행장치 중 기어 변경 시 기어가 걸리지 않고 헛도는 느낌이 들 경우 우선 조치 사항은?

① 타이어 교체
② 포크 조정
③ **변속 레버 링크 상태 점검**
④ 클러치 스프링 교체

[정답] ③ 변속 레버 링크 상태 점검
[해설] 헛도는 느낌은 레버와 내부 기어 사이의 연결부 결함일 가능성이 높다.

40 자동변속 지게차에서 'D' 기어 상태로 변속 후 지게차가 전진하지 않는 경우 원인은?

① 후진등 배선 단락
② 엔진 냉각수 부족
③ **변속기 유압 부족 또는 컨트롤 밸브 고착**
④ 배터리 과충전

[정답] ③ 변속기 유압 부족 또는 컨트롤 밸브 고착
[해설] 유압이 부족하거나 제어 밸브가 고착되면 출력은 발생해도 기어가 물리지 않아 움직이지 않을 수 있다.

41 지게차 주행 후 변속기 오일이 검게 변색되어 있을 경우 가장 우선 점검할 사항은?

① 타이어 공기압
② 브레이크 디스크 마모
③ **오일 교환 주기 초과 및 내부 마찰열 여부**
④ 배터리 단자 고정 상태

정답 ③ 오일 교환 주기 초과 및 내부 마찰열 여부
해설 검게 변한 오일은 마찰열에 의해 열화되었을 가능성이 크므로, 교환 시기 초과 여부를 확인해야 한다.

42 작업 후 점검 시 기어 변속이 비정상적으로 무거운 경우 가장 먼저 점검할 항목은?

① 기어 손상 여부
② **변속 레버 윤활 상태 및 링크 연결부 마모**
③ 연료캡 고정 상태
④ 배터리 전압

정답 ② 변속 레버 윤활 상태 및 링크 연결부 마모
해설 레버 조작이 무거울 경우 링크 축이나 조인트가 마모되었거나 윤활 부족일 수 있다.

43 전진 기어 작동 시 차량이 후진하거나 이상한 방향으로 움직이는 경우 가장 가능성 있는 원인은?

① 엔진 오일 부족
② 브레이크 조작 미숙
③ 연료 누설
④ **변속 기어 장착 오류 또는 내부 기어 손상**

정답 ④ 변속 기어 장착 오류 또는 내부 기어 손상
해설 주행 방향과 기어 설정이 다를 경우 내부 기어의 위치 이상이나 조립 불량이 원인일 수 있다.

44 지게차가 일정 속도 이상에서 진동이 커지는 경우 주행장치 관련 가장 가능성 있는 원인은?

① **타이어 트레드 과도 마모**
② 변속기 오일 부족
③ 클러치 케이블 장력 증가
④ 라디에이터 누수

정답 ① 타이어 트레드 과도 마모
해설 고속 주행 시 진동이 심해지는 현상은 대부분 타이어 마모나 편마모에 의한 불균형 때문이다.

45 변속 레버가 정상 위치에 있어도 차량이 전혀 움직이지 않을 경우 가장 먼저 확인해야 할 사항은?

① 브레이크 잠김 여부
② 유압 필터 청결도
③ **클러치 또는 변속기 동력전달 이상**
④ 배터리 단자 부식

정답 ③ 클러치 또는 변속기 동력전달 이상
해설 기어는 들어갔지만 동력이 바퀴까지 전달되지 않으면 클러치나 변속기 내부 문제일 수 있다.

46 주행 후 기어 변속이 일정한 RPM 이상에서만 가능한 경우 가능한 원인은?

① 배터리 과충전
② 오일 누유
③ 라디에이터 팬 결함
④ **기어 동기화 장치 마모**

정답 ④ 기어 동기화 장치 마모
해설 동기화 장치가 마모되면 특정 속도 이상에서만 기어가 맞물려 변속이 되며, 이로 인해 변속이 제한될 수 있다.

47 기계식 변속기를 사용하는 지게차에서 기어가 걸린 상태로 변속 레버가 흔들리는 경우 원인은?

① 기어비 불일치
② **링크 조인트 마모**
③ 변속기 오일과다
④ 냉각수 누수

정답 ② 링크 조인트 마모
해설 레버 흔들림은 레버와 기어 간 연결 부위가 마모되었을 때 흔히 발생하는 증상이다.

48 변속기 오일 점검 시 오일에 금속성 이물질이 섞여 있는 경우 조치로 가장 적절한 것은?

① 오일만 교환하고 재사용
② 오일 점도 낮추기
③ **변속기 내부 기어 및 베어링 점검**
④ 타이어 공기압 보정

정답 ③ 변속기 내부 기어 및 베어링 점검
해설 금속가루가 있다는 것은 내부 부품의 마모를 의미하므로 즉시 내부를 점검해야 한다.

49 클러치가 완전히 작동하지 않을 경우 주행 중 나타나는 현상은?

① 변속 충격 감소
② **기어 변속 시 마찰음 및 진동**
③ 브레이크 제동력 증가
④ 타이어 마모 감소

정답 ② 기어 변속 시 마찰음 및 진동
해설 클러치가 완전히 분리되지 않으면 기어가 제대로 맞물리지 않아 마찰과 진동이 발생한다.

50 주행 후 점검 중 변속 레버 조작 시 소리가 나지 않고 움직임이 과도하게 부드러운 경우 의심할 수 있는 문제는?

① **링크 연결부 풀림 또는 고정불량**
② 기어가 경량화되었음
③ 윤활 오일 과다 사용
④ 후진등 배선 쇼트

정답 ① 링크 연결부 풀림 또는 고정불량
해설 지나치게 부드러운 조작감은 연결부가 풀렸거나 링크 조정이 잘못되었을 가능성이 있다.

51 주행 중 전진에서 후진으로 급격히 변속할 경우 나타날 수 있는 문제는?

① **변속기 과열 및 기어 파손**
② 냉각수 온도 저하
③ 브레이크 오일 누수
④ 포크 균형 향상

정답 ① 변속기 과열 및 기어 파손
해설 급변속은 큰 하중을 발생시켜 기어에 충격을 주며, 내부 구성품 파손이나 과열을 초래할 수 있다.

52 전후진 주행장치 점검 중 레버 위치와 실제 주행방향이 일치하지 않는 경우 적절한 조치는?

① 브레이크를 조정한다.
② 클러치를 교체한다.
③ **변속 레버 링크를 조정 또는 교환한다.**
④ 냉각팬을 청소한다.

정답 ③ 변속 레버 링크를 조정 또는 교환한다.
해설 레버 위치와 실제 기어 위치가 다를 경우 링크 조정이 틀어졌거나 마모되었기 때문이다.

53 지게차가 후진 시 기어가 반복적으로 빠지는 경우 가장 적절한 점검 항목은?

① **변속기 내부 기어 고정 상태**
② 냉각수 농도
③ 연료탱크 고정 너트
④ 브레이크 오일 점도

정답 ① 변속기 내부 기어 고정 상태
해설 반복적인 기어 이탈은 기어 고정력 약화나 내부 기어링 손상 때문일 수 있으므로 점검이 필요하다.

54 전진 기어 작동 시 클러치가 완전히 작동하지 않아 차량이 튀는 증상은 무엇 때문일 수 있는가?

① 기어비 과다
② **클러치 디스크 불균형 및 압력판 손상**
③ 브레이크 페달 유격 증가
④ 타이어 편마모

정답 ② 클러치 디스크 불균형 및 압력판 손상
해설 클러치가 고르게 작동하지 않으면 출력 전달이 불균형해져 차량이 튀는 증상이 나타난다.

55 후진 기어 작동 시 지게차가 전혀 움직이지 않고 소음도 없는 경우 가장 먼저 확인할 부위는?

① 브레이크액 잔량
② **기어 선택 레버 위치**
③ 포크 길이
④ 냉각팬 회전속도

정답 ② 기어 선택 레버 위치
해설 기어가 정확히 작동하지 않거나 중립 상태에 있으면 동작하지 않으므로 기어 위치를 점검해야 한다.

56 클러치 유압식 조작 시스템에서 오일이 부족할 경우 나타날 수 있는 현상은?

① 기어 자동변속 기능 작동
② 클러치 페달 무거워짐
③ **클러치 작동 불량 및 시동 시 밀림**
④ 브레이크 제동력 증가

정답 ③ 클러치 작동 불량 및 시동 시 밀림
해설 클러치 유압이 부족하면 페달을 밟아도 작동력이 전달되지 않아 기어 작동에 이상이 발생할 수 있다.

57 주행 후 점검 시 변속기 케이스에 손을 대었을 때 과도하게 뜨거운 경우 가능한 원인은?

① 브레이크 캘리퍼 손상
② 엔진 출력 증가
③ **변속기 오일 부족 또는 마찰 과다**
④ 전조등 과열

정답 ③ 변속기 오일 부족 또는 마찰 과다
해설 오일이 부족하면 마찰로 인한 열이 증가하여 외부에서도 온도가 감지될 수 있다.

58 클러치 작동 중 '찌걱'하는 소리가 반복될 경우 가장 가능성 높은 원인은?

① 타이어 마모
② 브레이크 패드 손상
③ 라디에이터 손상
④ **클러치 릴리스 베어링 마모**

정답 ④ 클러치 릴리스 베어링 마모
해설 릴리스 베어링은 페달 작동 시 회전 마찰이 발생하며, 마모 시 금속 마찰음이 반복된다.

59 변속기 작동 중 진동이 차량 전체로 전달될 경우 어떤 부품을 점검해야 하는가?

① 라디에이터 마운트
② **엔진 마운트 및 변속기 고무 마운트**
③ 유압 펌프 고정대
④ 배터리 고정 브라켓

정답 ② 엔진 마운트 및 변속기 고무 마운트
해설 마운트 손상 시 진동 흡수가 되지 않아 차량 전체에 진동이 전달된다.

60 전진 주행 시 급격한 기어 이탈이 발생하면 우선 확인해야 할 사항은?

① **변속 레버 고정 상태 및 조정**
② 클러치 디스크 방향
③ 냉각수 농도
④ 후진등 배선 단선 여부

정답 ① 변속 레버 고정 상태 및 조정
해설 기어가 튀는 현상은 레버 고정 불량 또는 링크 조정 상태가 맞지 않아 발생할 수 있다.

09 4. 유압장치 (60제)

총 13개 분야 중 자신이 약한 부분만 집중하는 코스

※ 맞는 것을 고르는 답은 고딕, 틀린 것을 고르는 답은 명조체로 표시하였습니다

1 작업 후 유압 시스템 점검 시 가장 먼저 확인해야 할 항목은?

① 냉각수 양
② **유압 오일 누유 및 오일 양**
③ 타이어 마모 상태
④ 배터리 전압

정답 ② 유압 오일 누유 및 오일 양
해설 유압 장치의 기본은 오일로 작동하기 때문에 오일의 상태와 누유 여부가 가장 우선적으로 점검되어야 한다.

2 유압 오일 탱크 내 배플(차폐판)의 주요 기능은?

① **오일 기포 발생 방지 및 열분산**
② 오일 누유 방지
③ 필터 수명 연장
④ 냉각팬 속도 조절

정답 ① 오일 기포 발생 방지 및 열분산
해설 배플은 유압 오일의 흐름을 제어하여 기포 발생을 억제하고, 오일의 온도 분산을 유도한다.

3 유압 필터가 막혔을 경우 나타날 수 있는 현상으로 가장 적절한 것은?

① 브레이크 제동력 증가
② **유압 압력 저하 및 작동 불량**
③ 타이어 마모 증가
④ 엔진 소음 증가

정답 ② 유압 압력 저하 및 작동 불량
해설 필터가 막히면 오일 흐름이 원활하지 않아 압력이 저하되고 유압기기의 작동이 저해된다.

4 유압장치의 과부하 방지를 위한 대표적인 장치는?

① 릴레이 스위치
② 체크 밸브
③ 리미트 스위치
④ **릴리프 밸브**

정답 ④ 릴리프 밸브
해설 릴리프 밸브는 유압 회로의 압력이 일정 수치를 넘을 경우 이를 우회시켜 압력 상승을 방지하는 역할을 한다.

5 작업 후 유압 실린더 외부에 오일이 묻어 있는 경우 가장 먼저 점검할 부위는?

① 실린더 내부 피스톤
② 유압펌프 베어링
③ **실린더 로드 및 오일 씰 상태**
④ 냉각수 누출 여부

정답 ③ 실린더 로드 및 오일 씰 상태
해설 외부 누유가 보일 경우 오일 씰이 손상되었거나 로드 표면이 마모되었을 가능성이 크다.

6 유압 펌프의 작동음이 평소보다 커졌을 경우 가장 먼저 확인할 항목은?

① 배터리 용량
② **오일 점도 및 유량 상태**
③ 라디에이터 팬 속도
④ 브레이크 유압 상태

정답 ② 오일 점도 및 유량 상태
해설 점도가 낮거나 유량이 부족하면 펌프 내부에 이상 마찰이 생겨 소음이 커질 수 있다.

7 작업 종료 후 유압 장치의 이상 여부를 판단할 수 있는 지표는?

① 타이어 공기압
② 유압 게이지의 정상 압력 유지 여부
③ 전조등 점등 상태
④ 연료 캡 잠금 여부

정답 ② 유압 게이지의 정상 압력 유지 여부
해설 유압 게이지는 시스템 내 압력 상태를 보여주는 장치로, 이상 압력 시 장비 이상을 판단할 수 있다.

8 유압 시스템에서 사용하는 오일의 점도가 너무 낮을 경우 발생할 수 있는 문제는?

① 오일 냉각 효과 증가
② 작동 속도 향상
③ 내부 누유 및 마찰부 마모 가속
④ 유압 증가

정답 ③ 내부 누유 및 마찰부 마모 가속
해설 점도가 낮으면 오일의 윤활 성능이 떨어져 기계적 마모와 누유가 쉽게 발생한다.

9 유압 펌프가 오일을 제대로 흡입하지 못하는 경우 가장 먼저 확인할 사항은?

① 퓨즈 단선
② 냉각팬 회전
③ 브레이크 유압 상태
④ 흡입 라인의 막힘 여부 또는 오일 부족

정답 ④ 흡입 라인의 막힘 여부 또는 오일 부족
해설 펌프 흡입이 되지 않으면 오일 공급 계통의 막힘이나 탱크 내 오일 부족 여부를 점검해야 한다.

10 유압 실린더 작동 후 자동으로 복귀되지 않을 경우 가장 먼저 점검할 사항은?

① 실린더 내 피스톤 강도
② 유압 밸브의 작동 상태 및 스프링 복원력
③ 오일 색상
④ 냉각수 양

정답 ② 유압 밸브의 작동 상태 및 스프링 복원력
해설 실린더 복귀는 밸브의 위치 복귀에 따라 이루어지므로 스프링 작동 여부를 점검해야 한다.

11 유압 시스템에서 오일 온도가 지속적으로 상승할 경우 가장 먼저 점검할 사항은?

① 유압 오일 필터의 막힘 여부
② 냉각팬 작동 여부
③ 브레이크 패드 마모
④ 기어 유격

정답 ① 유압 오일 필터의 막힘 여부
해설 필터가 막히면 유압 오일 흐름이 제한되어 과열이 발생할 수 있다.

12 유압 펌프가 비정상적으로 작동하는 경우 의심할 수 있는 주요 원인은?

① 흡입 라인에서 공기 혼입
② 배터리 충전 부족
③ 라디에이터 누수
④ 조향축 마모

정답 ① 흡입 라인에서 공기 혼입
해설 공기가 혼입되면 오일의 연속성이 깨져 펌프에서 비정상적인 진동과 소음이 발생한다.

13 작업 후 유압 호스 외관을 점검할 때 이상 상태로 판단되는 것은?

① 표면이 깨끗하고 탄성이 있음
② 외피 균열 및 팽창 흔적 있음
③ 이음부에 체결 상태 양호함
④ 금속 피팅에 오일 흡수 흔적 없음

정답 ② 외피 균열 및 팽창 흔적 있음
해설 유압 호스는 균열이나 팽창 흔적이 있으면 파열 위험이 있으므로 즉시 교체해야 한다.

14 유압 실린더 점검 시 가장 중요하게 확인할 항목은?

① 피스톤 강도 측정
② 작동온도 측정
③ **로드의 직선도와 누유 여부**
④ 필터의 제조일자

정답 ③ 로드의 직선도와 누유 여부
해설 실린더의 핵심 작동 부인 로드의 변형 여부와 누유 상태는 안전에 직결되므로 중요하다.

15 유압 회로의 작동 속도를 제어하는 대표적인 장치는?

① 릴리프 밸브
② 포크 높이 조절 레버
③ 리밋 스위치
④ **유량 조절 밸브**

정답 ④ 유량 조절 밸브
해설 유량 조절 밸브는 흐름량을 조절하여 유압 실린더나 모터의 작동 속도를 제어하는 기능을 한다.

16 유압 시스템 점검 시 오일의 점도 변화가 심한 경우 예상되는 문제는?

① 필터 압력 상승
② **작동 불균형 및 시스템 과열**
③ 연료 소비 증가
④ 전조등 밝기 증가

정답 ② 작동 불균형 및 시스템 과열
해설 점도가 급격히 변하면 유압 시스템의 작동 안정성이 떨어지고 마찰열로 인해 과열될 수 있다.

17 유압 펌프 고장 징후 중 하나로 옳은 것은?

① 소음이 줄어듦
② 작동 속도 증가
③ **펌프 진동 및 출력 감소**
④ 오일색이 투명해짐

정답 ③ 펌프 진동 및 출력 감소
해설 펌프의 베어링이나 기어가 마모되면 진동이 발생하고 출력이 떨어지는 현상이 나타난다.

18 유압 탱크의 공기 배출구가 막힐 경우 발생할 수 있는 현상은?

① 오일 과열 방지
② 유압 증가
③ **탱크 내 압력 상승 및 오일 누유**
④ 클러치 작동 향상

정답 ③ 탱크 내 압력 상승 및 오일 누유
해설 공기 배출구가 막히면 탱크 내부 압력이 상승하여 오일이 밀려나 누유가 발생할 수 있다.

19 유압장치에서 체크 밸브의 역할은?

① **압력 유지 및 역류 방지**
② 작동속도 조절
③ 온도 유지
④ 회전력 전달

정답 ① 압력 유지 및 역류 방지
해설 체크 밸브는 한 방향으로만 유체를 흐르게 하여 역류를 방지하고 압력을 일정하게 유지한다.

20 유압 실린더에서 작동음이 불규칙하거나 이상할 경우 가장 먼저 점검할 항목은?

① 로드 직선도
② 조향 장치 마모
③ 라디에이터 청소 주기
④ **실린더 내부 공기 혼입 여부**

정답 ④ 실린더 내부 공기 혼입 여부
해설 공기가 혼입되면 작동 시 기포가 터지며 불규칙한 소음과 작동 불안정이 발생한다.

21 작업 후 유압 시스템 내 오일 거품 발생이 심한 경우 가장 가능성 높은 원인은?

① 라디에이터 이상
② 오일 점도 과다
③ **공기 혼입 또는 오일 부족**
④ 배터리 방전

> 정답 ③ 공기 혼입 또는 오일 부족
> 해설 오일 속에 공기가 섞이면 거품이 생기며, 이는 오일 부족이나 흡입 라인 이상 때문일 수 있다.

22 유압 장치의 누유 방지를 위해 가장 중요하게 유지되어야 할 부품은?

① 냉각팬
② 실린더 로드
③ 오일 필터
④ **씰(Seal) 및 패킹류**

> 정답 ④ 씰(Seal) 및 패킹류
> 해설 유압장치의 누유는 대부분 씰이나 패킹류의 마모나 손상에서 발생하므로 정기적인 교체와 점검이 중요하다.

23 유압 시스템 점검 시 오일색이 탁하고 갈색으로 변한 경우 의미하는 것은?

① 필터가 새것이다.
② **오일에 수분이 혼입되었거나 산화되었다.**
③ 오일이 고급이다.
④ 오일 점도가 낮다.

> 정답 ② 오일에 수분이 혼입되었거나 산화되었다.
> 해설 오일이 갈색이거나 탁하면 수분이 섞였거나 산화되어 오일 교체가 필요함을 나타낸다.

24 유압 실린더에서 피스톤 로드가 일정 거리만 이동하고 멈추는 경우 가장 먼저 확인할 사항은?

① 라디에이터 수위
② **실린더 스트로크 제한 유무**
③ 클러치 작동력
④ 브레이크 페달 유격

> 정답 ② 실린더 스트로크 제한 유무
> 해설 피스톤의 작동 범위가 제한될 경우 실린더 내부의 기계적 제한이나 스톱 밸브 설정을 확인해야 한다.

25 유압 펌프의 회전 방향이 잘못된 경우 발생할 수 있는 현상은?

① 오일 압력이 증가된다.
② 냉각팬이 멈춘다.
③ **펌프 손상 및 오일 순환 불능**
④ 포크가 빨리 올라간다.

> 정답 ③ 펌프 손상 및 오일 순환 불능
> 해설 펌프는 특정 방향으로 회전해야 작동하며, 반대로 회전하면 내부 손상이 발생하고 오일이 공급되지 않는다.

26 유압 시스템에서 유량 저하로 인한 포크 작동 지연이 발생할 경우 가장 먼저 점검할 항목은?

① 전조등 릴레이
② 브레이크액 누수
③ 냉각수 온도
④ **유량 제어 밸브 또는 필터 막힘**

> 정답 ④ 유량 제어 밸브 또는 필터 막힘
> 해설 유량이 낮아지면 작동 속도가 느려지며, 이는 유량 밸브 조정 이상 또는 필터 막힘으로 인해 발생할 수 있다.

27 유압 밸브의 작동 점검 중 밸브가 원위치로 복귀되지 않을 경우 가능한 원인은?

① **복귀 스프링 손상 또는 마찰력 과다**
② 전조등 배선 이상
③ 클러치 페달 간극 과소
④ 브레이크 라이닝 두께 부족

> 정답 ① 복귀 스프링 손상 또는 마찰력 과다
> 해설 밸브가 복귀하지 않으면 내부 복귀 스프링의 탄성이 약하거나 밸브의 움직임이 원활하지 않은 경우다.

28 유압 탱크 점검 시 공기 배출구에 이물질이 막혀 있으면 발생할 수 있는 문제는?

① **압력 저하 및 오일 기포 발생**
② 연료 누수
③ 배터리 과충전
④ 전조등 점등 불량

> 정답 ① 압력 저하 및 오일 기포 발생
> 해설 공기 배출이 되지 않으면 탱크 내 압력 불균형이 생겨 오일 흐름에 이상이 생긴다.

29 유압 시스템에서 파이프 및 호스를 점검할 때 주의해야 할 사항은?

① 배선 절연 여부
② 브레이크액 상태
③ **연결 부위의 체결 상태 및 크랙 여부**
④ 타이어 공기압 측정

> 정답 ③ 연결 부위의 체결 상태 및 크랙 여부
> 해설 파이프와 호스는 압력이 걸리는 부위이므로 크랙이 없고, 연결부가 견고하게 체결되어 있어야 한다.

30 유압 회로의 작동 불량 원인을 찾기 위한 가장 효과적인 방법은?

① 전기 계통 배선 확인
② **순서에 따라 각 밸브, 펌프, 실린더 등 단계적으로 점검**
③ 브레이크액 교환
④ 냉각수 온도 확인

> 정답 ② 순서에 따라 각 밸브, 펌프, 실린더 등 단계적으로 점검
> 해설 유압 시스템은 계통 순서에 따라 작동하므로 원인 진단 시 흐름을 따라 단계적으로 점검해야 한다.

31 유압 펌프가 고속 회전 시 오히려 오일 흐름이 불안정해질 수 있는 이유는?

① 베어링 수명이 짧아지기 때문
② **고속 회전으로 진공도 증가 및 캐비테이션 발생 가능성 때문**
③ 유압 실린더가 빠르게 움직이기 때문
④ 냉각팬이 회전하지 않기 때문

> 정답 ② 고속 회전으로 진공도 증가 및 캐비테이션 발생 가능성 때문
> 해설 고속 회전 시 흡입 압력이 낮아져 오일 내 기포가 생기며 캐비테이션 현상이 발생할 수 있다.

32 유압 작동유를 장기간 교환하지 않았을 때 발생할 수 있는 대표적인 문제는?

① 오일 점도 증가로 유량 과다
② 오일 색상 투명도 증가
③ **오일 산화 및 윤활성 저하로 장치 마모 가속**
④ 유압이 일정하게 유지됨

> 정답 ③ 오일 산화 및 윤활성 저하로 장치 마모 가속
> 해설 장기간 사용한 유압 오일은 산화되어 윤활 성능이 떨어지고 장치 마모가 가속된다.

33 유압 시스템에서 체크 밸브의 고장으로 인한 문제는?

① 유압 상승
② 작동 유량 증가
③ **유압 역류 및 작동 불안정**
④ 포크의 이동 속도 향상

> 정답 ③ 유압 역류 및 작동 불안정
> 해설 체크 밸브는 유압의 한 방향 흐름을 유지하며, 고장 시 역류가 발생하여 장치 작동에 이상이 생긴다.

34 유압 오일 탱크의 오일이 급격히 줄어들었을 경우 가장 먼저 확인할 부분은?

① 전조등 배선
② 브레이크액 보충 여부
③ 냉각수 누수 여부
④ **외부 누유 및 내부 실린더 손상 여부**

[정답] ④ 외부 누유 및 내부 실린더 손상 여부
[해설] 오일 감소는 외부 누유나 실린더 내부 씰 손상으로 인한 오일 누출일 가능성이 높다.

35 유압 실린더에서 실 작동 중 피스톤이 일정 위치에서 멈추는 경우 가장 먼저 의심할 부분은?

① 조향 장치
② **실린더 내 이물질 유입 또는 밸브 막힘**
③ 배터리 전압 과다
④ 브레이크 패드 마모

[정답] ② 실린더 내 이물질 유입 또는 밸브 막힘
[해설] 작동이 멈추는 경우 회로 내 이물질이나 밸브 작동 이상이 원인일 수 있다.

36 유압 펌프에서 캐비테이션 현상이 지속될 경우 나타날 수 있는 결과는?

① 냉각 효율 향상
② 유압 오일 내 수분 제거
③ **펌프 내부 손상 및 성능 저하**
④ 포크 상승 속도 증가

[정답] ③ 펌프 내부 손상 및 성능 저하
[해설] 캐비테이션은 오일 내 기포가 펌프 내부에서 터지며 표면 손상과 펌프 수명 단축을 초래한다.

37 유압 밸브 조작 시 마찰이 심하고 반응이 느릴 경우 조치로 옳은 것은?

① 냉각팬 속도 증가
② 밸브 스프링 교체
③ **밸브 내부 청소 및 윤활 상태 점검**
④ 타이어 공기압 조정

[정답] ③ 밸브 내부 청소 및 윤활 상태 점검
[해설] 밸브가 뻣뻣하거나 반응이 느리면 내부 오염이나 윤활 부족 때문일 수 있으므로 점검이 필요하다.

38 유압 장치에서 릴리프 밸브가 과도하게 작동할 경우 나타날 수 있는 현상은?

① **지속적인 유압 손실 및 발열 증가**
② 압력 유지 향상
③ 유압 회로 냉각 강화
④ 유량 증가

[정답] ① 지속적인 유압 손실 및 발열 증가
[해설] 릴리프 밸브가 지속적으로 열리면 유압이 계속 누출되어 회로 발열과 손실이 증가한다.

39 유압 필터 점검 시 필터 내부에 금속성 이물질이 다량 발견될 경우 예상되는 문제는?

① **유압 펌프 또는 밸브류 내부 마모**
② 냉각기 성능 향상
③ 유압 회로 정상 작동
④ 배터리 과방전

[정답] ① 유압 펌프 또는 밸브류 내부 마모
[해설] 금속 이물질은 펌프나 밸브류의 내부 마모로 발생하며, 기계 수명 단축의 신호일 수 있다.

40 유압 회로에서 유량이 정상인데도 포크 작동 속도가 느릴 경우 점검해야 할 부분은?

① 타이어 압력
② **실린더 내부 마찰 또는 유압 누설**
③ 조향 장치 정렬 상태
④ 냉각팬 속도

[정답] ② 실린더 내부 마찰 또는 유압 누설
[해설] 유량이 정상이지만 작동 속도가 느리다면 실린더 내의 마찰 증가나 미세 누유 가능성이 있다.

41 유압 시스템의 과열을 막기 위한 가장 기본적인 예방 방법은?

① 주기적인 브레이크 점검
② 배터리 전압 유지
③ 포크 정렬 확인
④ **오일 점도 및 유량 관리**

정답 ④ 오일 점도 및 유량 관리
해설 오일 점도가 맞지 않거나 유량이 부족하면 시스템 내 마찰이 증가하여 과열이 발생할 수 있다.

42 유압 오일의 교체 주기를 무시하고 계속 사용할 경우 발생할 수 있는 문제는?

① 연비 향상
② 오일 유동성 증가
③ **윤활 성능 저하 및 내부 부품 마모 가속**
④ 브레이크 페달 부드러움 증가

정답 ③ 윤활 성능 저하 및 내부 부품 마모 가속
해설 오래된 오일은 점도 저하 및 산화로 인해 윤활 기능이 떨어져 마모를 촉진한다.

43 유압 밸브가 한쪽 방향으로만 작동하는 경우 우선적으로 점검할 사항은?

① **밸브 내 스프링 작동 여부 및 밸브 막힘**
② 브레이크 오일 점도
③ 배터리 충전 상태
④ 전조등 퓨즈 상태

정답 ① 밸브 내 스프링 작동 여부 및 밸브 막힘
해설 밸브가 편향되면 내부 스프링 불량이나 밸브 통로 오염 가능성이 높다.

44 유압 펌프 작동 시 간헐적인 진동과 소음이 발생하는 경우 가장 먼저 점검할 사항은?

① 조향 장치 풀림
② 브레이크 패드 마모
③ **흡입 라인의 공기 혼입 또는 오일 부족**
④ 타이어 편마모

정답 ③ 흡입 라인의 공기 혼입 또는 오일 부족
해설 공기 혼입은 유압 회로의 연속성에 영향을 미쳐 진동과 소음을 유발할 수 있다.

45 유압 필터를 교환하지 않고 장시간 사용하는 경우 가장 우려되는 문제는?

① 냉각 효과 향상
② 오일 색상 투명도 유지
③ 전조등 밝기 증가
④ **오일 흐름 저하 및 회로 압력 불안정**

정답 ④ 오일 흐름 저하 및 회로 압력 불안정
해설 필터가 막히면 유압 흐름이 방해되어 시스템 전반에 압력 이상이 생긴다.

46 유압 실린더 작동 시 일정 압력 이상에서만 작동이 시작되는 경우 가장 먼저 점검할 항목은?

① 포크 틸트 범위
② **릴리프 밸브 설정 압력**
③ 배터리 용량
④ 브레이크 패드 두께

정답 ② 릴리프 밸브 설정 압력
해설 설정 압력이 높게 되어 있으면 일정 압력에 도달해야만 작동이 시작된다.

47 유압 회로 작동 시 오일이 과다하게 발열되는 원인으로 가장 가능성 있는 것은?

① 오일 점도가 높고 유속이 느릴 때
② 브레이크 오일과 혼합 사용 시
③ **오일 점도 낮고 유량이 과도할 때**
④ 실린더 오버홀 후 재조립 시

정답 ③ 오일 점도 낮고 유량이 과도할 때
해설 점도가 낮고 유속이 빠르면 마찰로 인해 발열이 심해지며 시스템 온도가 상승한다.

48 유압 장치의 릴리프 밸브 점검 시 주의해야 할 사항은?

① 공기 배출 여부 확인
② 타이어 공기압 조정
③ 배터리 전류 확인
④ **설정 압력 조정 시 과도한 압력 설정 방지**

[정답] ④ 설정 압력 조정 시 과도한 압력 설정 방지
[해설] 릴리프 밸브 압력이 너무 높게 설정되면 시스템 보호 기능이 무력화될 수 있다.

49 유압 탱크의 오일량이 충분한데도 오일 공급이 원활하지 않을 경우 우선 점검할 항목은?

① 브레이크 라이닝
② 냉각수 농도
③ **흡입 파이프 및 여과망 막힘 여부**
④ 후진등 배선

[정답] ③ 흡입 파이프 및 여과망 막힘 여부
[해설] 오일량이 충분해도 여과망이 막히면 오일이 펌프로 유입되지 않아 공급이 되지 않는다.

50 유압 펌프에서 비정상적인 마찰음이 발생할 경우 가장 가능성 높은 원인은?

① **유압 오일 점도 저하 또는 오일 부족**
② 브레이크 드럼 균열
③ 타이어 펑크
④ 포크 편심 작동

[정답] ① 유압 오일 점도 저하 또는 오일 부족
[해설] 윤활이 제대로 되지 않으면 금속 마찰음이 발생하고 펌프에 손상을 줄 수 있다.

51 유압 실린더의 왕복 작동이 비대칭일 경우 가장 먼저 점검할 사항은?

① 브레이크 조정 상태
② **실린더 로드 직선도 및 밸브 개폐 상태**
③ 타이어 위치 정렬
④ 전조등 조도

[정답] ② 실린더 로드 직선도 및 밸브 개폐 상태
[해설] 실린더의 작동이 불균형하면 로드 휨이나 밸브 작동 불량이 원인일 수 있다.

52 유압장치에서 지속적인 미세 누유가 발생하는 경우 적절한 조치는?

① 포크 교체
② 오일 필터 강화
③ 냉각수 보충
④ **패킹류 점검 및 교체**

[정답] ④ 패킹류 점검 및 교체
[해설] 미세 누유는 대부분 패킹이나 씰류의 경화 또는 마모로 인해 발생하므로 교체가 필요하다.

53 유압 시스템 내 밸브 조작 후 반응이 느릴 경우 가장 가능성 있는 원인은?

① 냉각기 고장
② **유량 저하 또는 밸브 내부 오염**
③ 배터리 과방전
④ 라디에이터 코어 막힘

[정답] ② 유량 저하 또는 밸브 내부 오염
[해설] 유압 밸브의 반응은 유량 상태와 밸브 내부의 청결도에 크게 영향을 받는다.

54 유압 회로의 압력이 불규칙하게 변동될 경우 점검할 주요 부품은?

① 후진등 퓨즈
② **압력 게이지와 릴리프 밸브**
③ 연료캡 고정 상태
④ 라디에이터 고정볼트

[정답] ② 압력 게이지와 릴리프 밸브
[해설] 압력이 일정하지 않다면 계기 및 제어 밸브의 불량이나 오염 상태를 점검해야 한다.

55 유압 시스템의 점검 후 재가동 시 오일 내 기포를 제거하기 위한 조치는?

① 브레이크 테스트
② 라디에이터 청소
③ **시스템을 천천히 작동시켜 공기를 배출함**
④ 유압펌프 고속 작동

정답 ③ 시스템을 천천히 작동시켜 공기를 배출함
해설 공기가 혼입된 경우 빠르게 작동시키면 캐비테이션이 유발되므로 천천히 작동시켜 공기를 제거해야 한다.

56 유압 펌프의 흡입력 저하로 오일이 공급되지 않을 경우 가장 먼저 점검할 항목은?

① **흡입 배관 및 여과망 막힘 여부**
② 포크 리밋 스위치
③ 전조등 배선
④ 타이어 휠 너트

정답 ① 흡입 배관 및 여과망 막힘 여부
해설 흡입 배관이 막히면 오일이 펌프로 들어가지 않아 펌프가 흡입 작동을 하지 못한다.

57 유압장치에서 릴리프 밸브를 너무 낮게 설정할 경우 발생할 수 있는 현상은?

① 포크가 천천히 올라감
② **작동 중 유압이 자주 빠지며 힘이 부족해짐**
③ 오일 색이 진해짐
④ 연료 효율 증가

정답 ② 작동 중 유압이 자주 빠지며 힘이 부족해짐
해설 설정 압력이 낮으면 밸브가 쉽게 열려 유압이 유지되지 못해 작동력이 부족해진다.

58 유압 오일이 오랜 사용 후 흑갈색으로 변한 경우 조치로 옳은 것은?

① 냉각팬 속도 증가
② 오일 보충
③ **오일 즉시 교환**
④ 브레이크액 점검

정답 ③ 오일 즉시 교환
해설 오일이 산화되어 흑갈색으로 변하면 윤활과 냉각 기능이 떨어지므로 교환이 필요하다.

59 유압 시스템을 해체 후 재조립했을 때 초기 작동 시 해야 할 작업은?

① 오일 희석
② **공기 배출 및 유압 회로 점검**
③ 브레이크 공기 제거
④ 배터리 충전

정답 ② 공기 배출 및 유압 회로 점검
해설 시스템 재조립 후에는 공기가 혼입되어 있을 수 있으므로 이를 제거하고 전체 회로를 점검해야 한다.

60 유압 회로에서 압력 누설로 인한 출력 감소가 우려될 경우 가장 먼저 점검할 부위는?

① **실린더 로드 마모 상태**
② 후진등 스위치 접점
③ 타이어 마모량
④ 포크 길이 조정 상태

정답 ① 실린더 로드 마모 상태
해설 실린더 로드가 마모되면 오일이 누설되어 압력이 저하되고 출력이 감소한다.

09 총 13개 분야 중 자신이 약한 부분만 집중하는 코스
5. 작업장치 (60제)

※ 맞는 것을 고르는 답은 고딕, 틀린 것을 고르는 답은 명조체로 표시하였습니다

1 작업 종료 후 포크의 마모 상태를 점검하는 주요 목적은?

① 브레이크 성능 확보
② **포크 변형 여부 확인으로 안전 확보**
③ 유압 유량 확인
④ 라디에이터 냉각 확인

정답 ② 포크 변형 여부 확인으로 안전 확보
해설 포크는 하중을 직접 지지하므로 균열이나 휨이 있을 경우 사고 위험이 크므로 정기적인 점검이 필요하다.

2 틸트 실린더 점검 시 확인해야 할 주요 사항은?

① 조향성능
② 냉각수 순환 상태
③ **실린더 누유 및 연결부 상태**
④ 브레이크 마모도

정답 ③ 실린더 누유 및 연결부 상태
해설 틸트 실린더는 포크 각도를 조절하는 핵심 부위로, 연결부 풀림이나 누유 여부를 확인해야 한다.

3 작업 후 포크 틸트 동작이 느리거나 반응이 없는 경우 원인으로 가장 적절한 것은?

① 브레이크액 부족
② 냉각수 온도 상승
③ 포크 길이 과다
④ **유압 밸브 이상 또는 유량 부족**

정답 ④ 유압 밸브 이상 또는 유량 부족
해설 틸트 실린더는 유압으로 작동되므로 유압 회로 이상 시 반응이 느려지거나 작동하지 않는다.

4 포크의 균형 상태가 불균형할 경우 작업 후 점검 시 확인해야 할 부위는?

① **포크 고정핀 및 핀홀 마모 상태**
② 타이어 접지면
③ 라디에이터 호스
④ 배터리 접속 단자

정답 ① 포크 고정핀 및 핀홀 마모 상태
해설 포크가 고정되는 핀 부위의 마모는 포크 균형에 영향을 주므로 점검이 필요하다.

5 포크 리프트 체인의 장력을 점검할 때 가장 먼저 고려해야 할 사항은?

① 체인 길이
② **장력 균형과 핀 마모**
③ 냉각 팬 속도
④ 브레이크 페달 간격

정답 ② 장력 균형과 핀 마모
해설 좌우 체인 장력이 불균형하면 리프트 시 한쪽으로 기울 수 있으며, 마모된 핀은 체인 이탈의 원인이 된다.

6 포크가 틀어졌을 경우 우선적으로 확인할 사항은?

① 실린더 스트로크 길이
② **포크 고정부위 및 하단 핀 마모**
③ 브레이크 오일 압력
④ 연료캡 잠금 상태

정답 ② 포크 고정부위 및 하단 핀 마모
해설 포크가 기울거나 틀어졌다면 고정장치의 마모나 손상이 원인일 수 있다.

7 포크 리프트 체인에 녹이 발생했을 경우 가장 적절한 조치는?

① **체인 청소 후 윤활 유지**
② 체인 제거 후 폐기
③ 타이어 공기압 보정
④ 브레이크 라인 교체

[정답] ① 체인 청소 후 윤활 유지
[해설] 체인의 녹은 윤활 부족이 원인일 수 있으며, 윤활을 통해 마찰 및 마모를 방지할 수 있다.

8 포크 리프트 실린더에서 작동 시 이상 소음이 발생하는 경우 가장 먼저 점검할 사항은?

① 배터리 전압
② 브레이크 패드 간격
③ 냉각팬 회전 속도
④ **실린더 내 오일 점도 및 밸브 상태**

[정답] ④ 실린더 내 오일 점도 및 밸브 상태
[해설] 실린더에서 소음이 날 경우 점도가 낮거나 밸브의 작동 불량이 원인일 수 있다.

9 포크의 좌우 높이가 다를 경우 조치로 가장 적절한 것은?

① **좌우 체인 장력 균형 조정**
② 브레이크 유압 보정
③ 냉각수 보충
④ 연료필터 교체

[정답] ① 좌우 체인 장력 균형 조정
[해설] 좌우 포크 높이 차이는 체인 장력 불균형이 원인일 수 있으며 조정을 통해 균형을 맞춰야 한다.

10 포크에 과하중을 반복적으로 실을 경우 나타날 수 있는 문제는?

① 포크가 후경된다.
② 브레이크가 무뎌진다.
③ **포크가 휘거나 금이 간다.**
④ 타이어가 마모된다.

[정답] ③ 포크가 휘거나 금이 간다.
[해설] 포크는 정격 하중을 초과하는 반복적 하중을 받을 경우 구조적으로 손상이 발생할 수 있다.

11 작업 후 포크의 평행도가 맞지 않는 경우 점검해야 할 주요 부위는?

① 냉각수 라인
② **포크 조정 레버 및 고정장치**
③ 브레이크 패드 마모도
④ 배터리 단자 청결 상태

[정답] ② 포크 조정 레버 및 고정장치
[해설] 포크의 평행도가 맞지 않으면 포크 고정부의 조정 불량이나 장력 불균형이 원인일 수 있다.

12 작업장치 점검 시 틸트 실린더 작동이 편향되었을 때 우선 확인할 항목은?

① 리프트 체인 간극
② 냉각팬 회전 속도
③ 브레이크 오일 양
④ **실린더 좌우 유압 밸런스 상태**

[정답] ④ 실린더 좌우 유압 밸런스 상태
[해설] 좌우 유압 밸런스가 맞지 않으면 틸트 작동 시 한쪽으로 치우치는 현상이 발생할 수 있다.

13 포크 틸트 동작 시 경고음이 발생하는 경우 점검할 우선 항목은?

① 냉각수 누유 여부
② **틸트 실린더 유압 누유 및 이상 압력**
③ 브레이크 패드 유격
④ 포크 수평 간격

[정답] ② 틸트 실린더 유압 누유 및 이상 압력
[해설] 틸트 실린더에 이상 압력이 가해지면 경고음이나 작동 지연이 발생할 수 있으므로 유압 누유 여부를 확인해야 한다.

14 포크 끝단이 일정 높이에서 멈추고 상승하지 않을 경우 점검해야 할 항목은?

① 브레이크 디스크 마모
② 조향 기어 간극
③ **리프트 실린더 내부 씰 및 유압 공급 상태**
④ 배터리 용량 부족

정답 ③ 리프트 실린더 내부 씰 및 유압 공급 상태
해설 실린더 내부 씰이 손상되거나 유압이 부족하면 상승이 중단될 수 있다.

15 리프트 체인의 마모 상태를 점검할 때 확인해야 할 항목은?

① **체인 링크의 변형 및 고정핀 풀림**
② 타이어 마모도
③ 브레이크 간극
④ 냉각수 점도

정답 ① 체인 링크의 변형 및 고정핀 풀림
해설 체인 마모는 링크가 늘어나거나 고정핀이 헐거워지며 발생하므로 외관 상태를 점검해야 한다.

16 작업 후 포크 리프트 동작이 매우 느릴 경우 우선적으로 점검할 항목은?

① 타이어 공기압
② **유압 유량 및 리프트 밸브 작동 상태**
③ 냉각수 온도
④ 조향 휠 정렬 상태

정답 ② 유압 유량 및 리프트 밸브 작동 상태
해설 유압 유량이 부족하거나 밸브가 막히면 포크 리프트 작동이 느려질 수 있다.

17 포크 리프트 작동 후 원위치로 복귀되지 않을 경우 가장 가능성 있는 원인은?

① 실린더 오일 누유
② **복귀 스프링 파손 또는 밸브 막힘**
③ 브레이크 유압 부족
④ 배터리 충전 부족

정답 ② 복귀 스프링 파손 또는 밸브 막힘
해설 복귀 스프링이 파손되었거나 밸브가 막히면 실린더가 원위치로 돌아가지 않을 수 있다.

18 포크 리프트 실린더에서 오일이 외부로 누유되는 경우 조치로 가장 적절한 것은?

① **실린더 오일 씰 교체**
② 체인 장력 조정
③ 냉각수 보충
④ 조향 장치 윤활

정답 ① 실린더 오일 씰 교체
해설 오일 씰이 마모되거나 손상되면 누유가 발생하므로 즉시 교체해야 한다.

19 리프트 체인 장력 조정 시 주의해야 할 사항은?

① 브레이크 압력 유지
② 배터리 케이블 절연 점검
③ 라디에이터 고정 확인
④ **좌우 체인 장력을 동일하게 조정**

정답 ④ 좌우 체인 장력을 동일하게 조정
해설 좌우 체인 장력이 다르면 포크가 비대칭으로 작동하게 되므로 반드시 균형을 맞춰야 한다.

20 작업 후 포크 조정 핀이 빠져 있는 경우 예상되는 위험은?

① 브레이크 이상
② **포크 낙하 또는 변형 위험**
③ 엔진 출력 저하
④ 냉각수 증발

정답 ② 포크 낙하 또는 변형 위험
해설 조정 핀은 포크를 고정하는 역할을 하며, 빠지면 하중을 지지하지 못해 안전사고로 이어질 수 있다.

21 작업 종료 후 틸트 실린더의 밀봉 상태를 점검해야 하는 주된 이유는?

① 조향력 증가
② 브레이크 감도 향상
③ **유압 누유 방지 및 작동 안정성 확보**
④ 냉각 효율 증가

[정답] ③ 유압 누유 방지 및 작동 안정성 확보
[해설] 밀봉이 제대로 되지 않으면 유압 누유가 발생해 작동이 불안정해지고 고장의 원인이 된다.

22 포크 리프트 작동 후 실린더 내에서 이상한 마찰음이 들릴 경우 조치로 가장 적절한 것은?

① 실린더 완전 분해 후 교체
② 브레이크 간극 조정
③ **유압 오일 점도 확인 및 밸브 상태 점검**
④ 냉각수 보충

[정답] ③ 유압 오일 점도 확인 및 밸브 상태 점검
[해설] 마찰음은 윤활 부족 또는 밸브 막힘으로 인해 생길 수 있으므로 관련 부위를 점검해야 한다.

23 포크가 좌우로 흔들리는 현상이 발생할 경우 점검할 주요 부위는?

① 라디에이터 마운트
② **포크 고정핀과 브래킷 유격**
③ 배터리 단자 체결 상태
④ 조향 핸들 유격

[정답] ② 포크 고정핀과 브래킷 유격
[해설] 포크가 흔들리는 것은 고정 핀이 마모되었거나 브래킷 유격이 생겼기 때문일 수 있다.

24 틸트 실린더가 과도하게 빨리 작동할 경우 가장 먼저 점검할 사항은?

① 실린더 피스톤 두께
② **유압 밸브 조절 상태 또는 오일 점도**
③ 냉각팬 회전 방향
④ 체인 오염 상태

[정답] ② 유압 밸브 조절 상태 또는 오일 점도
[해설] 밸브가 너무 열려 있거나 점도가 낮은 오일을 사용하면 유압 작동이 과속될 수 있다.

25 리프트 체인에 이물질이 묻어 작동이 둔해질 경우 조치는?

① **체인 청소 및 윤활 처리**
② 브레이크 밸브 점검
③ 포크 교체
④ 유압 펌프 교환

[정답] ① 체인 청소 및 윤활 처리
[해설] 체인이 부드럽게 움직이지 않으면 윤활 처리가 필요하며 이물질 제거가 우선이다.

26 포크 리프트 실린더의 피스톤이 경로 중간에서 멈추는 경우 가장 가능성 높은 원인은?

① **실린더 내 밸브 작동 불량 또는 공기 혼입**
② 라디에이터 마운트 풀림
③ 타이어 마모 불균형
④ 배터리 충전 부족

[정답] ① 실린더 내 밸브 작동 불량 또는 공기 혼입
[해설] 피스톤이 비정상적으로 멈추는 현상은 밸브 불량이나 공기 혼입으로 인한 작동 불균형일 수 있다.

27 포크 하강 시 속도가 불규칙한 경우 점검해야 할 항목은?

① 타이어 공기압
② 브레이크 오일 점도
③ **리프트 밸브의 개방 정도 및 유압 상태**
④ 냉각수의 색상

[정답] ③ 리프트 밸브의 개방 정도 및 유압 상태
[해설] 하강 속도가 일정하지 않으면 유량 조절 밸브 또는 유압 상태에 이상이 있을 수 있다.

28 작업 후 포크가 비정상적으로 좌우로 흔들릴 경우 가장 우선적으로 해야 할 조치는?

① 조향 장치 오일 보충
② **포크 고정 핀 및 브래킷 유격 점검**
③ 배터리 충전 여부 확인
④ 브레이크 라인 청소

정답 ② 포크 고정 핀 및 브래킷 유격 점검
해설 포크의 유격은 고정부의 마모나 체결 상태 이상에서 발생하므로 해당 부위를 우선 점검한다.

29 포크 리프트 작동 후 복귀 시 밀리는 현상이 있을 경우 가장 가능성 높은 원인은?

① 브레이크 압력 이상
② 체인 장력 과다
③ **유압 회로 내 역류 방지 밸브 불량**
④ 냉각수 과열

정답 ③ 유압 회로 내 역류 방지 밸브 불량
해설 복귀 시 밀리는 것은 유압이 유지되지 않아서이며 역류 밸브가 제대로 작동하지 않으면 발생할 수 있다.

30 작업 후 포크 리프트 체인의 이상 마모를 방지하기 위해 필요한 점검은?

① 전조등 배선 정리
② 냉각수 색상 점검
③ 브레이크 휠 간극 확인
④ **체인 윤활 및 장력 균형 확인**

정답 ④ 체인 윤활 및 장력 균형 확인
해설 체인이 건조하거나 장력이 불균형하면 불규칙한 마모가 발생할 수 있으므로 정기적인 윤활과 장력 점검이 필요하다.

31 포크 틸트 실린더에서 미세한 누유가 발생할 경우 조치로 가장 적절한 것은?

① 브레이크 오일 보충
② **실린더 씰 교체**
③ 라디에이터 냉각팬 정비
④ 배터리 단자 청소

정답 ② 실린더 씰 교체
해설 실린더 씰이 마모되면 미세한 누유가 발생하며, 누유가 지속되면 작동 성능 저하 및 안전사고 위험이 있다.

32 포크 작업장치 점검 시 리프트 실린더의 로드 표면에 흠집이 있는 경우 예상되는 문제는?

① 브레이크 밀림
② 연료 압력 증가
③ 냉각팬 고장
④ **유압 누유 및 실 씰 손상**

정답 ④ 유압 누유 및 실 씰 손상
해설 실린더 로드에 흠집이 있으면 씰이 손상되어 누유가 발생할 수 있으므로 로드 상태를 확인해야 한다.

33 포크의 틸트 범위가 정상보다 좁아진 경우 가장 먼저 점검할 항목은?

① 브레이크 패드 마모
② 냉각수 희석 비율
③ **실린더 스트로크 범위 및 핀 결합 상태**
④ 후진등 배선 연결

정답 ③ 실린더 스트로크 범위 및 핀 결합 상태
해설 틸트 각도 제한은 실린더 작동 범위나 연결 핀의 고정 상태 이상으로 발생할 수 있다.

34 포크 리프트 체인이 지나치게 느슨해졌을 경우 가장 먼저 수행해야 할 작업은?

① 브레이크 밸브 정비
② **체인 장력 조정 및 체결 상태 확인**
③ 냉각수 교체
④ 포크 각도 재설정

정답 ② 체인 장력 조정 및 체결 상태 확인
해설 체인 장력이 느슨하면 포크 위치가 불안정해지고 안전사고의 위험이 있으므로 즉시 조정해야 한다.

35 작업 후 포크 리프트 실린더 작동 시 흔들림이 클 경우 원인으로 적절한 것은?

① **실린더 마운트 볼트 풀림 또는 브래킷 유격**
② 타이어 압력 과다
③ 조향 휠 정렬 불량
④ 배터리 전압 상승

정답 ① 실린더 마운트 볼트 풀림 또는 브래킷 유격
해설 실린더가 흔들리는 경우는 고정 상태 불량이 원인이므로 마운트 상태를 확인해야 한다.

36 포크 리프트 체인이 과도하게 장력된 상태로 계속 작동할 경우 발생 가능한 문제는?

① 체인 수명 연장
② 실린더 압력 상승
③ **체인 마모 및 핀 손상 가속화**
④ 포크 회전 각도 증가

정답 ③ 체인 마모 및 핀 손상 가속화
해설 체인이 과도하게 팽팽하면 마찰이 증가하여 구성 부품의 수명을 단축시킬 수 있다.

37 포크 리프트 실린더 작동 시 속도 저하가 지속되는 경우 우선 점검할 사항은?

① 배터리 전류량
② **유압 오일 점도 및 유량**
③ 브레이크 마모도
④ 포크 길이 균형

정답 ② 유압 오일 점도 및 유량
해설 작동 속도가 저하되면 유압 흐름이 원활하지 않다는 의미이며, 오일 점도와 유량을 점검해야 한다.

38 포크 리프트 장치의 체인이 불규칙하게 움직일 경우 점검할 항목은?

① 브레이크 오일 양
② **체인 고정부 마모 및 링크 이물질 유무**
③ 냉각팬 속도
④ 타이어 접지면

정답 ② 체인 고정부 마모 및 링크 이물질 유무
해설 체인의 불규칙한 작동은 마모되거나 이물질로 인해 발생할 수 있으므로 외관을 정밀히 점검해야 한다.

39 포크를 완전히 하강시켜도 완전하게 접지되지 않는 경우 점검할 부분은?

① **실린더 내 공기 잔류 또는 체인 길이**
② 브레이크 휠 상태
③ 배터리 방전 여부
④ 조향 틀어짐

정답 ① 실린더 내 공기 잔류 또는 체인 길이
해설 공기가 실린더 내 남아 있거나 체인이 길게 설정되었을 경우 하강이 제한될 수 있다.

40 포크 작업 후 틸트 실린더 복귀 상태가 일정하지 않은 경우 원인으로 적절한 것은?

① 배터리 용량 감소
② 라디에이터 냉각 효율 저하
③ 브레이크 제동력 증가
④ **좌우 실린더 유압 압력 차이**

정답 ④ 좌우 실린더 유압 압력 차이
해설 실린더 복귀 상태가 일정하지 않으면 좌우 압력 차이로 인한 동작 불균형이 원인일 수 있다.

41 포크의 고정 상태 점검 시 가장 우선적으로 확인해야 할 항목은?

① 고정핀 체결 상태 및 브래킷 유격 여부
② 포크 길이 및 폭
③ 배터리 접속 단자 상태
④ 브레이크액의 색상

정답 ① 고정핀 체결 상태 및 브래킷 유격 여부
해설 포크는 고정핀과 브래킷을 통해 지지되므로 이 부위의 헐거움은 작업 중 위험 요소가 된다.

42 포크 리프트 실린더 작동 중에 갑자기 하강하는 경우 가장 가능성 높은 원인은?

① 배터리 전압 상승
② 포크의 구조 강도 저하
③ 밸브 고장 또는 실린더 씰 손상
④ 라디에이터 냉각 부족

정답 ③ 밸브 고장 또는 실린더 씰 손상
해설 실린더 내부의 압력을 유지해주는 씰이나 밸브가 손상되면 갑작스럽게 하강할 수 있다.

43 작업 종료 후 포크가 자동으로 하강하는 현상이 지속될 경우 가장 먼저 확인할 항목은?

① 리프트 체인 장력
② 유압 회로의 누유 및 릴리프 밸브 상태
③ 브레이크 밸브 설정값
④ 냉각수 온도

정답 ② 유압 회로의 누유 및 릴리프 밸브 상태
해설 자동 하강은 릴리프 밸브가 닫지 않거나 실린더에서 누유가 발생할 경우 나타나는 현상이다.

44 포크 리프트 실린더에서 작동 시 진동이 느껴지는 경우 점검할 항목은?

① 브레이크 제동력
② 냉각팬 회전력
③ 실린더 내 공기 혼입 여부
④ 배터리 전류량

정답 ③ 실린더 내 공기 혼입 여부
해설 유압 시스템 내 공기가 혼입되면 작동 시 진동이나 불규칙한 움직임이 발생할 수 있다.

45 포크 체인의 이물질이 계속 끼는 경우 작업 후 어떤 조치를 취하는 것이 바람직한가?

① 체인을 분해하여 폐기한다.
② 체인을 고정하고 분무 청소 후 윤활 처리
③ 브레이크를 강하게 밟아 체인을 느슨하게 만든다.
④ 라디에이터를 점검한다.

정답 ② 체인을 고정하고 분무 청소 후 윤활 처리
해설 체인에 이물질이 끼면 작동 불량이나 마모가 생기므로 정기적인 세척과 윤활이 필요하다.

46 포크 틸트 시 좌우 기울기가 다르게 나타나는 경우 점검할 항목은?

① 조향 핸들 각도
② 냉각수 누수
③ 배터리 케이블 절연 상태
④ 좌우 실린더 유압 밸런스 및 고정핀 상태

정답 ④ 좌우 실린더 유압 밸런스 및 고정핀 상태
해설 틸트 실린더의 압력 차이나 고정 장치 문제로 좌우 기울기에 차이가 발생할 수 있다.

47 작업장치 점검 시 리프트 체인 장력 이상으로 포크가 상승하지 않을 경우 조치는?

① 타이어 공기압 조정
② 냉각수 보충
③ 브레이크 패드 교체
④ 체인 장력 재조정 및 연결 상태 확인

정답 ④ 체인 장력 재조정 및 연결 상태 확인
해설 체인 장력이 너무 느슨하거나 너무 강하면 포크의 리프트 작동에 문제가 생긴다.

48 포크 하강 중 갑작스러운 속도 증가가 발생할 경우 의심할 수 있는 문제는?

① 브레이크 라이닝 탈착
② 연료 분사량 증가
③ **릴리프 밸브 고착 또는 리턴 밸브 막힘**
④ 라디에이터 팬 정지

정답 ③ 릴리프 밸브 고착 또는 리턴 밸브 막힘
해설 밸브가 고착되거나 유압 흐름이 차단되면 제어 불능 상태로 급격한 하강이 발생할 수 있다.

49 포크 리프트 실린더를 점검할 때 피스톤 로드에 손상이 있는 경우 발생할 수 있는 문제는?

① 브레이크 제동력 강화
② 배터리 충전 속도 증가
③ **유압 누유 및 작동 불균형**
④ 냉각수 누수 방지

정답 ③ 유압 누유 및 작동 불균형
해설 피스톤 로드에 흠집이나 마모가 있으면 씰이 손상되어 유압이 새고 작동이 불안정해진다.

50 포크 작업 후 체인 고정부의 볼트 풀림이 발견되었을 경우 조치는?

① 볼트 제거
② **해당 볼트 토크값에 따라 재조임**
③ 체인을 교환함
④ 브레이크 휠 위치 조정

정답 ② 해당 볼트 토크값에 따라 재조임
해설 체인 고정부의 볼트는 일정한 토크로 조여야 하며, 풀림이 발견되면 규격에 맞게 조여야 한다.

51 포크 틸트 각도가 지나치게 후경되는 경우 점검해야 할 항목은?

① **실린더 스트로크 제한 장치**
② 브레이크 페달 압력
③ 냉각팬 회전축 정렬
④ 조향 유압 밸브 위치

정답 ① 실린더 스트로크 제한 장치
해설 틸트 각도는 실린더 스트로크에 따라 제한되며, 이 장치가 손상되면 과도한 각도로 틸트될 수 있다.

52 포크 작업장치의 체인 핀 마모 상태를 점검하지 않을 경우 발생 가능한 위험은?

① 냉각수 누수
② **포크 낙하 및 체인 이탈**
③ 배터리 과충전
④ 브레이크 패드 경고등 점등

정답 ② 포크 낙하 및 체인 이탈
해설 핀 마모는 체인의 고정력을 약화시켜 이탈이나 포크 낙하 사고로 이어질 수 있다.

53 틸트 실린더에서 외부 누유가 계속되는 경우 예상되는 가장 큰 위험은?

① 포크 전조등 손상
② 냉각수 점도 상승
③ 배터리 수명 연장
④ **포크 작동 중 비정상적인 전도 위험**

정답 ④ 포크 작동 중 비정상적인 전도 위험
해설 틸트 실린더 누유는 포크가 제어되지 않아 기계가 넘어지거나 하중 낙하의 위험이 있다.

54 포크를 조정한 후 체결 나사에 풀림 방지 처리를 하지 않으면?

① **포크 고정이 풀려 작업 중 낙하 우려가 있다.**
② 포크 정렬이 좋아진다.
③ 브레이크 오일이 누출된다.
④ 냉각팬 회전이 느려진다.

정답 ① 포크 고정이 풀려 작업 중 낙하 우려가 있다.
해설 체결 부위는 진동에 의해 풀릴 수 있으므로 반드시 락와셔나 고정제를 사용해야 한다.

55 작업 후 포크 작업장치를 정리할 때 포크 위치는 어떻게 해야 하는가?

① 최대한 들어 올려야 한다.
② 바닥에 완전히 접지되도록 한다.
③ 타이어 위로 포크를 올린다.
④ 포크를 틸트 후 브레이크를 밟는다.

정답 ② 바닥에 완전히 접지되도록 한다
해설 포크를 지면에 완전히 내려 놓아야 추후 자동 하강이나 충돌에 의한 사고를 방지할 수 있다.

56 작업 후 포크 틸트 상태가 좌우 균형을 잃었을 경우 조치는?

① 포크 조정 스프링 교체
② 브레이크 오일 보충
③ 유압 실린더 좌우 밸런스 및 틸트 레버 점검
④ 냉각팬 고정 볼트 체결

정답 ③ 유압 실린더 좌우 밸런스 및 틸트 레버 점검
해설 좌우 틸트 균형이 맞지 않으면 실린더 유압의 불균형이나 틸트 조정장치의 이상일 수 있다.

57 체인 장력 과소 상태에서 포크 작업을 지속할 경우 가장 큰 문제는?

① 체인 수명 증가
② 냉각효과 증가
③ 포크 작동 중 덜컥거림 발생 및 체결 이탈 위험
④ 브레이크 반응속도 향상

정답 ③ 포크 작동 중 덜컥거림 발생 및 체결 이탈 위험
해설 장력이 너무 낮으면 체인이 불안정하게 움직이고 작동 시 충격이 커지며 이탈 가능성도 증가한다.

58 포크 틸트 실린더를 분리한 후 재조립 시 반드시 확인해야 할 사항은?

① 실린더 핀 체결 상태와 밀봉 씰 유무
② 체인 오일 상태
③ 브레이크 경고등 작동 여부
④ 타이어 정렬 각도

정답 ① 실린더 핀 체결 상태와 밀봉 씰 유무
해설 핀 체결이 느슨하거나 씰이 누락되면 누유 또는 실린더 작동 불량이 발생할 수 있다.

59 체인 링크가 휘어졌을 경우 포크 작동 시 나타날 수 있는 증상은?

① 오일 점도 상승
② 포크가 자동으로 상승함
③ 작동 중 체인 걸림 및 마찰 소음
④ 연료 효율 증가

정답 ③ 작동 중 체인 걸림 및 마찰 소음
해설 링크 휨은 체인의 매끄러운 작동을 방해하고 마찰로 인한 이상 소음을 유발할 수 있다.

60 포크 작업장치 점검 시 브래킷 핀홀의 마모가 심할 경우 조치로 가장 적절한 것은?

① 타이어를 교환한다.
② 브래킷을 용접하여 재사용한다.
③ 브래킷 전체 교체 또는 핀홀 보수
④ 배터리 용량을 증가시킨다.

정답 ③ 브래킷 전체 교체 또는 핀홀 보수
해설 핀홀이 마모되면 고정이 느슨해져 낙하 위험이 있으므로 보수 또는 교체가 필요하다.

PART
03

항목별 기출문제

PART 04

총정리

급하면 이 문제만 푼다

CBT 복원문제 (총 300제)

60제 × 5회

01 CBT 복원문제 1회

일하면서 듣기만 해도 답이 보이는

※ 맞는 것을 고르는 답은 고딕, 틀린 것을 고르는 답은 명조체로 표시하였습니다

1 포크가 완전히 내려가지 않고 일정 높이에서 멈추는 주요 원인은?
① 타이어 마모
② 리프트 실린더 내 공기 혼입
③ 브레이크 오일 부족
④ 조향 장치 유격

2 포크 리프트 체인 장력이 좌우 불균형하면 어떤 현상이 발생하는가?
① 냉각수 온도 상승
② 포크 기울기 불균형
③ 브레이크 강화
④ 배터리 방전

3 작업 후 포크는 어떻게 위치시켜야 하는가?
① 최대 상승 위치
② 타이어 위에 올림
③ 틸트 후 공중
④ 지면에 완전히 접지

4 유압 오일이 누유되는 주요 원인은?
① 오일 양 부족
② 고압 발생
③ 씰 손상
④ 냉각수 과다

5 운전석 안전벨트를 착용하지 않았을 경우 어떤 위험이 증가하는가?
① 오일 누유
② 전복 시 상해
③ 연료소모 증가
④ 포크 손상

6 정기검사를 받지 않은 지게차에 대해 적용되는 처분은?
① 보험료 인상
② 운행 정지
③ 과태료
④ 형사처벌

7 포크가 들 수 있는 하중은 어디에서 확인할 수 있는가?
① 타이어에 부착된 스티커
② 운전석 벨트 뒷면
③ 지게차 본체 명판
④ 포크 끝단

8 마스트는 어떤 역할을 하는가?
① 지게차 제동력 조절
② 포크 지지 및 상승 가이드
③ 배터리 충전 조절
④ 유압 오일 필터링

9 다음 중 운전 중 시야 확보를 위한 가장 적절한 방법은?

① 전방에 짐이 있을 경우 후진 운전
② 무조건 전진 운전
③ 포크를 높이 들고 운전
④ 백레스트 제거

10 틸트 실린더는 어떤 작용을 하는가?

① 포크 좌우 정렬
② 포크를 앞뒤로 기울임
③ 조향각 조절
④ 타이어 회전

11 지게차의 유압장치에서 오일 누유를 방지하기 위한 주요 부품은?

① 피스톤
② 씰
③ 밸브
④ 필터

12 전기식 지게차에서 배터리 충전 시 가장 먼저 해야 할 일은?

① 브레이크 풀기
② 전원 스위치 끄기
③ 포크 내리기
④ 클러치 작동

13 다음 중 리프트 실린더의 기능으로 가장 적절한 것은?

① 포크를 기울이는 장치
② 포크를 들어올리는 장치
③ 유압을 냉각하는 장치
④ 조향을 제어하는 장치

14 마스트의 틸트 작동 범위는 일반적으로 몇 도 전후인가?

① 약 1~2도
② 약 5~15도
③ 약 30~40도
④ 약 50~60도

15 포크에 하중을 적재할 때 가장 안전한 위치는?

① 포크 끝단
② 포크 중앙부
③ 포크 뒷면 밀착
④ 포크 측면

16 유압 작동유가 부족하면 지게차에 나타나는 현상은?

① 조향이 가벼워짐
② 포크가 상승하지 않음
③ 브레이크 제동력 향상
④ 전조등 꺼짐

17 리프트 체인의 마모 점검은 어느 부위를 중심으로 이루어지는가?

① 고정핀
② 링크 및 롤러
③ 포크 끝단
④ 배터리 단자

18 정기검사 유효기간이 지난 지게차의 운행에 대한 처리는?

① 허용된다
② 과태료 부과
③ 운행 제한 없음
④ 사업자 신고

19 운행 중 전복 위험이 있는 상황에서 가장 먼저 해야 할 조치는?
① 포크를 올린다
② 속도를 높인다
③ **속도를 줄이고 방향을 천천히 튼다**
④ 포크를 좌우로 흔든다

20 엔진오일 점검 시 가장 먼저 확인할 사항은?
① 색상
② 점도
③ 냄새
④ **게이지 눈금**

21 지게차에서 작업 중 전방 시야 확보가 어려울 때 적절한 운전 방법은?
① 전진하면서 포크를 올린다.
② **포크를 내린 상태로 후진한다.**
③ 마스트를 제거하고 운전한다.
④ 하중을 바깥쪽에 배치한다.

22 브레이크 오일이 부족하면 어떤 현상이 나타날 수 있는가?
① 엔진 출력 증가
② **제동력 저하**
③ 포크 상승 속도 증가
④ 유압 오일 점도 상승

23 지게차의 배터리 단자에 부식이 생겼을 경우 조치는?
① 즉시 배터리를 교체한다.
② 전선을 잘라낸다.
③ **단자를 청소하고 도포제를 발라준다.**
④ 냉각팬을 회전시킨다.

24 유압 오일을 교환해야 하는 시기는?
① 포크가 빠르게 움직일 때
② **오일 색이 짙고 점도가 낮아졌을 때**
③ 배터리가 완전히 방전됐을 때
④ 조향장치가 부드러워졌을 때

25 다음 중 틸트 실린더의 점검 항목으로 적절한 것은?
① 타이어 공기압
② **유압 누유 여부**
③ 연료압력 게이지
④ 라디에이터 수위

26 포크가 좌우로 흔들릴 때 가장 먼저 점검할 부위는?
① 냉각수 순환 상태
② **포크 고정핀 및 브래킷 유격**
③ 조향 핸들 정렬
④ 연료 탱크 캡

27 유압 시스템의 이상 유무를 점검할 때 확인해야 할 항목은?
① 냉각팬 방향
② 브레이크 유격
③ **실린더 및 배관 누유**
④ 전조등 밝기

28 정기검사 유효기간이 남아 있는 지게차를 운행할 수 있는 조건으로 적절한 것은?
① 등록 말소 상태여도 가능
② 책임보험 미가입이어도 가능
③ 적재능력을 초과해도 가능
④ **검사 유효기간 내이며 보험가입이 되어 있어야 한다.**

29 엔진의 냉각수 부족 시 나타날 수 있는 현상은?
① 브레이크 밀림
② 엔진 과열
③ 포크 자동 상승
④ 타이어 공기압 감소

30 포크 리프트 작동 시 소음이 발생하고 작동이 원활하지 않을 때 의심할 수 있는 원인은?
① 실린더 내 공기 혼입
② 브레이크 오일 과다
③ 배터리 용량 증가
④ 연료 연소율 저하

31 포크 리프트 실린더 작동 시 갑작스러운 하강이 발생할 경우 가장 의심할 수 있는 고장은?
① 유압 오일 과다
② 릴리프 밸브 고장
③ 냉각수 누수
④ 브레이크 고착

32 지게차 작업 후 포크를 지면에 완전히 내리는 이유는?
① 연료 소비를 줄이기 위해
② 다음 운전자의 편의를 위해
③ 안전사고 방지를 위해
④ 전조등 밝기 확보를 위해

33 운전 중 조향이 무거워지는 경우 가장 먼저 점검할 항목은?
① 조향 오일량 및 라인 누유 여부
② 포크 장력 상태
③ 냉각수 순환 회로
④ 연료 필터 오염 여부

34 지게차의 포크가 좌우로 기울어진다면 점검해야 할 사항은?
① 리프트 실린더의 오일양
② 체인 장력 및 마모 상태
③ 냉각팬 속도
④ 브레이크 유격

35 유압 작동유 점검 시 정상 상태로 보기 어려운 것은?
① 오일 색이 투명하고 점도가 적절함
② 오일에 기포가 섞여 있음
③ 지정 위치까지 채워져 있음
④ 냄새나 색상이 변질되지 않음

36 포크에 하중을 적재할 때 하중의 중심은 어디에 두어야 안전한가?
① 포크 끝단
② 포크의 앞부분
③ 포크의 중심부와 백레스트 쪽
④ 포크의 한쪽만 사용

37 엔진이 과열되었을 때 가장 먼저 해야 할 조치는?
① 시동을 끈다
② 포크를 올린다
③ 냉각수 캡을 바로 연다
④ 조향 핸들을 고정한다

38 다음 중 포크 리프트 체인 점검 시 확인해야 할 사항은?
① 브레이크 오일 압력
② 체인 핀 마모 및 윤활 상태
③ 엔진 출력
④ 연료공급 밸브 개방

39 작업 중 브레이크가 밀리는 느낌이 있다면 무엇을 점검해야 하는가?
① **브레이크 오일 누유 및 마스터 실린더 상태**
② 포크 길이
③ 냉각수 양
④ 배터리 용량

40 지게차의 전도 위험이 가장 높은 상황은?
① 포크를 하강한 상태로 주행할 때
② **곡선로에서 고속 주행 시**
③ 하중 없이 직진할 때
④ 냉각팬이 정지되었을 때

41 유압 회로에서 릴리프 밸브의 역할은?
① 유압 상승
② **과도한 압력 방출**
③ 냉각 기능 제공
④ 체인 마모 방지

42 마스트가 틀어졌을 경우 가장 먼저 확인해야 할 부위는?
① 브레이크 패드
② 포크 조정 너트
③ **마스트 고정부위 및 체결 볼트**
④ 라디에이터 캡

43 포크 틸트 작동 중 좌우 기울기 차이가 발생하는 주요 원인은?
① 체인 연결핀 손상
② **유압 밸런스 불균형**
③ 타이어 공기압 증가
④ 조향 핸들 마모

44 브레이크 작동 시 '스펀지'처럼 밀리는 느낌이 있는 경우 조치는?
① 타이어를 교체한다.
② 유압실을 교환한다.
③ **브레이크 오일을 점검 및 보충한다.**
④ 조향 핸들을 재정렬한다.

45 작업장치의 체인 점검을 소홀히 할 경우 발생할 수 있는 사고는?
① **체인 끊어짐으로 인한 포크 낙하**
② 조향 불량
③ 냉각팬 고장
④ 연료 혼합 이상

46 엔진 과열 방지를 위한 가장 기본적인 조치는?
① 연료공급 차단
② 브레이크 점검
③ **냉각수 적정량 유지**
④ 포크 위치 조절

47 포크 틸트 작동 시 진동이 심하게 느껴질 경우 가장 먼저 의심할 원인은?
① 브레이크 고착
② **실린더 내 공기 혼입**
③ 타이어 편마모
④ 엔진 출력 부족

48 지게차가 정지된 상태에서 포크가 자동으로 하강하는 경우는?
① **포크 틸트 실린더 누유**
② 조향기 마모
③ 배터리 전압 증가
④ 브레이크 오일 교체 시기

49 다음 중 포크 리프트 체인의 장력 조절 방법으로 올바른 것은?
① 마스트 고정핀을 제거한다.
② **체인 고정부 볼트를 조절한다.**
③ 타이어 공기압을 조절한다.
④ 브레이크 밸브를 닫는다.

50 마스트 틸트 작동 범위가 좁아진 경우 조치는?
① 냉각팬을 교체한다.
② **실린더 작동범위를 점검한다.**
③ 브레이크패드를 보강한다.
④ 연료 필터를 청소한다.

51 하중 중심이 안정 삼각형 바깥으로 벗어날 경우 위험 요소는?
① 냉각수 누수
② 조향장치 고장
③ **전복 위험 증가**
④ 포크 하강 속도 저하

52 운전 중 갑자기 조향이 무거워졌을 경우 조치는?
① 브레이크 라인 교체
② **유압 조향 장치 및 오일 점검**
③ 체인 장력 강화
④ 냉각팬 분해 청소

53 작업 중 포크가 떨리는 듯한 움직임을 보일 경우 원인은?
① 브레이크 패드 마모
② **실린더 공기 혼입 또는 체인 이상**
③ 조향장치 고장
④ 연료 오염

54 유압 시스템에서 유압 오일을 점검하는 이유로 가장 적절한 것은?
① 브레이크 제동력 확보
② 냉각수 보충 유도
③ **작동기능 유지 및 누유 점검**
④ 타이어 정렬 상태 유지

55 백레스트의 주된 목적은?
① 조향을 돕는다
② 포크 기울기 제어
③ **화물 낙하 방지**
④ 타이어 방향 제어

56 지게차 정기검사 주기는 일반적으로 몇 년인가?
① **1년**
② 2년
③ 3년
④ 5년

57 전기식 지게차에서 배터리 산이 누출되었을 경우 가장 먼저 해야 할 조치는?
① 물로 씻는다.
② 마른 천으로 닦는다.
③ **보호장비 착용 후 중화제 처리**
④ 방치한다.

58 작업 중 마스트가 흔들리는 경우 가장 먼저 점검할 부위는?
① 타이어 마모
② 브레이크 배선
③ **마스트 고정 볼트 및 틸트 실린더**
④ 연료 주입구

59 운행 중 급제동 시 가장 발생하기 쉬운 위험은?

① 엔진 정지
② 유압 상승
③ 하중 낙하 및 전복
④ 냉각팬 손상

60 다음 중 포크 작업 전 가장 먼저 확인해야 할 사항은?

① 운전자의 체형
② 하중의 무게 및 균형
③ 브레이크 오일 색상
④ 연료 주입 여부

일하면서 듣기만 해도 답이 보이는
CBT 복원문제 2회

※ 맞는 것을 고르는 답은 고딕, 틀린 것을 고르는 답은 명조체로 표시하였습니다

1. 지게차 작업 중 하중이 포크 끝단에 치우치면 어떤 위험이 가장 크게 발생하는가?
   ① 조향 불량
   ② 브레이크 밀림
   ③ 전도 위험
   ④ 냉각수 누수

2. 다음 중 지게차 마스트의 주된 역할은?
   ① 포크의 높이 조절 및 지지
   ② 브레이크 제동력 보조
   ③ 연료 압력 유지
   ④ 전조등 밝기 조정

3. 유압 계통에서 릴리프 밸브의 주된 기능은?
   ① 오일 필터링
   ② 과도한 압력 방출
   ③ 냉각수 조절
   ④ 엔진 점화 제어

4. 전기식 지게차에서 배터리를 충전할 때 가장 먼저 해야 할 일은?
   ① 충전기 전원 켜기
   ② 배터리 전원 스위치 끄기
   ③ 포크 들어올리기
   ④ 냉각수 채우기

5. 유압 작동유의 점도가 너무 낮을 경우 어떤 현상이 발생할 수 있는가?
   ① 냉각성능 향상
   ② 오일 누유 및 작동 불량
   ③ 포크 상승속도 증가
   ④ 브레이크 응답 향상

6. 포크가 좌우 비대칭일 때 가장 먼저 점검할 부분은?
   ① 조향 기어
   ② 체인 장력
   ③ 냉각수 라인
   ④ 연료 필터

7. 지게차를 후진할 때 가장 중요한 안전 수칙은?
   ① 무조건 빠르게 이동
   ② 하중을 위로 올린다
   ③ 경음기 사용 및 후방 확인
   ④ 포크를 높이 유지

8. 포크 상승 시 갑자기 속도가 저하되면 어떤 문제를 의심할 수 있는가?
   ① 브레이크 고착
   ② 실린더 내 공기 혼입
   ③ 조향 마모
   ④ 라이트 퓨즈 단선

9 작업 후 포크를 올린 상태로 방치하면 발생할 수 있는 문제는?
① 냉각팬 소음
② 오일 점도 저하
③ **낙하 및 사고 위험 증가**
④ 조향 응답 속도 증가

10 포크 리프트 실린더의 마모 점검은 어떤 항목 중심으로 이루어지는가?
① 실린더 외관 색상
② **오일 누유 및 씰 상태**
③ 타이어 공기압
④ 냉각수 양

11 브레이크가 밀릴 경우 가장 먼저 점검해야 할 것은?
① **브레이크 오일 상태**
② 전조등 전압
③ 엔진오일 점도
④ 체인 장력

12 하중 중심이 안정 삼각형 바깥으로 벗어날 경우 어떤 일이 발생할 수 있는가?
① 브레이크 고장
② 엔진 정지
③ **지게차 전도**
④ 냉각수 소모

13 유압 실린더에서 오일이 샐 경우 가장 먼저 해야 할 조치는?
① 조향 핸들 조작
② **실린더 씰 점검 및 교환**
③ 브레이크 오일 보충
④ 타이어 교체

14 조향 핸들이 무거워질 경우 원인은?
① **조향 오일 부족**
② 브레이크 유격 증가
③ 라디에이터 팬 고장
④ 마스트 경고음

15 포크가 흔들릴 때 점검해야 할 부위는?
① **체인 고정 및 핀 상태**
② 타이어 접지면
③ 조향 장치 유격
④ 연료 분사 장치

16 지게차를 운행하기 위해 필요한 법적 요건으로 옳은 것은?
① 냉각팬 정상작동
② 보험 미가입 상태 가능
③ **정기검사 및 책임보험 가입**
④ 마스트 교환 기록 제출

17 작업 중 조향이 느려지는 원인은?
① 브레이크 패드 마모
② **조향 유압 오일 부족**
③ 연료압 증가
④ 체인 유격 해소

18 마스트 틸트 작동 후 원위치로 돌아오지 않는 경우 점검 사항은?
① 라디에이터 수위
② 브레이크패드 두께
③ **틸트 실린더 누유 및 밸브 상태**
④ 포크 색상

19 다음 중 유압 회로 구성요소가 아닌 것은?
① 실린더
② 밸브
③ 오일탱크
④ 배터리

20 백레스트의 주 기능은?
① 포크 기울기 조절
② 화물 낙하 방지
③ 브레이크 응답 향상
④ 조향 안정화

21 포크가 자동으로 서서히 하강하는 경우 가장 가능성 높은 원인은?
① 브레이크 고장
② 체인 장력 과다
③ 유압 누유 또는 실린더 씰 마모
④ 라디에이터 막힘

22 포크 작업 시 적재물은 어디에 밀착시키는 것이 안전한가?
① 포크 끝단
② 백레스트 방향
③ 포크 좌측면
④ 마스트 하단

23 유압 회로의 오일 점검을 소홀히 하면 나타날 수 있는 현상은?
① 체인 장력 증가
② 브레이크 응답 향상
③ 포크 작동 불량 및 소음
④ 냉각팬 가동 증가

24 지게차의 좌우 바퀴 공기압 차이가 클 경우 어떤 문제가 발생할 수 있는가?
① 전조등 밝기 감소
② 포크 기울기 편차
③ 브레이크 기능 향상
④ 연료 소비량 감소

25 브레이크 작동 후 차량이 한쪽으로 쏠릴 때 의심할 수 있는 원인은?
① 포크 고정불량
② 브레이크 라이닝 불균형 또는 고착
③ 냉각팬 고장
④ 체인 연결 핀 누락

26 지게차 유압 계통에서 오일 누유가 발생했을 때 가장 먼저 해야 할 조치는?
① 포크를 올리고 계속 작업한다
② 마스트를 교체한다
③ 오염된 부분을 닦고 누유 위치 확인
④ 브레이크 유압을 점검한다

27 포크 리프트 작동 시 흔들림이 심해졌다면 가장 먼저 점검해야 할 부분은?
① 브레이크 밸브
② 체인 장력과 유격 상태
③ 라이트 각도
④ 타이어 방향

28 마스트 틸트 작동각이 너무 크거나 작을 경우 조치는?
① 브레이크 조정
② 실린더 스트로크 및 오일량 확인
③ 라디에이터 물 보충
④ 전조등 회로 점검

29 브레이크 오일이 마르면 가장 먼저 발생할 수 있는 증상은?
① 마스트 소음
② 제동력 저하
③ 포크 자동 상승
④ 조향 오류

30 지게차 작업 중 비상상황이 발생한 경우 가장 우선적으로 해야 할 일은?
① 클러치를 밟는다.
② 전조등을 끈다.
③ 안전한 장소에 정차 후 시동을 끈다.
④ 경적을 계속 울린다.

31 유압 작동유가 규정량보다 부족할 때 가장 먼저 발생할 수 있는 문제는?
① 조향 과민반응
② 포크 작동 불량
③ 브레이크 응답 속도 향상
④ 냉각수 순환 속도 저하

32 체인 점검 시 유격이 크고 핀이 마모되어 있다면 적절한 조치는?
① 체인을 윤활제로 닦는다.
② 체인을 교체한다.
③ 체인을 감는다.
④ 체인을 늘린다.

33 브레이크가 작동되지 않고 페달이 가볍게 느껴질 경우 가능한 원인은?
① 체인 끊어짐
② 브레이크 오일 누유 또는 공기 혼입
③ 냉각팬 작동
④ 포크 과상승

34 지게차의 하중 중심이 앞으로 쏠릴 경우 어떤 사고가 발생할 수 있는가?
① 조향 손실
② 브레이크 잠김
③ 전방 전도
④ 후방 굴절

35 마스트 작동 시 소음이 심하고 진동이 발생한다면 가장 가능성 높은 원인은?
① 전조등 불량
② 체인 마모 및 유격
③ 타이어 공기압 과다
④ 포크 길이 부족

36 정기검사를 받지 않고 운행 중 적발되면 어떤 처분이 가능한가?
① 무상정비
② 형사처벌
③ 과태료 부과
④ 즉시 자격 취소

37 포크에 과하중이 걸렸을 경우 발생할 수 있는 위험은?
① 조향이 부드러워짐
② 전복 또는 장비 파손
③ 연료 소비 감소
④ 전조등 밝기 증가

38 포크 작업 전 반드시 점검해야 할 사항은?
① 지게차 바퀴 사이즈
② 하중 무게 및 균형
③ 조향 핸들의 무게
④ 경적의 음량

39 체인 연결부가 풀려 있다면 어떻게 해야 하는가?
① 마스트를 교환한다.
② 포크를 하강시킨 후 체결 상태 확인 및 조치한다.
③ 라디에이터를 보충한다.
④ 브레이크 패드를 교환한다.

40 지게차에서 틸트 실린더의 작동불량은 무엇으로 연결 될 수 있는가?
① 체인 장력 증가
② 포크 기울기 이상
③ 전조등 소등
④ 냉각팬 정지

41 유압 회로 내 공기가 혼입되면 어떤 증상이 나타나는가?
① 조향각 증가
② 포크 작동 불규칙 및 진동
③ 연료 소비 증가
④ 냉각 기능 향상

42 다음 중 조향 장치 이상 시 예상되는 현상은?
① 브레이크 밀림
② 방향 전환 시 핸들 무거움 또는 틀어짐
③ 냉각수 순환 증가
④ 포크가 높이 올라감

43 포크 끝단에 하중을 집중시킬 경우 위험 요소는?
① 하중 중심 이동에 따른 전도 위험
② 냉각계 고장
③ 체인 윤활 감소
④ 엔진 출력 감소

44 지게차가 우측으로 기울어진다면 가장 먼저 점검할 사항은?
① 타이어 공기압 또는 포크 좌우 높이
② 브레이크 페달 각도
③ 전조등 방향
④ 연료압

45 유압 필터가 막혔을 때 발생 가능한 문제는?
① 체인 고정 강화
② 유압 계통 오일 흐름 불량 및 작동 지연
③ 냉각수 누수
④ 브레이크 유격 감소

46 체인 장력 조정 후에도 포크 좌우 기울기 편차가 있을 경우 다음 조치는?
① 포크 교체
② 마스트 점검 및 수평조절
③ 전조등 밝기 조정
④ 냉각수 배출

47 마스트 틸트가 작동되지 않는 경우 우선적으로 점검 할 부분은?
① 틸트 실린더 유압 상태
② 조향 핸들 축
③ 브레이크 오일 양
④ 전조등 방향

48 포크를 비정상 위치로 방치할 경우 문제가 될 수 있는 것은?
① 연료 압력 상승
② 전도 및 추돌 위험
③ 체인 장력 증가
④ 라이트 수명 단축

49 포크 작동 시 진동과 소음이 동반되는 경우 가장 의심할 고장은?
① 유압 오일 과다
② **체인 유격 및 실린더 내 공기 혼입**
③ 브레이크 고착
④ 연료 연소 불량

50 작업이 끝난 후 포크를 지면에 완전히 내리는 이유는?
① 다음 작업자의 편의를 위해
② 냉각 성능 향상을 위해
③ **안전사고 방지를 위해**
④ 체인 마모 유도를 위해

51 체인 장력이 느슨하면 포크 작동 시 어떤 문제가 발생할 수 있는가?
① 브레이크 밀림
② **체인 걸림 및 포크 흔들림**
③ 냉각수 과다 공급
④ 전조등 깜빡임

52 유압 탱크 오일 점검 시 유의할 사항은?
① **시동을 끈 상태에서 오일 양과 오염도 확인**
② 엔진 과열 시 확인
③ 포크를 최고 위치로 올린 뒤 확인
④ 타이어 회전 시 확인

53 다음 중 유압 실린더의 고장이 의심되는 상황은?
① 포크가 부드럽게 작동함
② 실린더 외벽이 건조함
③ **실린더에서 오일이 샘**
④ 마스트가 고정됨

54 브레이크 오일이 오염되었을 때 가장 먼저 나타나는 현상은?
① 조향 무거움
② 전조등 고장
③ **제동력 저하 및 밀림**
④ 냉각팬 작동 정지

55 포크 틸트 작동 중 한쪽으로만 기울어지는 경우 조치는?
① 라디에이터 수위 확인
② **체인 장력 조정 및 실린더 균형 점검**
③ 연료량 점검
④ 타이어 교환

56 체인이 늘어졌을 경우 예상되는 위험은?
① 브레이크 고장
② **포크 균형 무너짐 및 낙하**
③ 전조등 작동 불량
④ 조향 과잉 반응

57 조향장치가 잘 작동되지 않을 때 가장 가능성 높은 원인은?
① 체인 마모
② **조향 오일 부족 또는 라인 누유**
③ 브레이크 오일 교체 시기 초과
④ 냉각수 부족

58 마스트 고정볼트가 풀려 있을 때 예상되는 현상은?
① 브레이크 밀림
② **마스트 흔들림 및 진동 발생**
③ 포크 상승속도 향상
④ 체인 정렬 강화

59 포크가 자동으로 서서히 내려가는 경우 가장 먼저 의심할 부위는?

① 브레이크 마스터 실린더
② 리프트 실린더 씰 및 밸브 누유 여부
③ 조향 핸들 연결부
④ 배터리 단자

60 유압 오일이 오염되었을 경우 가장 먼저 수행해야 할 조치는?

① 엔진 정지
② 오일 교환 및 필터 청소
③ 포크 상승 유지
④ 냉각수 보충

03 일하면서 듣기만 해도 답이 보이는
CBT 복원문제 3회

※ 맞는 것을 고르는 답은 고딕, 틀린 것을 고르는 답은 명조체로 표시하였습니다

1. 지게차 작업 중 하중 중심이 안정삼각형을 벗어나면 어떤 위험이 발생하는가?
   ① 조향 불량
   ② 브레이크 마모
   ③ 전도 위험
   ④ 연료 감소

2. 포크는 작업 후 어디에 위치시켜야 안전한가?
   ① 완전히 올린 상태
   ② 공중 10cm 위
   ③ 사람 옆에
   ④ 지면에 완전히 접지

3. 후진 시 작업자의 가장 적절한 행동은?
   ① 전진으로 계속 운전한다.
   ② 후방을 확인하고 서행한다.
   ③ 포크를 들어 후진한다.
   ④ 조향 핸들을 잠근다.

4. 안전벨트를 착용하지 않고 운전할 경우 발생할 수 있는 주요 위험은?
   ① 냉각수 증발
   ② 브레이크 손상
   ③ 충돌 시 상해 위험
   ④ 체인 장력 증가

5. 경사로를 올라갈 때 지게차는 어떻게 진행해야 하는가?
   ① 후진한다.
   ② 마스트를 높여 전진한다.
   ③ 하중을 위로 올린다.
   ④ 전진하면서 하중을 앞쪽으로 둔다.

6. 체인 유격이 큰 상태에서 작업을 계속할 경우 어떤 위험이 발생하는가?
   ① 포크 고정력 증가
   ② 체인 절단 및 낙하 위험
   ③ 냉각수 누수
   ④ 브레이크 오일 증발

7. 작업 중 조향이 잘 되지 않을 때 우선 점검할 사항은?
   ① 브레이크 패드
   ② 조향 오일량
   ③ 체인 핀
   ④ 라디에이터 위치

8. 지게차가 커브를 고속으로 돌 때 발생할 수 있는 가장 큰 위험은?
   ① 엔진 정지
   ② 체인 걸림
   ③ 전도
   ④ 연료 누출

9 포크가 좌우로 흔들리는 경우 점검해야 할 부위는?
① 조향 핸들
② **체인 장력 및 고정핀**
③ 냉각수 캡
④ 배터리 단자

10 리프트 실린더 내 공기 혼입 시 포크 작동에 어떤 문제가 발생하는가?
① 작동이 매우 부드러워진다.
② **진동이 발생하고 불규칙하게 움직인다.**
③ 체인이 늘어난다.
④ 연료가 역류한다.

11 포크가 자동으로 하강하는 원인으로 가장 적절한 것은?
① 냉각수 부족
② **실린더 씰 손상 또는 유압 누유**
③ 브레이크 오일 과다
④ 체인 윤활 부족

12 유압 오일의 색이 탁하고 점도가 낮아졌을 경우 가장 적절한 조치는?
① 오일 보충
② **오일 교환 및 필터 점검**
③ 브레이크 오일 추가
④ 냉각팬 점검

13 체인의 장력을 조정하는 목적은?
① 체인의 탄성을 강화하기 위해
② 포크 높이를 조절하기 위해
③ **좌우 균형 유지 및 흔들림 방지**
④ 브레이크 작동을 원활하게 하기 위해

14 포크 좌우 높이가 다를 경우 가장 먼저 확인해야 할 사항은?
① 마스트 색상
② 타이어 방향
③ **체인 장력과 고정핀 상태**
④ 브레이크 패드 마모

15 마스트 틸트 작동 범위가 좁아진 경우 점검해야 할 부분은?
① **유압 오일량과 실린더 작동범위**
② 타이어 압력
③ 배터리 전압
④ 라이트 방향

16 배터리 산이 누출되었을 경우 가장 먼저 해야 할 일은?
① 닦아낸다.
② 그대로 운전한다.
③ **중화제를 사용하여 안전하게 제거한다.**
④ 물을 붓는다.

17 브레이크 페달이 깊이 들어가며 제동이 잘 되지 않을 경우 가장 가능성 높은 원인은?
① **브레이크 오일 부족 또는 공기 혼입**
② 체인 장력 과다
③ 냉각수 과열
④ 연료 증기 발생

18 냉각수 부족 시 가장 먼저 나타날 수 있는 현상은?
① 체인 고정
② **엔진 과열**
③ 전조등 꺼짐
④ 조향 무거움

19 조향 핸들이 무거운 경우 점검해야 할 사항은?

① **조향 유압 오일 및 라인 상태**
② 마스트 위치
③ 포크 끝단의 적재물
④ 엔진 출력

20 마스트 틸트 작동 후 원위치로 돌아오지 않는 원인은?

① 포크 하강 속도 증가
② **실린더 밸브 이상 또는 오일 부족**
③ 브레이크 오일 과다
④ 연료 연소율 상승

21 유압 회로에서 릴리프 밸브의 역할은?

① 오일을 여과한다.
② **과도한 압력을 방출한다.**
③ 냉각수를 순환시킨다.
④ 체인을 조인다.

22 실린더 내 공기 혼입 시 발생하는 현상은?

① 포크가 부드럽게 작동함
② **포크 작동 시 진동 및 불규칙 작동**
③ 조향 응답 속도 향상
④ 연료 소비 감소

23 유압 필터가 막혔을 경우 나타나는 현상은?

① 포크 상승 속도 증가
② **유압 작동 지연 및 오일 흐름 불량**
③ 냉각 기능 향상
④ 브레이크 밀림 완화

24 유압 오일 점검 시 유의할 사항은?

① 마스트를 최대 틸트한 후 확인
② 포크를 최대 상승한 후 확인
③ **시동을 끈 상태에서 확인**
④ 타이어 공기압과 함께 확인

25 실린더 씰이 마모되었을 경우 나타나는 현상은?

① 유압 상승
② **포크가 서서히 하강함**
③ 체인 장력 증가
④ 전조등 고장

26 브리드오프(bleed-off) 방식의 특징은?

① **유량을 제어하기 위해 일부 오일을 외부로 배출**
② 실린더를 직접 작동시킴
③ 엔진 냉각과 관련 있음
④ 유압 누유 방지 장치임

27 유압 작동유가 부족하면 어떤 현상이 나타나는가?

① 연료 효율 상승
② **포크 작동 불량**
③ 브레이크 제동력 강화
④ 체인 수명 증가

28 적재물의 위치는 어디에 밀착시키는 것이 가장 안전한가?

① 포크 앞단
② 포크 중앙
③ **포크 뒷면 및 백레스트 방향**
④ 포크 옆면

29 백레스트의 기능은?

① 하중 분산
② 체인 장력 조절
③ **화물 낙하 방지**
④ 포크 속도 증가

30 포크 좌우 기울기 불균형의 원인으로 가장 적절한 것은?
① 전조등 방향 불일치
② 체인 장력 불균형 또는 마모
③ 냉각팬 속도 차이
④ 배터리 전압 과다

31 체인 핀 마모가 심할 경우 나타날 수 있는 현상은?
① 포크 자동 상승
② 포크 흔들림 및 불균형
③ 브레이크 제동력 증가
④ 조향 응답 향상

32 마스트 고정 볼트가 풀려 있을 때 예상되는 증상은?
① 포크가 빨리 내려감
② 마스트 진동 및 틀어짐
③ 체인 장력 증가
④ 냉각수 누수

33 틸트 실린더의 기능은?
① 포크를 좌우로 이동시킨다.
② 포크를 앞뒤로 기울인다.
③ 체인 장력을 조정한다.
④ 조향을 도와준다.

34 배터리 충전 전 가장 먼저 해야 할 일은?
① 충전기 케이블을 연결한다.
② 포크를 올린다.
③ 지게차 전원을 끈다.
④ 타이어를 정비한다.

35 배터리 단자에 부식이 발생했을 경우 조치는?
① 그냥 운행한다.
② 마른 천으로 문지른다.
③ 중화제로 청소한다.
④ 연료를 채운다.

36 전기 계통의 이상으로 인해 조향이 잘 되지 않을 경우 점검 사항은?
① 브레이크 오일양
② 전기 배선 및 배터리 전압
③ 체인 장력
④ 타이어 마모 상태

37 주행모터 이상 시 발생하는 주요 증상은?
① 포크가 흔들림
② 전후진 작동 불량
③ 조향각 커짐
④ 배터리 산 누출

38 후진 시 반드시 확인해야 할 항목은?
① 연료량
② 냉각수 양
③ 후방 시야 확보 및 경고음 작동
④ 브레이크 오일 점검

39 정기검사 유효기간은 원칙적으로 몇 년인가?
① 3년 ② 2년
③ 1년 ④ 5년

40 책임보험 미가입 시 가능한 행정처분은?
① 형사처벌
② 운전면허 정지
③ 과태료 부과
④ 포크 사용 금지

41 도로에서 지게차를 운행하려면 반드시 필요한 것은?
① 야간용 조명
② 경음기
③ 운전면허
④ 관할관청의 허가 또는 신고

42 정기검사를 받지 않고 운행한 경우 처벌은?

① 자격정지
② 과태료 부과
③ 검정 취소
④ 면허 무효

43 건설기계 등록번호는 어디에서 확인할 수 있는가?

① 라디에이터 하단
② 운전석 문 안쪽
③ 등록번호판
④ 포크 중앙

44 고압전선 작업 시 준수해야 할 사항은?

① 작업자의 속도 증가
② 전선과 지게차 간 안전거리 유지
③ 포크 끝단에 하중 집중
④ 체인을 윤활함

45 교차로 통행 시 가장 우선하는 것은?

① 경음기
② 신호등
③ 경찰관의 수신호
④ 도로 폭

46 커브에서 급제동할 경우 가장 큰 위험은?

① 체인 마모
② 냉각수 누수
③ 하중 낙하 및 전복 위험
④ 배터리 단선

47 포크에 과하중이 적재되었을 경우 예상되는 위험은?

① 브레이크 기능 향상
② 조향 응답 향상
③ 지게차 전복 및 장비 손상
④ 전조등 꺼짐

48 포크 적재 전 반드시 확인해야 할 항목은?

① 운전석 위치
② 체인 소리
③ 하중 무게 및 균형
④ 냉각수 잔량

49 체인 연결 상태가 불량할 경우 나타날 수 있는 현상은?

① 포크 고정력 증가
② 포크 흔들림 및 균형 붕괴
③ 연료 효율 증가
④ 조향이 부드러워짐

50 포크 작동 시 진동과 소음이 심할 경우 가장 의심할 수 있는 원인은?

① 체인 유격 및 실린더 공기 혼입
② 전조등 불량
③ 조향 라인 오염
④ 브레이크 오일 과다

51 작업 중 포크가 천천히 내려오는 경우 점검해야 할 부위는?

① 체인 윤활 상태
② 실린더 씰 및 유압 밸브
③ 브레이크 마스터 실린더
④ 타이어 공기압

52 체인 핀의 마모를 점검하는 주된 이유는?

① 조향 안정성 확보
② 포크 흔들림 방지
③ 냉각 성능 향상
④ 연료 소비 감소

53 냉각팬이 작동하지 않을 경우 가장 먼저 발생할 수 있는 문제는?
① 조향 불량
② 체인 장력 증가
③ 엔진 과열
④ 브레이크 작동 정지

54 브레이크 오일이 누유되었을 때 예상되는 현상은?
① 조향 무거움
② 포크 기울기 증가
③ 제동력 저하
④ 포크 속도 증가

55 유압 회로에서 밸브류의 주요 기능은?
① 포크 속도 향상
② 압력 및 방향 제어
③ 체인 장력 유지
④ 연료 분사량 조절

56 포크가 급격하게 하강하는 증상은 무엇으로 설명할 수 있는가?
① 전조등 전압 불안정
② 브레이크 라인 막힘
③ 리프트 실린더 내부 씰 손상
④ 체인 장력 과다

57 조향장치 오일이 부족할 때 발생할 수 있는 문제는?
① 포크 자동 작동
② 조향 핸들 무거워짐
③ 체인 고정불량
④ 연료 압력 상승

58 체인이 느슨하면 포크 작동 시 어떤 현상이 발생할 수 있는가?
① 진동 및 좌우 흔들림
② 브레이크 반응 속도 향상
③ 전조등 밝기 증가
④ 냉각 효율 상승

59 마스트의 작동 범위가 갑자기 좁아졌을 경우 점검해야 할 부분은?
① 체인 끝단 색상
② 실린더 스트로크 및 유압 상태
③ 브레이크 오일 잔량
④ 전조등 회로

60 포크 작업 후 포크를 올린 채 방치할 경우 문제가 되는 가장 큰 이유는?
① 연료 소모 증가
② 전복 및 낙하 위험
③ 조향 고정력 강화
④ 냉각팬 부하 증가

CBT 복원문제 4회

일하면서 듣기만 해도 답이 보이는

※ 맞는 것을 고르는 답은 고딕, 틀린 것을 고르는 답은 명조체로 표시하였습니다

1. 브레이크 작동 시 한쪽으로 쏠리는 증상은 무엇이 원인일 수 있는가?
   ① **브레이크 라이닝 편마모**
   ② 포크 길이 차이
   ③ 체인 정렬 불량
   ④ 냉각수 부족

2. 체인 연결부의 핀이 빠져 있는 상태로 운행하면 어떤 사고가 발생할 수 있는가?
   ① 냉각수 과열
   ② **포크 낙하 또는 기울기 불균형**
   ③ 브레이크 밀림
   ④ 연료 공급 불량

3. 조향 핸들을 회전시킬 때 뻑뻑한 느낌이 지속되면 가장 먼저 점검할 것은?
   ① 포크 높이
   ② **유압 조향 오일량**
   ③ 냉각수 양
   ④ 브레이크 패드

4. 유압 탱크의 오일이 규정선 아래에 있을 경우 가장 우려되는 현상은?
   ① 조향 무반응
   ② **실린더 내 공기 혼입 및 작동불량**
   ③ 체인 마모 증가
   ④ 배터리 전압 상승

5. 체인의 고정판을 점검해야 하는 주된 이유는?
   ① 포크 속도 유지
   ② **포크 수평 및 진동 방지**
   ③ 타이어 마모 감소
   ④ 전조등 수명 연장

6. 마스트가 심하게 흔들리는 경우 가장 먼저 점검해야 할 부위는?
   ① **체인 고정 상태**
   ② 냉각팬 구동 속도
   ③ 조향장치 유격
   ④ 포크 끝단 위치

7. 포크에 화물을 실을 때 가장 안전한 위치는?
   ① 포크 끝단에 살짝 올림
   ② 포크 좌측에 치우치게 실음
   ③ **포크 전체에 균등하게, 백레스트에 밀착**
   ④ 포크 한 개만 사용

8. 작업 후 포크를 하강시키지 않고 방치할 경우 어떤 사고가 발생할 수 있는가?
   ① 냉각 기능 손상
   ② **하중 낙하로 인한 부상**
   ③ 타이어 파손
   ④ 전조등 정지

9 냉각팬이 정상 작동하지 않으면 어떤 문제가 발생할 수 있는가?
① 브레이크 반응 저하
② 엔진 과열
③ 포크 하강 지연
④ 조향 응답 증가

10 브레이크 오일이 오염되었을 경우 가장 적절한 조치는?
① 오일 색을 바꾼다.
② 오일을 교환하고 시스템을 점검한다.
③ 연료량을 조절한다.
④ 전조등을 확인한다.

11 유압 장치에서 오일이 과열되었을 때 발생할 수 있는 현상은?
① 점도 상승
② 윤활 성능 저하 및 누유 증가
③ 체인 장력 상승
④ 포크 수직 유지력 증가

12 체인 마모 상태를 확인할 때 가장 중요하게 보는 요소는?
① 포크 길이
② 링크의 틀어짐과 롤러 상태
③ 브레이크 위치
④ 냉각팬 속도

13 마스트 틸트 각도가 기준보다 작을 경우 점검해야 할 항목은?
① 냉각수 수위
② 틸트 실린더 작동 범위
③ 전조등 각도
④ 체인 마모 상태

14 조향장치에 공기가 혼입된 경우 어떤 현상이 발생할 수 있는가?
① 조향 핸들 헛도는 느낌과 반응 지연
② 포크 상승 속도 증가
③ 체인 정렬 향상
④ 냉각 기능 강화

15 브레이크 밀림 현상 발생 시 가장 먼저 점검할 항목은?
① 체인 윤활 상태
② 브레이크 오일 상태
③ 포크 끝단 길이
④ 타이어 회전방향

16 포크를 상하로 작동시킬 때 일정한 간격으로 떨림이 있는 경우는?
① 브레이크 고착
② 실린더 내 공기 혼입
③ 타이어 과충전
④ 체인 장력 증가

17 지게차의 포크를 상승시킬 수 있는 장치는?
① 틸트 실린더
② 리프트 실린더
③ 체인 구동기
④ 냉각팬

18 작업 중 포크가 급격히 기울어지는 경우 조치사항으로 가장 적절한 것은?
① 포크 끝단 조정
② 체인 고정 상태 및 유압 밸브 확인
③ 냉각팬 속도 증가
④ 브레이크 패드 교환

19 유압 필터를 정기적으로 점검해야 하는 주된 이유는?

① 체인 고정력 증가
② 오일 흐름의 원활함과 계통 보호
③ 포크 속도 증가
④ 연료효율 향상

20 냉각팬 고장으로 인한 증상으로 옳은 것은?

① 포크 기울기 증가
② 유압 압력 상승
③ 엔진 과열 및 성능 저하
④ 조향 반응 강화

21 포크의 좌우 수평이 맞지 않을 때 조치로 옳은 것은?

① 브레이크 오일을 교환한다.
② 체인 장력을 조정한다.
③ 라디에이터 캡을 점검한다.
④ 타이어를 고압으로 유지한다.

22 실린더 씰이 마모되었을 때 발생 가능한 현상은?

① 포크가 상승함
② 유압 누유 또는 포크 자연 하강
③ 체인 고정력 증가
④ 브레이크 압력 상승

23 작업 중 전도 위험을 줄이기 위한 가장 효과적인 방법은?

① 포크를 올리고 주행한다.
② 하중 중심을 낮추고 천천히 운전한다.
③ 빠른 후진을 한다.
④ 마스트를 앞쪽으로 틸트시킨다.

24 유압 회로에 공기가 많이 혼입될 경우 어떤 증상이 나타날 수 있는가?

① 오일 흐름 원활
② 진동과 불규칙 작동
③ 체인 수명 증가
④ 브레이크 응답 향상

25 전기식 지게차 배터리의 전압이 낮을 경우 가장 먼저 나타날 수 있는 현상은?

① 조향 성능 증가
② 포크 작동 지연
③ 냉각 효율 증가
④ 체인 윤활 효과 향상

26 체인의 윤활이 부족하면 어떤 결과가 발생할 수 있는가?

① 체인의 수명이 연장된다.
② 포크 작동이 원활해진다.
③ 마모 증가 및 진동 발생
④ 냉각기능 향상

27 마스트 고정 볼트가 느슨할 경우 어떤 현상이 나타나는가?

① 체인 고정력 증가
② 포크 작동속도 증가
③ 마스트 진동 및 틀어짐
④ 냉각수 과잉 발생

28 브레이크 오일 점검은 언제 수행하는 것이 적절한가?

① 엔진 가동 중
② 포크 상승 중
③ 시동 전, 평지에서
④ 체인 교체 시

29 전조등이 작동하지 않을 경우 가장 먼저 점검해야 할 항목은?
① 냉각수 양
② 브레이크 라인
③ **전기배선 및 전구 상태**
④ 체인 핀 마모

30 체인 장력 점검 시 주의사항으로 옳은 것은?
① 포크를 최대 상승 상태로 고정한 뒤 점검한다.
② **체인의 좌우 균형을 동시에 점검한다.**
③ 체인을 윤활 후 즉시 점검한다.
④ 조향 후에 체인을 점검한다.

31 유압 오일 교환 주기를 초과할 경우 가장 우려되는 문제는?
① 오일 색상 변화
② 오일 점도 유지
③ **오일 오염으로 인한 계통 고장**
④ 체인 마모 감소

32 브레이크 유압 계통에 공기가 혼입되었을 때 어떤 현상이 나타나는가?
① **브레이크가 밀리고 반응이 둔해짐**
② 체인이 조여짐
③ 포크 속도 증가
④ 조향 반응 향상

33 포크가 과도하게 상승된 상태로 작업할 경우 발생할 수 있는 위험은?
① 체인 윤활 증가
② 냉각 효율 향상
③ **하중 불안정 및 전도 위험**
④ 브레이크 제동력 향상

34 작업 전 타이어 공기압 점검이 중요한 이유는?
① 체인 윤활 확인을 위해
② **포크 수평 유지와 조향 안정성을 위해**
③ 브레이크 마모 예방을 위해
④ 전조등 수명을 연장하기 위해

35 리프트 실린더에서 미세한 유압 누유가 발생할 경우 가장 먼저 해야 할 일은?
① 체인 교환
② **실린더 씰 상태 확인 및 교환**
③ 냉각팬 점검
④ 브레이크 패드 청소

36 유압 장치 내 오일의 과열을 예방하는 방법은?
① 연속 작동을 유지한다.
② **오일 냉각기 또는 방열판을 사용한다.**
③ 브레이크를 자주 작동시킨다.
④ 체인 고정판을 조인다.

37 체인 고정부위의 이물질 제거는 어떤 목적이 있는가?
① 냉각 성능 향상
② **마모 방지 및 부드러운 작동 유지**
③ 브레이크 제동력 증가
④ 조향 반응 향상

38 조향장치에서 이상 소음이 들릴 경우 조치로 옳은 것은?
① 포크 윤활을 확인한다.
② **유압 오일량과 유격 상태를 점검한다.**
③ 냉각수 보충을 한다.
④ 브레이크 오일을 점검한다.

39 하중을 들고 전진 주행할 때 가장 위험한 상황은?
① 전조등 작동
② 브레이크 오일 누유
③ **하중 중심의 변화로 인한 전복 위험**
④ 냉각팬 속도 증가

40 작업 후 지게차의 점검 항목으로 적절하지 않은 것은?
① 포크 위치 상태
② 체인 유격
③ 냉각수 양
④ **경적 소리의 음색**

41 지게차의 주요 작업장치가 아닌 것은?
① 포크
② 리프트실린더
③ 틸트실린더
④ **변속기**

42 유압장치의 작동유 오염을 방지하는 장치는?
① 밸브
② 펌프
③ **필터**
④ 실린더

43 디젤기관 연료 분사방식 중 가장 보편적인 것은?
① **커먼레일식**
② 가스분사식
③ 직접분사식
④ 흡입관 분사식

44 엔진의 냉각수 순환을 조절하는 부품은?
① 워터펌프
② **서모스탯**
③ 라디에이터
④ 냉각팬

45 브레이크 오일이 누유될 경우 가장 먼저 점검해야 할 부위는?
① 마스터 실린더
② 디스크
③ **호스와 연결부**
④ 브레이크 드럼

46 지게차 전방 작업 시 시야 확보를 위한 조치는?
① **포크를 약간 낮춘다.**
② 포크를 끝까지 올린다.
③ 포크를 바닥에 붙인다.
④ 포크를 뒤로 젖힌다.

47 엔진 과열의 주요 원인이 아닌 것은?
① 냉각수 부족
② 라디에이터 코어 막힘
③ 냉각장치 물때 과다
④ **엔진 오일량 과다**

48 리프트 체인의 장력 조정 후 반드시 해야 할 것은?
① 체인 윤활
② **로크너트 고정**
③ 체인 늘이기
④ 체인 교환

49 주행 중 화물을 실은 포크의 위치로 가장 적절한 것은?
① 포크를 높게 올린다.
② 포크를 끝까지 낮춘다.
③ **지면과 약간 띄운다.**
④ 포크를 뒤로 젖힌다.

50 경사로를 내려올 때 포크 방향은?
① **후방향**
② 전방향
③ 옆방향
④ 상관없음

51 유압펌프의 주된 역할은?
① **유압을 발생시킨다.**
② 유압을 저장한다.
③ 유압을 감압한다.
④ 유압을 분배한다.

52 디젤기관에서 공기흡입량을 조절하는 장치는?
① 인젝터 ② 인터쿨러
③ 카뷰레터 ④ **터보차저**

53 냉각수 부족 시 나타나는 현상이 아닌 것은?
① 엔진 과열
② 냉각수 경고등 점등
③ 냉각팬 과열
④ **엔진 출력 증가**

54 유압실린더 내 오일 누유가 발생하면 우선 점검할 것은?
① 오일량
② **패킹류 손상**
③ 펌프 오작동
④ 리저버 탱크 결함

55 클러치 페달을 밟았을 때 정상적인 상태는?
① 무겁게 밟힌다.
② 반발력이 크다.
③ **부드럽게 분리된다.**
④ 덜컥거린다.

56 전기장치 점검 시 가장 먼저 확인할 것은?
① 스타터 모터
② **배터리 전압**
③ 퓨즈박스
④ 배선 연결상태

57 지게차의 주행장치에 해당하지 않는 것은?
① 차축
② 구동축
③ 변속기
④ **리프트실린더**

58 디젤기관에서 배기색이 짙은 검정색일 때 주된 원인은?
① **연료 과다분사**
② 냉각수 부족
③ 공기필터 막힘
④ 점화불량

59 가솔린기관과 비교했을 때 디젤기관의 특징은?
① 점화플러그 사용
② 낮은 압축비
③ **압축착화 방식**
④ 고속회전 우수

60 지게차의 주된 제동 방식은?
① **기계식과 유압식 병용**
② 유압식 단독 사용
③ 전기식 제동
④ 공기압식 제동

CBT 복원문제 5회

일하면서 듣기만 해도 답이 보이는

※ 맞는 것을 고르는 답은 고딕, 틀린 것을 고르는 답은 명조체로 표시하였습니다

1 작업장 내에서 지게차가 전복될 위험이 가장 큰 상황은?
① 적재물이 백레스트에 완전히 밀착된 상태에서 정지
② 커브를 돌면서 급가속할 때
③ 경사로에서 후진으로 내려올 때
④ 포크를 낮춘 채 저속 주행할 때

2 지게차의 유압 작동유가 고온일 때 발생할 수 있는 문제점이 아닌 것은?
① 작동유 점도 저하   ② 실링류 노화
③ 유압 효율 저하   ④ 작동유 누설 감소

3 일반적인 포크 위치로 가장 적절한 것은?
① 포크 끝이 아래로 10도 기울어진 상태
② 포크 끝이 위로 30도 들린 상태
③ 포크가 수평이고 적재물이 백레스트에 밀착된 상태
④ 포크가 최대 높이로 올려진 상태

4 도로에서 지게차를 주행하려면 반드시 필요한 사항은?
① 소형건설기계교육 이수
② 건설기계 등록 말소
③ 관할 경찰서의 허가
④ 지자체의 도로사용 허가

5 유압회로에서 사용되는 '체크 밸브'의 기능은?
① 압력 제어
② 유량 제어
③ 유압 누설 방지
④ 유체의 흐름을 한쪽 방향으로만 허용

6 엔진에서 윤활유의 역할이 아닌 것은?
① 마찰 감소   ② 냉각 작용
③ 밀봉 효과   ④ 연료 분사

7 타이어식 지게차의 핸들 방향과 실제 진행 방향이 일치하지 않는 이유는?
① 조향장치 마모   ② 타이어 압력 부족
③ 후륜조향 방식   ④ 포크 기울기 문제

8 연료필터의 주요 목적은?
① 냉각수 정화   ② 유압유 여과
③ 연료 내 불순물 제거   ④ 배기가스 감소

9 지게차 운전 중 적재물이 시야를 가릴 경우 조치로 옳은 것은?
① 고개를 들어서 본다.
② **후진하면서 운전한다.**
③ 고속 주행한다.
④ 클러치를 밟고 중립으로 놓는다.

10 다음 중 디젤기관의 특징으로 가장 적절한 것은?
① 점화플러그 사용
② **압축착화 방식**
③ 고온 고압 냉각수 필요
④ 가솔린보다 고연비

11 유압 시스템의 오일탱크 역할이 아닌 것은?
① 작동유 저장
② 오일 냉각
③ 이물질 정화
④ **작동기 회전**

12 포크의 적정 간격 조정 이유로 가장 적합한 것은?
① 전력소모 감소
② 유압계통 보호
③ **적재물 낙하 방지**
④ 전조등 수명 증가

13 타이어 마모의 주된 원인이 아닌 것은?
① 과적재
② 급제동
③ **타이어 공기압 적정 유지**
④ 과속 운전

14 디젤기관의 연료분사펌프가 고장나면 가장 먼저 나타나는 증상은?
① 오일 누설
② 엔진 과열
③ **시동 불량**
④ 타이어 마모

15 적재하중보다 과하게 적재할 경우 발생할 수 있는 문제는?
① 연료 효율 증가
② **전복 위험 증가**
③ 후륜 조향이 쉬움
④ 브레이크 성능 향상

16 엔진 냉각수의 부족으로 발생하는 현상은?
① 엔진 출력 증가
② 냉각팬 정지
③ **엔진 과열**
④ 연료 소모 감소

17 유압실린더 내 오일이 누유되면 발생할 수 있는 문제는?
① 조향장치 강화
② 포크 하강 불능
③ **작동 속도 저하**
④ 냉각효과 증가

18 크랭크축과 연결되어 왕복운동을 회전운동으로 바꾸는 부품은?
① 실린더헤드
② **커넥팅로드**
③ 캠축
④ 피스톤링

19 전조등 점검 중 한쪽 전구만 꺼져 있다면 가장 먼저 확인할 것은?
① 연료필터
② **휴즈(퓨즈)**
③ 배터리 전해액
④ 냉각수

20 작업 전 지게차에 이상이 없는지를 확인하는 절차를 무엇이라 하는가?
① 정비
② 운전
③ 시동
④ **일상점검**

21 디젤기관에서 착화가 이루어지는 조건은?
① 고전압 점화 ② 점화플러그 점화
③ **압축에 의한 고온** ④ 외부 열 공급

22 지게차에 설치된 백레스트의 주된 기능은?
① 포크 위치 조정 ② 후진 시 조향 보조
③ **적재물 낙하 방지** ④ 포크 높이 조정

23 주간점검 항목으로 옳지 않은 것은?
① 브레이크 작동 상태 ② 냉각수량
③ 연료량 ④ **엔진 분해**

24 하역 작업 후 포크의 위치로 적절한 것은?
① 바닥에 닿을 정도로 내림
② 운전석보다 높게 위치
③ 전방으로 최대 전경
④ **바닥에 가깝게 내림**

25 디젤기관에서 블로바이가 심하면 발생할 수 있는 문제는?
① 배터리 과충전 ② 연료 과분사
③ **엔진 오일 오염** ④ 냉각수 누설

26 유압 장치의 오버플로 밸브는 어떤 역할을 하는가?
① 유압 증가 ② 유압 감속
③ **압력 일정 유지** ④ 유량 차단

27 유압 작동유 점검시 확인해야 할 항목이 아닌 것은?
① 색상 ② 점도
③ **연소가스 누출** ④ 이물질 유무

28 브레이크 오일이 부족할 경우 나타나는 증상은?
① **브레이크가 밀린다**.
② 핸들이 무거워진다.
③ 엔진이 꺼진다.
④ 연료 경고등 점등

29 지게차의 적재 중심과 관련이 깊은 요소는?
① 포크 두께 ② **마스트 경사각**
③ 차량 속도 ④ 운전석 위치

30 조향장치에 이상이 생기면 가장 먼저 점검해야 할 것은?
① **조향오일** ② 라디에이터
③ 연료탱크 ④ 공기필터

31 작업장 내 전복사고의 가장 주요한 원인은?
① 바닥이 젖었을 때 저속주행
② **경사면에서 급회전**
③ 후진 시 저속조향
④ 백레스트 미사용

32 크랭크축은 어떤 역할을 하는가?
① **왕복운동을 회전운동으로 바꿈**
② 연료 공급을 조절함
③ 냉각수를 순환시킴
④ 공기 여과를 수행함

33 기어펌프의 특징은?
① 고정밀 토출 ② 대용량 공급
③ **구조 단순, 저가형** ④ 압력 자동조절

34 점검 중 '유압 호스'가 부풀어 있는 경우, 가장 적절한 판단은?
① 이상 없음 ② 정상 마모
③ **고압에 의한 손상 가능성** ④ 냉각 부족

35 엔진 오일의 점도는 무엇에 영향을 받는가?
① 오일의 압력 ② **온도**
③ 연료량 ④ 배터리 용량

36 유압계통에서 발생한 공기 혼입의 주요 증상은?
① 유량 증가 ② 작동 불능
③ **부드럽지 않은 동작** ④ 압력 고정 유지

37 오일 필터의 교체 주기를 무시하면 어떤 문제가 발생할 수 있는가?
① 연료 증가 ② 냉각 효과 증가
③ **윤활 부족** ④ 전조등 밝기 감소

38 클러치가 헛돌 경우 가장 가능성 있는 원인은?
① **클러치 디스크 마모** ② 브레이크 오일 부족
③ 타이어 마모 ④ 연료 누설

39 냉각수 점검 시 라디에이터 캡을 열 때 주의사항은?
① 엔진을 작동시키면서 연다.
② 뜨거울 때 바로 연다.
③ **충분히 식은 뒤 천천히 연다.**
④ 시동을 끄고 바로 연다.

40 지게차의 클러치 작동 목적은?
① 유압 전달 ② 회전속도 증가
③ **동력의 단속 및 전달** ④ 방향 전환

41 유압 작동유 오염 시 가장 먼저 나타나는 문제는?
① 냉각수 부족 ② 포크 강도 저하
③ **유압 밸브 고장** ④ 전조등 소등

42 디젤엔진에서 연료 분사량을 제어하는 장치는?
① 유압 실린더 ② **가버너**
③ 밸브 스프링 ④ 에어 필터

43 포크의 정기점검 시 확인해야 할 주요 항목은?
① 페인트 벗겨짐 ② **포크 휨, 균열**
③ 운전석 청결 ④ 엔진오일 색상

44 운전석에서 확인할 수 있는 지게차의 기본 계기판 항목이 아닌 것은?
① 연료계 ② 온도계
③ 압력계 ④ **타이어 폭**

45 유압장치에서 실린더 속 피스톤이 후퇴할 때 흐름 방향은?
① 탱크 → 밸브 → 실린더
② **실린더 → 밸브 → 탱크**
③ 밸브 → 실린더 → 탱크
④ 실린더 → 탱크 → 밸브

46 냉각계통 내 서모스탯의 기능은?
① 과열 방지 ② 냉각수 순환 시작 온도 제어
③ 배기량 증가 ④ 팬벨트 조임

47 전동기 지게차의 장점으로 옳은 것은?
① 소음이 크다. ② 배출가스가 많다.
③ 실내작업에 적합하다. ④ 유지비가 높다.

48 안전벨트의 주된 역할은?
① 허리를 보호함
② 장시간 운전을 편하게 함
③ 전복 시 운전자를 고정함
④ 허리 통증을 예방함

49 지게차에서 '최대 하중'이란?
① 최대 운행 속도
② 최대 연료 탱크 용량
③ 포크에 적재 가능한 최대 무게
④ 허용 가능한 마스트 각도

50 브레이크 계통에 공기가 혼입되었을 때 발생하는 현상은?
① 브레이크 작동이 빠름 ② 제동력이 낮아짐
③ 주행 속도가 높아짐 ④ 냉각이 잘 됨

51 유압 실린더의 작동속도를 빠르게 하려면 필요한 조정은?
① 유량을 줄인다. ② 압력을 낮춘다.
③ 유량을 증가시킨다. ④ 포크를 내린다.

52 디젤기관에서 블로바이 가스를 제어하지 않으면 생기는 문제는?
① 타이어 펑크 ② 실내 먼지 증가
③ 오일 증발 및 엔진 오염 ④ 냉각기 고장

53 마스트 경사를 앞으로 기울이는 작동을 무엇이라 하는가?
① 후경 ② 정경 ③ 전경 ④ 수평화

54 오일 교환 시 사용되는 드레인 플러그의 역할은?
① 오일 순환 ② 오일 여과
③ 오일 주입 ④ 오일 배출

55 엔진 시동 직후 급가속을 피해야 하는 이유는?
① 타이어 보호 ② 윤활유 순환 부족
③ 연료 소모 방지 ④ 브레이크 파손 방지

56 냉각수 부족으로 발생할 수 있는 가장 심각한 결과는?
① 전조등 소등 ② 배터리 과충전
③ 엔진 과열 및 손상 ④ 클러치 미끄러짐

57 연료탱크에 이물질이 들어가지 않도록 필요한 조치는?
① 항상 뚜껑을 열어둔다.
② 깨끗한 천으로 필터를 감싼다.
③ 연료 주입구를 덮는다.
④ 연료탱크를 비운다.

58 조향장치의 주요 구성품이 아닌 것은?
① 타이로드 ② 피트먼암
③ 크랭크축 ④ 조향 기어박스

59 유압회로 내 필터의 역할은?
① 유압 상승 ② 작동유 냉각
③ 오염물 제거 ④ 윤활 성능 강화

60 건설기계 중 '중량을 이용하여 적재물이나 토양을 다지는 기계'는?
① 지게차 ② 롤러
③ 불도저 ④ 굴삭기

ONE SHOT ONE PASS 경록 ~2026 필기

지게차 운전기능사
정답만 익히는
총정리 기출문제집

정가 13,000원

발 행	2026년	1월	5일
인 쇄	2025년	6월	20일

편 저   한국국가기술자격시험연구회
발행자   이 성 태 / 李 星 兌
발행처   경록 / 景鹿

주 소   서울시 강남구 영동대로 114길 7
         (삼성동 91-24) 경록메인홀
문 의   02)3453-3993 / 02)3453-3546
홈페이지 www.kyungrok.com
팩 스   02)556-7008
등 록   제16-496호
ISBN   979-11-94560-25-8   13550

개정법령 및 정오사항 등은 경록 홈페이지에서 서비스됩니다.

대표전화 1544-3589

이 책의 무단전재·복제를 금함

이 책은 저작권법에 의해 저작권이 보호됩니다. 무단전재 및 복제행위는 이 법 제136조에 의해 5년 이하의 징역 또는 5,000만원 이하의 벌금에 처하거나 병과(併科)할 수 있습니다.

대한민국필독서!!

- **한국브랜드선호도 1위**(한국경제)
- 고객감동브랜드대상 1위(중앙일보, 2년 연속)
- 서비스고객만족대상(교육부, 산자부 등)
- 고객만족브랜드대상 1위(조선일보)
- 고객감동경영대상 온라인교육부분(한국경제, 2년 연속)